Ulrike Krieg-Holz

Textsortenstile – Stilbeschreibung und Textsortenklassifikation

Texte und Diskurse
Herausgegeben von Ulrike Krieg-Holz
Band 1

Ulrike Krieg-Holz

Textsortenstile – Stilbeschreibung und Textsortenklassifikation

Frank & Timme
Verlag für wissenschaftliche Literatur

ISBN 978-3-7329-0375-7
ISBN (E-Book) 978-3-7329-9644-5
ISSN 2513-0862

Herstellung durch Frank & Timme GmbH,
Wittelsbacherstraße 27a, 10707 Berlin.
Printed in Germany.
Gedruckt auf säurefreiem, alterungsbeständigem Papier.

www.frank-timme.de

Inhaltsverzeichnis

Einführung

Das Buch basiert auf zentralen Kapiteln meiner Habilitationsschrift „Textsortenstile – Methoden und Parameter für die Stilbeschreibung und Textsortenklassifikation.“ Am Beispiel von Texten der externen Unternehmenskommunikation wird gezeigt, auf welche Weise stilistische Muster die Prägung einer Textsorte beeinflussen können.
Insbesondere für die Analyse kommunikationspolitischer Texte und Textsorten ist es notwendig, die konkrete Gestaltung von sprachlichen Botschaften unter Berücksichtigung ihrer außersprachlichen Entstehungsbedingungen zu beschreiben. Deshalb führt das erste Kapitel in wirtschaftswissenschaftliche Grundlagen ein und skizziert wesentliche Rahmenbedingungen von Unternehmenskommunikation.
Im zweiten Kapitel erfolgt die Erläuterung sog. „offener Denkprinzipien“, weil diese große Bedeutung für die kreative Gestaltung von Kommunikationsbotschaften haben, indem sie Herangehensweisen an die Lösung von Kommunikationsaufgaben aufzeigen. Im Anschluss daran wird das Potential verschiedener Denkweisen für die Gestaltung von Kommunikationsbotschaften diskutiert.
In grundlegende Aspekte sprachlichen Stils führt das dritte Kapitel ein und gibt einen Überblick über die stilistischen Möglichkeiten des Deutschen. Im Zentrum steht dabei die Analyse bestimmter stilistischer Handlungsmuster, die charakteristisch für zentrale Textsorten der Unternehmenskommunikation sind. Für die Typisierung derartiger Handlungsmuster werden die denkpsychologischen Merkmale ‚konvergent‘ und ‚divergent‘ auf die Stilanalyse zu übertragen, um sie als Parameter für die Analyse der Muster nutzbar machen zu können. Damit soll der Versuch unternommen werden, derartige Strukturen bei der Charakterisierung von Stilen einzubeziehen, nicht zuletzt zu dem Zweck, die Beliebigkeit stilistischer Beschreibung – gerade in Bezug auf kreative und ästhetische Texte – zu verringern.
Im Anschluss daran wird der Aspekt des sprachlichen Stils in die Textsortenklassifikation integriert, indem er am Beispiel von Texten der Unternehmenskommunikation als Kriterium für die Textsortentypologie eingesetzt wird.

Abschließend werden die theoretischen Überlegungen zur Beschreibung und Klassifizierung stilistischer Eigenschaften und Textsortenmerkmale an einem Korpus von Texten des Volvo Deutschland Marketings aufgezeigt. Besondere Berücksichtigung finden dabei die Textsorten ‚Mailing', ‚Prospekt', ‚Printanzeige' und ‚Pressemitteilung'.

1. Grundlagen der externen Unternehmenskommunikation

Im Folgenden werden die außersprachlichen Entstehungsbedingungen von Unternehmenskommunikation beschrieben und in grundlegende kommunikationspolitische Begriffe und Verfahren eingeführt.

1.1 Kommunikationspolitik und Kommunikationsmarkt

Im Rahmen des operativen Marketings hat sich seit den 70er Jahren (vgl. z.B. McCarthy 1960, Gutenberg 1976, Nieschlag et al. 1997, Meffert 2000) eine Aufteilung in vier absatzpolitische Instrumentarien weitgehend durchgesetzt:

(1) Produkt- und Sortimentpolitik,
(2) Preis- und Kontrahierungspolitik,
(3) Distributionspolitik,
(4) Kommunikationspolitik.

Der Einsatz dieser Marketinginstrumente ist (insbesondere im Beziehungsmarketing, vgl. Bruhn 2001) von den verschiedenen Phasen eines Kundenbeziehungslebenszyklus abhängig. Dieser wird danach systematisiert, ob das Unternehmen „primär neue Kunden gewinnen (Recruitment), zufriedene Kunden an sich binden (Retention) oder unzufriedene Kunden halten bzw. zurückgewinnen will (Recovery)“ (Bruhn 2015, S. 10).
Zwischen den einzelnen Marketinginstrumenten können zahlreiche Beziehungen bestehen, die BRUHN (vgl. 2015, S. 15ff.) in funktionale, zeitliche und hierarchische untergliedert. So bestehen innerhalb von Kommunikationspolitik und Produktpolitik beispielsweise immer **funktionale** Beziehungen, wenn ein Unternehmen die anvisierten Konsumenten über seine Produktpalette bzw. sein Leistungsprogramm informieren will. Die funktionalen Beziehungen sind dann konditionaler Natur, wenn ein Produkt für die Konsumenten über nicht beobachtbare Eigenschaften verfügt, die aber für das Konsumentenverhalten im Sinne der Unternehmensziele von entscheidender Bedeutung sind. In solchen Fällen wird der Produkterfolg in hohem Maße von der Leis-

tungsfähigkeit der Kommunikation gesteuert (vgl. Bruhn 2015, S. 16). Derartige funktionale Beziehungen lassen sich etwa in Zusammenhang mit der Markteinführung des Volvo S80 zeigen:

a) *Volvo. Immer eine sichere Größe.*
b) *Neue, hochentwickelte Karosseriestruktur mit der Kombination aus hochfesten Stählen und sehr weichen Knautschzonen = optimaler Schutz der Insassen.*
c) *SIPS-Seitenairbag für Fahrer und Beifahrer mit 2 separaten Luftkammern zum optimalen Schutz im Bereich der höchsten Unfallbelastung.*

Ein entscheidender Wettbewerbsfaktor des Automobilherstellers Volvo besteht in der Sicherheit seiner Produkte. Die Sicherheit eines Autos gehört zu dessen nicht bzw. nicht vollständig sichtbaren Eigenschaften, weshalb der Produkterfolg in großem Maße von der kommunikativen Vermittlung dieser Produkteigenschaft abhängig ist. Deshalb wird in a) thematisiert, dass sich das Unternehmen modellübergreifend über die Sicherheit seiner Produkte positioniert. In b) und c) wird dieses Thema bezogen auf die konkreten Eigenschaften des Modells vertieft, indem die produktspezifischen Sicherheitselemente und deren Wirkungen detailliert beschrieben werden.
In **zeitlicher** Hinsicht spielen zwischen Produkt- und Kommunikationspolitik Parallelbeziehungen eine zentrale Rolle. Der parallele Einsatz dieser Instrumente erfolgt beispielsweise in Zusammenhang mit der Produktverbesserung oder -differenzierung.
Die **hierarchischen** Beziehungen zwischen Kommunikations- und Produktpolitik ergeben sich daraus, dass der Einsatz von Kommunikation nicht zum Selbstzweck erfolgt, sondern in der Regel an ein bestimmtes Produkt gekoppelt ist. Da die Profilierungsmöglichkeiten produktpolitischer Maßnahmen jedoch in zahlreichen Branchen (v.a. im Konsumgütermarketing) abgenommen haben, wird die Kommunikationspolitik immer stärker zum strategischen Erfolgsfaktor (vgl. Bruhn 2005, S. 51).
War die Kommunikationspolitik seit den 1980er Jahren sehr stark auf den Produktwettbewerb und den Versuch konzentriert, Produktinnovationen oder einen produktspezifischen Zusatznutzen zu vermitteln, scheinen heute in vielen Bereichen die Grenzen des Produktwettbewerbs erreicht zu sein. In die-

sem Zusammenhang wird die Erzielung einer „Unique Selling Proposition" immer mehr von dem Streben nach einer „**Unique Communication Proposition**" abgelöst. Dadurch erhöhen sich der Stellenwert der Kommunikation im Marketing und die Anforderungen an die Kommunikationspolitik. Die Rahmenbedingungen für den Einsatz von Kommunikation unterliegen dabei permanenten Veränderungen. Diese Dynamik resultiert insbesondere aus strukturellen Veränderungen der Kommunikations- und Medienmärkte, der Internationalisierung von Märkten und dem Wandel des Konsumentenverhaltens.

Zu den strukturellen Veränderungen der Kommunikations- und Medienmärkte gehören angebots- und nachfrageseitige (vgl. Bruhn 2015, S. 34ff.): Für den Bereich der Mediawerbung ist als angebotsseitige Entwicklung ein rapider Anstieg der Werbeeinnahmen und ein zunehmendes Medienangebot zu verzeichnen. Hinzu kommt eine kontinuierlich ansteigende Zahl von Werbetreibenden, die verbunden ist mit einer steigenden Zahl von Unternehmen, die kommunikationspolitische Maßnahmen einsetzen. Generell sind vor allem die Medienausgaben in ausgereiften Märkten mit homogenisierten Produkten sehr hoch, weil hier eine Profilierung über produktpolitische Maßnahmen kaum noch möglich ist, so dass die Unternehmen verstärkt versuchen, über den Einsatz von Kommunikation Wettbewerbsvorteile zu erzielen.

Nachfrageseitige Strukturveränderungen ergeben sich insbesondere durch die stetig zunehmende Informationsüberlastung bzw. den Informationsüberschuss.[1] Dieser führt u.a. zu erheblichen Veränderungen im Medienstil. So ist der heutige Medienstil in erster Linie durch eine geringe Komplexität und eine bildbetonte Gestaltung gekennzeichnet. Folglich müssen Informationsanbieter in den Massenmedien, Bilder mit stärkerer Aktivierungskraft einsetzen, um sich gegenüber der Bilderflut durchzusetzen (vgl. Krieg 2005, S. 15). Dadurch kommt es zu einer Aktivierungsspirale, innerhalb derer die konkurrierenden Informationsanbieter in einem Prozess wechselseitiger Verstärkung versuchen, die Aufmerksamkeit der Konsumenten zu steuern.

---

1 Bereits Ende der 80er Jahre gab Kroeber-Riel (vgl. 1988, S. 14) die gesamtgesellschaftliche Informationsüberlastung für die Bundesrepublik Deutschland mit 98% an. Sie ist seitdem weiter gewachsen, weil das Informationsangebot wesentlich stärker zugenommen hat als die Informationsnachfrage.

Ebenso wie das Überangebot an Informationen nimmt auch die Zahl an Produkten, Geschäften, Freizeit- und Tourismusangeboten kontinuierlich zu. In diesem Zusammenhang sind vor allem Individualisierung und die Suche nach Orientierung als Effekte im Bereich des Konsumverhaltens zu beobachten. Durch den Trend zur Individualisierung erhöht sich die Zielgruppenvielfalt, weshalb Unternehmen wiederum gezwungen sind, spezielle Kommunikationsstrategien für diese unterschiedlichen Zielgruppen zu entwickeln.

Durch die Strukturveränderungen in den Medien- und Kommunikationsmärkten verringert sich die Effektivität und Effizienz von Kommunikation. Dabei hat aufgrund von höheren Kosten bei teilweise geringen Medienleistungen vor allem die Effizienz der Mediawerbung nachgelassen, die in starker Konkurrenz zur Verkaufsförderung, zur Public Relations, zum Sponsoring, zum Direct Marketing und der Multimediakommunikation steht. Hinsichtlich der Nachfragerseite kann festgestellt werden, dass die Konsumenten dem erhöhten Werbedruck bzw. dem vermehrten Angebot an Werbespots in den unterschiedlichen Medien ausgesetzt sind. Sie sind deshalb immer weniger in der Lage, sich auf die angebotenen Kommunikationsimpulse zu konzentrieren und sie zu verfolgen. Diese Entwicklung spiegelt sich zum einen in einer zunehmend oberflächlichen Mediennutzung und einer nachlassenden „Medientreue“ wider. Zum anderen führt sie zu einer oberflächlichen Informationsverarbeitung, d.h., die Fähigkeit zur Aufnahme spezifischer Informationen nimmt ab, während die Bereitschaft, globale Formen der Botschaftsgestaltung aufzunehmen, zunimmt.

Die aufgezeigten Entwicklungstendenzen in den Kommunikations- und Medienmärkten verdeutlichen die Notwendigkeit, die Mediawerbung und alle anderen zur Verfügung stehenden Kommunikationsinstrumente möglichst effizient zu gestalten. Dies bewirkt bei vielen Unternehmen eine interinstrumentelle Umschichtung der Kommunikationsressourcen, im Zuge derer die Ausgaben für die Mediawerbung in Relation zu anderen bzw. neueren Kommunikationsinstrumenten, wie z.B. Direct Marketing, Event Marketing oder Multimediakommunikation, tendenziell verringert werden. Außerdem erfordern die angebots- und nachfrageseitigen Strukturveränderungen den Einsatz der einzelnen Kommunikationsinstrumente zielgerichtet zu gestalten, d.h. vor allem bildbetont, emotional, kreativ, innovativ und integrativ auszurichten. In diesem Zusammenhang kommt es immer stärker darauf an, dass die Unternehmen „ein eigenständiges, konsistentes und vor allem einzigartiges kommunikatives Bild von der beworbenen Marke in den Köpfen der Zielpersonen verankern" (Bruhn 2015, S. 37), um letztlich eine Unique Communication Proposition im Sinne eines strategischen Kommunikationsvorteils zu sichern.

1.2 Zur Bedeutung der Kommunikationspolitik in einzelnen Wirtschaftssektoren

Die große Bedeutung der Kommunikationspolitik steht branchenübergreifend außer Frage, jedoch werden die Einzelaspekte ihres Entscheidungsspektrums in den einzelnen Wirtschaftssektoren sehr unterschiedlich akzentuiert. Im Folgenden wird deshalb ausgehend von einer Differenzierung zwischen Konsumgüterbranche, Industriegüterbranche und Dienstleistungsbranche jeweils gesondert auf den Stellenwert der verschiedenen Kommunikationsinstrumente eingegangen, wobei in erster Linie funktionale Kriterien berücksichtigt werden.

1.2.1 Konsumgüterbranche

Das Konsumgütermarketing – das „klassische Massenmarketing" – richtet sich an die Endstufe des Wirtschaftsprozesses, d.h. an den privaten Konsumenten bzw. Verwender (vgl. Diller 1992, S. 651f.). Ein wichtiges Kriterium für die Gestaltung der Kommunikation in der Konsumgüterbranche ist die Lebensdauer der Produkte. Deshalb wird in der Regel zwischen kurzlebigen Konsumgütern bzw. Verbrauchsgütern und langlebigen Konsumgütern bzw. Gebrauchsgütern unterschieden.

Als klassische **kurzlebige Konsumgüter** können Nahrungs- und Genussmittel wie beispielsweise Lebensmittel und Tabakwaren angesehen werden. Daneben zählen auch Arzneimittel, Kosmetik und Körperpflegeartikel sowie Wasch- und Reinigungsmittel zu den kurzlebigen Konsumgütern. Es handelt sich also hauptsächlich um Massenwaren des täglichen oder laufenden Bedarfs, die breite Bevölkerungsschichten oder größere Zielgruppen ansprechen sollen. In Konsumgütermärkten liegt die Marktmacht in der Regel beim Konsumenten, wodurch sie in besonderem Maße dem Einfluss von Trends im

Verbraucherverhalten unterliegen (wie z.B. der Gesundheitswelle, dem Öko-Trend). Die soziokulturelle Komponente der Makroumwelt von Konsumenten ist daher für die Kommunikationstreibenden sehr wichtig (vgl. Brosche/ Wißmeier 1993, S. 815f.).
Wegen des Überangebots auf den Märkten von Verbrauchsgütern ist es eine große Herausforderung an Unternehmen, sich innerhalb eines weitgehend austauschbaren, fast homogenen Produktangebots von der Konkurrenz abzuheben. Die verschiedenen Anbieter können sich kaum noch auf objektive Produkt- und Leistungsvorteile gegenüber der Konkurrenz berufen, so dass Produktinformationen über geringe, oft triviale Qualitätsunterschiede für den Konsumenten von untergeordnetem Interesse sind (vgl. Kroeber-Riel/Esch 2004, S. 24).

Langlebige Konsumgüter haben wegen ihrer längerfristigen Nutzungen eine wesentlich niedrigere Kaufhäufigkeit als Verbrauchsgüter. Es handelt sich um jährlich oder seltener gekaufte Konsumprodukte, deren Kaufentscheidung häufig in Form eines Prozesses verläuft, weil sie für den Käufer mit einem subjektiven Risiko, einem finanziellen und/oder sozialem Risiko, wie der Anerkennung einer Bezugsgruppe, verbunden scheint (vgl. Lachmann 1993, S. 833).
Generell kann davon ausgegangen werden, dass der Entscheidungsprozess für den Kauf langlebiger Konsumgüter in großem Umfang gedanklich gesteuert wird, d.h., er unterliegt stärkerer kognitiver Kontrolle als der von kurzlebigen Konsumgütern bzw. Gewohnheitsentscheidungen. Damit verbunden sind starke Emotionen und eine kognitive Aktivierung, das bedeutet, der Konsument ist bereit, sich zu engagieren, also sich kognitiv und emotional mit der Entscheidung auseinander zu setzen (vgl. Kroeber-Riel/Weinberg 2003, S. 369ff.). Für den Prozess des Kaufs von Gebrauchsgütern nimmt LACHMANN (vgl. 1993, S. 840) drei Phasen an:
(1) Wunschphase,
(2) Entscheidungsphase,
(3) Bestätigungsphase.
Die Zeit außerhalb dieser drei Phasen wird als „Außenphase“ bezeichnet, die mit großem Abstand die längste darstellt. Die Wunschphase ist zeitlich vor

der eigentlichen Entscheidungsphase einzuordnen. Sie ist gekennzeichnet durch ein ansteigendes Interesse des künftigen Käufers an dem in Betracht kommenden Produkt. In dieser Phase sind Konsumenten motiviert, Eindrücke und Informationen aus dem Produktfeld aufzunehmen und zu speichern. Eine aktive Informationssuche findet in dieser Phase noch nicht statt und es besteht üblicherweise noch kein Interesse an Details. Der Wunsch kann prinzipiell verstärkt werden durch situative Gegebenheiten wie die Anschaffung eines solchen Gebrauchsgutes im Bekanntenkreis, das gelegentliche Versagen eines Altgerätes oder die Publizierung von Produktinnovationen. Auf der anderen Seite kann der Wunsch auch nachlassen, wenn sich die Einkommensverhältnisse ändern oder andere Einflüsse die Prioritäten der Konsumenten kurzfristig verschieben (vgl. Lachmann 1993, S. 836f.).

Unter der tatsächlichen Entscheidungsphase ist die Periode vor dem Produktkauf zu verstehen, die durch die aktive Suche nach Informationen, die Auswahl von Entscheidungsalternativen und die Entscheidung selbst gekennzeichnet ist. Das Kommunikationsverhalten der Konsumenten in der Entscheidungsphase unterscheidet sich erheblich von dem Verhalten außerhalb einer solchen Entscheidungsphase, denn sie sind an Informationen zur Produktkategorie interessiert, sie suchen solche Informationen und speichern sie. Beim Kauf langlebiger Konsumgüter handelt es sich in der Regel um ein Entscheidungsverhalten, bei dem Prozesse der Informationsaufnahme und Informationsverarbeitung eine zentrale Rolle spielen. Typisch für derartige Entscheidungssituationen sind ein hoher Informationsbedarf, eine lange Entscheidungsdauer und das Bedürfnis, Bewertungskriterien zu erarbeiten und Kaufrisiken abzubauen.

An den eigentlichen Kaufakt schließt sich noch einmal eine Phase erhöhten Interesses an, die so genannte Bestätigungsphase. In dieser Phase erfolgt abermals eine erhöhte gedankliche Zuwendung zum erworbenen Produkt, zum einen aus Freude über den neuen Besitz, vor allem aber, um die Unsicherheiten bezüglich der nicht realisierten Alternativen beim Kauf abzubauen bzw. die Entscheidung zu rechtfertigen.

Außerdem gibt es gerade im Bereich langlebigen Konsumgütern Fälle, bei denen das Involvement des Konsumenten permanent hoch erscheint.

Ein typisches Beispiel ist das Interesse vieler männlicher Verbraucher an Automobilen, das auch außerhalb des eigentlichen Kaufprozesses relativ hoch bleibt. Ähnliche Erscheinungen treten auch in Zusammenhang mit dauerhaften persönlichen Interessen von bestimmten Personenkreisen an spezifischen Produktfeldern auf. So interessieren sich viele Verbraucher außerhalb eines Kaufprozesses sehr stark für Güter, die mit ihrem Hobby in Verbindung stehen, wie beispielsweise Fotoapparate, HiFi-Geräte oder Motorräder. Diese permanent an einem Produktfeld interessierten Personengruppen spielen in der Marktkommunikation u.a. wegen ihrer Meinungsführerfunktion eine wichtige Rolle (vgl. Lachmann 1993, S. 838f.).

Bei kurzlebigen Konsumgütern besteht das strategische Hauptziel der Kommunikationspolitik darin, dem Produkt eine Markenidentität zu geben und es damit auf dem Markt eindeutig zu positionieren (zur Positionierung vgl. Nieschlag et al. 2002, S. 182f. und Kroeber-Riel/Esch 2004, S. 51ff.). Denn es handelt sich bei kurzlebigen Konsumgütern oft um austauschbare Produkte auf gesättigten Märkten. Als vorrangiges Ziel kommunikationspolitischer Aktivitäten gilt es, die einzelnen Produkte so zu präsentieren, dass sie von den Zielpersonen anders als die Angebote der Konkurrenz wahrgenommen werden und den jeweiligen Präferenzen so weit wie möglich entsprechen. In den innovationsarmen Märkten des Verbrauchsgütersegments, die durch weitgehend homogene Produkte gekennzeichnet sind, wie z.B. dem Markt für Bier oder Zigaretten, dient die Marktkommunikation dabei in erster Linie dazu, dem Konsumenten einen emotionalen Zusatznutzen zu vermitteln und dadurch eine Markenpositionierung zu erreichen (vgl. Brosche/Wißmeier 1993, S. 817).

Wird diese strategische Zielsetzung verfolgt, durch Kommunikationspolitik das Produkt bzw. die Marke eindeutig auf dem Markt zu positionieren und somit vom Konkurrenzangebot abzugrenzen, kommt der Mediawerbung die größte Bedeutung zu. Daran schließt sich die Verkaufsförderung an, die insbesondere für die Erreichung taktischer Kommunikationsziele geeignet ist, indem sie auf nachgelagerten Vertriebsstufen sowohl kognitive Reaktionen (z.B. Markenkenntnisse) als auch konative Reaktionen (z.B. in Form einer Kaufentscheidung) anregen kann. Die funktionale Bedeutung der Kommunikationsinstrumente Sponsoring, Direct Marketing, Public Relations und Event Marketing gilt demgegenüber als deutlich geringer, wenngleich etwa das Sponsoring ein leistungsfähiges Instrument zur Stabilisierung von Marken- und Produktkenntnissen darstellt.

In Bezug auf die Bedeutung und Stellung der Kommunikationspolitik im Bereich langlebiger Konsumgüter ist prinzipiell zwischen Kommunikationsformen innerhalb der Entscheidungsphase und solchen außerhalb der Entscheidungsphase zu differenzieren.

Die Mehrheit der durch Marktkommunikation erreichbaren Personen befindet sich außerhalb der Entscheidungsphase. Diese Personen können über Massenwerbung erreicht werden, wobei es beispielsweise möglich ist, die Marke bzw. das Produkt in die Vormerkung der zukünftigen Käufer zu bringen. Die längerfristige Vormerkung kann konkret definiert werden und ist messbar (z.B. als „aktive Markenbekanntheit“ vgl. Lachmann 1993, S. 841).

Bei der Kommunikation mit Personen außerhalb der Entscheidungsphase ist die Informationsbereitschaft hinsichtlich des Produkts in der Regel relativ gering. Die Gestaltung der Kommunikation muss sich daher an den Prinzipien für Werbung unter Low-Involvement-Bedingungen orientieren (vgl. Krieg 2005, S. 12f.). Dazu gehören eine auffällige, ungewöhnliche Umsetzung, eine verständliche, bildhafte Sprache und die Vermittlung emotionaler Erlebnisse.

Für die enge Personengruppe in der Entscheidungsphase ist weniger die klassische Mediawerbung geeignet, sondern vielmehr besondere Kommunikationskanäle, die genauere Informationen vermitteln. Dazu gehören vor allem Werbeaktivitäten am „point of sale“, Kataloge und Prospekte, Testberichte und Messen. Konsumenten in der Entscheidungsphase haben einen relativ hohen Informationsbedarf, das bedeutet, es handelt sich um High-Involvement-Situationen. Unter High-Involvement-Bedingungen geht es vor allem um die Vermittlung von Informationen über die Eigenschaften bzw. Qualität eines Produkts, um spezielle, relativ ausführliche Botschaften.

Kurz vor dem Kauf von Gebrauchsgütern reduzieren Käufer vielfach stufenweise die Alternativen. In Zusammenhang mit der Verringerung von Entscheidungsalternativen können häufig „bereits vor dem Kauf Dissonanzen auftreten und entsprechende Rechtfertigungsbemühungen beobachtet werden“ (Lachmann 1993, S. 847). Kataloge und Datenblätter spielen dann als Recht-

fertigungsmittel eine bedeutende Rolle für den Käufer – sowohl vor, als auch nach dem Kauf. Von Bedeutung für die Entscheidungsphase sind außerdem die Beeinflussung der im Handel beratend tätigen Personen sowie der einflussnehmenden Personen im privaten Bereich.
Innerhalb der Konsumgüterbranche hat die Mediawerbung im Vergleich zur Verkaufsförderung deutlich an Bedeutung verloren (vgl. Bruhn 2005, S. 60). Und obwohl beide, Mediawerbung und Verkaufsförderung, wichtige Kommunikationsinstrumente im Konsumgütersegment sind, können auch Direct Marketing, Persönliche Kommunikation oder Sponsoring wesentlich für die Erreichung der jeweiligen Kommunikationsziele sein. Das gilt insbesondere dann, wenn die Informationsbereitschaft der Konsumenten groß ist oder ein Ablehnungsverhalten gegenüber der klassischen Medienwerbung vorliegt.

1.2.2 Investitionsgüterbranche

Beim Investitionsgütermarketing geht es im weitesten Sinne um die Vermarktung von Produkten, die in Industriebetrieben und Organisationen zum Einsatz gelangen. Das Gesamtinvestitionsvolumen für die Kommunikation im Investitionsgüterbereich ist erheblich geringer als das für die Konsumgüterbranche. Im Wesentlichen kommen Medien zum Einsatz, die auch in anderen Wirtschaftszweigen üblich sind.
Zu den Besonderheiten der industriellen Kommunikation gehört, dass Investitionsgüter in hohem Maße erklärungsbedürftig sind. Investitionsgüter erfüllen betriebliche Zwecke und sind damit Teile eines komplexen und auf optimales Funktionieren ausgerichteten Prozesses, wodurch ihr Beschaffungs- und Einsatzrisiko sehr hoch ist. Als Beschaffungsmotive dominieren Rationalisierungs- und Leistungsaspekte von Produktionsprozessen, weshalb Käufe wohl fundiert und abgesichert getätigt werden müssen (vgl. Merbold 1993, S. 861).
Als zentraler Kommunikationsbaustein gilt in der Investitionsgüterbranche der Firmenname, da sich Investitionsgüter innerhalb der letzten Jahrzehnte immer mehr zu „Vertrauensgütern“ entwickelt haben. Die externe Unternehmenskommunikation in der Investitionsgüterbranche muss deshalb nicht nur informativ sein bzw. ein spezifisches Angebot detailliert darstellen, sondern zudem generelles Vertrauen bezüglich der Leistungsfähigkeit des Anbieters

vermitteln. Als Ergebnis dieser Dualitätsanforderung entwickelten sich verschiedene Kommunikationsformen: auf der einen Seite „Absatzwerbung", bei der die Vermittlung von Produktinformationen im Vordergrund steht; auf der anderen Seite „Firmenwerbung", die die Unternehmensleistung und das Firmenimage akzentuiert (vgl. Merbold 1993, S. 869).

Im Rahmen des Investitionsgütermarketings spielen die Begriffe „Entscheider" und „Buying Center" eine zentrale Rolle für die Zielgruppenbeschreibung. Nach MERBOLD (1993, S. 863ff.) lässt sich die Person des „Entscheiders" u.a. dadurch charakterisieren, dass sie die Käufe mit fremdem (betrieblichen) Geld tätigt. Sie kann über den Kauf in der Regel nicht alleine bestimmen, sondern es erfolgt ein Gruppen- bzw. Teamentscheid. Das bedeutet, am Entscheidungsprozess sind mindestens fünf bis sechs Personen unterschiedlicher Funktion und Hierarchie beteiligt, deren Bedürfnissen an Quantität und Qualität werblicher Informationen die industrielle Marketing-Kommunikation gerecht werden muss. Die Kaufentscheidung selbst ist ein länger andauernder Prozess, der sich in verschiedene Phasen der Entscheidungsfindung gliedert, innerhalb derer eine Einflussnahme durch Marketingmaßnahmen unterschiedlich wirksam ist. Entscheidungsbestimmend können eine Vielzahl von Merkmalen sein, wobei System-Zuverlässigkeit, Zukunftssicherheit des Anbieters, Kundendienstleistungen, Marktstellung und Ansehen des Herstellers, Qualitätserwartungen, Liefertreue usw. als besonders kommunikationsrelevant anzusehen sind.

Aus den genannten Besonderheiten industrieller Zielgruppen ergeben sich wiederum bestimmte Informationserwartungen, auf Grund derer sich die grundlegenden Zielwirkungen der Marketing-Kommunikation für Investitionsgüter ableiten lassen (vgl. Merbold 1993, S. 868). Zu diesen Informationserwartungen gehören u.a. Informationen über die Hersteller und ihr Angebot, genaue technische Beschreibungen, Angaben über das System, Kostenanalysen, Wirtschaftlichkeitsberechnungen, Angabe von Referenzen, Einsatz- bzw. Anwendungsmöglichkeiten und Serviceleistungen der Hersteller (z.B. Beratung, Schulung).

Als Anforderung an die industrielle Marktkommunikation ergibt sich daraus, dass sie überwiegend rational ausgerichtet sein muss, weil die betriebliche Zielperson die Argumente für die Kaufentscheidung nicht für sich selbst, son-

dern für das Unternehmen bzw. das Buying Center benötigt. Die Kommunikation im Investitionsgüterbereich sollte ausführlich sein. Dabei müssen die Botschaftsinhalte nach unterschiedlichen Informationserwartungen differenziert werden; so ist beispielsweise zwischen Entscheidungsbeteiligten aus der technischen und der kaufmännischen Unternehmensleitung zu unterscheiden. Überdies muss die Kommunikationspolitik einheitlich sein, das bedeutet, der Lieferant benötigt einen vertrauten, immer wiederkehrenden Auftritt, der neben der Marke auch das identische Erscheinungsbild (Corporate Design) impliziert (vgl. Merbold 1993, S. 868).
Aufgrund der spezifischen Kommunikationsanforderungen im Investitionsgüterbereich ist es erforderlich, Kommunikations-Instrumente einzusetzen, die in besonderem Maße in der Lage sind, rationale Argumente zu transportieren, Glaubwürdigkeit auszustrahlen und komplexe Funktionszusammenhänge informativ und verständlich darzustellen. In diesem Zusammenhang misst BRUHN (vgl. 2005, S. 62) den Instrumenten Messen/Ausstellungen, Persönliche Kommunikation, Direct Marketing, Verkaufsförderung und Event Marketing die größte Bedeutung bei.

1.2.3 Dienstleistungsbranche

Unter Dienstleistungen werden angebotene Leistungsfähigkeiten verstanden, die direkt an Menschen oder deren Objekte erbracht werden. Dies erfolgt mit dem Ziel, an ihnen gewollte Wirkungen, d.h. die Veränderung oder Erhaltung bestehender Zustände, zu erreichen. Jede Dienstleistung verfügt über drei Wesensmerkmale, die sie konstituiert und gleichzeitig von allen anderen Wirtschaftsgütern abgrenzt (vgl. Meyer 1993, S. 900f.). Zu diesen gehört erstens, dass zwischen dem Dienstleistungsanbieter und dem Dienstleistungsnachfrager zu keinem Zeitpunkt ein eigenständiges und isolierbares Transferobjekt bzw. Produkt existiert, das vergleichbar ist mit der Sachleistung als Wert-, Zeichen- und Nutzenträger. Bei Dienstleistungen handelt es sich vielmehr um ein direktes Angebot von Potentialen in Form von Leistungsfähigkeiten, woraus sich wichtige Ansatzpunkte für die inhaltliche Gestaltung der Kommunikation ergeben. Dazu gehören u.a. die Darstellung der Leistungsfä-

higkeit (z.B. Ausbildung, Auszeichnung) und der Leistungsbereitschaft des Anbieters (zeitliche, räumliche Verfügbarkeit usw.).
Ein weiteres konstitutives Element ist die „Immaterialität der Dienstleistung in der Angebots- und der Wirkungsphase" (vgl. Meyer 1993, S. 900). Das bedeutet, dass zum einen die Leistungspotentiale nicht loslösbare und nicht gegenständliche Leistungsversprechen darstellen; zum anderen auch die Wirkungen, häufig sogar die Ergebnisse von Dienstleistungsprozessen immaterieller Natur sind (z.B. psychologische Therapie). Diese zweifache Immaterialität erschwert die Bewertung von Dienstleistungen, weshalb so genannte äußere Informationen als Ersatzindikatoren für die Bewertung von Dienstleistungen eine große Rolle spielen.
Als drittes Wesensmerkmal jeder Dienstleistung ist die Notwendigkeit der zeitgleichen, zumindest passiven Interaktion eines externen Faktors anzusehen. Der Dienstleistungsnachfrager kann in diesem Zusammenhang sowohl Produzent als auch Konsument sein, deshalb ergeben sich spezifische Anforderungen an die interaktive Kommunikation. Besonderheiten der Dienstleistungskommunikation ergeben sich des Weiteren aus der direkten Erbringung der Dienstleistung an den externen Faktoren. Dadurch unterliegen Dienstleistungen einer begrenzten Reversibilität, das bedeutet, sie können in den meisten Fällen weder umgetauscht noch rückgängig gemacht werden. Im Vergleich zu Sachgütern resultiert daraus ein deutlich höheres, wahrgenommenes Risiko, was ein besonderes Interesse bei der Auswahl des Dienstleistungsanbieters zur Folge hat. Hinzukommt, dass Nachfrager die Qualität von Dienstleistungen mit zunehmender Komplexität (z.B. Gesundheitsleistungen oder Ingenieurdienstleistungen) immer weniger beurteilen können und deshalb zur Qualitätseinschätzung Ersatzindikatoren, wie zum Beispiel die Freundlichkeit des Personals oder die Gestaltung der Serviceumgebung, heranziehen (vgl. Meyer 1993, S. 902).
Aufgrund der Besonderheiten von Dienstleistungsunternehmen ergeben sich spezifische Anforderungen an die Kommunikationspolitik (vgl. Meyer 1993, S. 908f.): Die Dienstleistungsnachfrager nutzen das, was sie vor, während und nach der Dienstleistung hören, sehen und fühlen usw. als Signal zur Konkretisierung der Dienstleistungen. In der Kommunikation können diese Signale bewusst eingesetzt werden und so als demonstrative Leistungs- und Quali-

tätsbeweise dienen. Die Möglichkeiten, Qualität anschaulich zu kommunizieren, bestehen beispielsweise im Herausstellen der Sicherheit (z.B. durch Abbilden und Kommentieren der Sicherheits-Checks von Flugzeugen, in der Darstellung der technischen Qualität durch Abbildung von Maschinen und Geräten, in der Demonstration sichtbarer Veränderungen durch so genannte „Vorher-Nachher"-Darstellungen). Darüber hinaus eignen sich auch die Werbung mit Qualitätssiegeln, erworbenen Preisen, Geld-zurück-Garantien u.Ä. als Leistungs- und Qualitätsnachweis. In diesem Zusammenhang ist auch die Bedeutung der Kommunikation von so genannten „Service Standards" zu betonen, die z.B. in vielen Kfz-Servicebetrieben gelten und deren Erfüllung sowohl der Kunde als auch die Mitarbeiter im Kundenkontakt durch konkrete Indikatoren überprüfen können.

Erhebliche Widersprüche zwischen erwarteter und erfahrener Dienstleistungsqualität generieren Unzufriedenheit bei den Kunden und können in der Folge zu Beschwerden führen. Innerhalb einer Untersuchung zur Beschwerdeführung von Kunden im Kfz-Servicebereich kamen HANSEN/JESCHKE (vgl. 1991, S. 211) zu dem Ergebnis, dass nicht zufrieden gestellte Kunden ihre Beschwerde im persönlichen Umfeld (Freunde, Bekannte, Arbeitskollegen usw.) mehr als doppelt so häufig thematisieren, wie sie bei Zufriedenheit mit der Serviceleistung über ihr positives Erlebnis sprechen. Daraus ergibt sich für die Kommunikationspolitik von Dienstleistungsunternehmen die Notwendigkeit einer aktiven Beschwerdestimulierung, die u.a. durch aktives Telefonmarketing und positive Beschwerdereaktionen erreicht werden kann. Außerdem ist in Bezug auf Weiterempfehlungen die Glaubwürdigkeit und die Bedeutung von Mund-zu-Mund-Werbung im Dienstleistungsbereich gerade für unerfahrene Nachfrager besonders groß.

Aufgrund der Abstraktheit und Immaterialität von Dienstleistungen geht es innerhalb der Kommunikationspolitik um überprüfbare und erfüllbare Leistungsversprechen, vor allem aber das Verständlichmachen der Dienstleistung durch möglichst konkrete Bilder und eine bildhafte Sprache. Besondere Bedeutung kommt dabei der Strategie der kommunikativen „Dramatisierung" zu, die sich auf das Dienstleistungsunternehmen (z.B. ein Krankenhaus inklusive seiner Mitarbeiter, Geräte und Leistungsbilanz), auf einzelne Leistungen und deren Ablauf (z.B. spezielle Operationstechniken) oder auf den Nutzen

(z.B. Verlängerung des Lebens, Vermeidung von Blindheit) beziehen kann (vgl. Meyer 1993, S. 903f.).
In Bezug auf das Investitionsvolumen der gesamten Kommunikationspolitik liegt die Dienstleistungsbranche zwar deutlich hinter dem Konsumgüterbereich, jedoch erheblich vor der Industriegüterbranche (vgl. Bruhn 2005, S. 63). Dabei hat die Mediawerbung den höchsten funktionalen Stellenwert, weil es auf Grund der Immaterialität von Dienstleistungen vor allem darum geht, die Leistung sichtbar zu machen und zum Aufbau eines positiven Images beizutragen. Zudem verfügt innerhalb der Kommunikationspolitik die Mediawerbung über eine besondere Leistungsfähigkeit in Bezug auf die Steuerung von Einstellungen, weshalb sie sowohl für die Beeinflussung der einstellungsgesteuerten Kaufentscheidungen potentieller Erstkäufer, als auch einer Bestätigungs- und Habitualisierungsfunktion für potentielle Wiederholungskäufer dient (vg. Bruhn 2005, S. 64). Neben der Mediawerbung kommt in vielen Dienstleistungsunternehmen der persönlichen Kommunikation eine erhöhte Bedeutung zu, weil die Inanspruchnahme von Dienstleistungen von der Beratungs- und Überzeugungsleistung des Personals abhängt (vgl. Meffert/Bruhn 2003, S. 470). Auch der funktionale Stellenwert der Verkaufsförderung ist in vielen Unternehmen der Dienstleistungsbranche hoch, weil die Leistungsfähigkeit der Verkaufsförderung vor allem mit der Erreichung der primär verfolgten Kommunikationsziele verbunden ist. In diesem Zusammenhang kann zwischen operativen und strategischen Zielsetzungen differenziert werden, wobei die operativen Ziele hauptsächlich dazu dienen sollen, den kurzfristigen Abverkauf und die Zahl der Wiederholungskäufe zu steigern (z.B. „Miles and More“ – Programm der Lufthansa) und über neu eingeführte Leistungen des Unternehmens zu informieren. Auf strategischer Ebene sind Imagepflege und Markenprofilierung als vorrangige Zielsetzungen anzusehen (vgl. Bruhn 2005, S. 65; Meffert/Bruhn 2003, S. 466f.).
Schließlich ist die hohe Bedeutung von Direct-Marketing-Aktivitäten zu betonen, die daraus resultiert, dass die Inanspruchnahme von Dienstleistungen in großem Umfang von der glaubwürdigen Darstellung ihres Leistungspotenzials abhängt (zu den Spezifika des Direct-Marketings vgl. 1.4.2.3).

1.3 Integrierte Kommunikation

1.3.1 Zur Beschreibung und Bedeutung des marketingstrategischen Konzepts

Unter integrierter Kommunikation ist ein Managementprozess (Analyse, Planung, Durchführung und Kontrolle) zu verstehen, der darauf ausgerichtet ist, aus den differenzierten Quellen der internen und externen Kommunikation von Unternehmen eine Einheit herzustellen, um ein konsistentes Erscheinungsbild über das Unternehmen oder die Marke zu vermitteln (vgl. Bruhn 2005, S. 100). Wesentliche Impulse für eine integrierte Kommunikation gingen von der Corporate Identity-Diskussion aus.

Corporate Identity ist darauf ausgerichtet, einen schlüssigen Zusammenhang von Erscheinung, Worten und Taten eines Unternehmens mit seinem spezifischen Wesen herzustellen (vgl. Schweiger/Schrattenecker 2001, S. 118). Sie kann als Orientierungsrahmen für die Planung und Realisation unternehmerischer Kommunikationspolitik betrachtet werden und setzt sich aus den Elementen Corporate Communications, Corporate Design und Corporate Behavior zusammen (vgl. Raffeé/Wiedmann 1993, S. 45 ff.). Für die konkrete inhaltliche Ausgestaltung einer Integration der Kommunikationsarbeit sind Überlegungen zur Corporate Identity jedoch nur bedingt hilfreich, weil sie häufig die Problemstellung der Integration auf die formale Integration (Corporate Design) reduzieren. An dieser Stelle setzt das Konzept der integrierten Kommunikation an, mit Hilfe dessen eine ganzheitliche Integration der Kommunikation in formaler, zeitlicher und insbesondere auch inhaltlicher Hinsicht erreicht werden soll (vgl. Bruhn 2015, S. 87). Die Notwendigkeit einer strategischen Ausrichtung der Kommunikationspolitik ergibt sich vor allem aus den aufgezeigten angebots- und nachfrageseitigen Strukturveränderungen in den Kommunikations- und Medienmärkten (vgl. Kap. 1.1). Sie wird zusätzlich verstärkt durch eine zunehmende Komplexität der Kommunikationsprozesse, die Veränderungen in der Kommunikationswahrnehmung bewirkt. Dazu trägt u.a. die zunehmend interaktive Ausrichtung der Kommunikation bei, die mit der Entwicklung von Transaktions- zum Beziehungsmarketing in Verbindung steht. Während Kommunikationspolitik im Rahmen des

Transaktionsmarketings die Aufgabe hatte, Informationen an ein breites Massenpublikum zu vermitteln und primär eine Leistungsdarstellung vorzunehmen, so ist heute vielfach ein Relationship Marketing gefordert, das den Ursprung von Wettbewerbsvorteilen in der Konzentration auf die Beziehung zu den Zielgruppen sieht. Ziel der Unternehmenskommunikation ist dabei nicht mehr ausschließlich eine Leistungsdarstellung, sondern auch das Auslösen eines zweiseitigen Kommunikationsprozesses, der Anbietern und Nachfragern ermöglichen soll, miteinander in Kontakt zu treten (vgl. Bruhn 2005, S. 89 ff.). KROEBER-RIEL/ESCH (2004, S. 108) bezeichnen **integrierte Kommunikation** als die Suche nach dem „big picture“ für eine Marke, die gekennzeichnet ist durch die durchgängige Umsetzung eines Kommunikationskonzeptes. BRUHN (2005, S. 100) hebt vor allem hervor, dass mittels integrierter Kommunikation eine strategische Positionierung des Unternehmens möglich wird. Als Maßstab für diese Positionierung gilt dabei die Marktposition der Konkurrenz, von der sich die Marke vorteilhaft abheben soll. So genannte Positionierungsmodelle geben räumliche Positionen von Marken wieder, deren Anordnung und Ausrichtung durch die relevanten Positionierungseigenschaften geprägt ist. Das bedeutet, bei der Positionierung einer Marke geht es immer um Fokussierung und Konzentration, denn eine Marke kann nur für wenige relevante Positionierungseigenschaften stehen. Als Positionierungseigenschaften kommen dabei die sachliche und funktionale Produktqualität oder emotionale Produkterlebnisse in Frage (vgl. Kroeber-Riel/Esch 2004, S. 51f.).

1.3.2 Dimensionen der integrierten Kommunikation

In Abhängigkeit von der **Markenstrategie** – einer vorgelagerten, längerfristigen Marketingentscheidung – definiert sich das Bezugsobjekt der integrierten Kommunikation, welches ein Unternehmen als Ganzes oder eine Marke sein kann. Die Markenstrategie bildet die Grundlage für die integrierte Kommunikation, die dann die Einheit der Kommunikation gewährleisten soll, um ein in inhaltlicher, formaler und zeitlicher Hinsicht einheitliches Erscheinungsbild erzeugen zu können (vgl. Bruhn 2005, S. 100). Für die Realisation einer integrierten Kommunikation sind unterschiedliche Gestaltungsmaßnahmen notwendig, die sich nicht auf die rein formale Abstimmung des Unternehmensauftritts beschränken dürfen. Im Folgenden wird zwischen Dimensionen und Mitteln zur Integration unterschieden. Die Dimensionen lassen sich wiederum in inhaltliche, formale und zeitliche unterteilen.

Ein zentrales Element der integrierten Kommunikation stellt die **inhaltliche Integration** dar, innerhalb derer die Kommunikationsmaßnahmen thematisch miteinander verbunden werden. Sie ermöglicht die Vermittlung klarer Gedächtnisstrukturen und eines klaren Images für ein Angebot im Sinne des angestrebten Positionierungsziels (vgl. Esch 1998, S. 74). Zu den Mitteln inhaltlicher Integration gehören Sprache (Slogans, Kernbotschaften, Kernargumente) und Bilder. Bei den sprachlichen Mitteln geht es um immer wiederkehrende verbale Aussagen, die danach differenziert werden können, ob immer der identische Wortlaut verwendet wird oder sinngemäß die gleichen Positionierungsinhalte vermittelt werden. In der Praxis finden bei den Mitteln der sprachlichen Integration am häufigsten Slogans, d.h. gesprochene, gesungene oder geschriebene Programmformeln, Verwendung. Auch Bilder können als Mittel zur Integration eingesetzt werden: etwa in Form gleicher Bildinhalte und unterschiedlicher Bildmotive oder in Form von Schlüsselbildern. Im erstgenannten Fall könnte die Positionierungseigenschaft ‚frisch' einmal durch die Abbildung von Tautropfen, ein anderes Mal durch die eines Wasserfalls o.ä. visualisiert werden (vgl. Esch 1998, S. 74). Schlüsselbilder hingegen sind die bildlichen Grundmotive, die über Jahre hinweg den Auftritt einer Marke bestimmen. So steht z.B. der ‚freie Weg' der Volksbanken und Raiffeisenbanken dafür, dass diese Bank ihren Kunden Probleme aus dem Weg räumt und ihnen ihre persönliche Unabhängigkeit gewährt (vgl. Kroeber-Riel/Esch 2004, S. 124). Vor allem für eine erlebnisbetonte Positionierung eignet sich die Bildintegration, da Bilder besser und schneller als Sprache dazu geeignet sind, emotionale Inhalte zu vermitteln. Für eine sachorientierte Positionierung hingegen bietet sich „ein breites Spektrum inhaltlicher Integrationsklammern an, das von einer Sloganintegration bis hin zur Schlüsselbildintegration reicht" (Kroeber-Riel/Esch 2004, S. 126).

Ein weiterer Schwerpunkt der integrierten Kommunikation besteht in dem Bemühen, für die unterschiedlichen Kommunikationsmittel formale Vereinheitlichungen vorzunehmen, denn durch formale Mittel können eine leichtere Wiedererkennbarkeit und höhere Lernerfolge bei den Rezipienten erzielt werden. Die **formale Integration** umfasst sämtliche Aktivitäten, die die Kommunikationsinstrumente und -mittel durch spezifische Gestaltungsprinzipien miteinander verbinden und ein einheitliches Erscheinungsbild vermitteln (vgl. Bruhn 2015, S. 100f.). Dazu zählen alle diejenigen Elemente, die in Zusammenhang mit dem Corporate Design angeführt werden, wie beispielsweise die Verwendung einheitlicher Unternehmens- bzw. Markenzeichen oder Logos, bestimmte Farben, Formen und Größen sowie eine gleichbleibende Typographie. Neben diesen klassischen Corporate Design-Merkmalen können auch bildliche Unternehmens- und Markensignale eingesetzt werden.

Die formale Integration ist ein erster wichtiger Schritt zur Integration, sie dient in erster Linie der gedanklichen Verankerung des Angebots, d.h., sie erleichtert den Rezipienten die Erinnerung daran. Die formale Integration ist dann zweckmäßig, wenn reine Angebotswerbung betrieben wird und unter dem Dach einer Marke immer wieder verschiedene Produkte und Dienstleistungen kommuniziert werden sollen (z.B. Deutsche Telekom). Sie ist geeignet für die Aktualisierung einer Marke in solchen Produktbereichen, bei denen ein extrem geringes Produktinvolvement vorliegt und die „Top-of-Mind-Awareness" alleine schon über den Kauf eines Produktes entscheiden kann (z.B. *Chiquita* = Banane). Außerdem ist die formale Integration sinnvoll, wenn innerhalb eines Unternehmens eine formale Klammer für unterschiedlich positionierte Geschäftsbereiche oder Marken gebildet werden soll (vgl. Esch 1998, S. 74).

Innerhalb der integrierten Kommunikation sind die Kommunikationsmaßnahmen schließlich auch zeitlich aufeinander abzustimmen und kontinuierlich einzusetzen. Die **zeitliche Integration** bezieht sich auf eine kurz- bis mittelfristige zeitliche Koordination der Kommunikationsmaßnahmen (vgl. Bruhn 2015, S. 101).

1.3.3 Formulierung der Kommunikationsziele

Als Ausgangspunkt für die Formulierung und Integration der Kommunikationsziele gilt in der wirtschaftswissenschaftlichen Literatur die strategische Positionierung, die die übergeordnete Zielsetzung der gesamten Unternehmenskommunikation darstellt. Die **strategische Positionierung** ist das Oberziel der Kommunikation und wird unabhängig von einzelnen Zielgruppen formuliert, damit sie Gültigkeit für die gesamte Unternehmens- und Marketingkommunikation haben kann (vgl. Bruhn 2005, S. 140f.). Sie fungiert als integrative Klammer. Für die Formulierung einer strategischen Positionierung gibt es kaum verbindliche und eindeutige Lösungsvorschläge. Als generelle Anforderungen nennt BRUHN (vgl. 2005, S. 141f.) etwa Diskriminierungsfähigkeit, Relevanz, Zukunftsorientierung, Flexibilität, Kontinuität und Operationalisierbarkeit.

Die strategische Positionierung bildet den Ausgangspunkt für eine Hierarchisierung von Kommunikationszielen, also die Entwicklung eines Systems von Zwischen- und Einzelzielen, die das Oberziel konkretisieren und auf der Ebene der Kommunikationsinstrumente in klare Zielformulierungen umwandeln sollen (vgl. Bruhn 2005, S. 142f.). Demnach können aus dem Oberziel zunächst die **Zwischenziele** der Kommunikationsarbeit abgeleitet werden, die eher mittelfristigen Charakter haben und sich gegenüber der strategischen Positionierung vor allem dadurch unterscheiden, dass sie in der Regel nach Zielgruppen differenziert werden.

Auf der Ebene der Zielgruppen können die Ziele, in Anlehnung an diverse Modelle der Werbewirkung, weiterhin u.a. nach verschiedenen Wirkungskategorien und deren Zielrelevanz unterschieden werden (vgl. Steffenhagen 1993, S. 288 ff.). Dabei lässt sich hinsichtlich der Werbewirkungen zwischen momentanen Wirkungen, dauerhaften Gedächtniswirkungen und finalen Verhaltenswirkungen differenzieren. Vor allem **dauerhafte Gedächtniswirkungen**[2] eignen sich als Handlungsanweisungen für Kommunikationstreibende, weil sie alle Voraussetzungen an taugliche Werbeziele erfüllen: Sie sind in hohem Maße werbebedingt, besitzen Verhaltensrelevanz und weisen eine hohe selektive Steuerungskraft auf, das werbliche Handeln in eine spezielle Richtung zu lenken.

Eine weitere Möglichkeit zur Unterteilung der Zwischenziele besteht in der Differenzierung zwischen Positionierungs- und Beeinflussungszielen. KROE-

---

2 Unter dauerhaften Gedächtniswirkungen werden Inhalte des Langzeitgedächtnisses verstanden, die das Bewusstsein und Denken eines Menschen längerfristig prägen, jedoch nicht als unveränderlich anzusehen sind. Dazu gehören Kenntnisse, Wünsche, Einstellungen, Interessen, Überzeugungen, Absichten u.v.m. (vgl. Krieg 2005, S. 9f.).

BER-RIEL/ESCH (2004, S. 38 ff.) formulieren ein Modell der Verhaltensbeeinflussung durch Werbung, das das komplexe System von Werbezielen und -wirkungen auf eine Struktur mit drei grundlegenden Beeinflussungszielen reduziert. Dabei handelt es sich um **Aktualisierung**, **Emotion** und **Information**, die als psychologische Zielgrößen verstanden werden und dazu dienen sollen, das Verhalten der Abnehmer auf dem Markt zu beeinflussen. Jedem Beeinflussungsziel können auf der Seite der Abnehmer entsprechende Wirkungen zugeordnet werden, so geht es im Falle der Aktualisierung um die Wahrnehmung des dargestellten Angebots als aktuelle Alternative für die Kaufentscheidung. Beim Beeinflussungsziel ‚Information' soll der sachliche Inhalt der Botschaft eine rationale Beurteilung des Angebots auslösen, während ‚Emotion' auf das emotionale Erleben des Angebots abzielt. Welches der Beeinflussungsziele letztlich ausgewählt wird, hängt davon ab, unter welchen Bedingungen versucht wird, das Abnehmerverhalten zu verändern. In jedem Fall ist es eine notwendige, aber meist nicht hinreichende Bedingung, dass das Angebot als aktuelle Alternative wahrgenommen wird, da während einer Kaufentscheidung nur solche Marken bzw. Produkte beachtet werden, die zur Menge der wahrgenommenen und von vornherein akzeptierten Alternativen gehören. Aktualisierung ist demzufolge ein unumgängliches Ziel der Werbung, das mit jeder anderen Zielsetzung zu verbinden ist. Auf wenig entwickelten und neuen Märkten sind die Produkte und Dienstleistungen im Allgemeinen noch nicht ausgereift, es bestehen erhebliche Qualitätsunterschiede zwischen den Angeboten. Unter diesen Bedingungen haben die Produkte und Dienstleistungen Eigenschaften, die den Konsumenten noch nicht hinreichend bekannt sind, so dass die Information über die Angebotseigenschaften ein Ziel der Werbung wird. Derartige Informationen beeinflussen jedoch nur dann das Verhalten, wenn sie auf Bedürfnisse stoßen, durch die sie für den Empfänger relevant werden. Deshalb ist neben der Information der emotionale Appell ein grundlegendes Werbeziel (vgl. Kroeber-Riel/Esch 2004, S. 42. ff.). Diese Kombination der Beeinflussungsziele Emotion und Information entspricht dem klassischen Muster der Einstellungsbeeinflussung: Appelliere zunächst an ein Bedürfnis (z.B. die Sicherheit beim Autofahren) und informiere dann über Eigenschaften des Angebots, die dazu dienen, das Bedürfnis zu befriedigen (z.B. *Volvo ist ein sicheres Auto*).

Es gibt Bedingungen, unter denen es sinnvoll ist, von diesem Grundmuster der Beeinflussung abzugehen und entweder nur zu informieren oder nur Emotionen auszulösen oder ausschließlich Aktualität für das Angebot anzustreben. Wenn die Zielpersonen aktuelle Bedürfnisse haben und wissen, dass diese Bedürfnisse von bestimmten Produkten oder Dienstleistungen befriedigt werden können, nennen KROEBER-RIEL/ESCH (2004, S. 43) diese Bedürfnisse trivial. In solchen Fällen benötigen Werbeaktivitäten keinen gesonderten Bedürfnisappell, sondern es genügt, über Eigenschaften des Angebots zu informieren, die der Bedürfnisbefriedigung dienen (z.B. Informationen über variable Sattelzugkonzepte an die Zielgruppen für LKWs). Ist es umgekehrt, sind die relevanten Eigenschaften eines Produkts bekannt oder unterscheidet sich die Marke in ihren Eigenschaften kaum von konkurrierenden Marken, werden Informationen über die austauschbaren Angebote trivial. Eine Marke kann sich dann nur dadurch von anderen abheben, dass sie emotionale Konsumerlebnisse vermittelt. Vor allem auf gesättigten Märkten mit ausgereiften Produkten und Dienstleistungen wird Werbung, die sich auf die Vermittlung von Emotion statt Information konzentriert, eingesetzt (Zur Begriffsbestimmung und Messung von Emotion sowie zur Vermittlung emotionaler Konsumerlebnisse im Einzelnen vgl. Kroeber-Riel/Weinberg 1999, S. 100ff.).
Es gibt Produkte und Dienstleistungen, die auf triviale Bedürfnisse seitens des Konsumenten stoßen. Das heißt, es handelt sich um Bedürfnisse, die ganz offensichtlich vom Angebot befriedigt werden (z.B. Werbung für Toilettenpapier oder Mineralwasser). In solchen Fällen braucht die Werbung weder emotionale Bedürfnisse anzusprechen noch Informationen über Produkteigenschaften zu vermitteln. Kaufentscheidend ist, dass das Angebot eine hohe Aktualität besitzt und von den Konsumenten beim Einkauf als eine beachtenswerte Alternative wahrgenommen wird. Aktualität als grundlegendes Werbeziel hat hauptsächlich auf gesättigten Märkten unter Low-Involvement-Bedingungen Bedeutung, weil die Konsumenten dann kaum noch Informationen zu Produkten und Dienstleistungen aufnehmen und auch emotional wenig beteiligt sind. Sie wenden sich Angeboten zu, die gerade „in“ sind, die ihnen lediglich aufgrund ihrer Aktualität psychisch nahe sind (vgl. Kroeber-Riel/Esch 2004, S. 46f.).

Ebenso wie die strategische Positionierung als inhaltliche Klammer für die Zwischenziele fungiert, bilden die zielgruppenbezogenen Zwischenziele den Rahmen für die Formulierung der spezifischen, nach Kommunikationskontakten differenzierten **Einzelziele** der Kommunikation. Die Einzelziele „zeichnen sich durch einen starken Operationalisierungsgrad aus, indem sie sich auf den konkreten Einsatz verschiedener Kommunikationsinstrumente und -maßnahmen beziehen" (Bruhn 2005, S. 143). Beispiele für Einzelziele sind die Erhöhung der Markenbekanntheit eines Saftes bei der Zielgruppe der jungen Mütter um zehn Prozent innerhalb von zwei Monaten durch eine neue Printkampagne oder die Erreichung einer täglichen Besucherzahl von hundert auf dem Messestand durch die Einführung eines Gewinnspiels. Sie spiegeln die Konkretheit der Zielformulierung auf dieser Ebene wider und zeigen, dass es sich eher um taktische Zielgrößen handelt, deren Erreichung unmittelbar messbar und der jeweiligen Maßnahme zurechenbar ist. Ebenso wie die Zwischenziele können auch die Einzelziele nach den beispielhaft ausgeführten Zielkategorien differenziert werden (vgl. Bruhn 2005, S. 143).

1.3.4 Integration und Gestaltung der Kommunikationsbotschaften

Den Ausgangspunkt für die Abstimmung der Kommunikationsbotschaften bildet die **kommunikative Leitidee**. Sie besteht in der Formulierung einer Grundaussage über ein Unternehmen bzw. eine Marke, die die wesentlichen Merkmale der strategischen Positionierung enthält. Die kommunikative Leitidee wird in der Regel auf einem relativ hohen Abstraktionsniveau, leicht verständlich formuliert und wird von allen Kommunikationsinstrumenten (z.B. Mediawerbung, Direct Marketing) immer wieder aufgegriffen. Für die inhaltliche Darstellung der kommunikativen Leitidee werden in der Lehr- und Forschungsliteratur Slogans und Schlüsselbilder vorgeschlagen.

Sowohl der Inhalt (kommunikative Leitidee) als auch die Gestaltungsform (z.B. Symbole, Logos) tragen dazu bei, dass ein Unternehmen eine Unique Communication Proposition, also ein Alleinstellungsmerkmal im Kommunikationsauftritt gegenüber den Wettbewerbern erreicht. Beispiele wie IKEA: *Wohnst du noch oder lebst du schon?* Und Audi: *Vorsprung durch Technik* machen deutlich, dass vielfach die Ansprüche des Unternehmens gegenüber dem Markt wiedergeben werden. Um alle weiteren Kommunikationsbotschaften an die kommunikative Leitidee anzupassen, können diese wiederum hierarchisch geordnet werden. Dazu kann zunächst eine erste inhaltliche Konkretisierung durch so zielgruppenorientierte Kernaussagen erfolgen. Sie können sich beispielsweise auf Schwerpunkte des Unternehmens in der Produktpolitik beziehen (z.B. *Wir bieten grundsätzlich nur umweltfreundliche Produkte an.*). Pro Zielgruppe können dabei unterschiedliche Kernaussagen formuliert werden, die jedoch aufeinander abzustimmen sind, um einen Wiedererkennungseffekt zu erzielen.

Im Anschluss daran kann die Entwicklung von Einzelaussagen erfolgen, die in Belegen für die Kernaussagen des Unternehmens bestehen (vgl. Bruhn 2015, S. 122), indem sie diese durch Zahlen, Beispiele, Ereignisse u.ä. stützen (z.B. *Wir haben ein 24-Stunden-Servicenetz in allen Ländern implementiert.*). Unklar bleibt in der Darstellung von BRUHN, ob die die Kernaussagen stützenden Einzelaussagen in Relation zu den oben beschriebenen Einzelzielen gesetzt werden können, die als Operationalisierungen der Zwischenziele aufgefasst werden. Wäre hier von parallel zueinander verlaufenden Hierarchisierungsstufen auszugehen, könnten die Einzelaussagen als konkrete sprachliche Realisierungen der Kernaussagen verstanden werden. Eine solche Vorgehensweise würde ermöglichen, die sich in der kommunikativen Leitidee widerspiegelnden Inhalte der strategischen Positionierung mit den Inhalten der Zwischenziele, also den zielgruppenabhängigen Kernaussagen, und den Einzelaussagen zueinander in Beziehung zu setzen und hinsichtlich ihrer sprachlichen Umsetzung zu analysieren. Im Falle der aktuellen BMW-Kampagne kann beispielsweise als grundlegender Bestandteil der kommunikativen Leitidee der im Slogan *Freude am Fahren* ausgedrückte Aspekt der „Fahrfreude" angesehen werden. Als mittelfristiges Zwischenziel können etwa die Bekanntmachung von Maßnahmen in Zusammenhang mit dem „EfficientDynamics"-Konzept betrachtet werden, die mittels der Kernaussage *(Neues vom Erfinder der Fahrfreude) BMW EfficientDynamics Weniger Emissionen. Mehr Fahrfreude.* ausgedrückt wird und zu dauerhaften Gedächtniswirkungen führen soll. Diese werden durch zum Teil situationsabhängige, zielgruppenabhängige oder medien- bzw. textsortenspezifische Einzelaussagen gestützt, die vorrangig emotionalisierend, informierend oder aktualisierend sein können, z.B.:

Wir regeln alles. Wenn es sein muss, sogar den Luftstrom. Die Luftklappensteuerung von BMW.
Weniger CO_2 – mehr Fahrfreude.
Diese BMW Modelle mit maximal 140g/km CO_2-Emissionen gibt es schon jetzt bei Ihren BMW Partnern.

Eine derartige Vorgehensweise würde ermöglichen, mit Hilfe von Positionierungsmerkmalen (wie Markt- und Zielgruppenbestimmung, Angaben zum Wettbewerbsumfeld usw.) die sprachliche Form der Kommunikationsbotschaften in Abhängigkeit von den anvisierten Zielgruppen zu analysieren, woraus wiederum Grundlagen für handlungsorientierte Ansätze entwickelt werden könnten. Außerdem würde eine parallel zur Zielhierarchie verlaufende Untersuchung der Kommunikationsbotschaften deutlich machen, welche sprachlichen Elemente zur Herstellung einer Corporate Identity beitragen und somit innerhalb der integrierten Kommunikation sinnvoll sind. Denn zum einen sind die in der Forschungsliteratur genannten Hinweise für die inhaltliche Integration der Kommunikationsbotschaften äußerst vage und gehen kaum über die verbindende Funktion des Slogans hinaus. Zum anderen wird der Aspekt der formalen Integration (ebenso wie innerhalb der Diskussion zum Corporate Design) auf bestimmte Unternehmenszeichen, Farben, Formen, Größen etc. beschränkt, die integrativen Möglichkeiten von Sprache im Sinne einer Corporate Language jedoch weitgehend vernachlässigt.

Für die kreative Umsetzung bzw. die konkrete Formulierung der einzelnen Kommunikationsbotschaften gibt die wirtschaftswissenschaftliche Forschungsliteratur nur wenige – eher vage – Hinweise. BRUHN (vgl. 2005, S. 148) nimmt an, dass die Schwierigkeit vor allem in der Formulierung einer abstrakten und für das gesamte Unternehmen gültigen kommunikativen Leitidee besteht, die Formulierung von Kern- und Einzelaussagen sei demgegenüber relativ unproblematisch.

Bezogen auf die kreative Gestaltung der Mediawerbung differenzieren SCHWEIGER/SCHRATTENECKER (vgl. 2001, S. 196f.) zwischen Consumer Benefit, Reason Why und Tonalität. Der Consumer Benefit, also der Verbrauchernutzen, und der „Reason Why", d.h. die Begründung dieses Nutzens für die Konsumenten definieren sich dabei auf der Grundlage der strategischen Positionierung. Mit dem Consumer Benefit wird beispielsweise die Frage beantwortet: ‚Was hat eine Zielperson davon, wenn sie den neuen Volvo C70 fährt?'. Die Antwort ist Inhalt des Consumer Benefit: *Beim neuen Volvo C70 handelt es sich um eines der sichersten Cabrios seiner Klasse.* Durch den Reason Why wird eine für die Zielperson nachvollziehbare Begründung gegeben, indem die Frage: ‚Wie ist das gegebene Versprechen beweisbar?' beantwortet wird, z.B.:

> *Bei einem Cabrio wie dem neuen Volvo C70 müssen die Aufprallkräfte auf andere Weise verteilt werden. Aus diesem Grund haben wir die Karosserie an entscheidenden Stellen verstärkt. Der obere Türbereich wird durch einen äußerst robusten Aluminiumlängsträger...*

Der Aspekt der Tonalität beschreibt die Ausdrucksform, den Stil der Ansprache und die Ausstrahlung der Werbung. Sie muss an der Zielgruppe ausgerichtet werden, um eine Beziehung zwischen Konsument und Unternehmen bzw. Marke herzustellen und somit die Identifikation der Konsumenten mit der Marke zu ermöglichen. Die Tonalität einer Werbung kann z.B. seriös, wissenschaftlich, vertrauenswürdig, humorvoll, witzig, selbstironisch u.ä. sein, was von der intendierten Wirkung abhängig ist, die das Werbemittel bei den Rezipienten erzielen soll (vgl. Schweiger/Schrattenecker 2001, S. 199).
KROEBER-RIEL/ESCH (vgl. 2004, S. 57f.) betonen – ebenfalls in Bezug auf die Mediawerbung – die Signifikanz der Abgrenzung des Angebots gegenüber den konkurrierenden Angeboten und deren Beeinträchtigung durch austauschbare Botschaften. In diesem Zusammenhang wird zwischen zwei Arten von Austauschbarkeit unterschieden: Zum einen kann formale Austauschbarkeit vorliegen, bei der das Werbemittel in seiner äußeren Gestaltung anderen Werbemitteln gleicht, was die Erkennbarkeit und Einprägsamkeit des Markenauftritts erschwert und von besonderem Nachteil ist, wenn es um Aktuali-

sierung geht. Zum anderen gibt es inhaltliche Austauschbarkeit, die vor allem eine informative oder emotionale Positionierung beeinträchtigt. Als Vorkehrungen gegen die möglichen Formen von Austauschbarkeit nennen KROEBER-RIEL/ESCH (vgl. 2004, S. 64) systematische Kontrollen und verweisen auf das von NOMMENSEN (vgl. 1990) entwickelte Anonymisierungsverfahren, nach dem sich unterschiedliche Anonymisierungsstufen bilden lassen, die es ermöglichen, die Werbung im Ergebnis einer Vierfelder-Matrix zuzuordnen. Dabei kennzeichnet eine Achse der Matrix das Ausmaß der Werbediffusität, die andere die Höhe der unverwechselbaren Markenpersönlichkeit.

1.4 Einzelne Kommunikationsinstrumente

1.4.1 Kommunikationspolitische Instrumente im Überblick

Unternehmen betreiben eine immer stärker differenzierte Produktpolitik, die wiederum stark differenzierte Maßnahmen der Kommunikationspolitik erfordert. Daraus ergibt sich eine große Anzahl kommunikationspolitischer Aktivitäten, wie die Versendung von Briefen, Prospekten, Katalogen, das Bekleben von Schaufenstern, Bandenplakatierung in Sportstadien, Aufdrucke oder Gravuren auf Werbegeschenken etc., die zur systematischen Erfassung nach ihrer Ähnlichkeit zu Kommunikationsinstrumenten zusammengefasst werden können. Dementsprechend kann zwischen den kommunikationspolitischen Instrumenten Mediawerbung, Verkaufsförderung, Direct Marketing, Public Relations, Sponsoring, Product Placement, Product Publicity, Persönliche Kommunikation, Messen und Ausstellungen, Event Marketing, Multimediakommunikation und Mitarbeiterkommunikation unterschieden werden (vgl. Bruhn 2005, S. 209f.).
Die Erscheinungsformen der Kommunikationsinstrumente können vielfach noch weiter spezifiziert werden, indem etwa Unterscheidungen bezogen auf Trägermedien oder Zielgruppen vorgenommen werden (z.B. Anzeigenwerbung, Fernsehwerbung, Plakatwerbung; Sportsponsoring, Kultursponsoring, Mediensponsoring). Für eine systematische Erfassung aller kommunikationspolitischen Instrumente eignet sich eine Differenzierung nach Richtung und Art der Kommunikation (vgl. Bruhn 2005, S. 215). Dabei können in Bezug

auf die Richtung der Aktivitäten die auf den Markt orientierte externe Kommunikation von der an die Mitarbeiter gerichteten unternehmensinternen Kommunikation unterschieden werden. Hinsichtlich der Art der kommunikativen Anstrengungen lässt sich einerseits zwischen direkter (face to face) und indirekter Kommunikation, andererseits zwischen einseitiger und zweiseitiger Kommunikation differenzieren (vgl. Krieg 2005, S. 4f.).
Wie bereits oben ausgeführt, kommt in vielen Branchen der **Mediawerbung** als zentralem Instrument der Marktkommunikation der größte Stellenwert zu. Für die Mediawerbung ist charakteristisch, dass für die Übermittlung der Informationen Werbeträger (z.B. Fernsehen, Printmedien) und Werbemittel eingesetzt werden. Die Ansprache der Zielpersonen erfolgt indirekt und einseitig, wobei sich die Botschaften an ein disperses Publikum richten.
Das Kommunikationsinstrument **Verkaufsförderung** besteht zum großen Teil aus einseitigen direkten Kommunikationsformen. Es beinhaltet eine Vielzahl diverser, meist taktischer Maßnahmen der Hersteller bzw. des Unternehmens, die neue Produkte bekannt machen oder umfangreichere Käufe stimulieren sollen. Meistens werden diese Aktivitäten unmittelbar am Verkaufsort eingesetzt (z.B. Produkt- und Kostproben, Gewinnspiele).
Entsprechend der oben genannten Kriterien können die Aktivitäten des **Direct Marketing** sowohl einseitiger als auch zweiseitiger Art sein. Zu den einseitigen Kommunikationsmitteln gehört z.B. die bekannteste Form des Direkt Marketing, das Direct Mail, d.h. die Ansprache der Zielpersonen mittels eines Briefes, dem auch Prospekte, Kataloge, Warenproben o.Ä. beigelegt werden können. Um zweiseitige Kommunikation handelt es sich bei so genannten Direct-Responce-Maßnahmen, innerhalb derer die Kanäle der klassischen Mediawerbung wie Fernsehen, Rundfunk oder Online-Medien genutzt werden, um die Rezipienten mit einem integrierten Antwortmechanismus zu Reaktionen zu führen (z.B. Coupon-Anzeigen, gebührenfreie Telefonnummern). Intendiert ist das Herauslösen eines vom Unternehmen bislang nicht identifizierten Empfängers aus einer Zielgruppe, somit also jede Reaktionsform, bei der der interessierte Empfänger einer Botschaft seine Anonymität aufgibt (vgl. Dallmer 1991, S. 5; Schweiger/Schrattenecker 2001, S. 108 ff.).
Das **Sponsoring** ist ein Kommunikationsinstrument, bei dem der Sponsor zu einer Sponsorenleistung unter der Bedingung bereit ist, dass er dafür eine

vorher definierte Gegenleistung erhält. Diese Gegenleistungen können beispielsweise in der Platzierung des Logos oder des Namens des Sponsors auf Ausrüstungsgegenständen (z.B. Bekleidung, Bande) bestehen. Sie sollen die Erreichung der Unternehmensziele des Sponsors unterstützen (z.B. Steigerung der Bekanntheit, Imageverbesserung).

Mit **Product Placement** wird das Einfügen eines Markenartikels in einem Spielfilm, einer Fernsehproduktion oder einem Videoclip gegen Entgelt bezeichnet. Das bedeutet, Markenartikel werden in die Handlung integriert und im Gebrauch gezeigt, wobei das Ausmaß der Integration der Marke von der reinen Platzierung als Requisite bis zum Verbal Product Placement, also der Nennung der Marke, reicht. Durch Product Placement ist es möglich, auch Zuschauer zu erreichen, die Mediawerbung ablehnen. Zudem wird durch die Präsentation des Produkts als Teil der Handlung die Produktverwendung als selbstverständlich erlebt, was die Glaubwürdigkeit der Präsentation erhöht (vgl. Schweiger/Schrattenecker 2001, S. 111).

Im Falle von **Product Publicity** wird versucht, Informationen zum Produkt in die redaktionellen Teile der Medien zu tragen. Ebenso wie Product Placement gehört auch Product Publicity zu den einseitigen Kommunikationsformen.

Unter **Public Relations** werden sämtliche Maßnahmen subsumiert, mit denen sich das Unternehmen um Verständnis, Vertrauen, Akzeptanz und Glaubwürdigkeit bemüht. Diese Aktivitäten sind nicht nur auf den Absatzmarkt beschränkt, sondern richten sich an verschiedene Gruppen der Öffentlichkeit. Beispiele für PR-Aktivitäten sind die Herstellung und Verbreitung von Berichten, Kommentaren und Texten für die Presse und andere Medien, die Konzeption und Durchführung von Pressekonferenzen, die Erstellung von Geschäftsberichten, die Organisation von Veranstaltungen wie z.B. Ausstellungen, Vorträge, Diskussionen. Sie sollen nicht nur Sympathie und Wohlwollen erzeugen, sondern auch zur Erhöhung des Bekanntheitsgrades und zum Aufbau des Unternehmensimages beitragen.

Die Kommunikationsinstrumente **Event Marketing**, **Persönlicher Verkauf** sowie **Messen und Ausstellungen** gehören zu den direkten, zweiseitigen Kommunikationsformen, wobei der Persönliche Verkauf, also das Verkaufsgespräch von Angesicht zu Angesicht, die deutlichste Art der direkten, zweiseitigen Kommunikation darstellt (vgl. Bruhn 2005, S. 217). Beim Event

Marketing geht es um besondere, erlebnisorientierte Veranstaltungen, die multisensitiv vor Ort von ausgewählten Konsumenten erlebt werden und zur Übermittlung von firmen- oder markenbezogenen Kommunikationsbotschaften genutzt werden. Durch das aktive Einbeziehen der Rezipienten können so unmittelbare Kontakte zu den Zielpersonen erwirkt werden. Messen und Ausstellungen ermöglichen den Unternehmen, ihr Leistungsprogramm zu präsentieren bzw. Leistungsdemonstrationen durchzuführen, Kontakte mit Interessenten zu knüpfen und schließlich durch persönliche Gespräche die Informationsbedürfnisse der Besucher zu befriedigen (vgl. Schweiger/Schrattenecker 2001, S. 113).
Unter dem Begriff ‚**Multimediakommunikation**' werden Multimediapräsentationen, d.h. Kommunikationsformen mit einer computergestützten Integration diverser digitalisierter Medien, und der Einsatz von Online-Kommunikation, das heißt Dialoge mit den Rezipienten über Online-Dienste, zusammengefasst.
Zum Bereich der **Mitarbeiterkommunikation** gehören alle Maßnahmen des Managements, die der Kommunikation mit den Mitarbeitenden dienen. Sie können zum einen in direkter Form, zum anderen etwa im Falle von Firmenbroschüren oder Firmenzeitungen über Medien erfolgen. Derartige Aktivitäten richten sich an die gesamte Mitarbeiterschaft eines Unternehmens und sind überwiegend einseitiger Art. Als Beispiel für zweiseitige Kommunikationsformen können Mitarbeitergespräche, Arbeitssitzungen und Betriebsversammlungen genannt werden (vgl. Bruhn 2005, S. 217).

1.4.2 Direct Marketing

1.4.2.1 Entwicklung und Erscheinungsformen

Mit dem in den 60er und 70er Jahren des 20. Jahrhunderts vollzogenen Wandel von Verkäufer- zu Käufermärkten gingen immer mehr Unternehmen dazu über, ihre Angebote zielgruppenspezifischer zu gestalten und zu vermarkten (vgl. Meffert 1991, S. 32). Im Zuge dessen entwickelte sich in vielen Bereichen das Massenmarketing zum Individual-Marketing und das Direct Marketing wurde immer häufiger in den Kommunikationsmix integriert. Das Direct Marketing gilt heute als ein bedeutendes Kommunikationsinstrument, das sich in den letzten Jahrzehnten rasant weiterentwickelt hat. Es umfasst alle Kommunikationsmaßnahmen, die „darauf ausgerichtet sind, durch eine gezielte Einzelansprache einen direkten Kontakt zum Adressaten herzustellen und einen unmittelbaren Dialog zu initiieren oder durch eine indirekte Ansprache die Grundlage eines Dialogs in einer zweiten Stufe zu legen, um Kommunikations- und Vertriebsziele eines Unternehmens zu erreichen“ (Bruhn 2005, S. 656).

Die Ursprünge des heutigen Direct Marketing (als Instrument des Direktvertriebs im Versandhandel) gehen bereits auf die Mitte des 15. Jahrhunderts zurück, ab der – als Folge der Erfindung beweglicher Drucktypen – erste Kataloge mit Produktangeboten erschienen. Begünstigt durch die zunehmende Verbreitung der Schreibmaschine vertrieben bereits in der Mitte des 19. Jahrhunderts zahlreiche Unternehmen ihre Angebote auf dem Postweg und eine Vielzahl von Adressverlagen entstand. Durch die Eröffnung verschiedener Versandhäuser zu Beginn des 20. Jahrhunderts (z.B. Quelle Versand) verfeinerten die Adressverlage ihre Selektionsverfahren, womit das Direct Marketing zu einem interessanten Kommunikationsmittel wurde (vgl. Holland 2004, S. 1; Bruhn 2005, S. 651).

Für die dramatische Aufwärtsentwicklung und die hohen Wachstumsraten des Direct Marketing in der jüngeren Vergangenheit gibt es verschiedene Ursachen. Zu diesen gehört v.a. die Entwicklung der Informationstechnologien, die die Bewirtschaftung und Selektion von Kundendaten in professionellen Datenbanken ermöglichen. Weitere Gründe für die zunehmende Akzeptanz des Direct Marketings liegen in den überproportionalen Kostensteigerungen beim Einsatz von Außendienstmitarbeitern und den dynamischen Marktentwicklungen mit zunehmender Wettbewerbsintensität, die eine weitere Fragmentierung von Zielgruppen begünstigen und somit fein abgestimmte Segmentierungs- und Kommunikationsmittel erfordern. Hinzukommt die wachsende Informationsüberlastung und Reizüberflutung der Konsumenten, aufgrund derer immer mehr Unternehmen die Leistungsfähigkeit der klassischen (eher indirekten) Kommunikationsinstrumente in Frage stellen (vgl. Bruhn 2005, S. 653f.).

Nach der Art der Interaktion zwischen Anbieter und Nachfrager unterscheidet BRUHN (vgl. 2005, S. 657 ff.) zwischen drei **Erscheinungsformen**, dem passiven, reaktionsorientierten und interaktionsorientierten Direct Marketing. Demzufolge liegt die passive Form des Direct Marketings dann vor, wenn Konsumenten beispielsweise durch adressierte Werbebriefe oder Kataloge sowie unadressierte Mailings (z.B. durch Hauswurfsendungen) angesprochen werden. Kennzeichnend für diese Form der Kommunikation ist, dass die Zielpersonen auf das Leistungsangebot eines Unternehmens aufmerksam gemacht werden, ohne dass ein direkter Kundendialog entsteht. Im Falle des reaktionsorientierten Direct Marketings wird den Zielpersonen im Zuge der Ansprache die Möglichkeit zur Reaktion gegeben und somit der Dialog zwischen Anbieter und Nachfrager angeregt. Dabei lassen sich Formen einer direkten und individuellen Einzelansprache selektierter Konsumenten von indirekten Anspracheformen über klassische Medien unterscheiden. Ein Beispiel für das interaktionsorientierte Direct Marketing stellt das Telefonmarketing dar.

Im Folgenden wird jedoch nur auf diejenigen Kommunikationsmaßnahmen des Direct Marketings näher eingegangen, die durch eine gezielte Einzelansprache mit Hilfe gedruckter Medien (z.B. Briefe) einen direkten Kontakt zum Rezipienten aufbauen sollen. Die Gruppe der klassischen Medien mit Rückkoppelungsmöglichkeit wird hier nicht näher betrachtet, weil sie für die nachfolgende Untersuchung (vgl. Kap. 3.7 und Kap. 5) nicht relevant ist.

Die bekannteste Form der schriftlichen Einzelansprache von Rezipienten ist die **adressierte Werbesendung**, um die es sich immer dann handelt, wenn die Adresse des Empfängers gezielt ausgewählt wird und ein direktes Anschreiben erfolgt. Der Vorteil der adressierten Werbesendung gegenüber der unadressierten besteht darin, dass durch eine persönliche Ansprache eine deutlich höhere Empfangswahrscheinlichkeit und Aufmerksamkeitswirkung erzielt werden kann. Die klassische Form der adressierten Werbesendung ist das **Direct Mail** bzw. **Mailing**, also die Ansprache des Umworbenen mittels eines Briefes, dem auch Prospektmaterial, Broschüren, Kataloge, Warenproben oder Geschenke (sog. „Mail Order Packages“) beigelegt werden können. Entscheidend für den Anspracheerfolg bei den Zielpersonen sind die ersten Sekunden nach Empfang des Werbebriefes, in diesen fällt die Entscheidung über Zu- oder Abwendung. Dabei geht es zum einen um die Bedeutung der äußeren Verpackung, die einen entscheidenden Einfluss auf den ersten Eindruck des Rezipienten hat (vgl. Bruhn 2005, S. 696; Holland 2004, S. 25), zum anderen um effiziente Textgestaltung.

In der Regel lässt sich im Falle von Mailings ein typisches Blickverhaltensmuster nachweisen. Untersuchungen auf der Basis von „Eye-Tracking-Verfahren" zeigen (vgl. Vögele 2005, S. 4ff.), dass Leser normalerweise beim Briefkopf beginnen, um festzustellen, wer der Absender ist und wie sie von diesem angesprochen werden. Danach überfliegen sie den Text und lesen in den meisten Fällen nur die ersten beiden Zeilen. Im Anschluss daran werden nur noch einzelne hervorgehobene Wörter wahrgenommen. Den Abschluss der Lesekurve bildet der Blick zur Unterschrift und zum Postskriptum. Erfolgt entlang dieser natürlichen Lesekurve eine ausreichende Motivation des Empfängers, so kehrt er in manchen Fällen noch einmal zum Briefanfang zurück und liest auch die einzelnen Textblöcke (vgl. Vögele 2002). Die dabei vorgenommenen Fixationen gelten zugleich als Chancen und Risiken für das Weiterlesen. VÖGELE (vgl. 2005, S. 2ff.) verweist in diesem Zusammenhang auf die sog. „Dialogmethode", bei der es darum geht, ein Mailing in Analogie zu einem persönlichen Verkaufsgespräch zu gestalten. Ebenso wie beim persönlichen Gespräch wird davon ausgegangen, dass der Kunde bestimmte Fragen hat und eine gute Antwort erwartet. Dabei beantwortet ein guter Verkäufer zu früh gestellte Fragen nicht sofort, sondern schiebt sie hinaus. Zugleich beantwortet er bereits Fragen, die der Kunde nur gedacht, aber noch nicht ausgesprochen hat – die unausgesprochenen Käuferfragen, die der Verkäufer aus Erfahrung kennt, z.B.: *Brauche ich das?* Einige dieser Fragen werden in der Regel direkt im Brief beantwortet, andere, vor allem die Produktfragen, können auch in den Beilagen thematisiert werden. Solche schriftlichen „Kundengespräche" stellen im Rahmen des Beziehungsmarketings nicht immer Verkaufsgespräche im engeren Sinne dar, sondern dienen der Kontaktpflege und der Information. Durch die Dialogmethode sollen dabei die Chancen erhöht werden, dass die Informationen gelesen und positiv bewertet werden. Verläuft die Gestaltung zentraler Botschaften entlang der beschriebenen Lesekurve und unter Berücksichtigung der Fixationspunkte analog zum mündlichen Dialog, hat sie nach VÖGELE die besten Chancen (vgl. Vögele 2005, S. 2ff.).

In Abhängigkeit vom zu bewerbenden Leistungsangebot können die Bestandteile eines Mailings noch beliebig ergänzt werden. So ist etwa der Versand von Gutscheinen, das sog. „Voucher Mailing“, möglich. Eine individuelle Form der direkten Ansprache stellt das persönliche Geschenk-Mailing dar, das vorwiegend als Bestandteil von umfassenden Kundenbindungsprogrammen (z.B. in der Automobilbranche) eingesetzt wird. Es handelt sich dabei um die Überbringung individueller Geschenke zu besonderen Themenschwerpunkten oder Anlässen. Die Hauptzielsetzung solcher Mail Order Packages besteht in einer langfristigen Kundenbindung und der Imageverbesserung des Unternehmens.
Neben den genannten Formen lassen sich noch weitere Arten des adressierten Werbebriefs unterscheiden, so beispielsweise der Versand von Katalogen, Kundenzeitschriften oder die Beigabe von Prospekten, wobei ebenfalls charakteristisch ist, dass der Rezipient identifizierbar ist und eine Selektion bestimmter Zielgruppen vorgenommen werden kann (vgl. Bruhn 2005, S. 696ff.).

1.4.2.2 Ziele und Zielgruppen

„Die Formulierung eines klaren, langfristig ausgerichteten Zielsystems“ (Meffert 1991, S. 40) gilt als wesentlicher Bestandteil jedes Marketingentscheidungsprozesses. Auch für das Direct Marketing ergibt sich somit die Notwendigkeit eines speziellen Zielsystems, das den einzelnen Maßnahmen eine klare Richtung gibt und das kommunikative Handeln präzise auf die Erzielung ganz bestimmter Resultate ausrichtet (vgl. Bruhn 2005, S. 674). In diesem Zusammenhang kann zwischen ökonomischen und psychologischen Direct-Marketing-Zielen unterschieden werden.
Ökonomische Zielsetzungen bestehen in monetären wirtschaftlichen Größen, wie Gewinn, Umsatz oder Marktanteil, aus denen sich jedoch kaum Impulse für kommunikationspolitisches Handeln ableiten lassen. Vielmehr können gerade im Konsumgüter- und Dienstleistungsbereich ökonomische Ziele langfristig nur über die Vorgabe psychologischer Ziele erreicht werden. Somit sind für Direct-Marketing-Aktivitäten psychologische Zielsetzungen von zentraler Bedeutung. Sie können sich beispielsweise auf die Erweiterung des Wissens über ein Unternehmen und seine Leistungen, die Steigerung des Be-

kanntheitsgrades von Produkten bzw. Dienstleistungen oder die Veränderung von Meinungen und Einstellungen beziehen (vgl. Bruhn 2005, 674). So kann ein Automobilhersteller z.B. bei einer bestimmten Berufsgruppe, etwa den Architekten, Direct-Marketing einsetzen, um neue Interessenten zu finden, einen kontinuierlichen Dialog mit ihnen zu eröffnen und die Marke in deren Entwurfs- und Eingabeplänen zu integrieren. Zu diesem Zweck werden ihnen neben Probefahrten und Produktinformationen auch Zeichenschablonen zur Verfügung gestellt, mit denen neue Pkw-Modelle auf Plänen von Garagen und Stellplätzen abgebildet werden können (vgl. Kotler et al. 2007, S. 20). **Psychologische Zieldimensionen** unterstützen langfristig die Umsetzung ökonomischer Ziele und können nach den Arten individueller Reaktionen auf Stimuli als **kognitiv-, affektiv-** oder **konativ-orientiert** bestimmt werden. Kognitiv-orientierte Direct-Marketing-Ziele bestehen zum Beispiel in der Vermittlung von Informationen über Sonderangebote oder Kenntnissen über Produktmerkmale. Sie zielen auf Prozesse der Informationsaufnahme, -verarbeitung und -speicherung ab, ohne unmittelbar handlungssteuernd zu wirken. Wird darüber hinaus das Ziel verfolgt, ein Unternehmen gegenüber den Konkurrenten abzugrenzen oder besondere Einstellungen, Images oder Präferenzen bei den Zielpersonen aufzubauen, erweitern sich kognitive Ziele um affektive Zielgrößen. Beispiele dafür sind der Aufbau von Vertrauen in Bezug auf die angebotene Leistung bzw. von Goodwill-Potential gegenüber dem Unternehmen, die Aktivierung der Wahrnehmung des Leistungsangebotes oder auch die Erzeugung einer positiven Einstellung in Bezug auf Direct-Marketing-Aktionen (vgl. Bruhn 2005, S. 675f.). Konativ-orientierte Direct-Maketing-Ziele beziehen sich auf die Reaktionen des Rezipienten als Ergebnis einer Beeinflussung, das bedeutet, deren äußeres Verhalten in Form eines bestimmten Informations- oder Kaufverhaltens. Hierzu gehören u.a. Direktverkauf, Neukundengewinnung oder auch Formen der Kundenbindung, wie Kontaktpflege, Reaktivierung inaktiver Kunden u.v.m. (vgl. Bruhn 2005, S. 675f.).

Von besonderer Bedeutung sind im Direct Marketing die Auswahl der geeigneten Zielgruppe und ein effektives Zielgruppenmanagement. Dabei geht es um die Charakteristika solcher Kunden und Interessenten, die am ehesten zum Kauf fähig, willens und bereit sind. KOTLER ET AL. (vgl. 2007, S. 965) schlagen die sog. „RFM-Methode“ vor, deren Initialen für „Recency“, „Frequency“ und „Monetary Value“ stehen, womit die Zeit seit dem letzten Kauf, die Auswahl der Käufe in einem bestimmten Zeitraum sowie die Höhe der von diesem Kunden durchschnittlich kreierten Umsätze bezeichnet werden. Als Vorteil dieser RFM-Modelle gilt deren Einfachheit, als Nachteil die Tatsache, dass es ohne demographische und psychographische Kundendaten kaum möglich ist, Kriterien für die konkrete Botschaftsgestaltung anzugeben (vgl. Kotler et al. 2007, S. 965).

Für die Zielgruppenidentifikation im Direct-Marketing scheint es zunächst notwendig, zwischen den zentralen Hauptzielgruppen (Business-to-Business- und Consumer-Bereich) zu unterscheiden. Innerhalb des Business-to-Business-Bereichs sind zunächst die jeweiligen Entscheider gezielt anzusprechen. Von Bedeutung für die Strategieentwicklung ist in diesem Zusammenhang, dass die Entscheider bzw. das Buying-Center häufig wesentlich weitreichendere Entscheidungen treffen als im Consumer-Bereich. Deshalb ist es sinnvoll, vollständig über Produkte zu informieren und Leistungsvorteile deutlich herauszustellen (vgl. Bruhn 2005, 676ff.).

Für den Consumer-Bereich hat sich der mikrogeographische Ansatz als sinnvoll erwiesen (vgl. Bruhn 2005, S. 679ff.). Diese Zielgruppendefinition basiert auf der Erkenntnis, dass sich bei der Aufteilung eines Landes in kleine regionale Gebiete Konsumenten mit einer ähnlichen demographischen Struktur und Lebensphase sowie nahezu identischen Lebensstilen und Einstellungen isolieren lassen. Auf der Grundlage von Informationen über Familienstruktur, Altersstruktur, Kaufverhalten, Mediennutzung, Bildungsniveau, Finanzsituation, Bebauungsstruktur, PKW-Besitz etc. führen derartige Analysen zu spezifischen Lebensstilmilieus, die ein ähnliches Kaufverhalten aufweisen sollen (vgl. Bruhn 2005, S. 680f.; Holland 2004, S. 88ff.).

1.4.2.3 Strategien

Während Marketing-Ziele zukunftsbezogene Vorgaben, sog. „Sollzustände“ darstellen (vgl. Meffert 1991, S. 41), ist die Anwendung bestimmter Strategien eine Kanalisierung, mit Hilfe derer sich die Konzeption und Umsetzung der einzelnen Aktivitäten planen lässt. Direct-Marketing-Strategien sind des-

halb als langfristige und globale Verhaltenspläne zur Erreichung der Direct-Marketing-Ziele zu charakterisieren, die alle relevanten Elemente, wie Medien, Botschaftsgestaltung, Timing, Marktarealabgrenzung etc. verbinden müssen (vgl. Bruhn 2005, S. 685). Zu berücksichtigen ist dabei vor allem die Akzeptanz bei der angesprochenen Zielgruppe.
Nach BRUHN (vgl. 2005, S. 689) lassen sich folgende sechs Strategiegruppen des Direct-Marketings unterscheiden:

- Bekanntmachungsstrategie,
- Zielgruppenerschließungsstrategie,
- Informationsstrategie,
- Imageprofilierungsstrategie,
- Konkurrenzabgrenzungsstrategie und
- Kontaktanbahnungsstrategie.

Im Zuge einer Bekanntmachungsstrategie sollen durch den Einsatz von Direct Mailings neue Produkte oder Dienstleistungen in den Markt eingeführt bzw. ihre Akzeptanz bei den anvisierten Zielgruppen getestet werden. Die Zielgruppenerschließungsstrategie zielt hingegen auf die Gewinnung neuer Kundensegmente ab. So könnte ein Versandhändler auf der Basis einer mikrogeographischen Zielgruppenbestimmung verstärkt besserverdienende junge Familien mit Kindern ansprechen, die zuvor im Kundenportfolio nicht vertreten waren. Bei der Informationsstrategie geht es darum, mit Hilfe des Direct Marketing verschiedene Zielgruppen über neue Produktvorteile, innovative Serviceleistungen oder auch die Durchführung besonderer Aktionen in Kenntnis zu setzen. Durch eine Imageprofilierungsstrategie wird demgegenüber beispielsweise versucht, mit meinungsbildenden Personen anlässlich aktueller Problemstellungen in Kontakt zu treten und über einen Dialog eigene Standpunkte zu vermitteln. Innerhalb einer Konkurrenzabgrenzungsstrategie dient das Direct Marketing dazu, auf bestimmte Leistungsmerkmale, wie z.B. Garantiezeiten, Service- oder Zusatzleistungen hinzuweisen und das Leistungsangebot eines Unternehmens dadurch von dem der Wettbewerber abzuheben. Das Direct Marketing kann außerdem eine wichtige Aufgabe bei der Verfolgung einer Kontaktanbahnungsstrategie übernehmen, indem beispielsweise ein erster Kontakt zu wichtigen Händlern hergestellt wird, um so eine mögliche künftige Zusammenarbeit einzuleiten (vgl. Bruhn 2005, S. 689).

1.4.3 Spezifische Merkmale weiterer Kommunikationsinstrumente

Im Folgenden soll auf diejenigen Kommunikationsinstrumente eingegangen werden, deren Textsorten ebenfalls zum Teil in den Klassifikationsvorschlag (Kap. 4) und die abschließende Analyse (Kap. 5) integriert werden. Hierbei handelt es sich um die Instrumente ‚Public Relations' und ‚Mediawerbung', deren Besonderheiten hier nur kurz – in Abgrenzung zum Direct Marketing – skizziert werden sollen.

Die historische Entwicklung der **Public Relations** weist seit dem letzten Jahrhundert zwei Entwicklungsstufen auf. In der ersten Stufe (bis ca. 1910) wurde Public Relations als Abwehr- und Verteidigungsmaßnahme gesehen, die sowohl von Industriellen als auch der politischen Führung (vor allem in den USA) dazu angewendet wurde, um Forderungen nach Aufklärung aufzufangen. In der zweiten Phase (hauptsächlich ab 1920) entwickelte sich Public Relations als Instrument, das nicht nur der Informationsvermittlung an die Öffentlichkeit diente, sondern auch des Schaffens von Verständnis und von Vertrauen, womit zugleich der Grundstein für die moderne Public Relations gelegt wurde.

Der Begriff ‚Public Relations' wird mit sehr unterschiedlichen Inhalten besetzt, was zum einen an der nicht eindeutigen Begriffsbestimmung der Einzelbegriffe ‚Public' (= öffentlich) und ‚Relations' (= Beziehungen) liegt. Zum anderen wird der Gegenstand der Public Relations nicht nur von wirtschaftswissenschaftlicher Seite, sondern auch von sozial- und politikwissenschaftlicher Seite her untersucht.

Als Instrument der Unternehmens- und Marketingkommunikation definiert BRUHN den Begriff folgendermaßen:

> „Public Relations (Öffentlichkeitsarbeit) als Kommunikationsinstrument bedeutet die Analyse, Planung, Durchführung und Kontrolle aller Aktivitäten eines Unternehmens, um bei ausgewählten Zielgruppen (extern und intern) um Verständnis sowie Vertrauen zu werben und damit gleichzeitig Ziele der Unternehmenskommunikation zu erreichen." (Bruhn 2005, S. 725)

Als wichtigste Zielgruppen der Public Relations werden die Kunden, die Mitarbeiter, die Medienvertreter sowie Aktionäre bzw. Investoren und Branchenorganisationen betrachtet. Die Zielgruppenplanung der Public Relations unterscheidet dabei zwischen Primär- und Sekundärzielgruppen. Primärzielgruppen stellen insbesondere solche Zielgruppen dar, die dem Begriff ‚Meinungsführer' zugeordnet werden können. Meinungsführer wirken auf die Meinungsbildung der Sekundärzielgruppen entscheidend ein. Zu ihnen zählen beispielsweise Vertreter der Medien, die mit Hilfe von PR-Maßnahmen (wie z.B. der umfassenden Abgabe von Informationen) von der Notwendigkeit des Baus einer Fabrikhalle zu überzeugen sind. Diese Primärzielgruppen sollen dann als Multiplikatoren auf die Sekundärzielgruppe (z.B. die angrenzende Bevölkerung) einwirken, die lediglich durch eine Anzeigenkampagne aufgeklärt wird (vgl. Bruhn 2005, S. 758).

Innerhalb der Public Relations stehen verschiedene Kommunikationsstrategien zur Verfügung, die die mittel- bis langfristige Ausrichtung des PR-bezogenen Handelns bestimmen. Die Formulierung der jeweiligen Kommunikationsstrategie orientiert sich dabei (vor dem Hintergrund einer integrierten Kommunikation) an den Zielen der Unternehmens- und Marketingkommunikation, mit denen die PR-Strategie jedoch nicht identisch sein muss (vgl. Bruhn 2005, S. 768).

Je nach kommunikativer Aufgabenstellung werden im Rahmen der Public Relations folgende Strategietypen unterschieden, die zum Teil mit denen des Direct Marketings zusammenfallen:

- Bekanntmachungsstrategie
- Informationsstrategie
- Imageprofilierungsstrategie
- Konkurrenzabgrenzungsstrategie
- Zielgruppenerschließungsstrategie
- Kontaktanbahnungsstrategie
- Beziehungspflegestrategie
- Schadenvermeidungsstrategie

Vor dem Hintergrund dieser PR-Strategien können die konkreten Einzelmaßnahmen der Public Relations bestimmt werden. BRUHN (vgl. 2005, S. 779) fasst die diversen Einzelmaßnahmen der Public Relations in fünf Aktivitätsbereiche zusammen, nämlich die Aktivitätsbereiche ‚Pressearbeit', ‚Maßnahmen des persönlichen Dialogs', ‚Aktivitäten für ausgewählte Zielgruppen', ‚Mediawerbung'[3] und ‚unternehmensinterne Maßnahmen'. Für die vorliegende Arbeit sind vor allem die Maßnahmen im Bereich der Pressearbeit relevant, die auf eine Zusammenarbeit des Unternehmens mit Journalisten bzw. Redakteuren abzielen. Mit Hilfe der Pressearbeit werden vorwiegend Nachrichten über (neue) Produkte und Dienstleistungen, Aktivitäten des Unternehmens (Sponsoring, Veranstaltungen, Jubiläen), Arbeitsplätze sowie wirtschaftliche Analysen und Berichte an die Pressevertreter weitergegeben (vgl. Bruhn 2005, S. 781). Dies geschieht in der Regel durch die Abgabe von Pressemitteilungen und weiterem Informationsmaterial, das Abhalten von Pressekonferenzen, Interviews durch Unternehmensvertreter, Exklusivberichte in Zeitungen und Zeitschriften usw.

Auf die Bedeutung der **Mediawerbung** ist in Zusammenhang mit den verschiedenen Wirtschaftsektoren bereits eingegangen worden. Ebenso wurde bereits in Bezug auf die Ziele und die Gestaltung der Kommunikationsbotschaften auf die Besonderheiten des Instruments ‚Mediawerbung' hingewiesen. Deshalb soll schließlich lediglich noch auf die interinstrumentelle Integration von Direct Marketing, Public Relations und Mediawerbung in den Kommunikationsmix eingegangen werden:
Die allgemeine Zielsetzung der interinstrumentellen Integration ist es, durch den kombinierten Einsatz der verschiedenen Kommunikationsinstrumente Synergiewirkungen in der gesamten Unternehmens- und Marketingkommunikation zu erzeugen. Dabei geht es bei der Verbindung von Public Relations und Mediawerbung vor allem darum, die im Rahmen der Mediawerbung ge-

---

[3] Mit den PR-Maßnahmen im Rahmen der Mediawerbung sind diejenigen PR-Aktivitäten gemeint, bei denen das Unternehmen über mediale Kommunikationsträger PR-Botschaften an die anvisierten Zielgruppen richtet. Dabei unterscheidet sich die Mediawerbung von der Unternehmens-PR und Produkt-PR vor allem durch die Art der beabsichtigten Botschaftsaussage (vgl. z.B. Bruhn 2005, S. 731).

äußerten Botschaften durch den Einsatz der Public Relations zu stützen. Da sich in den letzten Jahren die Tendenz verstärkt hat, dass Konsumenten die Botschaftsaussagen der Mediawerbung in Bezug auf beworbene Produkte und Dienstleistungen hinsichtlich ihres Sinns und Zwecks hinterfragen und in ihren Denkhaltungen und Verhaltensweisen eine zum Teil deutlich kritische Position einnehmen, werden Mediawerbung und Public Relations parallel eingesetzt, um sowohl die Glaubwürdigkeit der Aussagen der Mediawerbung als auch die Wirkung beider Kommunikationsinstrumente zu erhöhen (vgl. Bruhn 2005, S. 787).

Bei der Vernetzung der Instrumente ‚Direct Marketing‘ und ‚Mediawerbung‘ ist neben der inhaltlichen Abstimmung vor allem die zeitliche notwendig. In diesem Zusammenhang erscheint es sinnvoll, in einem ersten Schritt durch den Einsatz von Mediawerbung den Bekanntheitsgrad zu erhöhen und Aufmerksamkeit zu erzeugen (vgl. Bruhn 2005, S. 707), in einem zweiten (z.B. durch den Versand von Direct Mailings) eine Einstellungsänderung zu bewirken.

Zwischen Direct Marketing und Public Relations bestehen lediglich schwache Beziehungen, trotzdem bestehen Möglichkeiten, PR-Maßnahmen und Direct-Marketing-Maßnahmen sukzessiv zu integrieren. Beispielsweise können im Anschluss an PR-Aktivitäten vor der Einführung eines neuen Produktes gezielte Direct-Marketing-Aktivitäten bei den anvisierten Zielgruppen initiiert werden, um den Einsatz der Public Relations zu unterstützen (z.B. Versendung persönlicher Angebote, Broschüren; vgl. Bruhn 2005, S. 789).

2. Denkpsychologische Aspekte

2.1 Kreativitätstechniken

Die konkrete sprachliche Gestaltung der verschiedenen Formen von Unternehmenskommunikation erfolgt auf der Grundlage / in Abhängigkeit von „divergent-kreativen“ und „logisch-konvergenten, intelligenten“ Denkvorgängen (Facaoaru 1985). Deshalb wird im Folgenden kurz auf denkpsychologische und kreativitätstheoretische Ansätze eingegangen und ihre Bedeutung für die Textproduktionsprozesse im Bereich des Marketings dargelegt.

Kreativität ist als Fähigkeit zu verstehen, Denkergebnisse hervorzubringen, die vorher unbekannt waren. Kreativität kann als eine Funktion von angewandten Denkprinzipien und Denkmethoden angesehen werden, wobei ein wichtiger Aspekt im Aktivieren und Reorganisieren von bereits vorhandenem Wissen besteht. Der Umfang kreativer Denkprozesse reicht von ganz einfachen und freien Assoziationen zu einem Stichwort bis hin zur Ideensuche zu äußerst komplexen Problemstellungen. (vgl. Ripke 2005, S. 29). PREISER (vgl. 2004, S. 15f.) geht im Rahmen seines Trainingsprogramms zur Förderung kreativer Fähigkeiten davon aus, dass drei Bedingungen notwendigerweise erfüllt sein müssen, um von einem ‚kreativen Produkt‘, also Ideen und deren Ausführung, künstlerische Gestaltung usw., zu sprechen. Dazu gehört zum einen Neuartigkeit, das heißt, eine Idee muss neu sein oder zumindest einige neuartige Elemente enthalten. Zum anderen muss eine Idee sinnvoll sein, indem sie z.B. einen ästhetischen, künstlerischen, gesellschaftlichen oder wirtschaftlichen Fortschritt bzw. Beitrag zu einer Problemlösung darstellt. Drittens muss eine Idee zumindest von einzelnen Menschen verstanden und akzeptiert werden.

Kreative Prozesse werden durch ein Problem oder einen Anreiz ausgelöst. Das kann eine vorgegebene und zunächst schwer lösbar erscheinende Aufgabe sein oder auch der Wille (Antrieb), etwas zu bewegen, Überraschung, Staunen, Begeisterung erzeugen u.v.m. In diesem Zusammenhang ist wichtig, dass es sich um ein Problem handelt, das einen gewissen Problemdruck auslöst und damit den Antrieb, etwas in Bewegung zu setzen. Zudem sollte Unklarheit bzw. fehlende Eindeutigkeit für die Wege zur Problemlösung bestehen, um kreative Lösungsmöglichkeiten ausführen zu können. Schließlich muss auch Offenheit für Neues vorhanden sein, d.h., neuartige Problemlösungen müssen grundsätzlich akzeptabel sein. Am Ende des kreativen Prozesses steht ein Produkt, dessen Entstehung durch Personen mit ihren Merkmalen und ein bestimmtes Problemfeld beeinflusst wurde (vgl. Preiser 2004, S. 17ff.).

Von besonderer Bedeutung für die kreative Problemlösung sind verschiedene Denkstile oder kognitive Stile. Dabei handelt es sich um unwillkürlich oder unterbewusst gesteuerte Gewohnheiten der Informationsaufnahme und -verarbeitung, die sich durch den Umgang mit geistigen Aufgabenstellungen entwickeln. Hierzu gehören beispielsweise ‚kognitive Komplexität', womit die Bereitschaft gemeint ist, vielseitige und unterschiedliche Informationen zur Kenntnis zu nehmen und in die eigene Erfahrung zu integrieren. Oder auch ‚funktionale Offenheit', also die Bereitwilligkeit, Gegenstände von ihrer üblichen Funktion zu trennen und zu anderen Zwecken zu gebrauchen (vgl. Preiser 2004, S. 39ff.).

Große Bedeutung für die kreative Gestaltung von Kommunikationsbotschaften haben vor allem sog. „offene Denkprinzipien", die freie Herangehensweisen an die Problemlösung beinhalten und entweder unsystematisch ausprobiert oder aufgrund einer Strategie planvoll eingesetzt werden können. Aus der Vielfalt dieser Prinzipien sollen im Folgenden diejenigen vorgestellt werden, die für die sprachliche Botschaftsgestaltung besonders relevant sind. Hierzu gehören das Zulassen spontaner Einfälle, das Herstellen ungewöhnlicher Verknüpfungen, das Entwickeln von Alternativen, die Technik des Verfremdens oder Visualisierens, das Herstellen von Analogien, Methoden des Vereinfachens, Zerlegens, Umkehrens usw. (vgl. Preiser 2004, S. 43ff.).

Spontane Einfälle zuzulassen bedeutet, alle spontanen Gedanken zu einem Thema aufzunehmen und zu äußern, auch wenn es sich nur um lockere gedankliche Verknüpfungen, d.h. Assoziationen, handelt. Die Basis für kreative Leistungen stellt geistige Beweglichkeit dar, weshalb nach MEDNICK (1962) kreatives Denken durch jegliche Form von Assoziationsketten begriffen werden kann. Der kreative Prozess wird in diesem Zusammenhang als Umformung assoziativer Elemente verstanden. Er ist umso kreativer, je weiter die

Elemente voneinander entfernt sind (vgl. Mednick 1962, S. 70; Ripke 2005, S. 30).
Beim Herstellen ungewöhnlicher Verbindungen geht es um das bewusste Verknüpfen von Einfällen und Gedanken, die scheinbar kaum etwas miteinander zu tun haben.
Die Technik des Verfremdens ermöglicht, ein Thema auf ungewöhnliche Weise darzustellen und zu interpretieren (vgl. Preiser 2004, S. 44). Beispiele dafür sind Präsentation eines technischen Problems in Form eines Bilderrätsels, ein Spiel mit Bedeutungen bzw. Mehrdeutigkeiten, Umgestaltungen eines Zeichens mittels eines anderen etc. (vgl. Janich 2003, S. 195).
Beim Problemlösen mit Analogien handelt es sich um eine Art der Verfremdung, die neue Blickrichtungen eröffnet (vgl. Preiser 2004, S. 44). Seit jeher haben Analogien große Bedeutung für die Geistesgeschichte (z.B. Aristoteles, Freud) und die Theorie der menschlichen Informationsverarbeitung. Es handelt sich um eine spezifische Qualität des menschlichen Denkens, nämlich „die Fähigkeit zwei verschiedene Sachverhalte/Theorien/Methoden aus ganz unterschiedlichen Bereichen gleichzeitig zu durchdenken und durch das Erkennen tiefliegender analoger Relationen konstruktiv aufeinander zu beziehen“ (Ripke 2005, S. 64f.). Das Erkennen analoger Beziehungen zwischen den Methoden oder Theorien ist dabei die Voraussetzung für das Erfassen der analogen Gesamtzusammenhänge. Zu unterscheiden ist hier zwischen internen und externen Analogien. Bei internen Analogien handelt es sich um das Erfassen von analogen Zusammenhängen innerhalb eines Forschungsbereichs, wie z.B. das Erkennen analoger chemischer Reaktionen oder das Erkennen von scheinbar unterschiedlichen, aber dennoch strukturähnlichen experimentellen Verläufen im Rahmen der Gentechnologie. Externe Analogien beziehen sich auf den Vergleich von Inhalten aus völlig unterschiedlichen Bereichen, etwa wenn das System der chemischen Elemente einem Kartenspiel gegenübergestellt wird (vgl. Ripke 2005, S. 65; Rüppell/Vohle 2004).
Zu den offenen Denkprinzipien gehört auch das Visualisieren, welches darin besteht, Probleme und Lösungsansätze nicht sprachlich oder mathematisch-formalisiert, sondern in bildlich anschaulicher Form darzustellen, um dadurch eine stärkere kognitive Aktivierung auszulösen.

Bei den Denkmethoden ‚Zerlegen' und ‚Vereinfachen' geht es zum einen darum, Aspekte eines Problems nicht als letzte Einheiten zu betrachten, sondern in Subeinheiten oder Elemente zu gliedern, um sie zu neuen Systemen zusammensetzen zu können. Zum anderen ist damit gemeint, ein komplexes Problem mit einfachen Worten und Beispielen zu beschreiben, um so Barrieren zu überwinden bzw. blockierte Denkschritte freizugeben. Andere Strategien für das Überwinden von Denkblockaden bestehen darin, nicht den Weg vom Ausgangspunkt zum Ziel zu suchen, sondern den umgekehrten Weg zu beschreiten oder gedankliche Umwege zu machen, denn der direkte Weg ist oft durch Einstellungsschranken blockiert. Durch eine veränderte Perspektive kann das Blickfeld erweitert und damit der Abbau der Denkblockaden unterstützt werden (vgl. Preiser 2004, S. 44f.).[4]

Der Ablauf kreativer Prozesse kann durch sog. „Kreativitätstechniken" stimuliert werden. Hierbei handelt es sich um bestimmte Arbeitsmethoden, die die Entwicklung möglichst zahlreicher und unterschiedlicher Ideen unterstützen. Sie dienen der Erweiterung des Blickfeldes, wodurch sie helfen, die Lösungssuche nicht auf naheliegende Alternativen einzuengen.

Nach PREISER (vgl. 2004, S. 79f.) lassen sich die wichtigsten Kreativitätstechniken auf fünf Prinzipien der Kreativitätsförderung zurückführen:

- freie Assoziation,
- Bildhaftigkeit,
- Analogien,
- Verfremdung und Zufallsanregung,
- systematische Variation.

Das Prinzip der freien Assoziation verlangt, alle Gedächtnisinhalte und äußeren Eindrücke, die in irgendeiner Weise mit dem Thema assoziiert sind, in den Problemlöseprozess mit einzubringen, auch wenn zunächst kein logischer

[4] Offene Denkprinzipien spielen bei der Sprachproduktion und -rezeption generell eine wichtige Rolle. Deshalb spiegeln sie sich auch in zahlreichen linguistischen Phänomenen wider. So ist etwa die Verknüpfung von entfernter liegenden Dingen charakteristisch für das Konzept der Präsupposition, das Zerlegen in Sub-Einheiten und das neue Zusammensetzen Bestandteil des Isotopie-Konzepts der Textlinguistik und das Problemlösen mit Analogien Voraussetzung für das linguistische Konzept der Analogie (z.B. in der Wortbildung).

Zusammenhang erkennbar ist. Dadurch werden neue Kombinationen, Zuordnungen und gedankliche Strukturen ermöglicht. Das Prinzip der Bildhaftigkeit basiert auf der Erkenntnis, dass sich viele schöpferische Anregungen aus einem Rückgriff auf vorrationales, bildhaftes Denken ergeben. Daraus resultieren Methoden, die aus der Verknüpfung einer Problemsituation mit willkürlich oder gezielt ausgesuchten Bildern neue Sichtweisen und originelle Lösungsansätze gewinnen. Mit Hilfe des Analogie-Prinzips werden neue Lösungen aus den Ähnlichkeiten und Unterschieden zwischen Problem und Analogie (s.o.) entwickelt. Beim Prinzip der Verfremdung und Zufallsanregung ergeben sich diese aus der Beschreibung und Kombination von zufällig gefundenen oder zusammengestellten Begriffen, die mit dem Problem in Beziehung gesetzt werden. Das Prinzip der systematischen Variation beinhaltet schließlich, dass die Vielfalt möglicher Lösungen dadurch erweitert wird, dass grundlegende Faktoren oder Elemente der Problemsituation oder bisheriger Lösungsansätze aus dem Zusammenhang gelöst oder systematisch verändert werden (vgl. Preiser 2004, S. 80).

2.2 Denkstile und die Gestaltung von Kommunikationsbotschaften

ZIELKE (vgl. 1991, S. 139f.) untersucht verschiedene Denkstile auf ihre Eignung für die Ideen- und Motivfindung bei der Gestaltung von Werbebotschaften. Unter werblicher Kreativität versteht er in diesem Zusammenhang „die Fähigkeit eines Wort- und/oder Bildschaffenden, Aussagen über ein werblich Darzustellendes ausdrucks- und/oder inhaltsseitig mit ungewöhnlichen sprachlichen und/oder graphischen Mitteln so zu treffen, dass das spezifisch Ungewöhnliche der jeweiligen Darstellungsweise für Rezipienten als beabsichtigte Umstrukturierung oder Durchbrechung tradierter, konventionalisierter oder habitualisierter Darstellungsregeln oder -normen erkennbar ist“ (Zielke 1991, S. 139).

Ausgehend von vier Denkstilen, die nach LINNEWEH (vgl. 1984, S. 51f.) bei kreativen Tätigkeiten am häufigsten Verwendung finden, untersucht ZIELKE (1991), inwiefern jeder dieser Denkstile zu spezifisch eigenen Ergebnissen bei der Lösung werblicher Kommunikationsaufgaben führt bzw. welcher dieser

Denkstile zur Kodierung von bestimmten Anzeigenformen besonders geeignet ist. LINNEWEH (vgl. 1984, S. 51) differenziert zwischen dem logischen, dem pragmatischen, dem kreativen und dem phantastischen Denkstil. Die Unterscheidung basiert dabei auf dem jeweiligen Anteil von konvergenten und divergenten Denkoperationen, die eine entscheidende Rolle beim kreativen Denken spielen. Unter **konvergentem Denken** wird fixiertes und enges, aber auch logisches Denken verstanden, das in systematischen Schritten verläuft. So werden bei der Bildung einer so genannten Gedankenkette mit einem Begriff zunächst ganz bestimmte Dinge verbunden – etwas Naheliegendes, etwas Traditionelles, etwas Erfahrenes, das mit dem Reizwort oder einem gegebenen Problem in irgendeiner Form in Beziehung steht. Konvergente Zuordnungen in einer Gedankenkette sind zum Beispiel: *Auto – Straßenverkehr – Unfallrisiko*. Sie beruhen auf einem Denkprozess, der durch Erfahrungen, Wissen und bisherige Begegnungen mit der Umwelt geprägt ist (vgl. Linneweh 1984, S. 17ff.). Das bedeutet, dass konvergente gedankliche Zuordnungen bzw. konvergentes Denken auf einem großen Erfahrungshintergrund einer Sozialgemeinschaft beruhen und somit bei ihrer Äußerung von den sich in der Rolle der Rezipienten befindenden Mitgliedern dieser Gemeinschaft als sinntragend und stimmig nachvollzogen werden können. So ist die oben exemplarisch angeführte Gedankenkette als Slogan einer Anzeige, die für sicherheitsbewusstes Verhalten in Straßenverkehr werben soll, durch konvergente Denkoperationen beispielsweise folgendermaßen in eine werbliche Formulierung umsetzbar und sinntragend rezipierbar: *Augen auf im Straßenverkehr!* (vgl. Zielke 1991, S. 140.). **Divergentes Denken** hingegen ist ein freies, ungeordnetes und phantastisches Denken, das nicht logisch nachvollziehbar ist. Es geht dabei um Verknüpfungen von entfernter liegenden Dingen (z.B. *Hammer – Fotokamera, Porsche – Essen – Familienwagen*), die zunächst nicht logisch begründbar oder nachvollziehbar sind und mit dem gestellten Ausgangsproblem nicht in Verbindung stehen (vgl. Linneweh 1984, S. 17 und S. 24). Entspricht den divergenten Zuordnungen einer Gedankenkette kein Erfahrungswert der Sozialgemeinschaft, werden sie von den in der Rezipientenrolle befindlichen Gemeinschaftsmitgliedern vorerst als bezugslos, willkürlich, realitätsfremd, sinnlos etc. empfunden. Da bei Sender und Empfänger bzw. Produzent und Rezipient kein übereinstimmender Erfahrungshintergrund vorliegt, müssen solche divergenten Gedankenketten, wenn sie zeichenhaft artikuliert nachvollziehbar und sinntragend wirken sollen, erst in einen künstlich zu schaffenden Bezugskontext gestellt werden, damit dieser den bestehenden Erfahrungsbestand der Rezipienten um die fehlende Bezugsgröße ergänzen kann. Das heißt, divergente Zuordnungen müssen den Rezipienten vor dem Hintergrund eines künstlich geschaffenen Bezugskontextes konvergent erscheinen, um nachvollzogen und als sinntragend verstanden zu werden (vgl. Zielke 1991, S. 141). So kann die erste, oben exemplarisch angeführte divergente Gedankenkette im Motivkontext einer Printkampagne der Marke Minolta mit der Schlagzeile: *Wenn sie DEN bedienen können, können sie auch DIE bedienen.* (wobei DEN auf einen Hammer und DIE auf eine Minoltakamera referiert) sinntragend bzw. plausibel wirken, die zweite in der ironischen Werbeaussage für den Porsche 911: *Sie können länger frühstücken. Sie sind früher zum Abendessen zurück. Gibt es ein besseres Familienauto?* (vgl. Jung/v. Matt 2002, S. 168 und S. 205f.).

Kreative Denkprozesse enthalten nicht nur konvergente, enge und rationale Denkweisen, sondern auch offene, divergente und intuitive Denkvorgänge. Dabei sind konvergente und divergente Denkoperationen nicht in einem Gegensatz zu sehen, sondern stehen in notwendiger Ergänzung zueinander. Eine ausschließlich offene, affektive und spielerische Denkweise erzeugt phantastische Denkprodukte, während eine enge, bewusste und konvergente Denkweise logisch begründbare Denkergebnisse hervorbringt (vgl. Linneweh 1984, S. 27 und S. 51). Divergenz wird beispielsweise zur Ideenproduktion benötigt, Konvergenz, um die gefundenen Ideen zu überprüfen. Daher kann produktive Kreativität als kontrollierbare Divergenz verstanden werden, d.h. als eine Art des divergenten Denkens, das aber der Realität angepasst ist. Ausgehend von diesen Erkenntnissen entwirft LINNEWEH (vgl. 1984, S. 17) ein Problemlösungsgitter, das aus den beiden unabhängigen Dimensionen Lustprinzip und Realitätsprinzip besteht, wobei das Lustprinzip die divergente Dimension und das Realitätsprinzip die konvergente Dimension kennzeichnet. Auf der Basis dessen unterscheidet er hinsichtlich des jeweils typischen Anteils der zugrundeliegenden konvergenten und/oder divergenten Denkoperationen zwischen verschiedenen Denkstilen, von denen vier im Folgenden näher beschrieben werden.

Der **logische** Denkstil ist gekennzeichnet durch bewusste, realistische Denkweisen, d.h. durch eine systematische Abfolge von hierarchisierten, unmittelbar aufeinander bezogenen gedanklichen Zuordnungen. Diese auf konvergenten Denkoperationen basierenden Verknüpfungen laufen innerhalb eines konventionell gefestigten Wert- und Normgefüges ab, das als Maßstab für die Bewertung der Gültigkeit oder Zulässigkeit gedanklicher Zuordnungen im Sinne des logischen Prinzips anzusehen ist. Da dieser Operations- und Bewertungsmaßstab bei den Produzenten und Rezipienten übereinstimmend bekannt und akzeptiert ist, kommt es zu einer weitreichenden Nachvollziehbarkeit und Überprüfbarkeit solcher Zuordnungen, die nach dem logischen Prinzip organisiert sind (vgl. Zielke 1991, S. 143). Divergente Verknüpfungen finden innerhalb des logischen Denkstils kaum statt, weil gefühlsmäßige unbewusste Vorstellungen zugunsten von bewussten, systematischen Überlegungen zurückgestellt werden (vgl. Linneweh 1984, S. 52). Der logische Denkstil ist deshalb besonders geeignet, wenn das zentrale Kommunikationsziel im Informieren des Rezipienten bzw. Konsumenten besteht. In diesen Fällen soll der sachliche Inhalt einer Botschaft eine rationale Beurteilung des Angebots auslösen. Beispiele hierfür sind die Werbung für High-Involvement-Produkte oder Marketingaktivitäten im Bereich von Investitionsgütern, die in hohem Maße erklärungsbedürftig sind und somit zahlreiche Informationen zur Beschreibung ihrer Funktion, Leistung usw. benötigen.

Mit dem **pragmatischen** Denkstil wird ein produktives Denken bezeichnet, das bewusste und unbewusste sowie gefühlsmäßige und zielorientierte Denkweisen vereint. Dieser Denkstil bedient sich systematischer Erkenntnisse und bekannter Innovationen (vgl. Linneweh 1984, S. 52). Er ist abhängig von vorgegebenen Problemen, die er durch Umstrukturierung löst. Dieses Denken verbindet konvergente mit divergenten Denkoperationen, wobei die konvergenten stets deutlich überwiegen, so dass der Realitätsbezug gesichert bleibt. ZIELKE (vgl. 1991, S. 144) beschreibt den pragmatischen Denkstil aufgrund des überwiegenden Anteils der konvergenten Zuordnungen als eine Variante des logischen Denkstils, die sich durch wenige divergente Anteile sozusagen als dessen „kreative Verfremdung" abhebt. Deshalb hält er den pragmatischen Denkstil für Anzeigenmotive der High-Involvement-Werbung geeignet, deren

Gegenstände zwar eine Gestaltung auf der Grundlage von logischen Denkoperationen erfordern, solchermaßen dargestellt aber kommunikativ unspektakulär, d.h. zu nüchtern wirken. Mit Hilfe weniger divergenter Zuordnungen können diese selektiv so umstrukturiert werden, dass das Erscheinungsbild der Anzeigen bei vorherrschender Sachlichkeit doch als kreativ akzentuiert beschrieben werden kann und daher interessanter wirkt. Da ein logisch konzipiertes Anzeigenmotiv pragmatisch umstrukturiert und daher kreativ verfremdet werden kann, bezeichnet ZIELKE (vgl. 1991, S. 144f.) den pragmatischen Denkstil auch als einen auf dem logischen Denkstil basierenden „Korrekturdenkstil".

Der **kreative** Denkstil unterscheidet sich vom pragmatischen durch eine hohe Problemsensibilität, die als Voraussetzung für das selbstständige Erkennen veränderungswürdiger Zustände sowie unerwarteter Lösungswege anzusehen ist (vgl. Linneweh 1984, S. 52). Das bedeutet, der kreativ Denkende setzt bei der Wahrnehmung zu lösender Probleme und deren geistiger Durchdringung willentlich eigene Akzente, die in der Problemstellung entweder gar nicht oder in anderer Gewichtung vorkommen. Demzufolge sind die Ergebnisse kreativer Problemlösungen in der Regel überraschend und neuartig. Beim kreativen Denkstil überwiegen divergente Gedankenoperationen gegenüber konvergenten, weshalb es nur unter bestimmten Voraussetzungen möglich ist, die kreativen Zuordnungen nachzuvollziehen (vgl. Zielke 1991, S. 145). Ein wichtiger Bestandteil des kreativen Denkstils ist deshalb neben der eigentlichen Problemdurchdringung die Herstellung und Sicherung dieser Voraussetzungen. Das wird erreicht, wenn die divergenten kreativen Zuordnungen in passende Bezugskontexte – die realitätsentlehnt oder künstlich geschaffen sein können – eingebettet werden und in deren Rahmen als konvergente Zuordnungen erscheinen bzw. nachvollziehbar wirken. In diesem Zusammenhang erweist sich der kreative Denkstil im Vergleich zum pragmatischen als wesentlich weniger realitätsgebunden. Das bedeutet, der kreative Denkstil kann einen eigenen Bezugskontext in Form einer fiktiven Wirklichkeit schaffen. Durch den rezeptionsbedingten Zwang zur Nachvollziehbarkeit darf sich dieser von der empirisch erfahrenen Welt aber nur so weit entfernen, wie es die Nachvollzugskompetenz der Rezipienten, ihre Vorstellungskraft, erlaubt (vgl. Zielke 1991, S. 145). Diese zuletzt genannten Merkmale des kreativen Denkstils zeigen in Verbindung mit der Betrachtung von sprachlichen Botschaften oder auch bestimmten Text-Bild-Zusammenhängen Gemeinsamkeiten mit Aspekten des Griceschen Kooperationsprinzips (vgl. Grice 1989). Diese Kooperativitätsannahme ermöglicht Schlussfolgerungen, die weit über das wörtlich Gesagte hinausgehen, sog. „konversationelle Implikaturen". Sie treten u.a. durch eine scheinbare Verletzung der Konversationsmaximen auf, müssen aber in Abhängigkeit eines Bezugskontextes rekonstruierbar sein. Der kreative Denkstil ist ausgehend von der o.g. Charakterisierung nach ZIELKE (vgl. 1991, S. 146) besonders für die Kodierung von Werbeanzeigen unter Low-Involvement-Bedingungen geeignet. Da gering involvierte Rezipienten durch originelle Formen der Darstellung zum genauen Hinsehen und zum gedanklichen Verweilen bei den werblichen Inhalten stimuliert werden können, lassen sich „durch prima vista divergente Verknüpfungen bessere Kommunikationserfolge erzielen als durch a priori konvergente" (Zielke 1991, S. 146). Das liegt in erster Linie daran, dass Anzeigenmotive, die dem Rezipienten divergente Eindrücke vermitteln, seine normalerweise konvergente Realitätssicht durchkreuzen und stören. Dieses Befremden und die damit verbundene Irritation lösen seinerseits eine erhöhte Aktivierung aus, die zu einer gesteigerten Aufmerksamkeit gegenüber der Werbeanzeige und zu einer erhöhten Aufnahmebereitschaft für ihre Inhalte führt. Das heißt, dass divergente Verknüpfungen den Rezipienten zu einer stärkeren Auseinandersetzung mit den werblichen Darstellungen und Inhalten stimulieren können (vgl. Zielke 1991, S. 146). Jedoch überlagern sich dabei zwei gegenläufige Tendenzen: Je kreativer und außergewöhnlicher eine Werbebotschaft ist, desto interessanter, aber auch befremdlicher erscheint sie dem Adressaten. Deshalb geht bei zu viel Kreativität der positive Motivationseffekt in einem negativen Schwierigkeitseffekt unter (vgl. Jung/v. Matt 2002, S. 88). Kann der Rezipient jedoch die anfänglich wahrgenommene Divergenz gut entschlüsseln und sie im Motivkontext als konvergent identifizieren, löst sich seine Verunsicherung auf, so dass er die ursprünglich als divergent aufgefassten, aber im Motivkontext als konvergent erkannten Zuordnungen als einen an das Beworbene gebundenen neuen Aspekt seinem bisherigen Erfahrungshintergrund hinzufügen kann. Eine Bereicherung seiner Realitätssicht, die bestehen bleibt, solange er sich an das jeweilige Anzeigenmotiv erinnert (vgl. Zielke 1991, S. 146f.).

Der **phantastische** Denkstil ist geprägt durch einen hohen Anteil unbewusster Motive und Wunschvorstellungen. Er beschreibt ein Denken in Utopien, die wenig Bezug zur Realität haben (vgl. Linneweh 1984, S. 52). Der phantastische Denkstil beinhaltet keine konvergenten Denkoperationen, deshalb erscheinen seine Zuordnungen unter Zugrundelegung einer primär konvergenten Weltsicht bezugslos und willkürlich. Da die realitätsenthobenen Verknüpfungen des phantastischen Denkstils jeglicher für den Rezipienten nachvollziehbarer Systematik entbehren, hält ZIELKE (vgl. 1991, S. 147) diesen für kaum verwendbar bei der Kodierung zweckgebundener werblicher Kommunikationsbotschaften, sondern eher geeignet für rein künstlerische Darstellungsformen.

3. Grundlagen der Stilistik

Im folgenden Kapitel soll in grundlegende Aspekte sprachlichen Stils eingeführt werden, wobei diejenigen im Vordergrund stehen, die unmittelbare Relevanz für die Beschreibung kommunikationspolitischer Aktivitäten haben. Im Hinblick auf den Gegenstand der sprachwissenschaftlichen Stilistik, die Spezifik der sprachlichen Ausgestaltung von Textstrukturen, wird eine Beschreibung der sprachlichen Mittel des Deutschen für eine umfassende, holistische Analyse angestrebt. Dafür ist es zunächst notwendig, sprachliche Einzelelemente zu typisieren und zu systematisieren, um sie danach in größere funktionale Zusammenhänge einordnen zu können.

3.1 Stil und Stilbeschreibung

3.1.1 Zum Stilbegriff

Stil bezieht sich auf die Art der sprachlichen Ausgestaltung von Textstrukturen, Stil bezeichnet das WIE, die funktions- und situationsbezogene Variation der Verwendung von Sprache und anderen kommunikativ relevanten Zeichentypen (vgl. Fleischer et al. 1993, S. 15, Sandig 2006, S. 1). Stil bezieht sich nicht auf einzelne sprachliche Phänomene, sondern stets auf den Text (vgl. Eroms 2008a, S. 13). Das bedeutet, dass die Gesamtheit aller in einem Text verwendeten Stilelemente in ihrem Zusammenspiel den Stil ausmacht.
Während die Textlinguistik einen weiteren Blickwinkel hat, indem sie Texte als mehrdimensionale, komplexe sprachliche Einheiten auffasst und beschreibt, worin die Gemeinsamkeiten aller Texte und Textklassen bestehen, was also ‚Text' ausmacht, untersucht die Stilistik einen Teilaspekt des Phänomens ‚Text'. Es geht um die Frage, wie ein Text im Hinblick auf seine Verwendung gestaltet und inwieweit er stilistisch interpretierbar ist, wobei Stil immer dann zum Tragen kommt, wenn innerhalb der kommunikativen Ressourcen einer Sprachgemeinschaft Alternativen bestehen (vgl. Sandig 2006, S. 2ff.). Die Stilistik untersucht die Mittel, die in einer Sprache zur Verfügung stehen, sich auf eine bestimmte Weise (auch: Formulierungsweise, vgl. Fleischer et al. 1993, S. 15ff.) auszudrücken. Dabei geht es um sprachli-

ches Handeln im Spannungsfeld von Vorgegebenem und individueller Umsetzung, da Textmuster neben Prototypischem auch Freiräume für kommunikatives Handeln enthalten und ebenso die Möglichkeit zur Brechung der Muster, um bestimmte Effekte zu erzielen (vgl. Fix et al. 2003, S. 27f.).

Stil ist als Realisierung der Textoberfläche zum einen ein WIE, indem er durch eine bestimmte sprachliche Form das Spezifische des im Text umgesetzten Handelns ausdrückt. Zum anderen ist er ein WAS, weil durch die Art und Weise der Formulierung zusätzlich zu der Primärinformation des Textes immer auch weitere Informationen gegeben werden (vgl. Fix et al. 2003, S. 27). Stil hat damit eine wichtige Funktion für die Kommunizierenden, da durch seine sprachlichen und formalen Eigenschaften intersubjektiv Sinn vermittelt und interpretiert werden kann (vgl. Sandig 2006, S. 7). Es geht dabei um Informationen, die sich auf die Beziehung zwischen Textproduzenten, den von ihm verwendeten Zeichen und dem Rezipienten der Zeichen beziehen. So ist Stil immer ein Teil der Selbstdarstellung des Textproduzenten[5], d.h. durch die Art und Weise, wie er spricht oder schreibt, gibt dieser – mehr oder weniger intendiert oder auch völlig ungewollt – Informationen über das eigene Selbstverständnis, über seine Rollenauffassung und das Image, das er aufbauen oder wahren möchte. Stil ist eine Information über die im Text zugrundeliegende Situation und zugleich ein Mittel der Beziehungsgestaltung zwischen Produzent und Rezipient, denn durch die Art der Formulierung – z.B. autoritär oder gleichberechtigt, sachlich oder emotional, offiziell oder privat – wird deutlich gemacht, welche sozialen Beziehungen zum Empfänger bestehen oder hergestellt werden sollen. Außerdem wird durch Stil sichtbar, welches Verhältnis der Textproduzierende zur Sprache hat[6], indem konventionell oder originell, normbewusst oder offen für Abweichungen, einförmig oder variabel formuliert wird (vgl. Fix et al. 2003, S. 27). Dabei muss einschränkend bemerkt werden, dass das Wissen über Stil in der gesamten Sprachgemeinschaft je nach sozialer Zugehörigkeit, nach dem Umgang mit Literatur, in Abhängigkeit von der Generationszugehörigkeit, dem Umgang mit Sprache allgemein usw. sehr stark variiert (vgl. Sandig 2006, S. 9).

---

5 Vgl. auch die „Symptom-Funktion“ von Sprache im Sinne Bühlers (1934).

6 Vgl. den systemtheoretischen Begriff ‚Selbstreferentialität‘ aus der Kommunikationswissenschaft.

3.1.2 Zur Stilbeschreibung – Funktionalstilistik und Pragmatische Stilistik

Im Folgenden sollen zwei Möglichkeiten der Stilbeschreibung vorgestellt werden, die besondere Bedeutung für die Untersuchung von Gebrauchstexten, insbesondere auch denen der Unternehmenskommunikation haben. Dabei soll es zunächst um den Ansatz der Funktionalstilistik gehen, bei dem der Begriff ‚Funktion' auf den grundlegenden Sachverhalt referiert, dass es einen korrelativen Zusammenhang zwischen außersprachlichen (Tätigkeitsbereiche, Kommunikationssituationen, gesellschaftliche Aufgaben) und sprachlichen Gebrauchsweisen (typische Verwendungsweisen von Ausdrucksmitteln) gibt (vgl. Fix et al. 2003, S. 33). So betrachten RIESEL/SCHENDELS (vgl. 1975, S. 22f.) Kommunikation immer als Resultat von außerlinguistischen Gegebenheiten und sehen ihren Ausgangspunkt stets in der funktionalen Spezifik der Mitteilung im jeweiligen Kommunikationsbereich. Die Theorie der Funktionalstile versucht, aus der Gesamtheit der sprachlichen Mittel diejenigen auszuwählen, die für eine bestimmte Mitteilungsfunktion besonders geeignet sind. Daraus ergibt sich eine funktionalstilistische Gliederung, die im Wesentlichen durch eine außersprachliche Grundlage (Sphäre der Tätigkeit, in der sich Kommunikation vollzieht) und ihrem sozial bewussten und normierten Charakter gekennzeichnet ist (vgl. Fleischer/Michel 1977, S. 243). Der Aspekt des Normativen hat demzufolge große Bedeutung innerhalb der Funktionalstilistik, weshalb die Kategorie der Angemessenheit/Adäquatheit als zentrales Prinzip der Umsetzung der situativen Faktoren in die sprachliche Gestalt der Äußerung gilt (vgl. Fix et al. 2003, S. 34). Die Normen ergeben sich in Bezug auf die gesellschaftlich relevanten Zwecke, wobei Kommunikation als soziales Verhalten der Individuen einer Gesellschaft im Hinblick auf eine optimale Verständigung betrachtet wird. Daraus leitet sich eine Einteilung in Kommunikationsbereiche ab, je nach den Funktionen, die die Kommunikation in diesen Bereichen hat (vgl. Eroms 2008a, S. 108f.). So unterscheiden FLEISCHER/MICHEL (vgl. 1977, S. 253ff.) die fünf funktionalen Stiltypen ‚Alltagsverkehr', ‚Belletristik', ‚Wissenschaft', ‚Direktive' sowie ‚Presse und Publizistik', wobei bereits FIX ET AL. darauf hingewiesen haben, dass die Kriterien, die zur Beschreibung herangezogen werden, beispielsweise spontan – ausgefeilt, künstlerisch geformt – nicht künstlerisch geformt, Dominanz der Erkenntnisvermittlung – Dominanz der Verhaltenssteuerung, uneinheitlich sind, weil sie sich zum Teil auf das Gedanklich-Sprachliche, zum Teil auf das Intentionale beziehen (vgl. Fix et al. 2003, S. 34).

Funktionalstile gelten als normbezogene Erklärungsinstanzen für stilistische Phänomene, denen jedoch – wie EROMS (vgl. 2008a, S. 111) feststellt – kein globaler Erklärungsanspruch im Sinne eines ganzheitlichen Ansatzes zur Stilistik zukommen kann. Dies ergibt sich aus der „Janusgesichtigkeit“ des Stils, womit er den paradoxen Aspekt des Stilbegriffs bezeichnet, der aus einer Mischung von überindividuellen und individuellen Merkmalen eines Textes entsteht, weil die Erwartungen an Kommunikation einerseits die Einhaltung von Normen andererseits aber bis zu einem gewissen Grade gerade deren Durchbrechung fordern (vgl. Eroms 2008a, S. 16). Da die funktionalen Bereiche der Sprache jedoch über ein großes Potential von Gemeinsamkeiten verfügen und Stilbeschreibungen letztlich immer auf die Erfassung des Wesentlichen, des Charakteristischen abzielen – sowohl in Bezug auf den individuellen Faktor, als auch auf die Darstellung globaler Vorgaben –, sieht EROMS (vgl. 2008a, S. 111) es dennoch als sinnvoll an, einen oder auch alle Funktionalstile vollständig zu beschreiben und erweitert die Konzeption der Funktionalstilistik um die Bereiche rituelle bzw. sakrale Sprache, Werbungssprache sowie Sprache in Schule und Unterricht. Daraus ergibt sich eine achtfache Untergliederung (auf der Basis einer modifizierten zeitgemäßeren Terminologie): 1. Alltagssprache, 2. Wissenschaftssprache, 3. Öffentliche Kommunikation, 4. Sprache der Medien, 5. Sprache der Unterweisung, 6. literarische Sprache, 7. sakrale Sprache, 8. Werbungssprache (vgl. Eroms 2008a, S. 115).

Der Bereich der Werbesprache zeichnet sich dabei vor allem dadurch aus, dass er so gut wie alle Formen der Sprache nutzt, mit denen sich stilistische Effekte erzielen lassen. Für Werbetexte ist charakteristisch, dass etablierte Ausdrucksweisen mit provozierend neuen verbunden werden, die Assoziation von Hochwertbereichen angestrebt wird, die Formulierungen einprägsam und verständlich sind, was gerade im Falle von Slogans durch die Verwendung von kurzen, prägnanten Sätzen erreicht werden kann (vgl. Eroms 2008a, S. 135). Grundlage für eine umfassende funktionalistische Bestimmung dieses Bereichs und eine tiefgreifende Analyse von darin enthaltenen Stilmitteln muss jedoch zunächst eine gemeinsame Funktion sein. Hier zeigt sich, dass die Texte der Werbesprache hinsichtlich ihrer Funktionen sehr heterogen sind, weshalb es fraglich erscheint, ob ihnen der Status eines Funktionalstils zukommt (vgl. auch Fix et al. 2003, S. 34 in Bezug auf journalistische und literarische Texte). Für die stilistische Beschreibung der Werbesprache als wichtigem Bestandteil der externen Unternehmenskommunikation ist es nicht ausreichend, von allgemein ökonomischen Funktionen – wie der Anpreisung des Beworbenen mit dem Ziel der Auslösung einer Kaufentscheidung bzw. der Umsatzsteigerung – auszugehen, weil ihnen die selektive Steuerungskraft fehlt, das werbliche Handeln in eine spezielle Richtung zu lenken (vgl. Steffenhagen 1993, S. 288). Das bedeutet, dass aus ihnen keine Handlungsimpulse oder situationsspezifische Ideen für die Gestaltung von Werbebotschaften abgeleitet werden können und sie somit keinen unmittelbaren Einfluss auf die Form der sprachlichen Präsentation haben. Für die funktionalstilistische Analyse von Werbesprache wäre es deshalb notwendig, ausgehend von einem sehr differenzierten System von Funktionen (z.B. Einstellungsbeeinflussung, Informationsvermittlung s.o.) eine Bestimmung von Textsorten (z.B. auch mündlich – schriftlich, Einzelansprache – disperses Publikum) vorzunehmen, die diesem Bereich untergeordnet sind, und deren jeweilige Textsortenstile zu klassifizieren, da diese im Übrigen auch hinsichtlich ihrer Normiertheit erheblich variieren.

Die oben beschriebene Vorstellung von Stil enthält wesentliche Bestandteile einer pragmatischen Stilauffassung, in der sich die Bedeutung einer pragmatischen/sozialen Dimension von Stil niederschlägt. Besondere Relevanz haben dabei die Textualitätskriterien der Intentionalität und Situationalität (vgl. Fix et al. 2003, S. 32). So definiert SANDIG (vgl. Sandig/Selting 1997), die Hauptvertreterin der pragmatischen Stilistik, Stile als variierende Sprachverwendungen und Textgestaltungen, denen „relativ zu bestimmten Verwendungszwecken und Verwendungssituationen von den Beteiligten bestimmte sozial und kommunikativ relevante Bedeutungen zugeschrieben werden können“ (Sandig 2006, S. 2).
Stil ist somit die sozial relevante Art der Handlungsdurchführung (vgl. Sandig 2006, S. 9), die zugleich eine sekundäre Information ist, eine Information über das handelnde Individuum, über sein Bedürfnis, sich sozial anzupassen

oder abzugrenzen, über die Art der von ihm gewünschten Beziehungsgestaltung usw. (vgl. Fix et al. 2003, S. 32). Kommunikativer Stil entsteht dabei in der Regel durch das Ausführen der sprachlichen Handlung vor dem Hintergrund möglicher Alternativen, jedoch kann in bestimmten Fällen auch das Fehlen von Alternativen (z.B. bei bestimmten Ritualen) Stil generieren. Es gibt zudem jeweils typische und eher individuelle Arten der stilistischen Handlungsdurchführung (vgl. Sandig 2006, S. 9). Für die Kommunikationsbeteiligten ist Stil ein funktionales System, das den Arten der Handlungsdurchführung typisierend oder individuell differenzierenden sozialen Sinn verleiht. In diesem Zusammenhang ist wichtig, dass Äußerungen an bestimmte Handlungssituationen gebunden sind, aus denen Erwartungen resultieren, die die Rezeption von Äußerungen beeinflussen (vgl. Sandig 2006, S. 19). Das heißt, es gibt in einer Kommunikationsgemeinschaft gewisse erwartbare Formen der Handlungsdurchführung und Abweichungen von diesen Erwartungen erhalten wiederum einen Sinn.

Textproduzenten können über den Stil ihre subjektiven oder aufgrund von Konventionen erwartbaren Einstellungen und Haltungen vermitteln, beispielsweise zum Inhalt der Handlung, zu Adressaten, zur Situation, zur Institutionsgebundenheit u.v.m. Dabei können sie sich an Konventionen halten, aber auch gradweise von diesen abweichen. Demzufolge ist zwischen dem typisierenden und individuellen Durchführen kommunikativer Handlungen zu unterscheiden, womit einerseits das Durchführen im Sinne des Üblichen, der anerkannten Ordnung allgemein, andererseits das Sich-davon-Abheben gemeint ist (vgl. Sandig 2006, S. 20). Das individuelle, variable Herstellen von Stil durch abweichende Verwendungen typisierter Stile oder durch nicht usuelle Kombinatorik von Stilelementen in Relation zum Typ der Handlung und den weiteren kommunikativen Umständen erfordert seitens des Textproduzenten Stilkompetenz. Ebenso ist es notwendig, dass die Textrezipienten über Stilkompetenz verfügen und die kommunikativen Konventionen kennen, um die Umstände der Kommunikation einschätzen zu können (vgl. Sandig 2006, 2ff.).

Stil ist ein Performanzphänomen, das in mehrfacher Weise als etwas Zusätzliches gesehen werden kann, u.a. als interpretierbarer Sinn, der die Handlung auf die konkreten Intentionen zuschneidet und auf die konkreten Gegebenheiten zu bezieht. Dadurch soll sie möglichst so gestaltet werden, dass sie im Sinne des Produzenten wirken kann, was wiederum wegen eigener Intentionen und Vorrausetzungen seitens der Rezipienten nicht selbstverständlich ist (vgl. Sandig 2006, S. 22ff.). Rezipienten interpretieren die Äußerungsgestalt, die Stilstruktur und schreiben ihr eine Funktion zu. In Bezug auf das Erzielen der beabsichtigten Stilwirkungen gibt es jedoch Risiken. Beispielsweise wird für das Erkennen von Ironie ein gemeinsames konkretes Wissen von Rezipienten und Produzenten über einen oder mehrere Sachverhalte benötigt. Schätzt der Textproduzent das Wissen des Rezipienten falsch ein bzw. fehlt dieses gemeinsame Wissen oder dessen Präsenz beim Rezipienten, wird das Beabsichtigte nicht wirksam. Außerdem können Aspekte wirksam werden, die dem Textproduzenten gar nicht bewusst sind, wie z.B. die Wirkungen aufgrund sozialer oder dialektaler Merkmale.

Hinsichtlich der verschiedenen Typen von Stilwirkungen differenziert SANDIG (vgl. 2006, S. 34ff.) zunächst zwischen individuellen, somit ganz besonderen Wirkungen von Stil und in der Kommunikationsgemeinschaft intersubjektiv bekannten und deshalb antizipierbaren Arten von Stilwirkungen. Bei letzteren, den sozusagen „typischen" Stilwirkungen, die in dieser Weise immer wieder eintreten, unterscheidet sie verallgemeinerte von spezielleren Stilwirkungstypen. Im Bereich der verallgemeinerten Stilwirkungen werden zwei Skalen angesetzt, zum einen die Skala ‚unwirksam' bis hin zum positiv bewerteten ‚wirkungsvoll', zum anderen die Skala ‚unangemessen' bis ‚sehr/überaus… angemessen', die sich auf die intersubjektive Erwartbarkeit des konkreten Stils bezieht. In Bezug auf die Beschreibung von Stil in der Unternehmenskommunikation muss jedoch bemerkt werden, dass die Erfassung solcher generellen bzw. verallgemeinerten Stilwirkungen nahezu unmöglich und darüber hinaus nicht in jedem Fall hilfreich ist. So müsste die Einstufung der sprachlichen Gestaltung einer Werbebotschaft einer Skala ‚unwirksam'– ‚wirkungsvoll' zunächst bestimmten Anforderungskriterien für eine Erfolgskontrolle wie u.a. Messbarkeit und Zurechenbarkeit genügen. Das bedeutet, die Wirkung einer kommunikativen Maßnahme muss ausschließlich deren konkreter sprachlicher Umsetzung zurechenbar sein und müsste zudem in quantitativer und qualitativer Hinsicht messbar sein. Im Rahmen verschiedener Modelle der Kommunikationswirkung (vgl. Kroeber-Riel/Weinberg 1999,

S. 234ff., Bruhn 2003, S. 394ff.) gilt als gesicherte Erkenntnis, dass dauerhafte Gedächtnisinhalte als Maßgrößen für die Erfolgsmessung von kommunikativen Aktivitäten herangezogen werden können. Bei dieser Wirkungskategorie geht es um die gespeicherten Bestandsgrößen in der Psyche eines Menschen, die als zeitlich überdauernde, allerdings nicht unveränderliche Größen für spezielle Verhaltensweisen in bestimmten Situationen prädisponierend sind. Es handelt sich dabei in der Regel um Inhalte des Langzeitgedächtnisses, die kaum ausschließlich auf den sprachlichen Stil von Kommunikationsbotschaften zurückgeführt werden können. Hinsichtlich der Skala ‚unangemessen'–‚angemessen' ist darauf hinzuweisen, dass nicht nur im Falle von Unternehmenskommunikation, aber hier gerade bei der Mediawerbung, die sich an ein Massenpublikum wendet, die Bewertung der Stilwirkung in Abhängigkeit der einzelnen Rezipienten oder Rezipientengruppen sehr stark schwankt. So zeigen Beispiele wie die Slogans *Ich bin doch nicht blöd!* (Media Markt) und *Geiz ist geil!* (Saturn), dass deren Bewertung als ‚angemessen' oder ‚unangemessen' in Relation zu demographischen Faktoren wie Alter, sozialer Schicht etc. sehr unterschiedlich ausfallen würde.

Speziellere Stilwirkungstypen lassen sich bezogen auf die Rezipienten u.a. danach unterscheiden, welche Intentionen die Rezipienten den Produzenten unterstellen und welche Aspekte seitens der Rezipienten eine Rolle bei der Stilwirkung spielen. Bei den sprecherbezogenen Unterstellungen geht es um Einstellungen, Intentionen und Dispositionen, die Rezipienten aufgrund ihres sozialen und sprachlichen Wissens bei den Sprechern oder Schreibern vermuten. Damit sind Ausdrücke wie ‚provozierend', ‚aggressiv', ‚witzig', ‚raffiniert', ‚polemisch', ‚distanziert' usw. verbunden. Analog zu diesen sprecherbezogenen Unterstellungen können Stilwirkungstypen danach beschrieben bzw. bezeichnet werden, welche Einstellungen, Bewertungen, Gefühle sie bei Rezipienten bewirken. Hierzu gehören neben emotionalen (z.B. ‚nüchtern', ‚erheiternd', ‚kühl') oder ästhetischen Wirkungen (z.B. ‚kunstvoll', ‚poetisch', ‚klischeehaft') auch Ausdrücke, die die Aktivierung der Rezipienten bezeichnen, wie z.B. ‚auffallend', ‚einprägsam', ‚spannend' oder ‚ermüdend', ‚langweilig' (vgl. Sandig 2006, S. 38ff.).

3.1.3 Zentrale Begriffe der Stilanalyse

Umfassende Stilanalysen enthalten eine analytische und eine synthetische Seite. Das bedeutet, um den Stil eines Textes in seiner Gesamtheit zu erfassen, müssen die einzelnen Ebenen des Textes analysiert und in ihrem Zusammenwirken, in ihrer Leistung für die Ganzheit beschrieben werden (vgl. Fix et al. 2003, S. 51). Dazu ist es einerseits notwendig, die jeweilige Kommunikationssituation, in der der Text entstanden ist, das Thema des Textes und die zugrundeliegende Intention zu bestimmen. Andererseits müssen die Stilelemente des Textes auf den unterschiedlichen Ebenen des Sprachsystems sowie möglicherweise auch bestimmte Stilzüge erfasst werden. Es bedarf also zum einen eines Zugangs „von unten" (bottom up), von den einzelnen Ausdrucksmöglichkeiten des Sprachsystems her, zum anderen eines Zugangs „von oben" (top down), der vom kommunikativen Bedingungsgefüge und der Makrostruktur eines Textes ausgeht (vgl. Fleischer et al. 1993, S. 25).
Die Begriffe ‚Stilelement' und ‚Stilzug' bezeichnen Grundkategorien der Funktionalstilistik. Es wird davon ausgegangen, dass jedes sprachliche Mittel in einem Textzusammenhang zur Ganzheitlichkeit des Stils beitragen kann und es dann zum Stilelement wird, wenn es im Zusammenhang mit anderen Elementen seinen spezifischen Wert für das Stilganze erhält (vgl. Fix et al. 2003, S. 34). Das heißt, sprachliche Elemente sind nicht an sich Stilelemente, sondern sie werden es aufgrund ihrer jeweils spezifischen Verwendungsweise im Interaktions- und Textzusammenhang (vgl. Fleischer et al. 1993, S. 27).
Prinzipiell kann jedes sprachliche Mittel aufgrund seiner Funktion im Text zum **Stilelement** werden, zum Teil sind aber auch schon potentielle Stilelemente im Sprachsystem angelegt, deren Potenz im Text genutzt oder umfunktioniert werden kann (vgl. Fix et al. 2003, S, 51). Es handelt sich dabei um expressive lexikalische Elemente, Lexik, die in regionaler, sozialer, emotionaler, fachlicher oder zeitlicher Hinsicht markiert ist, Erscheinungsformen der Syntax, wie beispielsweise eine markierte Satzgliedstellung oder Stilfiguren, Elemente der lautlichen und graphischen Ebene, wie Reim, Rhythmus usw. FLEISCHER et al. (vgl. 1993, S. 27) definieren Stilelemente als solche, die sich auf einzelne Sprachmittel innerhalb eines bestimmten Relationsgefüges beziehen. Demgegenüber sind **Stilzüge** zusammenfassende, weitreichend abs-

trahierende Wertungen seitens des Textproduzenten bzw. der jeweiligen Textrezipienten auf der Basis nicht nur eines, sondern verschiedenartiger Stilelemente. Für die Benennung von Stilzügen kommen dabei Bezeichnungen in Frage, die auf verschiedenen Wertungsaspekten beruhen. Zu nennen sind hier beispielsweise Kriterien wie Anschaulichkeitsgrad (z.B. bildhaft, abstrakt), Redundanzgrad (z.B. knapp, weitschweifig), Dynamik (z.B. variationsreich, monoton), Kompliziertheitsgrad (z.B. schlicht, kompliziert, manieriert), Emotionalität (z.B. sachbetont, erlebnisbetont, nüchtern), Erkenntniswert der verwendeten sprachlichen Mittel (z.B. wahrheitsgemäß, manipulierend) usw. Hinzukommen Kriterien, die sich auf die relative Häufigkeit, Streuung oder Konzentration bestimmter sprachlicher Mittel im Text beziehen[7] (vgl. Michel 1983, S. 482), wie z.B. Stilschicht (z.B. gehoben, salopp), lexikalische Schichten (z.B. archaisierend, anachronistisch, fachsprachlich), Satzformen (z.B. parataktisch, hypotaktisch), Wortarten (z.B. verbal, nominal) oder Stilfiguren (z.B. figurativ, metaphorisch, personifizierend, allegorisierend).
SANDIG (vgl. 2006, S. 54f.) spricht in Anlehnung an SELTING/HINNENKAMP (vgl. 1989, S. 5f.) von sog. „Merkmalsbündeln", demnach ergibt sich Stil aus einem Bündel miteinander vorkommender Merkmale. Eine Stilstruktur als Merkmalsbündel liegt jedoch nur dann vor, wenn verschiedenartige Textelemente als eine bedeutsame, sinnhafte Gestalt interpretiert werden können. Stilistische Merkmale von schriftlichen Texten sind dabei im Bereich der Lexik und Syntax zu finden, unter den klassischen Stilmitteln bzw. Stilfiguren, bei Lautqualitäten, aber auch bei Wahlen von Sprechakttypen und ihren Formulierungen und bei der Nutzung von Textmerkmalen, wie der Wahl der Themenentfaltung. Hinzukommen die Grafie, ebenso die typographische Gestaltung des Textes mit Schrifttypen und optischer Gesamtgestalt (z.B. Absätze, Farben, Grafiken). In der Regel sind Stilmerkmale in ihrem Gewicht und ihrer Dichte abgestuft und damit auch in ihrer Wahrnehmbarkeit. Es gibt prototypische Elemente, die als Schlüsselsignale einen Stil anzeigen, sog. „Kern- oder Leitmerkmale" (vgl. auch Kallmeyer 2001, S. 403). Daneben gibt es weniger prototypische Elemente, die aber immer noch und vor allem in Verbindung

[7] Michel (vgl. 1983, S. 481) betont in diesem Zusammenhang, dass die Klassifikation von Stilzügen (Stilmerkmalen) aufs engste mit der Frage nach der Klassifikation bzw. Typenbildung von Stilen überhaupt verbunden ist.

mit anderen ähnlich gewichteten Merkmalen charakteristische Elemente darstellen, sowie Elemente, die auch zu anderen Stilgestalten gehören können, und neutrale Elemente. EROMS (vgl. 2008a, S. 59ff, vgl. auch Kap. 3.5.1) kommt in Verbindung mit der Schichtung des Wortschatzes zu einer funktionalen Differenzierung, innerhalb derer er davon ausgeht, dass sich Stil nur vor dem Hintergrund von neutralen, unmarkierten Formen entfalten kann, denn „Wahl und Abweichung haben notwendig zur Voraussetzung, dass eine Basis vorhanden ist, auf der diese Kategorien operieren können“ (Eroms 2008a, S. 59). Dabei geht er terminologisch so vor, dass er Wörter, die in allen Funktionalstilen uneingeschränkt vorkommen als stilistisch neutral bezeichnet und nur denjenigen einen Stilwert zuweist, die in mindestens einem Funktionalstil typischerweise nicht vorkommen. Der Polyfunktionalität potentieller Stilelemente, also der Eigenschaft, dass diese in unterschiedlichen kommunikativen Situationen und beim Einsatz aus unterschiedlichen Intentionen ganz verschiedenartige Stilwerte aufweisen können (vgl. Fleischer et al. 1993, S. 75), wird dadurch Rechnung getragen, dass sozusagen „normale“ Stilwerte von größeren bzw. auffälligeren Stilwerten, sog. „Stileffekten“ unterschieden werden. Demgemäß geben diejenigen Wörter einen Stilwert ab, die einen Funktionalstil ausmachen, ihn als solchen markieren. Demgegenüber entstehen Stileffekte, wenn Wörter vor dem Hintergrund eines Funktionalstils eine Markierung aufweisen bzw. auffällig wirken, weil sie in diesem Funktionalstil nicht beheimatet sind. Das heißt, sprachliche Mittel, die stilistische Effekte bewirken, stehen auf der Folie von Stilelementen, die eine (natürliche) Färbung aufweisen. Diese erzielen Stilwerte und stehen wiederum auf dem Hintergrund der neutralen Mittel (vgl. Eroms 2008a, S. 59). Für die externe Unternehmenskommunikation, die sich in vielen Bereichen als sehr offen für die stilistische Gestaltung erweist, ist die Grenze zwischen Stilwert und Stileffekt nicht in jedem Fall klar auszumachen, wie später noch zu zeigen sein wird.

3.2 Textuelle Voraussetzungen

Wie eingangs erläutert, lässt sich Stil immer nur im Gesamtzusammenhang eines Textes bestimmen. Daher müssen Aussagen zum Stil stets text- oder diskurslinguistische Aspekte berücksichtigen. Da sich die Untersuchung im

angewandten Teil ausschließlich auf geschriebene Texte bezieht, wird im Folgenden kurz in einzelne textlinguistische Kategorien eingeführt, die im Rahmen einer stilistischen Analyse Relevanz haben.
Zur Textkonstitution tragen eine Reihe von Faktoren bei. In grammatischer Hinsicht ist davon auszugehen, dass die zentrale Struktureinheit des Textes der Satz ist. Sätze stehen nicht willkürlich nebeneinander, sondern sind mit ihren Vorgänger- und Nachfolgesätzen verbunden. Diese Verbindung erfolgt durch Faktoren der Kohäsion und der Kohärenz, wobei sich Kohäsion auf die Gesamtheit der an der Textoberfläche zu registrierenden, textkonstitutiven Merkmale bezieht, während zur Kohärenz diejenigen Mittel zählen, mit denen der Zusammenhang auf einer tieferliegenden oder abstrakteren Ebene erfasst wird.

3.2.1 Kohäsion

Ein wesentlicher Aspekt der Textkonstitution ist die Kohäsion, die grammatikalische Grundlage für die Verknüpfung von Sätzen. Das Vorliegen einer solchen grammatischen Verknüpfung ist stilneutral, auf welche Weise sie aber im Einzelnen vorgenommen wird, ist im Hinblick auf die stilistische Gestaltung äußerst relevant (vgl. Eroms 2008a, S. 43). Betrachtet man die verschiedenen Möglichkeiten der Wiederaufnahme[8], so lassen sich neben der Wiederaufnahme durch Pronomina, vor allem die Wiederaufnahme durch dasselbe Wort, die so genannte ‚Repetition', und die Wiederaufnahme durch andere Substantive unterscheiden. Für die beiden letztgenannten Fälle ist charakteristisch, dass die Neueinführung eines Substantivs bzw. einer substantivischen Wortgruppe mit dem Merkmal ‚nicht bekannt' versehen ist und dieses Merkmal in der Regel die Wahl des unbestimmten Artikels (z.B. *ein*) bewirkt. Bei der Wiederaufnahme des Referenzträgers durch dasselbe oder ein anderes Substantiv tragen diese das Merkmal ‚bekannt', was typischerweise mit der Wahl des bestimmten Artikels (z.B. *der*) einhergeht (vgl. Brinker 2005, S. 29ff.). Bezogen auf die Wiederaufnahme des Bezugsausdrucks durch ande-

[8] Die implizite Wiederaufnahme, bei der zwischen dem wiederaufnehmenden Ausdruck (in der Regel ein Substantiv oder eine substantivische Wortgruppe) und dem wiederaufgenommenen Ausdruck keine Referenzidentiät besteht, soll hier zunächst vernachlässigt werden.

re Substantive bzw. substantivische Wortgruppen ist charakteristisch, dass die Ausdrücke mit dem größeren Bedeutungsumfang, die Oberbegriffe, die wiederaufnehmenden Ausdrücke darstellen, während die Wörter mit der spezifischeren Bedeutung als Bezugsausdrücke fungieren, das heißt, in der Wiederaufnahmerelation folgt der Oberbegriff auf den Unterbegriff und nicht umgekehrt (vgl. Brinker 2005, S. 32). Die Formen der Wiederaufnahme enthalten mit ihren fast unbegrenzten Möglichkeiten ein großes stilistisches Potential.

Neben den verschiedenen Techniken der Wiederaufnahme gibt es zahlreiche andere formale Merkmale, die zur Textkohäsion beitragen. Hierzu gehören steuernde Konnektoren, Interpunktionszeichen, Tempusformen, Diathesen etc., die ebenfalls über ein hohes stilistisches Potential verfügen. Deshalb soll im Folgenden auf diejenigen Kohäsionszeichen, die besondere Bedeutung für die stilistische Gestaltung von Texten der Unternehmenskommunikation haben, kurz eingegangen werden.

Kohäsionszeichen gehören einerseits zu den einzelnen Sätzen, die sie verbinden, weshalb sie traditionell in ihrer grammatischen Relation zum Satz erfasst werden. Ihre eigentliche Funktion entfalten sie aber oft erst auf der Ebene des Textes, indem sie Schlüsse über den Zusammenhang der Einzelsätze erlauben. Geschriebene Sätze stehen nie unverbunden nebeneinander, sondern sie sind durch **Interpunktionszeichen** strukturiert. Interpunktionszeichen sind inhaltlich meist wenig festgelegt und somit offen für vielfältige textuelle Intentionen und Deutungen. So markiert der **Punkt** in der Regel den Schluss eines Satzes oder einer kurzen Reihung von Sätzen. Jedoch bestehen bei der Textproduktion stilistische Freiheiten. So können etwa Sinneinheiten in Satzfragmenten als Schreibsätze notiert werden (vgl. Kap. 3.7.3.2 und Kap. 3.7.4) oder ein Punkt das Prädikat ersetzen (z.B. *Olivenöle, zwei Regale voll. Denn Olivenöl ist in.* vgl. Fritz 2006, S. 1073). Funktional spezialisierte Schlusszeichen sind das **Fragezeichen** und das **Ausrufezeichen**, sie fordern zum Weiterdenken und Weiterlesen auf. Gerade das Ausrufezeichen verfügt über eine starke Ausdruckswirkung und markiert neben dem Ausruf auch die Funktion von Befehl, Bitte und Wunsch. Wegen dieser starken Ausdruckswirkung wird es bei Imperativ- und Desiderativsätzen nicht mehr durchgehend gesetzt.

Im Gegensatz zu den Schlusszeichen fungiert das **Komma** als Anknüpfungszeichen. Es wird typischerweise zur Abgrenzung von Einheiten verwendet,

die keinen selbstständigen Status haben, wie z.B. untergeordneten Sätzen oder koordinierten Teilen von Aufzählungen. Insgesamt unterliegt die Verwendung des Kommas zur Verbindung von Aussagen kaum Beschränkungen.
Der **Doppelpunkt** gibt das Signal, dass etwas folgt, und bewirkt ohne Konnektoren eine enge sinngemäße Verbindung zwischen einzelnen Sätzen und Satzteilen (z.B. *Eine entscheidende Rolle spielt der Typ: Weine aus dem Bordeaux oder Piemont eignen sich ideal zum Karaffieren,* vgl. Fritz 2006, S. 1074). Darüber hinaus eignet sich der Doppelpunkt zur Steuerung von Aufmerksamkeit, indem er diese auf die Wörter oder Sätze nach ihm lenkt und sie betont. Vorwiegend der Signalisierung von stärkeren Einschnitten im Satz- und Textverlauf dient der **Gedankenstrich**.
Mit Hilfe von **Aufzählungszeichen** werden gleichgeordnete Aspekte eines gemeinsamen thematischen Ausgangspunktes aufgezählt (z.B. Listen), wobei die einzelnen Punkte durch Absatz und Einrückung texträumlich besonders hervorgehoben werden können.

Die Verknüpfung von Aussagen und Sätzen zu Texteinheiten wird häufig durch **Konnektoren** realisiert, die die Funktion von textuellen Bindewörtern übernehmen. Zum Paradigma der Konnektoren gehören Konjunktionen und Subjunktionen, Relativwörter, bestimmte Adverbien, Abtönungspartikeln und Präpositionen (vgl. Fritz 2006, S. 1076f.). Aus textlinguistischer Perspektive ist relevant, welche Verknüpfungsbedeutungen solche Wörter explizit machen. Diese Verknüpfungsbedeutungen ergeben sich aus dem Zusammenspiel von Konnektoren und den Bedeutungen der einzelnen Aussagen, wobei nur Sinnzusammenhänge, die durch die Beziehungen zwischen den Sachverhalten nicht hinreichend motiviert sind, durch spezielle Konnektoren gestützt werden müssen, während offensichtliche Zusammenhänge ohne Konnektoren oder durch kopulative Konnektoren verbunden werden können. In der Regel werden dabei im Bereich der geschriebenen Sprache die inhaltlichen Beziehungen stärker explizit gemacht als in der gesprochenen Sprache.
Aus textlinguistischer Perspektive sind Konnektoren also als relationsherstellende Einheiten zu verstehen, die einen metakommunikativen Status gegenüber der Vorgänger- und Nachfolgeinformation haben und somit der Steuerung des Textverständnisses dienen. In stilistischer Hinsicht ist relevant, dass

für manche Konnektoren Hervorhebungen und Sonderstellungen charakteristisch sind, vor allem Versetzungen von sonst syntaktisch gebundenen Ausdrücken an die Satzspitze (vgl. Eroms 2000, S. 480ff.). Solche auf besonders auffällige Weise steuernden Konnektoren kommen bevorzugt in bestimmten Textsorten, wie etwa in Leitartikeln und anderen argumentativen Texten vor, in denen sie die Rezipienten deutlich darauf aufmerksam machen sollen, dass sie den Text in einer bestimmten Weise aufnehmen sollen, nämlich in der Sichtweise, die der Produzent beabsichtigt (vgl. Eroms 2008a, S. 48; Christl 2004, S. 233).

Textkohäsion entsteht auch durch Tempus und Modus, mitunter auch die Diathesen, deren Zeichen an jedem finiten Verb kodiert sind. Relevanz für eine stilistische Analyse haben in Bezug auf das Tempus u.a. Abweichungen von der erwartbaren Tempusführung, wenn z.B. eine Begebenheit nicht im Präteritum, sondern im Präsens erzählt wird. Überhaupt können auch im Bereich der Kohäsionsmittel alle diejenigen Phänomene von Bedeutung für die stilistische Gestaltung sein, bei denen Wahlmöglichkeiten bestehen, da die Möglichkeit der Wahl eine Grundvoraussetzung der Kategorie Stil darstellt. So können Indikativ und Konjunktiv stilistisch immer dann relevant sein, wenn man zwischen ihnen wechseln kann oder wenn für einzelne Modalformen Alternativen bestehen. Ebenso sind die bestehenden Wahlmöglichkeiten zwischen Aktiv und Passiv bei der Anknüpfung eines Satzes im Text unter stilistischen Gesichtspunkten von großer Bedeutung (vgl. Eroms 2008a, S. 48 und S. 154).

3.2.2 Kohärenz

Als wichtigste Kohärenzmittel, die ihrerseits relevante stilistische Entscheidungen motivieren können, nennt Eroms (vgl. 2008a, S. 48ff.) Isotopie, Präsuppositionen, Frames und Scripts. Das **Isotopiekonzept** stellt einen Versuch dar, Textverknüpfung ganz unter semantischen Gesichtspunkten, über die Identität semantischer Merkmale zu beschreiben. Es setzt ‚unterhalb' der Wortebene an, indem es auf die Semanalyse zurückgreift, d.h., die textverknüpfende Wirkung der Wiederaufnahme wird nicht an ganzen Wortbedeutungen festgemacht, sondern an einzelnen rekurrenten semantischen Merkmalen (vgl. Linke et al. 2004, S. 260f.). Die Grundannahme besteht darin, dass sich Wortbedeutungen über die Satzgrenze hinweg zu textsemantischen Komplexen (Isotopieebenen) verbinden, wobei ein Text jeweils über mehrere solcher Komplexe bzw. Isotopieebenen verfügen kann. Der folgende Text lässt als wichtigste Istotopieebene die Wiederkehr des semantischen Merkmals ‚Sinneswahrnehmung' erkennen:

> *Kann man Frühlingssonne schmecken? Wie fühlt sich Sicherheit an? Wie klingt Kraft? Der neue Volvo C 70 ist unsere Hommage an die Sinne. Eine Kombination wie man sie bisher nicht erlebt hat. Und eine Offenbarung für alle, die frei sind, das Besondere zu empfinden.*

Wie das Beispiel zeigt, ist das Isotopiekonzept vorzugsweise für die Beschreibung bzw. Analyse von Texten geeignet, bei denen gestörte syntaktische und wortsemantische Bezüge vorliegen oder Textmuster durchbrochen werden (vgl. Linke et al. 2004, S. 260).

Das Konzept der **Präsuppositionen** dient unter anderem dazu, die Funktion von außersprachlichen Wissensbeständen bei der Konstitution von Textkohärenz zu erfassen. Präsuppositionen sind Teil von verschiedenen voraussetzenden Bedingungen, die gegeben sein müssen, um angemessene bzw. korrekte Äußerungen produzieren zu können, sie werden aber in der Äußerung nicht explizit ausgedrückt. Daraus ergeben sich neben der Möglichkeit, erhebliche Teile an textuellem Material einzusparen (vgl. Eroms 2008a, S. 49), auch zahlreiche weitere relevante Aspekte für die stilistische Gestaltung bzw. für die Erklärung von Stilabsicht und Stilwirkung. Im Hinblick auf die Untersuchung von Texten der Unternehmenskommunikation sind hier u.a. die Techniken interessant, mit Hilfe derer auf wenig vordergründige Weise bestimmte Kenntnisse vermittelt oder Einstellungen verändert werden sollen. In diesem Zusammenhang geht es weniger um pragmatische Präsuppositionen, d.h. nicht sprachlich formulierte, aber durch den Text vorausgesetzte Wissensbestände und Alltagserfahrungen, die sich erst aus dem Gebrauch, den man von einem sprachlichen Ausdruck macht, ergeben (auch gebrauchsgebundene Präsuppositionen, vgl. Linke et al. 2004, S. 261ff.), sondern eher um zeichengebundene Präsuppositionen, die direkt an den materiell gegebenen Text, also an bestimmte Konstruktionen oder Wortbedeutungen gebunden sind. Hierbei handelt es sich zum einen um Existenzpräsuppositionen bzw. referentielle Präsuppositionen, die beispielsweise durch die Verwendung des bestimmten Artikels oder die Setzung von definierenden Attributen ausgelöst werden. So enthalten die Aussagen *Das versenkbare Metalldach des neuen Volvo C 70 ist ein Meisterwerk der Ingenieurskunst...* und *Das tiefer gelegte Fahrwerk des neuen Volvo C 70 verbessert das Fahrergebnis zusätzlich...* auf jeden Fall die referentiellen Präsuppositionen: ‚Der neue Volvo C 70 hat ein versenkbares Metalldach', ‚Der neue Volvo C 70 hat ein tiefer gelegtes Fahrwerk' und ‚Es gibt einen neuen Volvo C 70'.

Zu den zeichengebundenen Präsuppositionen gehören zum anderen die semantischen Präsuppositionen, die an die Semantik einzelner Wörter oder Ausdrücke gebunden sind. Dabei geht es um die nicht direkt angesprochene, aber eben mitgemeinte Bedeutung, die mit bestimmten Äußerungen verknüpft ist. Hierzu gehört etwa die Verwendung implikativer Verben (wie z.B. *es fertigbringen, sich herablassen, gelingen*; vgl. Grewendorf et al. 1996, S. 432). Zum Beispiel wird mit dem Satz: *Volvo hat es geschafft, die Sicherheit einer geschlossenen Limousine mit der Ästhetik eines reinrassigen Cabriolets zu kombinieren* auch ausgesagt, dass sich die Firma Volvo in irgendeiner Weise um dieses Ergebnis („Das beste zweier Welten") bemüht hat, denn die Bedeutung von *es schaffen, etwas zu tun* schließt ein *Sich-bemüht-haben* mit ein. Das bedeutet, beide Formen zeichengebundener Präsuppositionen erlauben dem Textproduzenten, mit der Äußerung bestimmter Sätze gewisse Tatbestände und Sachverhalte zu behaupten bzw. als gegeben zu unterstellen, die selbst nicht explizit thematisiert bzw. mit den verwendeten Ausdrücken nicht explizit ausgesagt werden. Sie ermöglichen dadurch auch eine Art ‚verdeckte Rekurrenz' bzw. ‚verdeckte Substitution', die zur Kohärenzbildung beitragen kann (vgl. Linke et al. 2004, S. 263f.).

Mit den Konzepten ‚Frame' und ‚Script' wird versucht, den Zusammenhang zwischen Weltwissen bzw. Handlungswissen und den in einem Text vermittelten Informationen nachzuvollziehen. Dieses Wissen über typische bzw. erwartbare Objekte, Geschehnisse, Handlungen und Abläufe im Rahmen bestimmter Situationen und Ereignisse wirkt insofern kohärenzstiftend, als dass es einerseits erlaubt, Bezüge zwischen Sätzen auch dann herzustellen, wenn grammatische oder semantische Verknüpfungen fehlen, und andererseits z.B. die Voraussetzung dafür bildet, dass noch nicht eingeführte Textelemente mit dem bestimmten Artikel verbunden werden können. Die Textbezüge kommen hier jedoch nur zustande, wenn ein gemeinsamer außersprachlicher Sachbezug vorliegt (vgl. Linke et al. 2004, S. 265f.). Mit **Frames** lassen sich Wissensbestände beschreiben, die als statische Zusammenhänge zwischen Einheiten des Weltwissens organisiert sind. Das heißt, sobald ein bestimmter Frame wie z.B. ‚Computer' identifiziert ist, werden Begriffe, die Verständnisprobleme bereiten, vor dem Hintergrund eines existierenden Fachwortschatzes rezipiert. Dabei können sich aus der Kombination verschiedener Frames besondere stilistische Effekte ergeben (vgl. Fritz 2006, S. 1153f.). Als **Scripts** werden Wissensbestände beschrieben, die sich auf den dynamischen Ablauf bestimmter Handlungszusammenhänge beziehen. Dieses enthaltene Wissen über individuell und sozial richtiges und erfolgreiches Handeln in einer bestimmten Kultur (vgl. Fritz 2006, S. 1154f.). Für die Rezeption bzw. das Verstehen vieler Texte wird sowohl eine statische als auch eine dynamische Perspektive auf Wissensbestände benötigt. So setzt z.B. der folgende Text den Frame ‚Automobil und Cabriolet' voraus, der eng mit dem Script ‚Autofahren bzw. die Instrumente eines Autos bedienen' verbunden ist:

Der Volvo C 70 ist Coupé und Cabrio zugleich. Dazwischen liegen weniger als ein Knopfdruck und 30 Sekunden. Er verbindet Kraft und Agilität mit Leichtigkeit. In seinem geräumigen Innenraum reisen vier Erwachsene auch auf langen Strecken unvergleichlich komfortabel.

3.3 Vertextungsstrategien

Ebenso wie alle anderen sprachlichen Einheiten gehört Textologisches zu dem Potential, das in eine stilistische Strategie einzubeziehen ist. Zur stilistischen Differenzierung textologischer Eigenschaften dient das Modell der sogenannten ‚Vertextungsstrategien' (anders bezeichnet z.B. auch als: ‚Darstellungsarten', vgl. Fleischer/Michel 1977, S. 239ff.; ‚Texttypen', vgl. Werlich 1975, S. 39ff; ‚Vertextungsmuster', vgl. Heinemann 2000, S. 356ff.), das sprachliche Merkmale mit den inhaltlichen und funktionalen Eigenschaften bestimmter Kommunikationssituationen verbindet, indem es von alltagssprachlichen Begriffen der Vertextung ausgeht, die als Prototypen angesehen werden (vgl. Fritz 2006, S. 1157). Vertextungsstrategien stellen globale Handlungsregularitäten dar. Sie fungieren als steuernde Zwischeninstanzen, die den Bau von Textpassagen oder ganzen Texten prägen (vgl. Eroms 2008a, S. 79ff.). In der Regel lassen sie sich nicht strikt regelhaft fixieren und innerhalb einer Textsorte werden mehrere Vertextungsstrategien kombiniert.

In stilistischer Hinsicht ist relevant, ob in einem Text ein bestimmtes sprachliches Element stilneutral ist, ob es einen Stilwert aufweist oder ob es einen Stileffekt bewirkt. Die in einer Textsorte dominante Vertextungsstrategie ist primär dazu geeignet, Stilwerte zu erzielen (vgl. Eroms 2008a, S. 80f.), da sie in erheblichem Maße die Textsorte (als Untergruppe eines Funktionalstils) ausmacht, sie als solche markiert (vgl. Kap. 3.1.3). Da Vertextungsstrategien als virtuelle, als idealtypische Muster anzusehen sind, können sie jedoch nicht allein und ausschließlich für die Bestimmung von Stilwerten heranzogen werden. Sie beziehen sich auf grundlegende, ziemlich abstrakte Mechanismen, die aber in hohem Maße die Konstanz des Stils sichern (vgl. Eroms 2008a, S. 81). Im Folgenden wird von fünf Darstellungsarten bzw. Vertextungsstrategien ausgegangen: Erzählen, Beschreiben, Erklären, Argumentieren und Anweisen.[9]

Die Orientierung an der Chronologie ist das entscheidende Merkmal des **Erzählens** (vgl. Gülich/Hausendorf 2000, S. 369ff.), d.h., das Erzählen ist die typische chronologische Vertextungsstrategie. Werden Sachverhalte in ihrem Zeitablauf dargestellt, finden vorrangig temporale Kohäsionsmittel Verwendung. Häufig ergibt sich die chronologische Folge auch nur aus der textuellen Abfolge (vgl. Fritz 2006, S. 1158). Inhaltlich besteht eine Erzählung hauptsächlich aus der prozessual-aktionalen Repräsentation eines Ereignisses, die sich aus einer oder mehreren Ereignisphasen konstituiert (zur narrativen Themenentfaltung vgl. Brinker 2005, S. 69ff.), weshalb ein Erzählschritt als innerhalb des Ereignisses bedeutsame Transformation eines Ausgangszustandes zu einem Endzustand beschrieben werden kann. Formal kodiert das Er-

---

[9] Eroms (2008a) begreift das Erklären, die Exposition, als eine Unterart des Beschreibens mit einer speziellen Variante, die dem Argumentieren verwandt ist.

zählen – insbesondere bei schriftlichen Texten – das Tempus Präteritum (vgl. Fritz 2006, S. 1158).

Während Erzähltexte zeitlich strukturiert sind, fassen typische **Beschreibungen** den Textgegenstand räumlich auf. Beschreibungen dienen der Abbildung wahrgenommener Begebenheiten, wofür in der Regel das tempusneutrale Präsens verwendet wird. Die einzelnen Aussagen über die verschiedenen Aspekte eines Themas werden meistens kopulativ aneinandergereiht, nicht immer wird dafür eine explizite Verknüpfung benötigt, z.B.:

> *Für seinen Shiraz-Carmenère wählte Señor Edwards die Region Santa Bernadida de Pupilla. Die hohe Lage und der steinige Boden bremsen dort die Wuchskraft der Rebe und helfen, die Erträge niedrig zu halten – nicht nur in Chile ein Qualitätsfaktor erster Güte. Und die klimatischen Bedingungen sind außergewöhnlich: keine Frostgefahr, extreme Sonnenscheindauer, ausgewogene Verteilung der Niederschläge über die Vegetationsperiode hinweg und starke Tag/Nachtschwankungen der Temperatur. Alles zielt in Richtung großartiger Ergebnisse.*

Typisch für Beschreibungstexte sind Orientierungsprädikate (z.B. *haben, sein, sich befinden*) und eine große Zahl an Passivformen, mit denen in stilistischer Hinsicht schnell die Gefahr einer monotonen Wirkung verbunden ist. Deshalb verlangt die Strategie des Beschreibens in besonderem Maße nach stilistischen Kompensationsmaßnahmen, wie beispielsweise der Einlagerung von anderen Vertextungsstrategien oder dem Einsatz von Stilfiguren (vgl. Eroms 2008a, 89ff.). Einen vergleichsweise einfachen, häufig genutzten Kompensationsmechanismus stellt die abwechslungsreiche Verwendung von Adjektiven dar, die die Eigenschaften des Beschriebenen vermitteln, z.B.:

> *Das skandinavisch inspirierte Innenraumdesign ist hell, modern und luftig. Klare Linien, hochwertige Materialien und ergonomische Bedienelemente sorgen dafür, dass der neue Volvo C 70 sich nicht nur sportlich, sondern ebenso geräumig und komfortabel anfühlt.*

Die Vertextungsstrategie des **Erklärens** spielt eine besondere Rolle im fachsprachlichen und wissenschaftssprachlichen Bereich, um Wissen zu vermitteln, sie tritt jedoch auch sehr verbreitet im alltagssprachlichen Bereich auf.

Ein erklärender Zusammenhang kann zwischen Propositionen immer nur dann hergestellt werden, wenn sie in eine logische Folgebeziehung gebracht werden können, die aus der sprachlichen Struktur eines Textes interpretatorisch ermittelt werden kann. Die Ermittlung der Folgebeziehung kann dabei auf der Kenntnis von Sachzusammenhängen basieren oder mit Hilfe sprachlicher Mittel erreicht werden. Typisch sind etwa konditionale oder kausale Verknüpfungen. Im alltagssprachlichen Bereich begegnen häufig Texte, die ausgewählte Folgebeziehungen thematisieren oder Sachverhalte in erklärende Zusammenhänge bringen. Kennzeichnend für diese Texte, die in der Regel für durchschnittliche Rezipienten bestimmt sind, ist, dass die Propositionen durch geeignete sprachliche Verknüpfungsmittel explizit miteinander verbunden werden, die es dem Leser einsichtig machen, dass Sachverhalte in einem bestimmten Zusammenhang stehen. Das gilt vor allem dann, wenn die Sachzusammenhänge per se keine Disposition aufweisen, nach der die Propositionen in eine natürliche Folgebeziehung eingeordnet werden können (vgl. Jahr 2000, S. 387). In diesen Fällen dienen sprachliche Ausdrücke dann der Erfüllung einer bestimmten, meist informativen Zielsetzung und sind damit notwendiger Bestandteil eines Erklärungstextes, wie es folgendes Beispiel des medizinischen Dienstleistungsmarketings zeigt, das sich an ein disperses Publikum richtet:

> *Der Excimer-Laser ist ein Kaltlichtlaser – denn Hitzeeinwirkung schadet der empfindlichen Augenhornhaut. Mit dem Excimer-Laser wird die Augenhornhaut schonend verändert auch das angrenzende Gewebe nicht beeinträchtigt. Die notwendige Präzision beim Einsatz des Excimer-Lasers wird durch aufwendige Computerprogramme sichergestellt. Deshalb ist dieser medizinische Laser erst durch die rasante Entwicklung der Laser- und Computertechnologie Realität geworden. Durch eine sanfte und flächige Abtragung des Hornhautgewebes werden die optischen Eigenschaften des Auges, also die Brechkraft, direkt verändert.*

Abzugrenzen von den alltagssprachlichen Erklärungstexten sind fachsprachliche oder wissenschaftliche Texte. Hier wird der Textzusammenhang vor allem durch die textuelle Organisation von Inhaltselementen bestimmt (vgl. Jahr 2000, S. 387). Die Satzlänge solcher fachsprachlichen oder wissenschaftlichen Erklärungstexte liegt in der Regel über dem Durchschnitt, einzelne

Aussagen treten verstärkt in Form von Nominal- und Partizipialkonstruktionen auf (vgl. Fritz 2006, S. 1158), wie es das Beispiel einer pharmazeutischen Produktinformation deutlich macht:

> *Lotemax ist das Steroid der neuen Generation mit dem Wirkstoff Lotepreduoletabonat 0,5%. Lotepreduoletabonat wurde entwickelt, um bei minimiertem Nebenwirkungsrisiko gleichzeitig die erwünschte maximale antiinflammatorische Wirksamkeit eines Glukokortikoids zu erhalten. Lotemax ist lokal direkt am Applikationsort wirksam und wird nach Erreichen der therapeutischen Wirkung zu einem inaktiven Metaboliten hydrosiert. Eine außerordentliche hohe Lipophilität und Bindungsaffinität an Steroidrezeptoren (4,3-fach höher als die des Dexamethasons) fördern die Korneapenetration und bewirken hohe Konzentrationsspiegel in der Kornea, im Iris-Ziliarkörper und im Kammerwasser.*

Für die stilistische Gestaltung von Erklärungstexten gilt in besonderem Maße, dass die Auswahl und Kombination der sprachlichen Mittel so erfolgen muss, dass sie der Kommunikationssituation und der Gesamtfunktion der Vertextungsstrategie Erklären, dem Wissenstransfer, gerecht wird. Dafür müssen im Zuge der Textproduktion die Möglichkeiten der Sinnerfassung bei den Rezipienten einkalkuliert und entsprechend sprachlich berücksichtigt werden. Hierzu gehören neben der Frage, in welchem Ausmaß logisch-semantische Beziehungen zwischen Informationseinheiten implizit bleiben oder sprachlich explizit gemacht werden, auch die Möglichkeit des Einsetzens von Verständnishilfen wie Rückverweisungen, Neuformulierungen, explizierenden Zusätzen u.v.m. (vgl. Kalverkämper 1988, S. 161ff; Jahr 2000, S. 395).

Im Gegensatz zu den Vertextungsstrategien Erzählen, Beschreiben und Erklären sind die Strategien Argumentieren und Anweisen direkt handlungsorientiert. Sie unterscheiden sich dahingehend, dass das **Argumentieren** zum rational eingesehenen Handlungsvollzug führen soll, während beim Anweisen normalerweise auf Begründungen verzichtet wird, weil die Sachverhalte entweder zu trivial sind (z.B. Gebrauchsanweisungen oder Kochrezepte) oder asymmetrische Rollenkonstellationen vorliegen (vgl. Eroms 2008a, S. 93). Die zentralen Vertextungsmuster von argumentativen Texten bilden zusammen mit den verschiedenen Argumentationstypen und Widerlegungsformen die Schlussregeln Deduktion, Induktion und Illustration sowie die weniger stringenten Verfahren a pari, e contrario oder a fortiori (vgl. Eggs 2000, S. 405). Im Unterschied zu mathematischen und logischen Beweisen ist in anderen Bereichen die Offenlegung der Argumentation fakultativ. Unabhängig davon, in welchem Handlungsbereich argumentiert wird, geht es immer um Simultanität, d.h., der Rezipient soll durch ein Mitvollziehen zu den gleichen Folgerungen gelangen wie der Emittent. Die Grundstrategie des Argumentierens ist, den Rezipienten zur Übernahme eines Schemas zu bewegen, damit er den entsprechenden Konklusionen nicht mehr ausweichen kann, wobei diese Schemata nicht immer explizit gemacht werden (vgl. Eroms 2008a, S. 100).

Auch im Zusammenhang mit der Vertextungsstrategie **Anweisen** wird der Mitvollzug durch den Rezipienten angestrebt, das Ziel besteht hier jedoch in der unmittelbaren Handlungssteuerung (vgl. Fritz 2006, S. 1159). Als Beispiele für Textsorten, in denen das Anweisen die dominante Vertextungsstrategie darstellt, gelten Kochrezepte oder Bedienungsanleitungen. Typischerweise erfolgt jeder Anweisungszug satzweise, wobei in den meisten Fällen auf eine Begründung der Voraussetzungen und Folgen der Aufforderung verzichtet wird, so dass kohäsiv die charakteristische additive Aufeinanderfolge von Handlungsschritten entsteht:

> *Öffnen Sie den Beutel mit den 15 Einzeldosisbehältnissen. Waschen Sie zuerst ihre Hände, brechen dann ein Einzeldosisbehältnis von einem Streifen ab und drehen Sie die Spitze des Einzeldosisbehältnisses ab. Beugen Sie den Kopf nach hinten und ziehen Sie das Unterlid leicht herab, damit sich zwischen Ihrem Augenlid und Ihrem Auge eine Tasche bildet. Träufeln Sie einen Tropfen in das (die) Auge(n), wie von Ihrem Arzt angeordnet. Werfen Sie das Einzeldosisbehältnis nach Gebrauch weg, auch wenn noch Lösung übrig geblieben ist.*

Wenn eine Aufforderung weniger direkt und höflicher verstanden werden soll, können Imperative als prototypische Zeichen zur Handlungsaufforderung durch andere Verbformen wie Infinitive, Präsens- oder Futurformen ersetzt werden. Auch die Verwendung eines Punkts anstelle eines Ausrufezeichens oder eine weichere kontextuelle Einbettung können dazu dienen, die starke Ausdruckswirkung von Aufforderungen abzumildern (vgl. z.B. *Empfehlen Sie*

Ihren Patienten Aruvit. Fordern Sie kostenlose Probepackungen von Aruvit an. oder *Setzen Sie bei Ihren Katarakt-Patienten auf Santen. Wir helfen Ihnen bei der optimalen Betreuung.*). In stilistischer Hinsicht ist des Weiteren charakteristisch, dass Sätze häufig verkürzt sind und vor allem Handlungsverben verwendet werden (vgl. Fritz 2006, S. 1159).
Abschließend ist zu den Vertextungsstrategien zu bemerken, dass diese als reine Formen durchgängig in einem Text auftreten können, sie können Texte dominieren oder nur als Einlagerungen zwischen einem jeweils anderen Vertextungsmuster vorkommen. Für zahlreiche Textsorten sind bestimmte Vertextungsmuster charakteristisch, sie bewirken dann Stilwerte, die in erheblichem Maße zum Gesamtstil eines Textes beitragen.

3.4 Stilebenen

Mit den in der Stilistik üblichen Ausdrücken Stilschicht oder Stilebene wird versucht, die Markierung sprachlicher Einheiten zu erfassen, deren Gebrauch sich in Abhängigkeit von sozialen Charakteristika der Kommunikationspartner und den diversen Kommunikationssituationen regelt. Für die gesprochene Sprache ist zudem von zahlreichen regional und/oder sozial determinierten Varietäten auszugehen, weshalb die Termini Standard, Substandard und Nonstandard hier nicht auf die Schriftsprache übertragen werden sollen (vgl. demgegenüber z.B. Fleischer et al. 1993, S. 105). Gesprochene Varietäten existieren neben sog. „Stilebenen" und können diese überlagern. Die Schriftsprache hingegen verfügt über ein größeres Maß an Normierung, deutlich weniger regionale und/oder soziale Erkennbarkeit. Sie ist auch stabiler und klarer strukturiert im Hinblick auf Erwartungshaltungen und individuelle bzw. gruppenspezifische Einstellungen.

Im Folgenden soll von drei stilistischen Hauptebenen, d.h. ‚neutral', ‚gehoben' und ‚abgesenkt', ausgegangen werden, bei denen vor allem die letzte weiter differenziert werden muss.
Die neutrale Stilebene umfasst Ausdrücke und Formulierungen die unmarkiert und unauffällig sind, also keinem einschlägigen Verwendungsbereich unter-

liegen. Sie ist die jeweilige Basis von der sich die Elemente der gehobenen und abgesenkten Ebene „als ‚Figur' abheben" (Sandig 2006, S. 294).

Als ausschlaggebend für die Qualifizierung sprachlicher Elemente als ‚gehoben' gibt MICHEL (vgl. 2002, S. 794) in Bezug auf Lexikbeschreibungen die Position innerhalb einer Skalierung an, die bestimmte Ausdrucksvarianten in Gegenrichtung zum kolloquialen und vernakularen Bereich von äquivalenten standardsprachlichen Varianten mit größerer Vorkommenshäufigkeit abhebt und einen kommunikativ wesentlich eingeschränkten Sonderbereich zuordnet. Dabei geht er grundsätzlich von einer Pluralität stilistischer Besonderheiten mit dem Merkmal „gehoben" aus und nimmt Grade zwischen „mehr gehoben" und „weniger gehoben" an (vgl. Michel 2002, S. 794f.).

Gehobener Stil kann zum einen als soziolektale Varietät, sozusagen als „Sprache der Gebildeten", zum anderen als situatives Register (vgl. Holly 2001, S. 426) angesehen werden, z.B. in Verbindung mit Höflichkeitsbekundungen, die sich sprachlich vom Normalen abzuheben versuchen. Dabei geht es natürlich um mehr als nur Lexikalisches, obwohl gerade ausgewählte Wortschatzelemente ein deutliches Signal für eine Markiertheit ‚nach oben' sind. HOLLY (2001, S. 431) nennt Substantive wie *Erdkreis*; Verben wie *anheben, einhertreten*; Partizipien wie *beigewohnt*; Adjektive wie *famos, fortwährend, anmutig*; Ortsadverbien wie *anderwärts, manchenorts*; Zeitadverbien wie *vormals, vordem, jüngst* oder Gradpartikeln wie *vornehmlich*. In Bezug auf die Problematik einer internen Strukturierung solcher lexikalischen Elemente zeigt MICHEL (2002, S. 794f.) am Beispiel von Oppositionen wie *das Gespräch beenden –beendigen – zu Ende bringen – zur Beendigung bringen – enden*, dass eine graduierende Distinktion zwischen äquivalenten Ausdrücken, insbesondere die Bestimmung der Grenzen und Übergänge zwischen „neutral" und „gehoben" bzw. zwischen graduell „weniger gehoben" und „mehr gehoben" in vielen Fällen schwierig ist.

Ebenso wie einzelne sprachliche Elemente können auch komplexe Äußerungen als „gehoben" bewertet werden. Hierzu gehören neben besonderen Phraseologismen, die z.B. bildungssprachlichen Charakter haben können, rhetorische Figuren oder bestimmte syntaktische Erscheinungen, wie das vorangestellte Genitivattribut, nachgestellte Attribute mit Partizip Präsens oder der vom Negationswort *nicht* abhängige Genitiv des Subjekts (z.B. *Meines Blei-*

bens ist nicht länger.). SANDIG (vgl. 2006, S. 293ff.) erwähnt auffällige Wortstellungen wie die Voranstellung eines umfangreichen *dass*-Satzes, die Spitzenstellung einer Infinitivkonstruktion und andere ungewöhnliche Wortstellungen als verfestigte Formulierungsverfahren, wie z.B. *Es ist dies der Grund, warum/weshalb...* oder *Das ist so aufregend nicht.*

Für die abgesenkte Stilebene ist charakteristisch, dass mündliche Formulierungsmuster Verwendung finden. Das betrifft u.a. klitisierte oder reduzierte Wortformen (z.B. *hab*, *haste*), bestimmte Phraseologismen (*mit mir nicht*) oder spontansprachliche Syntax. Besonders auffällig sind stilschichtig markierte Wörter, die unterschiedlich starken Verwendungsbeschränkungen unterliegen. Zum einen können beispielsweise in ungezwungenen Kommunikationssituationen (z.B. bei nichtöffentlicher schriftlicher Alltagskommunikation) lexikalische Elemente Verwendung finden, die als ‚umgangssprachlich' bezeichnet werden können.[10] Zum anderen gibt es eine Gruppe von Wörtern, die in der Regel auf die Kommunikation von Kommunikationspartnern mit geringerem Sozialprestige beschränkt bleiben und der Bezeichnung „derb" oder „vulgär" entsprechen. Zwischen ‚umgangssprachlich' und ‚vulgär' können bezüglich der Markiertheit von lexikalischen Elementen mehrere Abstufungen ‚nach unten' wie z.B. ‚salopp' angenommen werden.

3.5 Die stilistischen Möglichkeiten des Deutschen auf der lexikalischen und grammatischen Ebene

Wie eingangs bemerkt, können Stile als sprachlich-textuelle Selektionsmittel aufgefasst werden, die prinzipiell uneingeschränkte Sinn-Möglichkeiten reduzieren und durch Wiederholung für die weitere Kommunikation verfügbar halten. Das bedeutet, „Stile selektieren aus dem kontingenten Universum des Meinbaren, des Sagbaren und des Interpretierbaren ‚konventionalisierte Invarianzen der Vollzugsorganisation'" (Antos 1996, S. 34). Strukturell gesehen sind Stile Bündel miteinander vorkommender, also kookkurrierender Merkmale. Diese Merkmale resultieren aus der Verwendung bestimmter potentiel-

---

[10] Zu möglichen stilistischen Wirkungen, die sich aus einem Wechsel von gehobener und abgesenkter Stilebene ergeben können, vgl. z.B. Eichinger 2008b, S. 265f.

ler Stilelemente, womit diejenigen sprachlichen Komponenten eines Textes gemeint sind, die zur Formulierung einer Äußerung ausgewählt werden können, eben wählbar sind.

(Potentielle) Stilelemente lassen sich verschiedenen sprachlichen Bereichen (z.B. Lexik, Syntax, klassischen Stilmitteln, Lautqualitäten wie Reim oder Rhythmus etc.) zuordnen, die hinsichtlich ihrer Variationsmöglichkeiten unterschiedlich vielfältig und stilprägend sind. Am fruchtbarsten für die stilistische Variation ist der Wortschatz „mit seinen ungezählten lexikalischen und phraseologischen Elementen, seinen Synonymenpaaren und Synonymengruppen sowie sprudelnden Quellen zur Schaffung von Neologismen als relativ offenes Teilsystem" (Fleischer et al. 1993, S. 73). Lexikalisch-phraseologische Elemente nehmen am unmittelbarsten Einfluss auf die stilistische Prägung eines Textes. Im Vergleich dazu sind die Variationsmöglichkeiten in den Bereichen Morphologie und Syntax, d.h. die potentiellen grammatischen Stilelemente, weniger vielfältig und konkret. Zu ihnen gehören u.a. flexivische Formvarianten, Synonyme des Tempus, des Modus, des Genus verbi bei Verben, konkurrierende syntaktische Fügungsmuster oder Strukturmuster komplexer Sätze. Auf der Ebene des Lautlichen ergeben sich Stilelemente durch Lautmalerei, Lautwiederholung, rhythmische Gestaltung etc.

Innerhalb der Stilganzheit eines Textes können die einzelnen sprachlichen Elemente wiederum sehr vordergründig und auffällig eingesetzt werden oder auch weniger stark für den stilistischen Charakter prägend sein. Die Bedeutung eines einzelnen Stilelements am Stilganzen kann als Stilanteil bezeichnet werden, wobei davon auszugehen ist, dass die Stilanteile sprachlicher Zeichen und Zeichenkombinationen selten konstant sind, sondern in der Regel in Abhängigkeit zu verschiedenen Kommunikationssituationen, Kommunikationsbereichen etc. variieren (Fleischer et al. 1993, S. 75).

Stilelemente, die einen besonders hohen Stilanteil haben, dominieren die Stilcharakteristik von Texten, solche mit geringerem Stilanteil spielen eine untergeordnete Rolle. Bezogen auf den Bibelstil, wie Luther ihn in seinen Übersetzungen geschaffen hat, nennt STOLT (vgl. 1988, S. 26) als wichtigstes und herausragendes Merkmal die Verwendung des Wortes *siehe* (z.B. in der Weihnachtsgeschichte: *Siehe ich verkündige euch große Freude*. Vgl. Stolt 2001, S. 418f.). Dies wird u.a. damit begründet, dass es eine grammatisch

abweichende Form darstellt, die stets im Singular verwendet wird, auch wenn mehrere Personen angesprochen werden. Weniger auffällig in Bezug auf eine ‚sakralsprachliche' Markierung bzw. einen sakralen Erzählton sind Merkmale textkonstituierender Art wie die Einleitungsformel *Es begab sich...* oder die Verwendung von *aber* an zweiter Stelle im Satz: *Maria aber behielt alle diese Worte...* (vgl. Sandig 2006, S. 279).
In jedem Text und auf jeder sprachlichen Ebene ist Stil immer nur durch einen Vergleich zwischen dem Einhalten von Konventionen und ihrer Durchbrechung bzw. einem Abweichen zu bestimmen. Um ein solches Bewertungsverfahren möglichst objektiv zu gestalten, geht EROMS davon aus, dass „alle einzelnen sprachlichen Mittel ein virtuelles stilistisches Potential mitbringen" (Eroms 2008a, S. 57). Dieses Stilpotential eines sprachlichen Mittels kann sich bei der Verwendung in einem konkreten Text entfalten und dadurch einen Stilanteil haben.

3.5.1 Lexikalisches

Der Wortschatz bietet vielfältige Möglichkeiten zur stilistischen Variation. Dies ergibt sich u.a. aus dem Umstand, dass zwischen einer Benennungseinheit und dem benannten Gegenstand „keine Eins-zu-Eins-Beziehung" (Fleischer et al. 1993, S. 80) besteht, sondern auf denselben Gegenstand im Text in unterschiedlicher Weise referiert werden kann. Das Benennungssystem ermöglicht beispielsweise die Auswahl zwischen Synonymen, also Lexemen, die denselben begrifflichen Kern enthalten und in der gleichen syntaktischen Umgebung vorkommen können. Synonym sind somit z.B. *Ehemann*, *Gemahl* und *Gatte*, weil sie den gleichen Bedeutungskern aufweisen, der sich aus den Semen ‚Mensch', ‚männlich', ‚verheiratet' usw. aufbaut. In der Regel ist jedoch, wie das Beispiel zeigt, nicht von einer totalen, sondern nur von einer partiellen Synonymie auszugehen, weil sekundäre Seme oder stilistische Merkmale den begrifflichen Kern modifizieren können. Das heißt, zusätzliche Bedeutungselemente erlauben den Austausch solcher Lexeme nur in bestimmten Kontexten oder stilistische Markierungen führen zu Verwendungsbeschränkungen auf Grund derer das betreffende Wort nur innerhalb besonderer Stilebenen oder Funktionalstile eingesetzt werden kann.

Eine Möglichkeit der Gliederung des Wortschatzes stellt die Unterteilung in lexikalisch-semantische Subsysteme sog. „Synonymgruppen" oder „Wortfelder" dar. Diese werden von Lexemen gebildet, die auf paradigmatischer Ebene bedeutungsverwandt sind. Sie haben Semkonstruktionen gemeinsam, unterscheiden sich aber durch spezielle Seme oder Oppositionsseme voneinander. Synonymgruppen oder Wortfelder umfassen alle Wörter, die einen bestimmten begrifflichen oder sachlichen Bereich abdecken, dabei heben sich Lexeme mit untergeordneten Semen vom jeweiligen Archilexem ab. Archilexeme sind lexikalische Einheiten, die im Zentrum eines Wortfeldes stehen, also die paradigmatische Dominante der gesamten Gruppe sind, eine umfangreiche Distribution aufweisen und am häufigsten vorkommen. Während solche Archilexeme in der Regel stilistisch merkmallos sind, zeichnen sich periphere Glieder solcher Synonymgruppen meistens durch eine stärkere Anschaulichkeit aus. FIX (vgl. 2002, S. 19) bezeichnet die Lexeme an den Rändern des Feldes als Wörter mit ‚starker' Bedeutung, weil diese Bedeutungen als Spezifizierungen der allgemeinen Inhalte verstanden werden können. Das bedeutet, „während wir Archilexeme wie *gehen, laufen* leicht als das Selbstverständliche hinnehmen, durch das hindurch wir ohne Stocken zum Sinn der Aussage vordringen wollen, halten wir uns bei den ‚starken' Wörtern wie *schlurfen, trippeln, latschen* auf, nehmen wir ihren über die Kernbedeutung hinausgehenden Mehrwert eher wahr" (Fix 2002, S. 19). Die Verwendung ‚starker Wörter' kann dazu führen, dass Gegenstände, Vorgänge und Erscheinungen der wahrgenommenen Realität lebendig und plastisch im Bewusstsein reproduziert werden. Es werden Assoziationen hervorgerufen, die sich auf die thematische Entfaltung auswirken können. Das heißt, periphere Lexeme haben eine stärkere textstrukturierende Wirkung als Archilexeme und zugleich ein höheres stilistisches Potential.

Lexikalische Einheiten sind im Hinblick auf Alter, Herkunft, bevorzugte Verwendung in bestimmten Kommunikationsbereichen, Textsorten u.Ä. nicht homogen. Der Wortschatz ist ein offenes und dynamisches System, dessen Schichtung die historisch-soziale Determiniertheit einer Gesellschaft widerspiegelt. Diese historische und soziale Determiniertheit des Wortschatzes drückt sich darin aus, dass in ihm Wörter unterschiedlichen Alters, unterschiedlicher Herkunft, unterschiedlicher territorialer Gebundenheit und unterschiedlicher sozialer Geltung enthalten sind. Die Zugehörigkeit eines Lexems zu einer solchen Wortschatzschicht oder -ebene ist für die Sprachteilnehmer eine zusätzliche Information bzw. ein konnotatives Merkmal, das die Verwendung und Auswahl eines Wortes entscheidend mitbestimmt. Ausschlaggebend für die Wortwahl ist außerdem die Einstellung des Sprechers oder Schreibers gegenüber dem benannten Objekt und dem Kommunikationspartner, d.h., der gleiche Gegenstand oder die gleiche Tätigkeit kann emotional unterschiedlich bewertet werden (z.B. *reden* oder *schwatzen*, *Handschrift* oder *Klaue*).

Als Zentrum der Lexik ist der Allgemeinwortschatz anzusehen, er ist in allen Gebrauchssphären gültig, ist normativ verbindlich und gehört zum aktiven Wortschatz. Um dieses Zentrum lagern sich periphere Schichten: fachgebundene Lexik, Lexik bestimmter Altersgruppen und sozialer Gruppen, regional gebundene Lexik sowie hinzukommende und aussterbende Lexik in Form von Neologismen und Archaismen (vgl. Fleischer et al. 1983, S. 277). EROMS (vgl. 2008a, S. 60f.) geht davon aus, dass bei einem Teil des Wortschatzes von (virtueller) stilistischer Neutralität auszugehen ist, wobei diese einerseits durch Systemzwang, andererseits durch Systemneutralisierung entstehen kann. Unter Systemzwang versteht er ein einelementiges Paradigma, in dem es keine Varianten gibt, also überhaupt nur ein Ausdruck zur Verfügung steht (z.B. Konjunktion *und*, Substantiv *Schwester*).
Deutlich schwieriger gestaltet sich die Bewertung von Neutralität oder Markiertheit bei Lexemen, die in systemgegebenen Beziehungen, insbesondere in Beziehungen der Synonymie, zu anderen lexikalischen Einheiten stehen. Wie bereits ausgeführt haben Archilexeme im Vergleich zu peripheren Gliedern von Wortfeldern oder Synonymgruppen ein deutlich geringeres stilistisches Potential und sind dadurch – gemessen an den potentiellen kommunikativen Verwendungssituationen – prinzipiell weniger geeignet, um Stilwerte oder sogar Stileffekte zu erzeugen. So lässt sich beispielsweise am Paradigma ‚Zahlungsmittel', in dem sich u.a. Wörter wie *Geld, Zahlungsmittel, Kohle, Moneten* oder *Kies* befinden, zeigen, dass der Ausdruck *Geld* die zentrale Position im Wortfeld innehat. Im Vergleich zu anderen Bestandteilen des Wortfeldes wirkt *Geld* in stilistischer Hinsicht dennoch weniger markiert, weil die

peripheren Glieder in der Regel nicht in allen Funktionsbereichen vorkommen können, ohne einen besonderen stilistischen Effekt zu erzeugen. So signalisiert das Wort *Zahlungsmittel* das fachliche bzw. berufliche Umgehen mit Geld und besitzt somit einen Stilwert. Solche Stilwerte sind unauffällige, normale Verwendungen in bestimmten funktionalen Bereichen, die im Zusammenspiel mit anderen sprachlichen und situationellen Gegebenheiten auftreten und registriert werden können (vgl. Eroms 2008a, S. 63). Beispielsweise bewirkt das Wort *Zahlungsmittel* ebenso wie *Nennwert* im folgenden Satz den Stilwert der Fachsprache der Ökonomie anzuzeigen: *Sie werden ein Jahr lang weiter gültiges Zahlungsmittel bleiben, allerdings zum Millionstel ihres bisherigen Nennwerts.*

In stilistischer Hinsicht als nicht neutral zu bewertende Ausdrucksweisen geben genau in dem Funktionalstil, für den sie typisch sind bzw. in dem sie am häufigsten Verwendung finden, einen Stilwert ab (vgl. Eroms 2008a, S. 60). Dieser Stilwert kann unter bestimmten sprachlichen Voraussetzungen in Abhängigkeit vom Kontext auch in andere, benachbarte oder für die sprachliche Gestaltung relativ offene Funktionalstile übertragen werden. So können z.B. Termini aus den Bereichen Chemie oder Medizin, die in Werbetexten der Kosmetikbranche eingesetzt werden, unter Umständen ihren Stilwert beibehalten und Fachlichkeit bzw. Wissenschaftlichkeit signalisieren. Werden solche Ausdrücke jedoch in einem Funktionalstil verwendet, zu dessen sprachlichen und situationellen Gegebenheiten sie nicht passen bzw. unangemessen sind, entstehen Stileffekte. So gehören die mit dem Ausdruck *Kohle* verbundenen Stilwerte zum Bereich der Umgangssprache, Alltagssprache, Jugendsprache, o.ä. Wird dieses Wort in einem stärker normierten, gehobeneren Funktionalstil verwendet, resultiert daraus ein auffälliger Effekt.

Im Folgenden wird nun davon ausgegangen werden, dass neben dem Kernbereich des Wortschatzes, der aus eher unauffälligen Einheiten bzw. Elementen mit geringem stilistischem Potential besteht, Gruppen lexikalischer Einheiten existieren, die als periphere Abweichungen von einem Zentrum anzusehen sind. In der kommunikativen Praxis bestehen für solche Einheiten konventionelle Gebrauchsrestriktionen, sie sind nur mit Einschränkungen verwendbar, was ihnen zusätzliches Wirkungspotential verleiht, das stilistisch nutzbar gemacht werden kann. Die Gruppen lexikalischer Einheiten, die vom Kernwortschatz abweichen und demgegenüber ein höheres stilistisches Potential aufweisen, sollen deshalb nach der Art ihrer Markierung bzw. Einschränkung in chronologischer Hinsicht (Neologismus, Okkasionalismus, etc.), nach ihrer fachlichen Beschränkung (Terminus), nach regionaler und/oder sozialer Begrenzung, hinsichtlich der Bevorzugung oder Meidung in bestimmten Kommunikationsbereichen oder Textsorten sowie nach ihrer Attitüde beschrieben werden (vgl. Fleischer et al. 1993, S. 82f.).

3.5.1.1 Markierungen unter diachronischer Perspektive

3.5.1.1.1 Neologismen und Okkasionalismen

Veränderungen im Wortschatz bieten auf verschiedene Weise die Möglichkeit, Stilwerte oder sogar besondere stilistische Effekte zu erzielen. In diesem Zusammenhang ist die Entwicklung der Wortbedeutung weniger relevant, es geht vielmehr um die Verwendung von veralteten Ausdrücken, so genannten Archaismen, und neuen Wörtern in Form von Neologismen oder Okkasionalismen.

Neologismen und Okkasionalismen repräsentieren nicht nur die Dynamik des Sprachsystems, sie verfügen in der Regel auch über hohes stilistisches Potential. Im Unterschied zu Okkasionalismen sind Neologismen in den Wortschatz bereits eingedrungen, das bedeutet, sie sind zu einem mehr oder weniger geringen Grad lexikalisiert und in dieser Hinsicht auch usualisiert (vgl. Heusinger 2004, S. 32). Aus gegenwärtiger Perspektive sind solche neueren Lexeme z.B. *Juniorprofessor, MINT-Fach, Inklusionsklasse* (vgl. u.a. Quasthoff 2011) sowie zahlreiche andere neue Wörter, die häufig durch die Medien verbreitet und in jeweils jüngster Zeit lexikalisiert wurden. Neologismen entstehen durch verschiedene Wortbildungsprozesse, Entlehnung und wesentlich seltener auch durch Wortschöpfung. Sie gelten in lexikographischer Hinsicht meistens dann nicht mehr als Neologismen, wenn sie im Allgemeinwortschatz etabliert sind, also in die Standardwörterbücher aufgenommen worden sind.

Okkasionalismen (auch Ad-hoc-Bildungen, Einmalbildungen usw.) gehören nicht zum Lexikon einer Sprache, sie können aber unter bestimmten Bedingungen verbreitet werden und allmählich in den Wortschatz eingehen, was gemessen an ihrem Gesamtaufkommen in den verschiedenen Textsorten relativ selten vorkommt. Okkasionalismen entstehen am häufigsten durch Wortbildung[11].

In stilistischer Hinsicht sind Neuheitseffekte von größerer Bedeutung als die tatsächliche Neuheit oder Einmaligkeit eines Wortes, weshalb hier in Anlehnung an Untersuchungen von Barz (vgl. 1998, S. 13) zwischen der objektiven Neuheit eines Wortes und ihrer diesbezüglichen Wirkung auf die Rezipienten, ihrem Neuheitseffekt differenziert wird. Neuheitseffekte können über Rezipientenaussagen erschlossen werden, wobei sie sich insofern als heterogen erweisen, als verschiedene Probanden den Neuheitseffekt eines objektiv neuen Wortes unterschiedlich stark empfinden. Ebenso wie andere metasprachliche Bewertungen werden sie durch vielfältige, sprachliche und außersprachliche Variablen beeinflusst und basieren keineswegs auf einer linearen Ursache-Folge-Beziehung. Abgesehen von dieser Multikausalität ist davon auszugehen, dass Sprachverarbeitung ein erwartungsgeleiteter Vorgang ist. Rezipientenerwartungen sind dabei als Einstellungen des Empfängers gegenüber Sprachhandlungen zu verstehen (vgl. Lerchner 1984, S. 254), die sich aus Sachkenntnis, Spracherfahrung und Sprachwissen, d.h. aus der im Langzeitgedächtnis verankerten Sach- und Sprachkompetenz entwickeln. Laut BARZ ergibt sich eine proportionale Erklärung aus dem Verhältnis von vorhandenem Sach- und Sprachwissen und dem Neuheitseffekt eines neuen Wortes: „Je stärker eine Wortneubildung zu dem Wissen des Rezipienten in Widerspruch gerät, um so stärker ist ihr Neuheitseffekt. Umgekehrt ist es umso geringer, je geringer der Widerspruch aufgrund gespeicherter Wissenselemente ist, je mehr ‚Bekanntes' das neue Wort enthält bzw. aktiviert" (Barz 1998, S. 14). Als sprachliche Faktoren, die diesen Widerspruch ausgleichen können, indem sie die Wortneubildung in vorhandene Wissenszusammenhänge eingliedern, nennt sie (vgl. Barz 1998, S. 14f.) erstens die Regelmäßigkeit der Bildung sowie die Bekanntheit der motivieren-

[11] Problematisch ist in diesem Zusammenhang die Frage, wie die ‚Neuheit' bzw. ‚Einmaligkeit' von Ad-hoc-Bildungen im konkreten Einzelfall feststellbar sein soll, sie ist schwerlich direkt und objektiv nachweisbar. Das liegt unter anderem daran, dass bei Wortneubildungen Neuheit und Neuheitseffekt nicht zusammenfallen und dadurch die Identifizierung neuer Wörter weitgehend kompetenzabhängig ist (vgl. Barz 1998, S. 18).

den lexikalischen Einheiten, zweitens die Selbstdeutigkeit des neuen Wortes in Bezug auf Wortwissen, Wortschatzstrukturwissen und Textwissen, also die kontextfreie Verständlichkeit und drittens die allmählich einsetzende Lexikalisierung. Regelmäßige Wortneubildungen wirken in der Regel nicht so neu wie unregelmäßige, sie signalisieren ihre Neuheit weniger stark und werden oft nicht als neu empfunden. Mit ‚regelmäßig gebildeten Wörtern' sind solche Wortneubildungen gemeint, die nach gängigen Wortbildungsmustern bzw. in Analogie zu einem bereits vorhandenen und produktiven Wortbildungstyp gebildet sind (vgl. Krieg 2005, S. 74). Kann ein neues Wort an eine Reihe gleichstrukturierter lexikalisierter Wörter, an ein Wortbildungsparadigma, angeschlossen werden, so wird sein Neuheitseffekt durch die Anlehnung an das Paradigma abgebaut.

BARZ (vgl. 1998, S. 14f.) bezeichnet die mögliche Eigenschaft von Wortbildungen, sich an Reihen anzuschließen, als ‚Serialität' und unterscheidet demnach in Bezug auf neue Komposita zwischen seriellen und nicht reihenhaft gebildeten, so genannten singulären Komposita. Da Reihenbildung im Allgemeinen als typisches Merkmal von Ableitungen gilt und auch vorrangig im Zusammenhang mit dieser Wortbildungsart betrachtet wird, legt sie zunächst am Beispiel der substantivischen Komposita Parameter für die Eigenschaft Serialität bei neuen Komposita fest. Dabei wird eine Kompositionsreihe als Paradigma angesehen, das aus Komposita mit einer identischen und einer variablen Konstituente besteht, die die gleiche Wortbildungsbedeutung aufweisen. Zudem darf die Stelle der variablen Konstituente nur von solchen Wörtern besetzt werden, die durch paradigmatische semantische Beziehungen miteinander verbunden sind, wie beispielsweise von Kohyponymen wie *Apfel, Kirsch(e), Pflaume(n)* in Komposita mit dem Zweitglied *-baum*. Für die mit dem Simplex *Baum* verbundenen, lexikalisierten Komposita ergibt sich aus dieser Definition, dass *Baum* sowohl als Erst- als auch als Zweitglied kompositionsaktiv ist und in beiden Positionen Reihen ausprägt, als Zweitglied z.B. in Verbindung mit Früchten (s.o.). Außerdem existiert eine große Zahl singulärer, nicht seriell gebildeter Komposita, wie z.B. *Mai-, Purzel-, Zwergbaum* (vgl. Barz 1998, S. 15).

Betrachtet man den Zusammenhang von Neuheitseffekt und Verständlichkeit, kann zunächst festgestellt werden, dass Wortneubildungen, die als Ganzes oder auch nur zum Teil unverständlich sind, weil sie beispielsweise fachsprachliche Bestandteile enthalten, prinzipiell einen Neuheitseffekt ausbilden. Bei Komposita, die im Allgemeinen verständlich sind, ist hinsichtlich des Neuheitseffektes zwischen solchen zu unterscheiden, die selbstständig bzw. kontextfrei verständlich sind und denen, die nicht als isoliertes Wort eindeutig interpretierbar sind, sondern nur unter Einbeziehung des Kontextes verstanden werden können. Die Selbstdeutigkeit von Komposita resultiert im Wesentlichen aus den lexikalisch-semantischen Eigenschaften und Grundrelationen zwischen Erst- und Zweitglied. Das bedeutet, dass aufgrund des Paradigmenbezuges serielle Komposita weitgehend selbstdeutig sind. Auch bei der Interpretation singulärer Komposita sind Rezipienten nicht immer auf Textinformationen angewiesen, sondern sie können aus sich selbst heraus verstanden werden (z.B. *Aufbau-Shampoo*, *Vitalcocktail*). In den meisten Fällen benötigen die Rezipienten jedoch Textwissen für die Interpretation solcher singulären Bildungen, weshalb BARZ (vgl. 1998, S. 16) von einem proportionalen Verhältnis zwischen der Textbindung der Bedeutung neuer Komposita und deren Neuheitseffekt ausgeht, das bedeutet, je stärker die Textbindung ist, desto höher ist der Neuheitseffekt.

Unproblematisch erscheint der Zusammenhang von Neuheitseffekt und Lexikalisierungsgrad, weil die einsetzende Lexikalisierung eines Wortes unwillkürlich zum Abbau seines Status als Neubildung und somit auch zur Verringerung des Neuheitseffektes beiträgt. Schwierigkeiten ergeben sich dabei vor allem bei der Frage, wie Lexikalisiertheit oder ebenso die Einmaligkeit bzw. Neuheit einer Bildung in jedem konkreten Einzelfall festgestellt und nachgewiesen werden kann.

Im Folgenden wird aufgrund der oben dargestellten Voraussetzungen davon ausgegangen, dass innerhalb der Gruppe der Wortneubildungen diejenigen Wörter, die einen größeren Neuheitseffekt auslösen, über ein höheres stilistisches Potential verfügen als Bildungen mit geringerem Neuheitseffekt. Der Neuheitseffekt ist als graduelle Größe zu verstehen. Er ist im Beispielfall der substantivischen Komposita am stärksten bei singulären, nicht selbstdeutigen Bildungen ausgeprägt. Den geringsten Neuheitseffekt lösen Komposita aus, die eine gut ausgebaute Reihe von lexikalisierten Komposita mit jeweils identischem Zweitglied, identischer Wortbildungsbedeutung und semantisch ‚verwandtem' Erstglied ergänzen und selbstdeutig sind (vgl. Barz 1998, S. 27). Wortneubildungen, die einen geringeren Neuheitseffekt ausweisen, sind in Bezug auf ihre stilistische Wirkung unauffälliger, sie werden häufig mit der Absicht der Informationskonzentration, d.h. aus sprachökonomischen Gründen gebildet, da sie in jedem Fall kürzer sind als syntaktische Alternativkonstruktionen (vgl. Hohenhaus 1996, S. 36, Krieg 2005, S. 76). Sie dienen auch oft der syntaktischen Umkategorisierung, indem durch die Änderung der syntaktischen Wortkategorie einer Lexikoneinheit die Möglichkeit geschaffen wird, eine semantische Repräsentation in verschiedenen syntaktischen Strukturen zu verwenden (vgl. Motsch 1999, S. 20) oder haben Bedeutung für die Textfunktion, weil sie durch Rückgriffe auf bekannte Informationen bzw. Vorgriffe auf noch nicht bekannte Informationen die Aufmerksamkeit der Rezipienten auf den Textverlauf lenken und Variation ermöglichen (vgl. Matussek 1994, S. 36).

Wörter, die einen größeren Neuheitseffekt auslösen, zählen zu den auffälligeren Bildungen und haben deshalb ein hohes stilistisches Potential. Die Auffälligkeit neuer Wörter resultiert über den Neuheitseffekt hinaus häufig aus verschiedenen Techniken, wie beispielsweise der Verfremdung, die sich im bewussten Einsetzen von spielerischen, ironischen oder expressiven Sprachmitteln zeigt (vgl. Ortner/Ortner 1984, S. 169f.).

Prinzipiell ist davon auszugehen, dass Bildungen, die von der Norm abweichen bzw. gegen die Norm verstoßen, auffällig sind. Die auffällige Normabweichung von Wortneubildungen kann durch zahlreiche Faktoren bedingt sein, wie z.B. graphische, die Auffälligkeit u.a. durch mehrere Bindestriche, Großbuchstaben oder Anführungszeichen innerhalb eines Wortes (z.B. *Bau-Sparen, HUKgünstig*) sowie durch Getrenntschreibung einzelner Bestandteile (z.B. *Duo-Aktiv Komplex*) bewirken. Morphologische Faktoren ergeben sich beispielsweise durch das Hinzufügen oder Weglassen einzelner Wortteile oder Buchstaben, bei anderen Bildungen kann das gesamte morphologische Muster auffällig sein (vgl. Satzkomposita wie z.B. *Esgrüntsowellnessgrün*). Lexikalisch-semantische Faktoren entstehen häufig durch die unübliche Verknüpfung einzelner Wörter, bei der beispielsweise fachsprachliche oder fremdsprachliche, nicht zum heimischen Wortschatz gehörige Wörter mit usuellen kombiniert werden (z.B. *Animatic-Express-Handtuch*). Dabei erhöht sich der Grad der Auffälligkeit entsprechend dem Kontrast, der durch die unmittelbare Kombination entsteht (vgl. Ortner/Ortner 1984, S. 170ff; Krieg 2005, S. 49).

Im Gegensatz zu usuellen und damit als ‚normgerecht' eingestuften Wörtern können Bildungen, bei denen von gängigen Wortbildungsmustern abgewichen wird oder auch bereits vorhandenes, eigenes oder etabliertes fremdes Sprachmaterial z.B. durch Wortspiele oder Spiele auf der Laut- und Schriftebene verfremdet wird, zur kognitiven Aktivierung und Wahrnehmungssteuerung des Hörers/Lesers eingesetzt werden. Sie erregen Aufmerksamkeit, weil sie gegen vorhandene Erwartungen und Schemavorstellungen verstoßen und dadurch bei den Rezipienten gedankliche Widersprüche und Konflikte auslösen, d.h. ihn überraschen. Notwendig ist dabei, dass die Textrezipienten die Abweichungen und Verstöße gegen die Sprachnorm als vom Textproduzenten intendiert erkennen und die Intention sowie die durch die Abweichung oder Verfremdung gegebene zusätzliche Bedeutung nachvollziehen können. Ob Abweichungen letztlich toleriert werden, hängt von den Einstellungen des Rezipienten zu Regeln, Normen und Konventionen ab sowie von seinem Sprach- und Weltwissen und natürlich seiner Sprachkompetenz.

Eine andere Form von stilistischer Wirkung können Wortneubildungen erzielen, die Merkmale von Fachwortschätzen enthalten. Als charakteristisches Kennzeichen von Fachwortschätzen gelten die große Häufigkeit von Nomen sowie das Auftreten von Mehrwortlexemen (vgl. Ickler 1997, S. 105). Das zeigt sich z.B. in der Fachsprache der Chemie am Vorkommen von mehrgliedrigen Komposita, wie *Bergmann-Cyclisierung-Reaktion* oder *Aceton-Butanol-Fermentation*, deren Bestandteile oft chemie-typische Endungen wie z.B. *-ol*, *-in* oder *-an*, enthalten. Daneben gibt es unter anderem zahlreiche Zusammensetzungen mit Einzelbuchstaben, Buchstabenverbindungen, Zahlen, Formeln oder Symbolen (vgl. z.B. *A-Faktor, OH-Gruppe, 3-Stellung*). Auch im Wortschatz der Technik treten regelmäßig sehr komplexe Komposita auf, die ebenfalls häufig Einzelbuchstaben o.ä. aufweisen, wie zum Beispiel *Thermoelement-2-Loch-Isolierstab* oder *16-Ventil-Motor* (vgl. Elsen 2004, S. 53ff.). Lehnen sich neue Wörter in ihrer Bildungsweise an solche fachsprachlichen Muster an oder integrieren sie Bestandteile fachsprachlicher

Termini, resultiert daraus ein besonderes stilistisches Potential, sie können Fachlichkeit oder Wissenschaftlichkeit anzeigen. Ähnliches gilt für Wortneubildungen, die Lexeme wie *Formel*, *System* oder *Komplex* enthalten und ebenfalls dazu geeignet sind, einem Text eine fachsprachliche bzw. wissenschaftliche Wirkung zu verleihen (vgl. Krieg 2005, S. 102).

3.5.1.1.2 Archaismen

Als Archaismen gelten veraltete Lexeme, die aufgrund anderer Benennungen ungebräuchlich geworden sind. Davon zu unterscheiden sind Historismen, die einen kulturgeschichtlichen Wert haben, weil sie Bezeichnungen für ein nicht mehr existierendes Denotat darstellen (z.B. *Hellebarde* vgl. Heusinger 2004, S. 42f.). Archaismen sind demgegenüber Bezeichnungen für ein noch existierendes Denotat, das in der Gegenwartssprache jedoch üblicherweise anders benannt wird (vgl. Fleischer et al. 1993, S. 92). Die Archaisierung von Lexemen ist ein relativ langer Prozess, der in mehreren Stufen verläuft. Zu ihr zählen auch veraltete Wortformen wie die einst allgemein gebräuchlichen Lexeme *Automobil* und *Omnibus*, die wie viele andere Lexeme der Gegenwartssprache im Sprachgebrauch von ökonomischeren Kurzformen verdrängt worden sind. Neben *Auto* und *Bus* handelt es sich auch bei *Foto*, *Kilo*, *Kneipe* usw. um formale Kürzungen gegenüber denen die erheblich selteneren oder nicht mehr gebräuchlichen Langformen als (potentielle) Formarchaismen anzusehen sind. (vgl. Heusinger 2004, S. 42f.). Aus der diachronischen Markierung als Archaismus ergibt sich nicht zwangsläufig eine „altertümliche" Stilwirkung, vielmehr haben zahlreiche Archaismen ein hohes stilistisches Potential. Das gilt insbesondere für solche potentiellen Archaismen wie *Automobil*, die nicht selten mit einer diastratischen Markierung einhergehen bzw. der gehobenen Stilebene zugewiesen werden. Daneben kann das stilistische Potential von Archaismen für die Erzeugung zahlreicher Effekte wie Ironie, Feierlichkeit, pejorativer Expressivität etc. genutzt werden (vgl. Fleischer et al. 1993, S. 93; Eroms 2008a, S. 71).

3.5.1.2 Markierungen aufgrund regionaler und/oder systematischer sozialer Begrenzung

3.5.1.2.1 Fremdwörter

Fremdwörter sind lexikalische Einheiten, die auf unterschiedliche Weise aus nicht heimischem Sprachmaterial gebildet wurden und in Phonem- und Morphemstruktur, Aussprache und/oder Schreibung, zum Teil auch in der Flexion vom nativen Wortschatz abweichen. Die Übernahme solcher fremden Einheiten geht häufig mit der schrittweisen Veränderung seines Formativs, seiner grammatischen Eigenschaften, seiner Aussprache und Schreibweise einher, d.h., Fremdwörter unterliegen einer stetigen Tendenz zur Integration in das heimische Sprachsystem. Dies zeigt sich u.a. an der Großschreibung der Substantive (engl. *mail* – dt. *Mail*), der Genuszuweisung bzw. Zuordnung zu einem Flexionstyp (z.B. *der Browser, der Scanner* als Maskulina starker Flexion mit Nullplural[12]), der Eingliederung der Verben in das Konjugationssystem (engl. *to fix* – dt. *fixen*, engl. *to download* – dt. *downgeloadet*) oder in der Wortbildung, die zahlreiche Integrationswege für fremde Bestandteile oder Bildungsmuster bereithält: angefangen von den ziemlich freien Möglichkeiten einer Verbindung von fremden und nativen Bestandteilen (z.B. *Fahrzeugservice, Verfahrenscheckliste*) zu Determinativkomposita über solche teilgrammatikalisierten fremden Partikelkandidaten wie in *upgraden* oder *downloaden* bis hin zu fremden Derivationssuffixen, die das Akzentverhalten steuern können, oder Konfixbildungen wie *autonom* und *turbophil* (zur grammatischen Integration von Fremdwörtern vgl. Eisenberg 2001, S. 190ff.). Hinzukommt die immer weiter voranschreitende phonetisch-orthographische Integration, die sich an der Neuregelung der Schreibung zeigt, die beispielsweise neben dem bisher verbindlichen *Ketchup* auch *Ketschup* zulässt, oder an Anpassungen an das deutsche Aussprachesystem, wie z.B. in der Übernahme der charakteristischen phonotaktischen Beschränkung, der Auslautverhärtung (z.B. [gɛk] *Gag*).

In stilistischer Hinsicht unauffällig sind fremde Wörter, die sich dem heimischen Sprachsystem völlig angepasst haben und nur im Zuge einer etymolo-

12 Zur morphologischen Integration von Fremdwörtern vgl. auch Harnisch 2002.

gisch-historischen Betrachtung als ‚fremd' identifizierbar sind[13]. Solche Lehnwörter, wie z.B. *Wein* oder *Nummer*, lassen sich bei einer synchronen Perspektive nicht von heimischen Wörtern unterscheiden und werden von nicht sprachwissenschaftlich vorgebildeten Rezipienten kaum als ‚fremd' wahrgenommen. Ein weiteres Indiz für die Unmarkiertheit dieser Wörter ist der Umstand, dass der größte Teil des Lehnguts Leerstellen bzw. Lücken im lexikalischen System besetzt.
Stil ist ein Phänomen der Wahl (vgl. Kap. 3.1.3), was prinzipiell voraussetzt, dass zwischen fremdem und heimischem Wort eine Wahlmöglichkeit besteht. Diese ist aber im Falle vieler Entlehnungen nicht gegeben. Existiert für ein Denotat jedoch auch ein deutsches Wort, so können Fremdwort und heimisches Äquivalent – ebenso wie andere im Sprachsystem vorhandene Synonyme – aus Gründen der stilistischen Ausdrucksvariation nebeneinander verwendet werden. Dies zeigt sich im folgenden Beispiel am Wechsel von Hybridbildung und heimischem Kompositum:

> *Die* ***Erfolgsstory*** *geht weiter: Manoir Grignon 2007 [...] Mit dieser 2007er Cuvée ist es Alain Grignon und dem Top-Önologen Xavier Roger gelungen, aus den Edelreben Cabernet Sauvignon und Syrah einen Wein zu komponieren, der mit Aroma und Finesse begeistert. Nebenbei haben übrigens genau die beiden entscheidend zur* ***Erfolgsgeschichte*** *südfranzösischer Landweine beigetragen. Das jüngste Kapitel dieser* ***Erfolgsstory*** *steht jetzt zum Probieren auf dem Verkostungstisch Ihres Depots bereit – für Sie als Kartenkunde für 5,70€ statt 7,50€!*

Eine derartige Möglichkeit zur Variation zwischen Fremdwort und heimischem Äquivalent ist in hohem Maße kontextabhängig und (wie überhaupt bei Synonymen vgl. Kap. 3.5.1) prinzipiell dadurch limitiert, dass in der Regel nicht von vollständiger, sondern nur partieller Synonymie ausgegangen werden kann, weil verschiedene semantische Unterschiede vorliegen. So können Fremdwort und deutsches Wort einen gemeinsamen Bedeutungskern besitzen und sich durch sekundäre, periphere Seme unterscheiden (z.B. *Autor – Verfasser*).

---

[13] Zu historischen Überlegungen und Fragen der Kritikwürdigkeit fremder Elemente in der deutschen Sprache der Gegenwart vgl. – gerade auch im Hinblick auf verschiedene Texttypen, Stile und Kommunikationsbereiche – Eichinger 2008a, S. 70ff.

Häufig weisen Fremdwörter in ihrer stilistischen Wirkung gegenüber dem heimischen Wort eine Markierung auf bzw. verfügen über ein besonderes stilistisches Potential. Dies ist jedoch nicht immer der Fall. Entscheidend ist, welche lexikalische Variante, die fremde oder die heimische, sich durch eine größere Gebräuchlichkeit und stärkere Festigung im Sprachbewusstsein auszeichnet. Aus diesem Grund wirken auch die im Zusammenhang mit der Fremdwortkritik gebildeten deutschen Entsprechungen für etablierte fremde Wörter (z.B. *elektronische Post* für *E-Mail*)[14] grundsätzlich auffälliger als das Äquivalent fremder Herkunft. Sie sind in hohem Maße dazu geeignet, Stileffekte zu erzeugen[15].

In Verbindung mit der Nuancierung von Stilebenen ist darauf hinzuweisen, dass Fremdwörter und vor allem fremdsprachliche Zitate und Redewendungen wie *Judaslohn* (‚Lohn für Verrat'), *Pyrrhussieg* (‚Scheinsieg'), *in dubio pro reo* (‚Im Zweifel für den Angeklagten') oder *etwas ad absurdum* führen (‚die Widersinnigkeit von etwas nachweisen') ein großes stilistisches Potential besitzen. Sie ermöglichen die Anspielung auf Bildungsinhalte und repräsentieren in pragmastilistischer Hinsicht weit mehr als ihre unmittelbare Bedeutung. Sie können Wissensappelle darstellen und dadurch sozial integrierende bzw. ausgrenzende Funktion haben (vgl. Duden Bd. 5 2007, S. 621). Innerhalb der Unternehmenskommunikation dienen sie vorrangig der Aufwertung von Produzent und/oder Rezipient, weil sie ein Ausdruck von Gelehrsamkeit sind und auch ein spezifisches Normen- und Wertesystem verkörpern können, z.B.:

> *Für unsere IOL mit exakten Refraktionswerten haben wir den Mehrweginjektor – als derzeit noch eines der größeren Probleme – aus dem OP verbannt und bieten Ihnen damit: „Ein Risikofaktor weniger" – bei gleichzeitig einfacherem Handling. Schließen auch Sie Risiken aus, es bleiben* ***per se*** *genügend übrig.*

An der fachsprachlichen Kommunikation, insbesondere an den terminologischen Systemen von Wissenschaft und Technik, hat fremdes Wortgut einen

---

14 Das Wortbildungselement *elektro-* geht natürlich zurück auf griech. *ēlektron.*

15 Unter diachroner Perspektive zeigen das bereits die Wortbildungen aus dem 17. Jahrhundert, hier hatte im Zuge der so genannten Sprachgesellschaften die Fremdwörterkritik eine erste Hochkonjunktur.

wesentlichen Anteil. Dabei handelt es sich vor allem um sog. ‚Internationalismen', die in den wichtigsten europäischen Sprachen mit mehr oder weniger übereinstimmender Bedeutung vorkommen, wenn sie auch in der Formativstruktur (Aussprache, Schreibung, Flexion) einzelsprachlich bedingte Unterschiede aufweisen (vgl. Fleischer et al. 1993, S. 87). Solche Internationalismen treten als Termini, Halbtermini und Berufsjargonismen (s.u.) auf, sie gehen vielfach auf lateinisches Sprachmaterial zurück.
An den Anglizismen zeigt sich schließlich besonders deutlich ein weiterer stilistischer Aspekt des Einsatzes von Fremdwörtern, die Zeichnung eines fremdländischen Kolorits. Mittels Anglizismen wird gerade in der Unternehmenskommunikation versucht, die anglo-amerikanische Kultur zu transformieren und den Rezipienten das Gefühl vom „American way of life" zu vermitteln. So fungieren Anglizismen und andere fremdsprachige Elemente in Form von Slogans (z.B. *Come to Marlboro Country*, *CRÉATEUR D'AUTOMOBILES*) hinsichtlich ihrer stilistischen Wirkung als Gefühlsträger und Erzeuger einer Lebensauffassung (vgl. Bohmann 1996, S. 177ff.).

3.5.1.2.2 Regionalismen

Seit geraumer Zeit hat sich in der Areallinguistik die Erkenntnis durchgesetzt, dass der deutschsprachige Raum ein ‚plurizentrisches' Gebilde ist (vgl. Stickel 1997). Im Hinblick auf die Standardsprache unterscheidet man zwischen ‚deutschem', ‚österreichischem' und ‚schweizerischem' Deutsch, daneben existieren die Mundarten und regionale Umgangssprachen (vgl. Kap. 3.4). In Bezug auf die Massenmedien relativiert BURGER die Rede vom ‚plurizentrischen' Deutsch mit gleichberechtigten nationalen Zentren insofern, als „hier eine deutliche Dominanz des deutschen Deutsch registriert werden muss" (Burger 2005, S. 362). Diese gilt in weiten Teilen auch für die Unternehmenskommunikation.
JANICH (vgl. 2003, S. 164f.) unterscheidet in Zusammenhang mit Untersuchungen zur Sprache der Medienwerbung zwischen drei Funktionen von Dialekt: einer senderbezogenen, einer rezipientenbezogenen und einer produktbezogenen Funktion. Demnach kann Dialekt als individuelles Kennzeichen eines prominenten Sprechers eingesetzt werden, der dadurch leicht erkennbar

ist und u.U. glaubwürdiger erscheint (vgl. den Schauspieler Ottfried Fischer für eine Möbelhaus-Kette in Bayern).
Dialektverwendung dient außerdem z.B. in regionalen Hörfunkspots (zumindest in Regionen, in denen Dialekt einen hohen gesellschaftlichen Stellenwert hat) zur Identifikation mit dem Publikum bzw. den Zielpersonen. Drittens kann durch den Einsatz von Dialekt die spezifische regionale Herkunft eines Produktes betont werden, was im Falle von Fernsehwerbung häufig mit einer eindeutig lokalisierbaren Kulisse verbunden ist. Dabei differenziert JANICH offensichtlich nicht zwischen reinem Dialekt und abgeschwächten oder umgangssprachlichen Formen, wie sie für eine ganze Region typisch sind (vgl. Janich 2003, S. 164f.).
Gerade im Bereich der schriftlichen Unternehmenskommunikation kommt wirklich Dialektales, im Sinne von rein mundartlichen Wörtern und Wendungen, nur als deutlich erkennbarer Sonderfall vor, woraus Stileffekte resultieren. Von größerer Bedeutung für die Stilbeschreibung kommunikationspolitischer Texte sind regionale Besonderheiten der Standardsprache, die in allen deutschsprachigen Ländern mehr oder weniger breit zu beobachten sind. Es geht dabei vor allem um territoriale Dubletten oder Heteronyme mit weniger enger territorialer Begrenzung, die charakteristisch für größere Sprachlandschaften sind (vgl. Fleischer et al. 1993, S. 101). Hierzu gehören in Deutschland beispielsweise die innerstaatlich regionalen Varianten norddeutsch, süddeutsch, ostmitteldeutsch etc. und ihre unterschiedlichen Benennungen wie z.B. *Fleischhauer*, *Fleischer* und *Metzger* oder *Junge* und *Bub*, die Stilwerte abgeben können und dann Stileffekte erzielen, wenn „sie nicht in ihren Heimatbereichen verwendet werden“ (Eroms 2008a, S. 69).
Die stilistischen Funktionen von Regionalismen bestehen in der Unternehmenskommunikation vorrangig in der Zeichnung eines Lokalkolorits, das auf die Produktherkunft verweisen (z.B. Milchprodukte aus den Alpen) oder z.B. im Bereich der Investitionsgüter oder langlebigen Konsumgüter auf den Sitz der Firma oder Produktionsstätte aufmerksam machen soll, um aus den mit dieser Region verbundenen Stereotypen einen spezifischen Zusatznutzen abzuleiten (z.B. im Sinne von ‚schwäbische Hersteller sind fleißig und ordentlich, deshalb liefern sie hochwertige Produkte‘). Durch den Gebrauch von

diatopisch markierter Lexik kann auch Vertrautheit oder ‚soziale Nähe' zum Adressaten signalisiert werden.

3.5.1.2.3 Fach- und Gruppensprachliches

Fachsprachen zeichnen sich gegenüber der Gemeinsprache insbesondere durch ihre spezifische Lexik aus, die vorrangig durch ihren fachbezogenen Inhalt bestimmt ist. Als wichtige Merkmale von Fachtermini gelten vor allem die Tendenz zur Exaktheit, Eindeutigkeit, Begrifflichkeit, Systematik und Ausdrucksökonomie (vgl. z.B. Fluck 1985). Aus dieser für Fachsprachen charakteristischen Präzisierung und Ökonomisierung resultiert gleichzeitig aber auch ein Mangel an allgemeiner Verständlichkeit, da – wie VON POLENZ (1988) feststellt – die sprachökonomische Ausdrucksweise als Komprimierung von möglichst viel Inhalt auf möglichst wenig Ausdruck (besonders durch Nominalisierung und Wortbildung) dadurch erreicht wird, dass wichtige Teile des Inhalts nicht mehr ausgedrückt werden oder vage bleiben (vgl. von Polenz 1988, S. 342).

In Bezug auf die Rolle von Vagheit bei der Verwendung von Fachwörtern weist KIßENBECK (vgl. 1997, S. 16) daraufhin, dass Kommunikationsschwierigkeiten nicht nur aus eindeutigen Wissensdefiziten, also aus Lücken bzw. Leerstellen im Zeichensystem des Kommunikationspartners, resultieren, sondern häufig bereits dann auftreten, wenn die Kommunikationsteilnehmer zwar über eine Bezeichnung verfügen, die dahinter stehenden Bedeutungsinhalte vielleicht im Kern noch übereinstimmen, aber desto inkongruenter werden, je weiter man sich von diesen entfernt. So können verschiedene Grade an Vagheit im Sachwissen fachlich versierter und weniger versierter Sprecher bestehen. Vagheit kann sich einerseits auf ideolektale Wortbedeutungskonzepte beziehen und andererseits sog. „Randunbestimmtheit" bedeuten, womit gemeint ist, dass es für eine Reihe von Gegenständen oder Sachverhalten unklar ist, ob sie zu einer Bedeutung gehören oder nicht (vgl. Schräder 1991, S. 231; Wichter 1988, S. 39 zitiert nach Kißenbeck 1997, S. 16). Im Zusammenhang mit Texten der Unternehmenskommunikation sind vor allem vom Produzenten intendierte Formen von Vagheit (sog. „Hedging") von Bedeutung.

In stilistischer Hinsicht spielt zunächst einmal der Anteil fachspezifischer Elemente eine Rolle, da sich die lexikalische Charakteristik von Textsorten in der Regel durch die Frequenz und Kombination lexikalischer Einheiten ergibt und weniger durch eine entsprechende feste Markierung einzelner Benennungen (vgl. Fleischer et al. 1993, S. 123). Dies gilt in besonderem Maße für den Gebrauch von Fachwörtern, deren Dichte sowie die Art und Weise ihrer Verwendung durchaus als Parameter betrachtet werden können, um einen Text auf einer Skala von ‚rein fachsprachlich' über ‚gemischt' bis hin zu ‚rein gemeinsprachlich' einzuordnen (vgl. Kißenbeck 1997, S. 29).

Zwischen Allgemeinwortschatz und Fachwortschätzen besteht eine Wechselbeziehung, die sich in den letzten Jahrzehnten im Zuge einer zunehmenden ‚Verwissenschaftlichung' in vielen Bereichen des gesellschaftlichen Lebens verstärkt hat. Vor allem die elektronischen Medien gewährleisten eine schnellere Verbreitung von Dokumenten, von denen die meisten dem fachsprachlichen Bereich zuzuordnen sind (vgl. Kißenbeck 1997, S. 32). Durch einen zunehmenden Gebrauch in fachexterner Kommunikation und der damit einhergehenden Frequenzsteigerung verlieren Termini ihren spezifischen Charakter, Determinologisierung setzt ein und die Konnotation ‚Fachwort' verringert sich sukzessive (z.B. *ökologisch*). Ein möglicher weiterer Schritt in Richtung Determinologisierung ist die Verwendung von Termini zur Bezeichnung außerfachlicher Sachverhalte (vgl. Fleischer et al. 1993, S. 115). Für eine stilistische Differenzierung von Fachwörtern im Hinblick auf eine Beschreibung von kommunikationspolitischen Textsorten scheint es zunächst sinnvoll, die in der Literatur bereits verwendeten Bezeichnungen ‚Terminus', ‚Halbterminus', und ‚Fachjargonismus' (vgl. z.B. Schmidt 1969, S. 19f.) zu übernehmen und zusätzlich durch die Kategorie ‚Pseudofachterminus' zu ergänzen.

Als ‚Termini' werden hier diejenigen Elemente bezeichnet, die i.e.S. Mittel einer optimalen Verständigung über ein Fachgebiet unter Fachleuten sind (vgl. Schmidt 1969, S. 17), also einer effektiven, relativ emotionsfreien Kommunikation zwischen Fachleuten dienen. Innerhalb der Unternehmenskommunikation haben Fachtermini insbesondere für kommunikationspolitische Aktivitäten in der Investitionsgüterbranche oder für die Kommunikation mit einem klar abgegrenzten fachlichen Adressatenkreis, also Experten im Business-to-Business-Bereich, Relevanz für die stilistische Gestaltung. Letzteres zeigt beispielsweise der folgende Ausschnitt einer adressierten Werbesendung eines Pharmaunternehmens an niedergelassene Fachärzte:

> *OZIL – Neuer Schwung in der Phakoemulsifikation... verkürzte Phakozeiten und sichtbar erhöhte Effizienz bei reduzierter thermischer Energie in der Inzision: nur Wunschdenken? Das Infiniti Vision System mit der neuen OZIL-Technologie bietet genau diese Vorteile...*

Hier lassen sich Bezeichnungen wie *Phakoemulsifikation* und *Inzision* eindeutig als reine Fachtermini klassifizieren, die eben der präzisen und ökonomischen Kommunikation von Fachleuten – in diesem Fall den Herstellern ophthalmo-chirurgischer Geräte und operierenden Augenärzten – dienen.[16]
Ebenso wie in anderen fachexternen Kommunikationsformen, z.B. in Pressetexten oder populärwissenschaftlichen Texten, ist es auch innerhalb kommunikationspolitischer Aktivitäten, die sich nicht in erster Linie an Experten, sondern an Laien richten, zum Teil unumgänglich, Fachtermini zu verwenden, was vor allem aus eingeschränkten synonymischen Variationsmöglichkeiten resultiert. In diesen Fällen ergeben sich zur Gewährleistung der Verständlichkeit besondere Anforderungen an die Textgestaltung, wobei dem Text bzw. Textproduzenten eine „Mediatorfunktion“ (vgl. Kißenbeck 1997, S. 33) zukommt. Der Produzent muss zwischen dem Gegenstand/Inhalt, der zu seiner Darstellung fachsprachliche Mittel erfordert, und den Kommunikationspartnern bzw. Zielpersonen vermitteln, indem er Laien durch andere sprachliche und methodische Mittel das Verstehen erleichtert. Dies können Erläuterungen fremdsprachiger Termini als Zusatz sein, die den Zielpersonen ein grobes Verständnis des Gesamttextes ermöglichen (z.B. *Das Auge besitzt einen körpereigenen Schutz an der Makula, an der empfindlichsten Stelle der Netzhaut.*), oder auch explizite Bedeutungsbeschreibungen, die mitunter Termini als Zusatz enthalten, z.B.:

> *Bei der altersbedingten Makuladegeneration (AMD) wird die Makula (= „Stelle des schärfsten Sehens“) auf der Netzhaut zerstört... Es gibt 2 Formen der Erkrankung:*

---

16 Die Bildung *Phakozeiten* ist den Fachjargonismen, also der fachlichen Umgangssprache, zuzuordnen (s.u.).

1. die trockene AMD, bei der sich Ablagerungen unter der Netzhaut bilden und das Sehen beeinträchtigen. Diese Form kann in die gefährlichere 2. feuchte AMD übergehen. Dabei wuchern zusätzlich aggressive, krankhafte Blutgefäße in die Stelle des schärfsten Sehens (= Makula) ein und zerstören diese.). Häufig erfolgt die Bedeutungsbeschreibung von Termini auch mit Hilfe eines Vergleichs mit bekannten Gegenständen und Sachverhalten (z.B. The retina has two parts: the peripheral retina and the macula. If you imagine the retina as a circle with a bull's-eye at the center, the macula is like the bull's-eye, it is very small ...

Termini haben aufgrund ihrer eingeschränkten Allgemeinverständlichkeit, die häufig aus ihrer übereinzelsprachlichen Prägung resultiert (vgl. z.B. den großen Anteil von Internationalismen in den Bereichen Medizin oder Computertechnologie), ein erhöhtes stilistisches Potential. Sie markieren Texte, die sich an Experten richten und solche, die vor dem Hintergrund bestimmter Kommunikationsziele fachliche bzw. fachwissenschaftliche Inhalte mit Hilfe der o.g. Techniken gegenüber einem Laienpublikum darstellen, als eindeutig fachgebunden und erzielen i.d.R. einen Stilwert, der eine Fachsprache – in den o.g. Beispielen die der Medizin – anzeigt.
Wie bereits in Bezug auf fremdsprachliche Elemente ausgeführt (vgl. Kap. 3.5.1.2.3), existieren in vielen Fällen Fremdwort und heimisches Äquivalent nebeneinander, wobei in bestimmten Bereichen, wie z.B. der Medizin, die Zahl terminologischer Mehrfachbenennungen sogar sehr groß ist. Fremdwort und heimisches Wort sind dann vielfach kommunikativ differenziert. So kann das Fremdwort auf terminologischen Gebrauch beschränkt sein, während das heimische Äquivalent auch als Nichtterminus häufiger vorkommt (vgl. Fleischer et al. 1993, S. 113). Ein Beispiel dafür stellt das Fremdwort *Myopie* (griech.: *myopia*) und das entsprechende heimische Wort *Kurzsichtigkeit* dar. Hier ist das Fremdwort ausschließlich auf den Gebrauch als Terminus im Bereich der medizinischen bzw. ophthalmologischen Fachsprache beschränkt, während die deutsche Entsprechung *Kurzsichtigkeit* im Hinblick auf bestimmte Funktionalstile deutlich weniger gebunden ist. Entsprechend der o.g. Kriterien für eine Differenzierung von Fachwortschätzen ist außerdem festzustellen, dass das Wort *Kurzsichtigkeit* durch seinen Gebrauch in fachexterner Kommunikation nicht nur in deutlich höherer Frequenz verwendet, sondern auch zur Bezeichnung außerfachlicher Sachverhalte benutzt wird. (vgl. *Kurz-*

sichtigkeit terminologisch ‚Fehlsichtigkeit', ‚zu langer Augapfel'; nichtterminologisch ‚Unkenntnis, Ignoranz, Arglosigkeit'). Insofern verfügt das heimische Wort *Kurzsichtigkeit* gegenüber dem fremdsprachigen Terminus *Myopie* über deutliche Kennzeichen von Determinologisierung, weshalb es hier als Halbterminus bezeichnet werden soll. Als Halbtermini gelten demnach im Folgenden diejenigen Wörter oder Wortbildungen auf der Grundlage von heimischem oder fremdem Sprechmaterial, die einerseits präzise standardisierte Benennungen für berufsspezifische Sachverhalte innerhalb der fachinternen Kommunikation darstellen, andererseits durch eine hohe Frequenz infolge des Gebrauchs in fachexterner Kommunikation gekennzeichnet sind. Darüberhinaus können solche Halbtermini – wie am o.g. Beispiel ausgeführt – unter bestimmten Umständen auf außerfachliche Sachverhalte übertragen werden.

Im Hinblick auf die stilistische Gestaltung von kommunikationspolitischen Texten zeigen sich in Zusammenhang mit der Verwendung von Halbtermini verschiedene Aspekte und Funktionen. Zunächst einmal kann durch Halbtermini gerade in fachexterner Kommunikation – wie die o.g. Beispiele deutlich machen – in vielen Fällen der Einsatz stärker begrenzter und somit stärker markierter Termini umgangen werden, wodurch Texte, die sich an ein Laienpublikum richten, im Allgemeinen verständlicher werden. Zudem ermöglicht die gehäufte Verwendung von Halbtermini und deren Einbettung in typisch fachsprachliche syntaktische Strukturen (vgl. Kap. 3.5.2.3) die Vermittlung eines fachlichen Eindrucks, so dass der Text aus der Perspektive von Laien als Fachtext rezipiert und interpretiert werden kann.

Fachjargonismen sind – wie die im o.g. Beispiel vorkommende Bildung *Phakozeiten* zeigt – der fachlichen Umgangssprache zuzuordnen. Es sind keine Fachtermini, sondern eher Eigentümlichkeiten bestimmter Berufsgruppen im Rahmen der fachinternen Kommunikation, die ebenso wie andere Gruppensprachen vor allem aus einer gruppenspezifischen Nutzung begrenzter sprachlicher Variantenfelder und Benennungen mit Signalwert für die Gruppenzugehörigkeit bestehen. Fachjargonismen sind in Bezug auf Stilebenen in manchen Fällen als ‚abgesenkt' markiert und weichen zum Teil bewusst von geläufigen, außerhalb der Berufsgruppe gebrauchten Ausdrücken ab (vgl. Fleischer et. al. 1993, S. 108). Sie befriedigen damit einerseits ein Bedürfnis nach Emotionalität, auch wenn es bei der Kommunikation um fachliche Inhalte geht. Andererseits dienen sie auch häufig dazu, Kommunikationsabläufe ökonomischer zu gestalten. So referiert die im o.g. Beispiel genannte Formulierung *verkürzte Phakozeiten* in deutlich komprimierter Form auf ‚einen verkürzten Zeitraum der Phakoemulsifikation'. Innerhalb der Unternehmenskommunikation hat die Verwendung von Fachjargonismen abgesehen von den genannten sprachökonomischen Motiven vor allem die Funktion, die Rezipienten zu emotionalisieren, indem sich der Textproduzent als Insider präsentiert, Nähe und „Dazugehörigkeit" signalisiert.

Als pseudofachsprachlich ist laut JANICH (vgl. 2003, S. 154) alles das zu interpretieren, was aufgrund seiner Ausdrucksseite (z.B. fremdsprachlich oder nach fachsprachlichem Muster mit Ziffern, Initialen oder aus umfangreichen Morphemverbindungen gebildet) dazu geeignet ist, einen fachsprachlichen Eindruck zu erwecken, ohne jedoch über ein fachspezifisches Denotat zu verfügen. Innerhalb der Unternehmenskommunikation ist es nicht immer leicht, derartige Pseudotermini von bestimmten Halbtermini abzugrenzen. Am deutlichsten kann eine Unterscheidung aus einer funktionalen Perspektive vorgenommen werden. So sind die produkt- bzw. markenspezifischen Halbtermini in der Regel daran zu erkennen, dass sie in den einzelnen Textsorten relativ präzise erklärt werden (z.B. *Das BLIND SPOT INFORMATION SYSTEM (BLIS) überwacht mit zwei Digitalkameras, die in den Außenspiegeln integriert sind, den Bereich um Ihren Volvo. Und macht sie über eine Kontrollleuchte im Innenraum – in der A-Säule – auf Fahrzeuge, die sich im toten Winkel bewegen, aufmerksam.*). Gerade bei kommunikationspolitischen Aktivitäten für Automobile und andere hochwertige technische Produkte begegnen in großer Zahl Halbtermini als markenspezifische Benennungsvarianten. Sie dienen der Präsentation technischer Details im Sinne der Darstellung eines produktspezifischen Zusatznutzens und haben in Verbindung damit eine Informationsfunktion. Anders verhält es sich im Bereich der kurzlebigen Konsumgüter, hier finden sich z.B. in den Segmenten der Kosmetika, der Wasch- und Reinigungsmittel oder auch der Lebensmittel zahlreiche pseudofachsprachliche Ausdrücke, die Fachlichkeit bzw. Wissenschaftlichkeit suggerieren sollen. Es handelt sich dabei vielfach um Wörter, bei deren Bildung originale Bestandteile von Termini – vorzugsweise aus der Chemie, der Biologie, der Medizin oder der Pharmazie – übernommen werden, um mit Hilfe des mit den Fachsprachen verbundenen Prestiges, die Glaubwürdigkeit der Texte zu erhöhen. In funktionaler Hinsicht handelt es sich bei der Verwendung solcher Pseudotermini, die kein fachliches Denotat besitzen, also nicht um das Informieren der Zielpersonen, sondern um eine Form der Inszenierung von Wissenschaftlichkeit (vgl. Janich 2003, S. 155), die in vielen Fällen gleichbedeutend mit der Inszenierung eines produktspezifischen Zusatznutzens ist. Häufig zeichnen sich derartige Bildungen durch einen geringen Grad an Verständlichkeit aus (z.B. Pro-Xylane, Alpha-Hydroxy-Stufenprogramm). Das Verstehen dieser Bildungen ist vom Textproduzenten auch nicht beabsichtigt, es geht vielmehr um intendierte Formen von Vagheit im Sinne semantischer Unbestimmtheit.

Semantisch unscharfe Ausdrücke resultieren aus verschiedenen Arten von Vagheit oder Mehrdeutigkeit, wie z.B. ontologischer Vagheit, Randbereichsunschärfe, referentieller Vieldeutigkeit, elliptischer Vieldeutigkeit und metaphorischer Doppeldeutigkeit (vgl. von Hahn 1983, S. 100f.). Innerhalb der externen Unternehmenskommunikation sind diesem Vagheitsbereich auch Bildungen wie *Kaviar-Protein-Komplex, Lavaextract oder Zement-Ceramid Technologie* zuzuordnen. Hier ermöglicht der Umstand, dass in Komposita die syntaktisch-semantischen Relationen nicht explizit zu werden brauchen, die Schaffung inexakter, unbestimmter Ausdrücke, die das Vorhandensein solcher Relationen vortäuschen (zur Verdunkelungsfunktion von Wortneubildungen vgl. Krieg 2005, S. 102 ff.).

3.5.1.2.4 Expressive Lexik

Unter expressiver Lexik werden im Folgenden Wörter verstanden, die aufgrund ihrer emotionalen Wertung, ihrer besonderen Anschaulichkeit und Bildhaftigkeit nicht als stilneutral eingestuft werden und nicht in allen Textsorten und Funktionsbereichen vorkommen können. Die Markierung lexikalischer Elemente infolge der emotionalen Wertung wird auch als Stilfärbung bezeichnet und drückt im Gegensatz zur stilschichtigen Markierung, die sich auf die Verwendungssphäre der Ausdrücke bezieht, die emotional-wertende Einstellung des Textproduzenten zum benannten Gegenstand aus (vgl. Fleischer et al. 1993, S. 116). Diese Bewertungen können natürlich entsprechend den verschiedenen Richtungen von Emotionen positiv oder negativ sein, häufig im Sinne von abwertend (pejorativ) oder aufwertend (meliorativ). Beispiele wie *Hund – Köter* als neutrale und pejorative Bezeichnungen für ein Tier zeigen, dass über die emotionale Bewertung hinaus Bedeutungsunterschiede zwischen den Wörtern bestehen können (*Köter* ‚struppiger, unansehnlicher Hund', vgl. Fleischer et al. 1993, S. 117). Außerdem können Bedeutungsunterschiede zwischen Bezeichnungen die Grundlage für eine emotionale Wertung bilden, es geht dabei um ein intendiertes Verschieben der Wortbedeutungen, sog. „Umdeuten" (z.B. *Schokoriegel – Praline*: *Duplo – die längste* ***Praline*** *der Welt*). Bei der Bezeichnung kommunikationspolitischer Sachverhalte spielt dieses Verschieben von Bedeutungsinhalten eine wichtige Rolle, weshalb es unten in Zusammenhang mit stilistischen Handlungsmustern (vgl. Kap. 3.7.4.2) genauer zu betrachten sein wird.

Gerade im Zusammenhang mit expressiver Lexik scheint es außerdem notwendig, auf den Aspekt der realitätskonstruierenden Funktion von Sprache hinzuweisen. Hier geht es darum, dass sprachliche Darstellungen über den referenziellen Wert hinaus emotionale Bewertungen und kognitive Fokussierungen vermitteln. Somit enthält jede sprachliche Darstellung eines außersprachlichen Sachverhalts „immer eine Perspektive, eine Deutung, eine bestimmte Stellungnahme, die sich explizit oder implizit über die jeweiligen Lexeme und ihre syntaktische Anordnung ausdrückt" (Schwarz-Friesel 2007, S. 32). Sprache hat demnach eine realitätskonstituierende Funktion, die sich in unterschiedlichen Konzeptualisierungen von Personen, Sachverhalten und Prozessen widerspiegelt (vgl. Schwarz-Friesel 2007, S. 32). Dies zeigt sich beispielsweise darin, dass einem alten Bonmot nach, ein Optimist jemand ist, der sagt, ein Glas sei halb voll, während ein Pessimist beklagt, dass es halb leer sei, obwohl beide dasselbe Glas und denselben Wein meinen (vgl. Watzlawick 2007, S. 48).

Der Bereich der expressiven Lexik, der emotional-wertenden Wörter, ist ein wichtiger Teil dieses wirklichkeitskonstituierenden Potentials von Sprache, der gerade in der Kommunikationspolitik von Unternehmen eben nicht nur eingesetzt wird, um Einstellungen/Bewertungen zu äußern, sondern vor allem dazu, diese herzustellen oder zu verändern. Wie stark die stilistische Wirkung eines Textes durch die Verwendung emotional-wertender Ausdrücke (z.B. *Liebling* als Bezeichnung für ‚Kind/Baby') beeinflusst werden kann, zeigt der Ausschnitt einer Krankenhaus-Broschüre:

> *Auch wenn jetzt ihr kleiner* ***Liebling*** *in jeder Beziehung Mittelpunkt des Lebens ist, Sie brauchen Zeit für sich selbst oder für die Zweisamkeit mit Ihrem Partner... Übrigens: Scheuen Sie sich nicht, enge Freunde oder Verwandte wie zum Beispiel Ihre Eltern ab und zu um die Betreuung Ihres* ***Lieblings*** *zu bitten. Seien Sie versichert, dass ihre* ***Kinder*** *das irgendwann mit Ihnen auch tun werden.*

Geht es nun im Rahmen von stilistischen Untersuchungsverfahren um eine differenzierte Darstellung des emotionalen Wortschatzes[17] als wichtigem Bestandteil der expressiven Lexik, so stellt sich zunächst die Frage, welche Ausdrucksmöglichkeiten für Gefühle das Sprachsystem in lexikalischer Hinsicht bereitstellt.

Sog. Gefühlswörter sind nach FIEHLER (1990) Lexeme, mit denen explizit auf einzelne Emotionen referiert wird (auch: ‚emotionsbezeichnende Wörter'). Es sind diejenigen sprachlichen Zeichen wie *Freude*, *Liebe*, *Glück*, *Angst*, *Wut*, *Zorn*, *Verzweiflung*, *Neid*, *Eifersucht*, *Missgunst* etc., die sich deskriptiv auf emotionale Zustände und Prozesse beziehen.

SCHWARZ-FRIESEL unterscheidet von den emotionsbezeichnenden Wörtern die emotionsausdrückenden. Dabei nennt sie als „prototypische expressive Mittel, die rein emotionsausdrückend fungieren, ohne dass sie referenziell sind" (Schwarz-Friesel 2007, S. 153), die Interjektionen.

Interjektionen kommen vor allem in der gesprochenen Sprache vor und sind prototypisch expressiv, indem sie Empfindungen ausdrücken (z.B. *au*, *ach*, *igitt*); „nur einige wenige und nicht prototypische Interjektionen fordern das Gegenüber zu einem bestimmten Verhalten auf (sogenannte Appellinterjekti-

---

[17] In der linguistischen Forschungsliteratur der letzten Jahrzehnte hat die Frage nach einer Markierung bestimmter lexikalischer Elemente in emotionaler Hinsicht bzw. der daraus resultierenden expressiven Wirkung bestimmter Wörter relativ wenig Beachtung gefunden (Ausnahmen bilden beispielsweise die Ausführungen von Schwarz-Friesel 2007 oder Stoeva-Holm 2005, im Rahmen der Gesprächslinguistik die Untersuchungen von Fiehler 1990). Sie war jedoch ein zentraler Gegenstand der populärwissenschaftlichen Ratgeberliteratur (vgl. z.B. Förster 1999, Reins 2006).

onen und Aufforderungssignale)“ (Nübling 2006, S. 604) wie beispielsweise *Pst!*, *He!* oder *Pfui!*.

Bei den expressiven Interjektionen lassen sich drei Klassen voneinander abgrenzen: diejenigen, die unangenehme Empfindungen kodieren (z.B. *brrr!*, *ih!*), die die angenehme Empfindungen ausdrücken (z.B. *hurra!*, *juhu!*) sowie solche, die hinsichtlich einer Bewertung relativ neutral sind, indem sie nur eine Erregung zum Ausdruck bringen (z.B. *ah!*, *oh!*, vgl. Schwarz-Friesel 2007, S. 155). In Abhängigkeit von der Intonation können einige Interjektionen unterschiedliche Empfindungen und Bewertungen ausdrücken, so kann *ach* mit steigender Tonhöhe Zweifel zum Ausdruck bringen (*ach, wirklich?*), mit fallender Tonhöhe Überraschung (*ach, das hätte ich nicht gedacht!*) usw. Das heißt, expressive Interjektionen sind in Bezug auf ihre Funktion und Interpretation stark kontextbedingt, weil ihr semantisches Potential oft sehr groß ist.

Zu den emotionsausdrückenden Wörtern, die dem expressiven Ausdruck der emotiven Einstellung des Sprachproduzenten dienen, gehören nach SCHWARZ-FRIESEL auch Wörter, die bestimmte Konnotationen enthalten (z.B. *flennen*) und dadurch die Einstellung des Produzenten gegenüber einem Vorgang oder einer Person ausdrücken, zudem bestimmte Diminutivsuffixe (z.B. *Kindchen*, *Sohnilein*), Bewertungspräfixe (z.B. *Scheißbuch*, *Superbuch*), Kose- und Schimpfwörter (z.B. *Schatz*), Modalwörter (z.B. *leider*) oder auch Exklamativ- und Optativsätze (vgl. Schwarz-Friesel 2007, S. 152).

Im Gegensatz zur Denotation repräsentieren konnotative Bedeutungsmerkmale keine referenzkonstituierenden Eigenschaften, sondern eine spezifische Wertung, die sich im Falle von Synonymen häufig auch als Unterschiede hinsichtlich der Stilebene beschreiben lassen. So ist *Penner* in Bezug auf seine denotative Bedeutung als ‚Mensch ohne Arbeit und Wohnsitz‘ zu beschreiben und stimmt dahingehend mit *Obdachloser* überein. Der semantische Unterschied zwischen beiden resultiert daraus, dass *Penner* eine zusätzliche Bedeutungskomponente enthält (z.B. ‚negativ bewertend‘, ‚abwertend‘, ‚geringschätzig‘), die konventionell an diesen gekoppelt ist. Somit ist die pejorative Bedeutungskomponente kein Zusatz, sondern integraler Bestandteil der Bedeutung von *Penner* (vgl. Schwarz-Friesel 2007, S. 166f.). Zudem kann *Penner* gegenüber *Obdachloser* nicht der neutralen Stilebene zugeordnet werden, sondern gehört zur niedrigen, vulgären Stilschicht. Stark negativ konnotierte Wörter wie *Penner* oder *Nigger* sind deshalb natürlich gut dazu geeignet, eine negative Bewertung, eine negative emotionale und/oder kognitive Einstellung des Textproduzenten zu einer Person oder einem Sachverhalt auszudrücken (vgl. Schwarz-Friesel 2007, S. 168). Ebenso kann mittels positiv konnotierter Lexeme eine positive Einstellung und damit eine positive Bewertung zu einer Person, einem Gegenstand oder Sachverhalt ausgedrückt werden (z.B. *Haardesigner* für *Friseur*, *Haushaltshilfe* anstelle von *Putzfrau* oder *Putze*).

Im Hinblick auf die stilistische Gestaltung und Wirkung von Texten scheint es sinnvoll, von einer Skala auszugehen, an deren einem Ende die stark konnotierten Wörter stehen, die entweder positiv (z.B. *Liebling*) oder negativ (z.B. *Scheiße*, *Müll*) wertend sein können, sehr expressiv sind und häufig stilschichtige Markierungen aufweisen. An diesem Ende der Skala sind notwendigerweise auch die emotionsbezeichnenden Lexeme einzuordnen, weil sie (wie Schwarz-Friesel am Beispiel von *Liebe* zeigt, vgl. 2007, S. 167) eben starke Konnotationen enthalten. Ebenfalls an diesem Ende der Expressivitätsskala sind die expressiven Interjektionen zu verorten, die ein großes stilistisches Potential haben, weil sie eben prototypisch expressiv sind, indem sie Empfindungen ausdrücken und in äußerst komprimierter Weise der emotionalen Bewertung von Äußerungen dienen können. Ihre Expressivität und damit ihr stilistisches Potential resultiert in schriftlichen Texten zudem daraus, dass sie typisch für die gesprochene Sprache und in ihrer ursprünglichen Form spontane Reaktionen auf verbale Mitteilungen oder auf nonverbale Vorkommnisse sind. Am anderen Ende der Skala befindet sich natürlich der „neutrale“ Wortschatz, im Sinne beispielsweise der von EROMS (vgl. 2008a, S. 60f.) genannten Synsemantika (z.B. *und*, *mit*) bzw. durch Systemzwang gekennzeichneten Lexeme. Zwischen diesen beiden Polen können sich Wörter, die kontextabhängige Konnotationen enthalten oder eben Assoziationen hervorrufen können, je nach kontextueller und situativer Einbettung gewissermaßen hin und her bewegen. Hierzu gehören auch die sog. Reizwörter (vgl. Stoeva-Holm 2005, S. 63). Das sind vor allem Substantive, die keine Emotionsbezeichnungen sind, aber als bildliche Ausdrücke für Emotionen aufgefasst werden können. Typische Reizwörter sind Somatismen, die häufig der Versprachlichung von Emotionen, Eigenschaften und Einstellungen dienen und dann expressiv wirken. So zeigt die von STOEVA-HOLM durchgeführte Analyse zur Emotionsthematisierung in deutschen Schlagertexten, dass sich Lexeme wie *Herz*, *Auge*, *Tränen* oder *Blick*, die Teile des menschlichen Körpers oder Körperflüssigkeiten bezeichnen, als auffällig frequent erweisen. Das heißt, es geht einerseits um die Nennung von Körperteilen, die stellvertretend für die Gefühlswelt stehen und an denen sich ein bestimmter Gemütszustand erkennen lässt, wobei vor allem durch attributive Ergänzungen eine Unterscheidung zwischen positiver und negativer emotionaler Befindlichkeit gewährleistet wird, indem positive Gefühle beispielsweise ihren Ausdruck in Helligkeits- und Glanzerscheinungen finden (z.B. *leuchtende Augen*, *glänzende Augen*; vgl. Stoeva-Holm 2005, S. 67 ff.). Andererseits geht es um das Verweisen auf Reaktionen des Körpers, die als Ausdruck eines bestimmten Gemützustandes in dem sich eine Person befindet oder befand, angesehen werden.

Vom emotionalen Wortschatz unterscheidet SCHWARZ-FRIESEL (vgl. 2007, S. 179ff.) Emotionsdarstellungen auf der Satzebene. Diese können u.a. durch die Verwendung von Verben, die die emotionale Einstellung und Bewertung des Produzenten zum propositionalen Gehalt einer Äußerung ausdrücken (z.B. *Er* ***befürchtet****, dass x.*), oder das Hinzufügen anderer Expressiva (z.B. Modalpartikel), die der Proposition eine zusätzliche emotionale Bedeutung verleihen (z.B. *Er ist* ***leider*** *sehr deprimiert heute.* oder *Es geht ihm* ***glücklicherweise*** *wieder besser.*), entstehen. Natürlich können auch expressive Adjektive und Adverbien eine emotionale Einstellung des Sprechers ausdrücken, vor allem in Bezug auf eine Eigenschaft eines Referenzobjektes oder Sachverhalts (z.B. *Dein Geschenk ist* ***wunderbar/fantastisch****.*), ebenso wie alle der genannten expressiven oder emotionalen Lexeme (insbesondere durch ihre konnotativen Komponenten) den referenziellen Sachverhalt als solchen nicht neutral, sondern emotional bewerten und somit innerhalb der Proposition die Einstellung des Rezipienten vermitteln (vgl. Schwarz-Friesel 2007, S. 181ff.). Eine emotionale Bewertung des durch die Proposition des Satzes denotierten Sachverhaltes kodieren systematisch auch Optativsätze, die sowohl die positive Bewertung des Referenten/Referenzbereichs ausdrücken können, als auch die negative Emotion des Bedauerns (z.B. *Hätte ich doch Psychologie stu-*

diert.) Ebenso bringen Exklamativsätze eine emotionale Bewertung des Sprechers zum Ausdruck (z.B. *Sind die dick man! Geiz ist geil!*, vgl. auch Eroms 2008a, S. 162f.). Dabei wird das in der Proposition Denotierte als etwas Besonderes, Auffälliges, Ungewöhnliches oder Bemerkenswertes bewertet. Solche Konstruktionen können verwendet werden, um auf exzeptionelle emotionale Sachverhalte Bezug zu nehmen, wobei der Parameter der Intensität fokussiert wird (vgl. Schwarz-Friesel 2007, S. 184f.).

3.5.1.3 Zum stilistischen Potential aufwertender Wörter

Im Bereich der Unternehmenskommunikation erfolgt die Darstellung von Produkteigenschaften etc. besonders häufig über bestimmte Wörter, die der Assoziation von Hochwertbereichen dienen. Hierbei handelt es sich um sog. „Hochwertwörter“, „Schlüsselwörter“ oder auch „Plastikwörter“, die einen Stilwert in der Darstellungsart abgeben können und deshalb genauer zu betrachten sind. Der Begriff des ‚Hochwertwortes‘ wurde zunächst in der Rhetorik verwendet und diente zur Bezeichnung von Wörtern, mit denen positive Assoziationen verbunden sind (z.B. *Heimat*, *Vaterland*). In Bezug auf die Werbesprache werden unter Hochwertwörtern seit Römer (vgl. 1980, S. 99ff.) diejenigen Ausdrücke verstanden, die ohne die grammatische Struktur eines Komparativs oder Superlativs geeignet sind, das damit Bezeichnete (bei Substantiven) oder näher Bestimmte/Prädizierte (bei Adjektiven) aufgrund ihrer sehr positiven Inhaltsseite aufzuwerten. Der Begriff ‚Hochwertwort‘ referiert dabei ganz allgemein auf Wörter, mit denen die Kommunikationsbeteiligten ein hohes Ansehen und ein hohes Prestige verbinden und die deshalb positive Assoziationen an ein beworbenes Produkt vermitteln. Dies können im substantivischen Bereich bestimmte Konkreta sein wie etwa *König* (*...das König der Biere*), die ‚Adel‘ und ein damit verbundenes hohes soziales Prestige assoziieren, ebenso wie entsprechende Adjektive (z.B. *kaiserlich*, *majestätisch*, *edel*, *nobel*), z.B.:

> *MAJESTÄTISCHER GENUSS*
> *HAMBURGER ROYAL TS*
> *Dem guten Geschmack verpflichtet.*

Der Hamburger Royal TS gehört von Haus aus schon zum geschmacklichen Hochadel. Eine edle Sauce, kaiserlich-knackiger Salat, noch mehr feines Rindfleisch und zwei noble Tomatenscheiben. Tataa!
Wie das mundet!

Sehr häufig sind es Abstrakta wie z.B. *Genuss*, *Eleganz* oder *Freude*, deren Wirkung – wie das Beispiel zeigt – innerhalb des Textes durch stilschichtig markierte Lexik (z.B. *munden* ‚gehoben') und stilschichtig markierte Phraseologismen (z.B. *jemandem verpflichtet sein*) gestützt werden kann. Ein Hochwertwort kann sich auch zu einem Schlüsselwort entwickeln. Dies ist nach JANICH dann der Fall, „wenn es sehr häufig in ganz unterschiedlicher Werbung vorkommt und wenn seine Funktion nicht nur in der Aufwertung, sondern einem entscheidenden Beitrag zur Argumentation liegt" (Janich 2003 S.114). Für die vorliegende Untersuchung scheint es ungünstig, dieser Auslegung zu folgen, allein schon deswegen, weil die begriffliche Nähe zu den in Kapitel 1.3.2 beschriebenen Schlüsselbildern hier zu Unklarheiten führen könnte. Vielmehr soll in Analogie zum oben definierten Begriff ‚Schlüsselbild', mit dem der visuelle Kern einer Positionierungsbotschaft, das bildliche Grundmotiv bezeichnet wird, das Schlüsselwort als das sprachlichen Grundmotiv, als begrifflicher Kern einer Positionierung verstanden werden. Ein solches Vorgehen steht der Auffassung von RÖMER näher, nach der Schlüsselbilder (neben ihrem aufwertenden Charakter) auch die Funktion haben, anzeigen- und produktübergreifend eine Schlüsselstellung im Gedanken- und Sprachfeld der Werbung einzunehmen (vgl. Römer 1980, S. 132). Als Beispiel für eine solche produkt- und (kommunikations-)instrumente-übergreifende Schlüsselstellung ist etwa das Hochwertwort *Freude* zu nennen, das innerhalb der aktuellen BMW-Kampagne zum Schlüsselwort wird (vgl. Kap. 1.3.4), indem sich die kommunikative Leitidee der Absatzpolitik vor allem im sprachlichen Grundmotiv der *(Fahr-)Freude* widerspiegelt. Außerdem wird dieses Schlüsselwort *(Fahr-)Freude* als begrifflicher Kern der strategischen Positionierung in nahezu allen Kern- und Einzelaussagen verwendet (z.B. *Das neue BMW3er Coupé.* ***Freude*** *gibt der Ideallinie eine Form.*).
Das bedeutet, innerhalb von kommunikationspolitischen Texten können Hochwertwörter zu Schlüsselwörtern werden, wenn sie produktübergreifend

und in zahlreichen Kommunikationsformen vorkommen und somit eine strategische Schlüsselstellung einnehmen, weil sie zentrale Aspekte der Argumentation transportieren. Mitunter kann es deshalb zwischen den Bereichen ‚Schlüsselwort' und ‚Hochwertwort' zu Überschneidungen kommen, was gleichermaßen für die Begriffe ‚Schlüsselwort' und ‚Plastikwort'[18] gilt. Sowohl Hochwertwörter als auch Plastikwörter können entweder als neutrale Wörter oder als Wörter mit einem bestimmten stilistischen Potential – wie es für fachsprachliche oder auch fremdsprachliche Lexik charakteristisch ist – in verschiedenen Texten und Textsorten vorkommen, z.B.:

> *Trotzdem sind diese gesundheitsgefährdenden Substanzen das Hauptthema beim aktuellen ADAC-Test von Transportsystemen für Kinder, die mit Fahrrädern verbunden werden können.*

Werden sie jedoch relativ isoliert oder auch in einer besonders stilisierten Umgebung verwendet, um Assoziationen auszulösen oder wiederzugeben, die in kommunikationspolitischen Texten der Argumentationsführung dienen sollen, sind sie als Hochwertwörter, Plastikwörter u.ä. anzusehen, die dann einen deutlichen Stilwert für diesen Kommunikationsbereich abgeben. Das bedeutet, dass hier der Aspekt der konkreten Verwendungssituation in noch stärkerem Maße zu berücksichtigen ist. Hinsichtlich der Richtung, in die die Assoziation gelenkt werden soll, können verschiedene Felder unterschieden werden. Dabei reicht das Spektrum von Begriffen wie ‚Erotik', ‚Hedonismus', ‚Exklusivität' und ‚Individualität', die sich gewissermaßen als Konnotationen mit bestimmten Produkt- oder Firmennamen verbinden sollen, bis hin zu ‚Wissenschaftlichkeit', ‚Innovativität' oder ‚technischer Präzision'. Durch eine besonders hohe Frequenz heben sich davon aktuelle Hochwertwörter (oder auch aktuelle Plastikwörter) ab, die entweder als besonders zeitgemäß empfunden werden oder auf gesellschaftlich brisante Themen Bezug nehmen. Dazu gehören zurzeit etwa *Leidenschaft, Sicherheit* (z.B. *Sicherheit aus Leidenschaft*; *Sicherheit, die entspannt und begeistert.*), *Nachhaltigkeit* (z.B. *Die*

---

[18] Seit Pörksen (vgl. 1992) werden als sog. „Plastikwörter" Lexeme wie *Entwicklung, Prozess, Technik, Strategie, Substanz* oder *System* bezeichnet, die ein Symptom für die „wissenschaftliche Durchdringung des Alltags und seiner Sprache" (Pörksen 1992, S. 19) darstellen.

nachhaltigste Verbindung von Effizienz und Dynamik.) oder *Umwelt* (*Fahrvergnügen ohne Reue. Unserer Umwelt zuliebe.*).

3.5.2 Grammatisches

Im Vergleich zum Wortschatz wird den anderen systemlinguistischen Domänen, Flexionsmorphologie und Syntax, im Rahmen von wissenschaftlichen Darstellungen zur Stilistik in der Regel weniger Platz eingeräumt, was zum großen Teil damit zu begründen ist, dass sich diese Bereiche gegenüber dem lexikalischen in stärkerem Maße einer systematischen, abstrahierenden Betrachtung entziehen[19]. Grammatische Aspekte wie morphologische Formvarianten, konkurrierende syntaktische Konstruktionen oder die Interpunktion sind von großer Bedeutung für die stilistische Formung von Texten, weshalb im Folgenden versucht wird, derartige Aspekte und deren jeweiliges stilistisches Potential[20], aus verschiedenen für die Textproduktion und -rezeption relevanten Perspektiven darzustellen. Dabei werden ebenso wie im lexikalischen Bereich als Elemente mit stilistischem Potential nur diejenigen betrachtet, bei denen vom Sprachsystem her Wahlmöglichkeiten angelegt sind, es also fakultative Varianten für den Formulierungsprozess gibt, die in stilistischer Hinsicht relevant sein können bzw. ein Potential für die Erzeugung von Stilwerten und Stileffekten enthalten.
Vorangestellt werden soll ein zentraler Aspekt der Stilistik, der zwar von verschiedenen linguistischen Beschreibungsebenen aus betrachtet werden muss (vor allem der pragmatischen), für den jedoch auch die Auswahlmöglichkeiten im Bereich der Grammatik von großer Bedeutung sind, die Höflichkeit. Im Anschluss daran erfolgt die systematische Darstellung wichtiger stilistisch relevanter Phänomene in den grammatischen Bereichen Morphologie und Syntax.

---

[19] Dies ist natürlich nur für eine (pragma-)stilistische Perspektive zutreffend.

[20] Soweit dies nicht bereits im Zusammenhang mit den textuellen Voraussetzungen der Stilistik erfolgt ist (z.B. Thema-Rhema-Gliederung).

3.5.2.1 Höflichkeit

Ein sehr komplexes pragmastilistisches Phänomen ist Höflichkeit. Höflichkeit gilt innerhalb der Pragmatik als Motiv für die Verwendung performativer Äußerungen, rhetorischer Fragen und indirekter Aufforderungen (vgl. Meibauer 2001, S. 114). Ebenso ist Höflichkeit aus lexikalischem Blickwinkel relevant, denn es macht innerhalb der Kommunikationsgemeinschaft durchaus einen Unterschied, ob jemand geduzt oder gesiezt wird, mit Vornamen, Nachnamen oder Titel angesprochen wird, ob ein Brief mit *freundlichen Grüßen, herzlichen Grüßen* oder *hochachtungsvoll* beendet wird.

Haben ältere Stillehren noch empfohlen, das Wort *ich* in zahlreichen Kontexten zu vermeiden, wird im Duden Deutsch-Knigge des Jahres 2008 konstatiert, dass die Auslassung des Fürworts *ich* nicht nur altmodisch sei, sondern heute schon fast grob wirke und „an den militärischen Ton des 19. Jahrhunderts“ erinnere (z.B. *Bitte zu entschuldigen, dass xy.;* vgl. Deutsch-Knigge 2008, S.61). Vorsicht sei allerdings am Briefanfang geboten: „Einen Brief mit dem Wort *ich* zu beginnen, wird noch heute von so manchem als unschön empfunden. Besonders in (halb)amtlichen und (halb)offiziellen Briefen ist es deshalb besser, auf eine Alternative auszuweichen“ (Deutsch-Knigge 2008, S.61) wie z.B.: *Liebe Frau Schmidt, über Ihre Antwort habe ich mich sehr gefreut...*, womit dieser Aspekt von Höflichkeit auf die topologische Ebene verschoben wird.

Auf dem Gebiet der Pragmatik stammt die einflussreiche Theorie über Höflichkeit von BROWN/LEVINSON (1987), die davon ausgehen, dass sich Höflichkeit in dem Bemühen ausdrückt, das Gesicht des anderen zu schützen. Demzufolge können Sprechakte danach differenziert werden, ob sie das Gesicht des Kommunikationspartners eher bedrohen oder beschützen (face threating acts / face saving acts, vgl. Brown/Levinson 1987). In diesem Zusammenhang wird davon ausgegangen, dass jede Person ein negatives und ein positives Gesicht hat, wobei das negative Gesicht darin besteht, unabhängig zu sein, Handlungsfreiheit zu haben und von anderen weder behindert noch gestört zu werden. Demgegenüber besteht das positive Gesicht einer Person im Bedürfnis, von anderen Mitgliedern der Gemeinschaft akzeptiert und geschätzt zu werden (vgl. Meibauer 2001, S. 114f.). Dementsprechend gibt es

negative und positive Formen von Höflichkeit. Negative Höflichkeit besteht beispielsweise darin, sich dafür zu entschuldigen, dem Partner etwas zuzumuten, was ihn Zeit und Kraft kostet, weil dadurch seine Handlungsfreiheit eingeschränkt wird. Positive Höflichkeit drückt sich darin aus, den Kommunikationspartner in seiner Handlungsweise zu bestärken, ihm Solidarität und Lob zu signalisieren (vgl. Meibauer 2001, S. 115).
Höflichkeit kann ein Motiv für die Verwendung indirekter Sprechakte sein. Dabei sind Akte der positiven Höflichkeit solche, die die Interessen des Kommunikationspartners respektieren, Einverständnis signalisieren oder gemeinsame Interessen unterstellen. Als Akte der negativen Höflichkeit sind diejenigen zu betrachten, die den Spielraum des Adressaten möglichst wenig einengen. Typische Strategien dafür bestehen etwa in Entschuldigungen, der Verwendung der 3. Person, der Formulierung indirekter Direktive in Form von Interrogativsätzen oder darin, pessimistisch zu sein, was die Erfüllung eines Wunsches betrifft (vgl. Meibauer 2001, S. 115f.).
In Sprachen mit grammatikalisierten Höflichkeitsformen gelten in der Regel die formell-respektvolleren im Vergleich zu den intimeren Varianten entweder als morphologisch oder pragmatisch markiert. Diese markierten Formen sind im Sinne der Natürlichkeitstheorie als Verstöße gegen natürliche semiotische Tendenzen zu verstehen, denn „sie vermeiden entweder die Referenz auf die zentralen Rollen der Sprechsituation (Hörer, Sprecher) ganz – versprachlichen also das für die Sprechsituation Konstitutive gar nicht – oder sie kodieren die zentralen Rollen der Sprechsituation mit einfacheren Formen als die weniger zentralen (wie: Referenz auf mehrere Sprecher, mehrere Rezipienten, Sprecher und Hörer etc.)“ (Auer 1989, S. 52). Als Beispiele für eine solche Natürlichkeitsabnahme in höflicheren Stilen nennt AUER etwa die Verwendung morphologisch komplexerer und pragmatisch indirekter Verbalformen (z.B. bei Bitten: *würden Sie...* s.u.). Auf der Textebene drückt sich diese Tendenz zur unnatürlichen, indirekten Ausdrucksweise in den höflicheren Sprachstilen z.B. dadurch aus, dass indirekte Sprechakte im Allgemeinen höflicher sind als direkte (vgl. Auer 1989, S. 52f.).

Eine elementare Form zum Ausdruck von Höflichkeit, die auf Distanz (also auf negativer Höflichkeit) beruht, besteht in der Verwendung pronominaler

Höflichkeitsformen (vgl. Weinrich 1993, S. 102ff.). So kann der Rezipient entweder mit der Vertrautheitsform *du/ihr* oder mit der Distanzform *Sie* bezeichnet werden. Der Gebrauch dieser beiden pronominalen Formen ist grundsätzlich vom sozialen Verhältnis, in dem sich die beteiligten Kommunikationspartner befinden, abhängig (symmetrische und asymmetrische Anredeformen).

Im Bereich der externen Unternehmenskommunikation handelt es sich vorwiegend um die Kommunikation zwischen einander unbekannten (z.B. Massenkommunikation), nicht blutsverwandten, verschwägerten oder sonderlich vertrauten Partnern, trotzdem erfolgt die Zielgruppenansprache bei einigen Unternehmen mit der Vertrautheitsform *du* (manchmal auch in der konturenschwächeren Gruppenanrede mit *ihr*; z.B. *Wollt ihr Freistoß? Wollt ihr Verlängerung? Was wollt ihr dann? – Maoam*!). Die Gründe dafür liegen entweder in der Fokussierung auf eine jüngere Zielgruppe oder einer speziellen Kundenbindungsstrategie im Rahmen des Beziehungsmarketings, z.B.:

> *Danke, dass du mitgeholfen hast, unsere Preise zu senken! Je mehr du bei uns kaufst, desto größer wird die Bestellmenge bei unseren Lieferanten. Im Gegenzug senken sie ihre Preise – und wir geben die Ersparnis direkt an dich weiter ...*

Da der Übergang vom *Du* zum *Sie* – zwar heute nicht mehr ein so förmlicher Akt wie früher – normalerweise ein an bestimmte Regeln gebundenes vertrauteres Verhältnis voraussetzt und in der Alltagssprache „den Charakter eines kleinen Privatvertrages, der in der Regel nicht wieder rückgängig zu machen ist“ (Weinrich 1993, S. 106) besitzt, besteht in Fällen, in denen ein solcher „Vertrag“ nicht von beiden Kommunikationspartnern vereinbart wurde, prinzipiell die Gefahr respektlos zu wirken.

Zu den lexikalischen Möglichkeiten, Höflichkeit oder herzliche Zuwendung auszudrücken, können beispielsweise auch bestimmte Superlativformen in Ausdrücken wie *Liebste Mutter*, *Beste Wünsche* oder *Schönste Grüße* gerechnet werden, mit denen konventionelle Erwartungen überboten werden, weshalb sie sich durch den Gebrauch leicht abnutzen und formelhaft werden (vgl. Weinrich 1993, S. 505). Hauptsächlich im Dienste von Höflichkeit stehen natürlich auch die Höflichkeitsformeln *bitte* und *danke* „mit ihren vielfach abgestuften Varianten zur situationsspezifischen Nuancierung der Höflichkeit“ (Weinrich 1993, S. 826). Dabei handelt es sich vor allem um Ausdrucksmittel zur Regulierung von Gefälligkeiten bei Handlungen des Gebens und Nehmens oder des Entschuldigens für Belästigungen und Störungen (vgl. negative Höflichkeit). Als weiteres lexikalisches Mittel zum Ausdruck von Ritualen der Höflichkeit nennt WEINRICH (vgl. 1993, S. 439) schließlich bestimmte Verwendungsweisen des Possessiv-Artikels (z.B. ***Meine** sehr verehrten Damen und Herren! Mit freundlichen Grüßen **Ihre**...*).

Auf morphologischer Ebene besteht außerdem vor allem mit der Form des Konjunktivs die Möglichkeit zum Ausdruck von Höflichkeit. So kann etwa der Konjunktiv II zum Ausdruck einer höflichen, in die Form einer Frage gekleideten Bitte, die die direkte Aufforderung vermeiden möchte, benutzt werden oder zu einer vorsichtigen, unaufdringlich-zurückhaltenden Feststellung, die den Partner nicht vor den Kopf stoßen soll (z.B. ***Würden** Sie bitte **hereinkommen**. Ich **würde** Ihnen **empfehlen**, dieses Buch zu kaufen.* vgl. Fabricius-Hansen 2006, S. 527).
Als Ausdruck von Höflichkeit bzw. höflicher Zurückhaltung gilt in gesprochener (z.B. öffentlicher/feierlicher Rede) und geschriebener Sprache auch die Erweiterung der Satzaussage durch die Verwendung von bestimmten Modalverben wie *mögen* oder *dürfen* (bzw. *darf* und *mag*/*möchte*)[21]. Höflichkeit motiviert die Erweiterungen mit *mögen* und *dürfen* häufig in Verbindung mit Wörtern des Mitteilens oder Sichäußerns (*ich darf/möchte sagen, mitteilen, darauf hinweisen, gratulieren, wünschen* etc.), also dann, wenn der Produzent sich selbst als Sprecher oder Schreiber in den Text einführt (z.B. *Dazu darf ich mitteilen, dass wir die Lieferung bereits vor vier Werktagen abgesendet haben.*, vgl. Duden Deutsch-Knigge 2008, S. 65). Hierbei handelt es sich um konventionalisierte Verwendungsweisen, die einerseits dadurch höflicher wirken, dass sie wie bei *dürfen* das Vorliegen der Erlaubnis betonen und damit den Sprecher in den Hintergrund treten lassen. Andererseits sind Formulierungen wie *Ich möchte Sie dazu auffordern...* gegenüber *Ich fordere Sie*

[21] Die konjunktivischen Formen wirken dabei noch eine Nuance höflicher als die Indikativformen. Gerade bei *mag* begegnet auch der restriktive Konjunktiv, die Form *möchte*, deutlich häufiger (vgl. Weinrich 1993, S. 308).

dazu auf... weniger direkt und somit in Bezug auf ihre stilistische Wirkung höflicher, weil sie die eigene Neigung gebührend abschwächen. Beide Formen können abhängig vom jeweiligen Kontext auch dazu dienen, die stilschichtige Markierung ‚gehoben' anzuzeigen.

3.5.2.2 Morphologie

3.5.2.2.1 Morphologische Formvarianten

Neben den in der Flexion systematisch angelegten Wortformen, kommt es bei einzelnen Lexemen durch schwankende Flexion oder Formklassenwechsel zu wählbaren Formvarianten (vgl. Fleischer et al. 1993, S. 184f.). Beispiele dafür sind im Bereich des Substantivs unterschiedliches Genus, Schwankungen zwischen schwacher und starker Kasusflexion, Varianten in der Pluralbildung, verschiedene Dativ- und Genitivformen bei starken Maskulina und Neutra. Im adjektivischen Bereich gibt es Komparationsformen mit und ohne Umlaut (z.B. *nasser/nässer*, *schmaler/schmäler*), bei Verben mitunter schwache und starke Konjugationsformen im Präteritum, Perfektbildung mit *haben* oder *sein* usw.

Nomina haben im Deutschen in der Regel ein festes Genus, d.h., es ist nicht frei wählbar und nicht abhängig vom grammatischen Zusammenhang. Einige Substantive schwanken jedoch zwischen zwei Genera. Hierzu gehören neben Lexemen fremdsprachlichen Ursprungs (z.B. *der Bonbon/das Bonbon*) vor allem Wörter, bei denen „die angestrebte (oder auch vermiedene) Ausrichtung auf einen besonderen regionalen oder fachsprachlichen Gebrauch" (Gallmann 2006, S. 153) zur Wahl eines bestimmten Genus führt (z.B. *der Gischt/die Gischt* oder *der Gummi/das Gummi*).

Auch wenn die beiden jeweiligen Varianten in der Regel nicht gleich häufig auftreten, ist es in Bezug auf das stilistische Potential solcher Formen wichtig, zwischen Varianten zu unterscheiden, die als standardsprachlich gleichberechtigt angesehen werden können wie *der/das Gulasch* und solchen Formen, die deutlich seltener auftreten als die jeweils anderen (vgl. z.B. die Übersicht in Gallmann 2006, S. 228ff.). Bei Letzteren handelt es sich in der Regel um regionalsprachliche oder mundartliche Formen. Zu diesen gehören zum Beispiel die mittelbairischen Varianten *das Teller*, *der Radio* usw. Solche regional enger begrenzt auftretenden Formen verfügen über ein ähnliches stilistisches Potential wie Regionalismen und Dialektwörter (vgl. Kap. 3.5.1.2.2).

Eine kleine Gruppe von Substantiven schwankt zwischen starker und schwacher Kasusflexion, d.h. zwischen den Flexionsklassen II und IV (vgl. Gallmann 2006, S. 220). Beispiel dafür sind *der Gedanke/Gedanken*, *der Friede/Frieden* oder *der Funke/Funken*.
Bei einigen Substantiven dieses Typs ist die alte Nominativform jedoch als Variante erhalten geblieben und ist bis heute noch vorherrschend (z.B. *der Name* vs. *der Namen* oder *der Wille* vs. *der Willen*). In anderen Fällen ist die neuere Form die standardsprachlich vorherrschende (z.B. *der Haufen* vs. *der Haufe* oder *der Schaden* vs. *der Schade*, vgl. Gallmann 2006, S. 221). Die standardsprachlich weniger gebräuchlichen Formen gelten in der Regel als veraltet und verfügen dementsprechend (ähnlich wie Archaismen, vgl. Kap. 3.5.1.1.2) über ein besonderes Potential, Stilwerte oder Stileffekte zu erzeugen.
Weitere im Deklinationssystem angelegte stilistische Varianten bestehen außerdem etwa darin, dass für den Genitiv der starken Flexion (betrifft alle Neutra und einen großen Teil der Maskulina) eine Kurzform *-s* und eine Langform *-es* vorgesehen sind.[22] So kann z.B. bei Nomina, die auf eine betonte konsonantisch auslautende Silbe enden, prinzipiell zwischen der Kurzform und der Langform gewählt werden (z.B. *Brot – Brot(e)s*, *Geräusch – Geräusch(e)s*, *Unterhaltungswert – Unterhaltungswert(e)s*; vgl. Boettcher 2009a, S. 70). Obwohl die Kurzform insgesamt häufiger verwendet wird und somit als unmarkierter, neutraler eingestuft werden könnte, scheint es in Bezug auf die stilistische Wirkung dieser Formvarianten kaum möglich, allgemeingültige Aussagen zu treffen. Die Ursache dafür liegt u.a. darin, dass die Wahl zwischen Kurz- und Langform gerade beim „professionellen Texten" in der Regel nicht monokausal getroffen wird. Eine wichtige Rolle spielen hier z.B. rhythmische Gründe (vgl. Kap. 3.5.3), die oft durch den jeweiligen Kon-

---

[22] Auf diejenigen Fälle, bei denen diese Wahlmöglichkeit nicht besteht (z.B. Nomen, die auf einen *s*-Laut enden), soll an dieser Stelle nicht näher eingegangen werden (vgl. z.B. Boettcher 2009a, S. 69ff.).

text determiniert werden. Eine weitere Variante besteht bei diesen Nomina (Maskulina der starken Flexion und Neutra) darin, dass der Dativ Singular ein *-e* enthalten kann, das in einigen formelhaften Wendungen standardsprachlich verbindlich ist (z.B. *zu **Grabe** tragen*; vgl. Boettcher 2009a, S. 69), darüber hinaus heute jedoch eher das Potential hat, Stilwerte oder Stileffekte zu erzeugen.

Bei zahlreichen Substantiven schwanken auch die Pluralformen. Häufig stellt der s-Plural eine im Falle von Varianten im Pluralsystem auftretende Alternative dar (z.B. *die Bestecke / die Bestecks, die Blöcke / die Blocks* (>Häuserblock<), *die Jungen / die Jungs*). Der *s*-Plural nimmt im deutschen Pluralsystem eine Sonderstellung ein, weil er im Vergleich zu den anderen Pluralzeichen des Deutschen am wenigsten durch das Genus und die phonotaktische Struktur des Substantivs vorherbestimmt wird und sich aufgrund dieser Tatsache besonders gut als „Notplural" eignet (vgl. Bornstein/Butt 1987, S. 142). Darüber hinaus wird das *-s* zur Pluralbildung immer dann herangezogen, wenn keine spezifischen Schemata vorliegen, die eine systemgemäße deutsche Pluralbildung veranlassen (vgl. Köpcke 1993, S. 145). Aus stilistischer Perspektive relevant wird die Pluralbildung[23] in der Regel dann, wenn wie bei *die Espressos / die Espressi, die Pizzas / die Pizzen* oder **die Forums / die Foren / die Fora* mehrere Varianten im Sprachgebrauch einer Kommunikationsgemeinschaft auftreten.

Wie die Beispiele zeigen, betrifft dies gerade Substantive fremdsprachlicher Herkunft, die Wahl der Flexionsendung (des Flexionsprinzips) ist hier von zahlreichen Einflüssen abhängig. HARNISCH (vgl. 1994, S. 97) geht im Zusammenhang mit der Frage, wann ein fremdes Substantiv der Grundformflexion (z.B. **die Serums*, **die Verandas*) oder der Stammformflexion (z.B. *die Hibisken*) folgt, davon aus, dass die innere Gliederung (Stammerweiterung) ausschlaggebend ist. Ob bei diesen fremden Substantiven eine innere Struktur im Singular angenommen wird oder nicht, also stamm- oder grundformflektiert wird, sei abhängig vom Sprecher und der Situation für jedes Wort einzeln zu beantworten und von verschiedenen Faktoren abhängig (vgl. Harnisch

---

[23] Das stilistische Potential der verschiedenen Varianten der Pluralbildung soll hier exemplarisch am *s*-Plural gezeigt werden, weil dieser gerade bei fremden Substantiven häufig mit anderen Formen konkurriert.

1994, S. 112). Hierzu gehört vor allem die vom Sprecher vorgenommene Interpretation eines fremden Substantivs als gegliederte oder nicht gegliederte Lexikonrepräsentation, die sich auf phonologischen, morphologischen und im weiten Sinne auch semantischen Merkmalen aufbaut. Parameter sind dabei u.a. das Genus und die lautliche Gestalt der Endung, die Vertrautheit der Denotate, die Gebräuchlichkeit des jeweiligen Wortes oder auch Klassengrößen, von denen die Stärke einer analogischen Vorbildwirkung abhängig ist (vgl. Harnisch 1994, S. 111).

Jedoch kann es auch bei sehr großer „Stammflexionsfreundlichkeit der Umstände“ (Harnisch 1994, S. 111) Sprecher geben, die den Plural grundformflektierend (z.B. *Zyklusse*) bilden, was laut HARNISCH daran liegt, dass „die unabdingbare Voraussetzung für Stammflexion fehlt, d.h. das betreffende Substantiv vom Sprecher schon nicht als im Singular stammerweitert aufgefasst wird“ (Harnisch 1994, S. 111). Demnach werden beispielsweise fremde Nomina wie *Forum* als ungegliedert aufgefasst und dementsprechend grundformflektiert als **Forum-s*, wenn Plurale der Gebersprache als nehmersprachliche Singulare behandelt werden. Und ebenso wie fremde Plurale als ungegliederte Singulare interpretiert werden können, können auch fremde Singulare, die in der Herkunftssprache morphologisch strukturiert sind, als ungegliederte monomorphe Stämme interpretiert werden (vgl. Harnisch 1994, S. 112). Das bedeutet, für Substantive wie *Forum* oder *Pizza* gibt es prinzipiell mehrere Möglichkeiten der Pluralbildung, auch wenn diese nicht im selben Maße regelkonform sein müssen. Sie sind Ausdruck der synchronen diastratischen Variation und somit für die stilistische Wirkung von Texten äußerst relevant. Dass eine verallgemeinernde Aussage zum stilistischen Potential solcher Formen nicht möglich ist, haben bereits die Ausführungen von HARNISCH (vgl. 1994, S. 112) deutlich gemacht.

Insgesamt ist festzustellen, dass sich – ähnlich wie bei anderen Entlehnungsvorgängen und Sprachwandelprozessen – verschiedene Tendenzen im Spannungsfeld von Norm und System erkennen lassen[24], die zu unterschiedlichen stilschichtigen Markierungen führen können. So zeigt sich einerseits die Tendenz, dass bei bereits etablierten Wörtern, bei denen sowohl die grundflektie-

[24] Zum Einfluss der Sprachnormung auf die Substantivflexion vgl. Rettich (1972).

rende als auch die stammflektierende Pluralform lexikalisiert ist, die stammflektierende in der Regel diejenige mit dem größeren stilistischen Potential ist, weil sie meistens einen bildungssprachlichen Charakter hat und deshalb hinsichtlich ihrer stilschichtigen Markierung in Richtung ‚gehoben' tendiert. Andererseits ist bei nicht normgerechten Verwendungen des *s*-Plural, die wie oben ausgeführt aus der Unkenntnis der entsprechenden Pluralregel bzw. der inneren Struktur des Singulars resultieren können, generell anzunehmen, dass diese ebenfalls über das Potential verfügen, Stileffekte zu erzeugen im Sinne einer soziokulturellen Markierung nach ‚unten'. Letzteres gilt auch für die mit Hyperplural gebildeten Formen (z.B. **die Praktikas*, **die Antibiotikas*), die aus der Unkenntnis der richtigen Pluralform resultieren und in einem größeren Zusammenhang den Prozessen sprachlicher Verstärkung zugeordnet werden können (vgl. Harnisch 2004).

Abhängig von den syntaktisch-semantischen Eigenschaften eines Verbs (Valenz, Aktionsart, Aktionalität; vgl. Fabricius-Hansen 2006, S. 470ff.) wird das Perfekt im Deutschen entweder mit den Hilfsverben *haben* oder *sein* gebildet. Überschneidungen gibt es dabei bei den Situativverben (z.B. *sitzen*, *stehen*, *liegen*; vgl. Eroms 2008a, S. 152f.), die im Süddeutschland, Österreich und der Schweiz tendenziell das Perfekt mit *sein* bilden: *ich bin gesessen/gestanden* usw. Diese im Süden unmarkierten Formen haben daher im mittel- und norddeutschen Sprachraum, in dem das Perfekt der Hauptregel entsprechend mit *haben* gebildet wird (vgl. Fabricius-Hansen 2006, S. 472), das Potential, Stileffekte zu erzeugen. Neben derartigen regionalsprachlichen Markierungen treten in Bezug auf das Verb kaum morphologische Formvarianten auf, die sich auf die stilistische Gestaltung auswirken können. Zu nennen ist hier lediglich das Ersetzen veralteter Formen des Konjunktivs Präteritum starker Verben durch allgemein akzeptierte, stilneutrale *würde*-Gefüge: z.B. *ich hülfe / hälfe / würde (dir) helfen* oder *ich schwömme / schwämme / würde schwimmen* (vgl. Fleischer et al. 1993, S. 185).

3.5.2.2.2 Auswahlmöglichkeiten innerhalb grammatisch-morphologischer Kategorien

FLEISCHER ET AL. (1993) bezeichnen die Wahlmöglichkeiten im Bereich der grammatisch-morphologischen Kategorien als ‚morphologische Synonyme' und subsumieren darunter all jene Fälle, „in denen zwischen diesen Gliedern eine schwache Bedeutungsopposition besteht, so daß diese Glieder unter bestimmten kontextualen oder situativen Bedingungen untereinander ausgetauscht werden, füreinander stehen können" (Fleischer et al. 1993, S. 186). Dies betrifft in erster Linie die verbalen Kategorien Tempus, Modus und Genus Verbi, in einem deutlich geringeren Maße auch die Kategorien des Substantivs.

Beim Substantiv geht es um gelegentliche Transpositionen bei der Kategorie des **Numerus**. So können beispielsweise ungewöhnliche Pluralformen von Substantiven, die Nichtzählbares benennen (z.B. *Ängste ausstehen*, *Nöte erleiden*), der Ausdrucksverstärkung und Emotionalisierung dienen und somit stilistisch relevant sein (vgl. Fleischer et al. 1993, S.190).
Häufig begegnet auch die Nichtsetzung des Artikels, die in der Regel Ausdruck einer textsortenspezifisch motivierten Verwendung ist. So ist es etwa bei Telegrammen üblich, auf die Verwendung des Artikels zu verzichten. Dieser „Telegrammstil" tritt auch bei Überschriften und Bildlegenden von Zeitungen und Zeitschriften, in Protokollen, Notizen, Listen und Tabellen (vgl. Gallmann 2006, S. 339) sowie in Kommunikationsformen auf, die über neue Medien vermittelt werden (z.B. E-Mail, SMS). Die Nichtsetzung des Artikels kann außerdem individualstilistisch motiviert (z.B. *Mond trat auf und betrachtete mich eisig aus gelbsilbernen Wolkenlidern.* (Arno Schmidt)) oder an bestimmte Funktionsbereiche von Sprache gebunden sein.

Das Verb zeigt im Deutschen obligatorisch eine zweifache Markierung, nach Modus und Tempus. Während die Modusanforderung vorwiegend vom Satz her zu bestimmen ist, werden die Tempusanforderungen textuell geregelt (vgl. Eroms 2008a, S. 154). Zum Ausdruck von Zukünftigen stehen beispielsweise die Tempusformen Futur I (*er wird kommen*) und (futurisches) Präsens (*er kommt*) zur Verfügung, zwischen denen nach FLEISCHER ET AL. im Mikrofeld der Futurität Teilsynonymität besteht (vgl. Fleischer et al. 1993, S. 187). Darüberhinaus gibt es Gebrauchsunterschiede, die auch unter stilistischem Aspekt relevant sein können. So wirkt die Verwendung des Futur I in der Regel offizieller, während die Verwendung des Präsens eher im Rahmen der mündlichen und nicht öffentlichen Alltagskommunikation typisch ist. Das Präsens ist dabei deutlich kontextabhängiger als das Futur I, d.h., es erfordert Mittel zur Monosemierung der Zukunftsbedeutung. Dies können etwa lexikalische Nachzeitigkeitsmarker wie bestimmte Temporaladverbien (z.B. *morgen, bald*) u.Ä. sein. Zwischen Futur I und Präsens bestehen zudem Unterschiede in Bezug auf die Modalität, so kennzeichnen die Präsensformen das sichere Eintreten des angezeigten Sachverhaltes, während das Futur I den ausstehenden Sachverhalt als prognostizierend, manchmal auch hypothetisch oder „zur Verwirklichung auffordernd" darstellt (vgl. Fleischer et al. 1993, S. 187).

Bei Vergangenheitsbezug (Präteritalität) konkurrieren Präteritum, Perfekt, Plusquamperfekt und (historisches, zuweilen auch szenisches) Präsens[25]. Markiert wird das Präsens für ein vergangenes Geschehen verwendet. Hier ist zwischen historischem Präsens (Praesens historicum) und szenischem Präsens zu unterscheiden: Während das historische Präsens[26] typisch für Chroniken und andere geschichtliche Darstellungen ist (z.B. *49 v. Chr.: Cäsar überschreitet den Rubikon*) und in den betreffenden Texten durchgängig verwendet wird, steht die Variante des szenischen Präsens in einer „präteritalen Umgebung" (Gelhaus 1984, S. 147), d.h., sie unterbricht nur das Präteritum (seltener auch Perfekt, s.u.) als Erzähltempus und dient damit insbesondere bei

[25] Die Darstellung beschränkt sich auf häufig auftretende Wahlphänomene (z.B. zwischen Präteritum und Perfekt) sowie die in der Tempuskategorie auftretenden zentralen Oppositionen zwischen markierten und unmarkierten Formen soweit sie für die stilistische Gestaltung von Bedeutung sind. Auf allgemeine Merkmale der einzelnen Tempusformen wie etwa die Tatsache, dass die Perfekttempora Präsens-, Präteritum- und Futurperfekt in Relation zu den entsprechenden einfach(er)en Tempusformen Präsens, Präteritum und Futur zur Markierung von Abgeschlossenheit, als Vorzeitigkeitsmarker dienen, soll hier nicht näher eingegangen werden.

[26] Eroms spricht in Zusammenhang mit dem historischen Präsens in Anlehnung an Weinrich (1964) auch von einer sog. Tempusmetapher, die den Stilfiguren zugeordnet werden kann.

Erzählungen als Mittel der Vergegenwärtigung (vgl. Boettcher 2009a, S. 50), mit dem auch Spannung erzeugt oder ein Höhepunkt gestaltet werden kann (vgl. Fleischer et al. 1993, S. 187). So steht das Präsens hauptsächlich dann, „wenn die Ereignisse sich ausbreiten, wenn ihr Effekt gezeigt wird“ (Eroms 2008a, S. 166). Die Verwendung des Präsens ist hier nicht zwingend und somit stilistisch relevant (z.B. in den letzten beiden Strophen von August Kopischs Ballade „Die Heinzelmännchen“: *Wie war zu Köln es doch vordem Mit Heinzelmännchen so bequem! Denn, war man faul, [...] Neugierig war des Schneiders Weib Und macht sich diesen Zeitvertreib; Streut Erbsen hin die andre Nacht. Die Heinzelmännchen kommen sacht; Eins fährt nun aus, Schlägt hin im Haus, Die gleiten von Stufen Und plumpen in Kufen, Die fallen mit Schallen, Die lärmen und schreien Und vermaledeien! [...]*, vgl. Eroms 2008a, S. 166)

Tritt das Präsens ganz an die Stelle des Präteritums als des eigentlichen Erzähltempus wird von ‚epischem Präsens‘ gesprochen (z.B. in Hans Falladas „Kleiner Mann – was nun?“: *Pinneberg greift in die Tasche, holt aus dem Etui eine Zigarette und brennt sie an. Um die Ecke weht Lämmchen, im plissierten weißen Rock [...]*; vgl. Gelhaus 1984, S. 147). Prinzipiell sind szenisches und episches Präsens dadurch gekennzeichnet, dass sie durch das Präteritum ersetzt werden können, „wobei freilich die besondere stilistische Wirkung wieder verlorengeht“ (Gelhaus 1984, S. 147). Durch die Wahl des Präsens ergeben sich in den jeweils korrespondierenden Textsorten (Chroniken, historische Abhandlungen, Erzählungen etc.) Stilwerte. In Textsorten, für die ein solcher Tempuswechsel nicht typisch ist, kann es gerade im Falle eines sehr unvermittelten Umschlags ins Präsens zur Entstehung von Stileffekten kommen.

Die Entscheidung, ob Präteritum oder Perfekt zu setzen ist, ist nach EROMS (vgl. 2008a, S. 164f.) primär von den jeweiligen Vertextungsstrategien abhängig. Demnach stehen schriftliche Erzähltexte in der Regel obligatorisch im Präteritum, während in argumentativen Texten (an Stellen, die keine Erzähl-Einlagerungen enthalten) gewöhnlich Perfekt oder auch Präsens verwendet wird. In mündlichen Erzählungen wird anstelle des Präteritums häufig das Perfekt benutzt (vgl. Boettcher 2009a, S. 51), eine Tendenz, die sich ausgehend vom süddeutschen Raum im Laufe der letzten Jahrzehnte immer weiter fortgesetzt hat. In der gesprochenen Sprache wird das Präteritum zugunsten des Perfekts verdrängt, was dazu führt, dass das Präteritum in zunehmendem Maße als die markierte Form anzusehen ist.

In Bezug auf den **Modus** von Verben können Synonymiebeziehungen zwischen Indikativ, Konjunktiv I und Konjunktiv II bestehen, d.h. natürlich nur dann, wenn diese Formen nicht grammatisch bestimmt und somit stilneutral sind.

Als morphologische Synonyme im Sinne von FLEISCHER ET AL. begegnen Indikativ- und Konjunktivformen etwa bei der indirekten Redewiedergabe oder bei irrealen Komparativsätzen (z.B. *Der Angesprochene tat, als* ***sei/wäre*** *er überrascht / als* ***könne/könnte*** *er kein Wässerchen trüben.* vgl. Fleischer et al. 189f.). Bei letzteren kann zwischen Konjunktiv I und Konjunktiv II alterniert werden, ohne dass intersubjektiv ein Bedeutungsunterschied nachweisbar wäre, d.h., Konjunktiv I und Konjunktiv II sind prinzipiell gleichermaßen geeignet, um die Nichtwirklichkeit des Vergleichs formal zu kennzeichnen. Ähnliches gilt für das Referat bzw. die indirekte Rede, dem wichtigsten Funktionsbereich des Konjunktivs (vgl. Fabricius-Hansen 2006, S. 529). In der Funktion als Indirektheitskonjunktiv (vgl. Zifonun et al. 1997, S. 1753) können wiederum beide Konjunktivkategorien ohne erkennbaren und eindeutig nachweisbaren Bedeutungsunterschied verwendet werden.

Mit der Verwendung des Konjunktivs zeigt der Produzent Nichtfaktizität an, er gibt zu verstehen, dass er den Satzinhalt als indirekte Wiedergabe einer „fremden" Äußerung verstanden haben möchte, für die er selber zum Äußerungszeitpunkt keine Haftung hinsichtlich deren Richtigkeit bzw. Wahrheit übernehmen möchte. In vielen Fällen ist jedoch auch der Indikativ anwendbar, der in der alltäglichen mündlichen Kommunikation gegenüber dem Konjunktiv deutlich bevorzugt wird (vgl. Fabricius-Hansen 2006, S. 529). Dies lässt sich u.A. damit begründen, dass der Indikativ der normale, der unmarkierte Modus ist, zu dem sprachökonomisch ein Hang besteht (vgl. Fleischer et al. 1993, S. 189). Zudem stehen in der gesprochenen Sprache weitere Möglichkeiten zur Abgrenzung der berichteten Rede zur Verfügung (z.B. paraverbale Ausdrucksformen wie Stimmqualität, Sprechtempo, Lautstärke usw.).

Sowohl bei irrealen Komparativsätzen als auch bei der indirekten Rede können sich zwischen Konjunktiv I und II Unterschiede hinsichtlich der stilistischen Wirkung ergeben. Zum Teil betrifft dies einzelne Kommunikationsbereiche, da der Konjunktivgebrauch generell stark register- und textsortenabhängig ist. Während in bestimmten Bereichen wie dem juristischen oder journalistischen der Konjunktiv I besonders häufig verwendet wird, zeigt sich in der Alltagssprache die Tendenz, den Konjunktiv I zu umgehen. Die Ursache dafür liegt laut EROMS darin, dass der Konjunktiv I in der Gegenwartssprache nicht in allen seinen Formen deutlich vom Indikativ getrennt ist, weshalb in den Konjunktiv II ausgewichen wird, der generell deutlicher signalisiert wird (vgl. Eroms 2008a, S. 154).

Bei einigen Textsorten wird durch die Verwendung des Konjunktivs I ein Stilwert erzeugt. Dies betrifft vor allem Konjunktivformen in relativ festen, zum Teil veralteten Wendungen, so beispielsweise als Aufforderungsmarkierung in Kochrezepten (*Man **nehme** zwei Esslöffel Öl...*) oder in Lehr- und Übungsbüchern (*Gegeben **sei** ein gleichschenkliges Dreieck...*). Die Verwendung des Konjunktiv I gilt (gerade aufgrund seines Rückganges) in zahlreichen Textsorten als Indikator für hohe sprachliche Kompetenz und kann zu einer stilschichtigen Markierung ‚gehoben' führen. Für den Konjunktiv II scheint nach wie vor zu gelten, dass er in Kontexten, in denen er als Modus der Irrealität/Potenzialität (Restriktiv) fungiert und durch ein *würde*+Infinitiv-Gefüge ersetzt werden kann, hinsichtlich der stilistischen Qualität höher bewertet wird als die Ersatzform. Im Einzelfall ist hier jedoch stärker zu differenzieren, denn während die Formen des analytischen Konjunktivs besonders bei den schwachen Verben gewählt werden, weil hier das (indikativische) Präteritum und der Konjunktiv die gleiche Formenreihe haben, und somit die Tendenz zeigen, zur üblicheren, unmarkierten Form zu werden, fällt bei den starken Verben, die in ihren Formen zwischen dem Präteritum und dem synthetischen Restriktiv unterschieden werden, gerade bei solchen mit hohem Gebrauchswert die Wahl häufig zugunsten des synthetischen Konjunktivs aus. Bei selteneren starken Verben wird auch der synthetische Konjunktiv seltener gebraucht (vgl. Weinrich 1993, S. 247). Die stilistische Wirkung bei der Wahl synthetischer Konjunktivformen in Richtung ‚gehoben' erhöht sich dabei entsprechend ihrer Ungewöhnlichkeit.

Stilistisch relevant können unter verschiedenen Bedingungen auch die Wahlmöglichkeiten zwischen den Formen des Diathesensystems sein. Von Interesse sind in diesem Zusammenhang vor allem die Möglichkeiten zur syntaktischen Variation, zur Perspektivierung und Täterabwendung. Wenn ein Satz vom Aktiv ins Passiv übertragen wird, wird das Subjekt des Aktiv-Satzes zum Präpositionalobjekt des Passivsatzes umgeformt und dementsprechend aus dem Vorfeld ins Mittelfeld gerückt, während das Akkusativobjekt des Aktivsatzes zum Subjekt des Passivsatzes umgeformt und dadurch ins Vorfeld gebracht wird (passive Diathese). Die Diathese ist ein Spezialfall der Valenzalternation[27], denn während es im Aktiv einen zweiwertigen Valenzrahmen gibt, wird im Passiv nur ein Aktant benötigt. Das heißt, die Präpositionalphrase *von Paul* kann auch weggelassen werden, ohne dass der Satz ungrammatisch würde[28].

Die Wahl zwischen Aktiv und Passiv ermöglicht es, zwei Perspektiven auf einen Sachverhalt anzubieten: die Handlungsperspektive und die Perspektive, von einer Handlung anderer betroffen zu sein (vgl. Boettcher 2009a, S. 29). Somit wird es möglich, unterschiedliche Fokussierungen auf die Handlungspersonen und das Geschehen zu werfen, denn die Blickrichtung kehrt sich durch die Kontroversen um (vgl. Eroms 2008a, S. 169). Es können subjektlose Konstruktionen gebildet werden, Sätze ohne „Täternennung". Dies ist in pragmatischer Hinsicht gerade in solchen Fällen sinnvoll, in denen der Produzent über das Subjekt der Handlung keine genauere Auskunft geben will – sei es, dass er es nicht genau kennt oder dass er es nicht nennen will (vgl. Weinrich 1993, S. 166). Eine solche Agens-Beseitigung bzw. Täterverschweigung[29] stellt einen Effekt dar, der textsortenspezifisch nutzbar gemacht werden kann. So ergeben sich zum einen Möglichkeiten für den Textaufbau, indem in Fällen, in denen der „Täter" schon häufiger genannt wurde, weitere

---

27 Um einen spezifischen Fall von Valenzalternation handelt es sich deshalb, weil bei anderen Valenzoperationen noch andere Mitspieler relevant sind, während dies bei der Diathese nur Agens und Patiens sind.

28 Auf die Bedingungen für eine solche Aktantenreduktion soll hier im Einzelnen nicht eingegangen werden. In der Regel kann das Subjekt des Aktivsatzes nur noch als Präpositionalergänzung im Randbereich der Objekte realisiert werden oder eben auch unter Aktantenreduktion entfallen (vgl. dazu Zifonun et al. 1997, S. 1790).

29 Eroms (vgl. 2008a, S. 169) fasst Aktantenkonversion und Täterverschweigung unter der Bezeichnung „täterabgewandte Diathese" zusammen.

Wiederholungen der immer gleichen Handlungspersonen vermieden werden können und somit dem Variationsgebot der Stilistik Rechnung getragen werden kann. Zum anderen ermöglichen derartige Konstruktionen ein bekanntes oder unbekanntes Agens zu verschweigen und die Handlung nicht so sehr von ihrem Urheber (Agens) aus, sondern in den Bedingungen ihres Verlaufs (Vorgangs-Passiv) oder Verlaufsresultats (Zustandspassiv) zu beschreiben. So zeigen etwa die Beispiele aus einem fachsprachlichen Kontext: *einfache Laboruntersuchungen werden in der Praxis durchgeführt* und *viele Arztpraxen sind mit einem eigenen Labor ausgestattet*, dass sowohl Vorgangs- als auch Zustandspassiv dazu dienen können, die Aufmerksamkeit des Hörers nicht auf die handelnden Personen, sondern auf den Vorgang oder dessen Ergebnis zu lenken (vgl. Weinrich 1993, S. 166). Die Verwendung des Passivs kann hier zugleich einen Stilwert in der Darstellungsart abgeben. Dies ist beispielsweise der Fall, wenn in wissenschaftlichen Abhandlungen das schreibende Forschungssubjekt nicht als *ich* erscheinen soll und deshalb auf eine Passivkonstruktion oder eine *man*-Konstruktion (wiederum eine Ersatzform des Passivs) ausgewichen wird.
In stilistischer Hinsicht ist zudem wichtig, dass unter dem Gesichtspunkt der funktionalen Satzperspektive Passivformen eine Option darstellen, gemäß der gewünschten Informationsstruktur eines Satzes eine bestimmte Reihenfolge der Satzglieder auszuwählen. So hilft gegenüber der Formulierung *Die Universitätsleitung schlägt eine neue Frauenbeauftragte vor, der Senat wählt sie.* die Passivversion *Die Universitätsleitung schlägt eine neue Frauenbeauftragte vor, gewählt wird sie vom Senat.* den gewünschten Kontrast zu verdeutlichen (vgl. Boettcher 2009a, S. 30).

3.5.2.3 Syntax

Stilistisch von Bedeutung ist der **Satzumfang**, da hier natürlich wiederum Alternativen zur Verfügung stehen. EROMS macht in Zusammenhang mit dem Parameter der Satzlänge darauf aufmerksam, dass sich diachron in Abhängigkeit vom Kommunikationsbereich und jeweiligen Diskursstil eine Tendenz zur Kürze abzeichnet. Kurze Sätze[30] gelten im Allgemeinen als verständlicher und leichter lesbar als lange Sätze, zumindest als solche, die sehr kompliziert gebaut sind. Im Hinblick auf journalistische Darstellungsformen äußert SCHNEIDER nur ein „bedingtes Lob für kurze Sätze" und macht zugleich an Beispielen wie *Ich sah, wie der Blitz den Baum traf.* und *Der Schnellzugzuschlagsverkauf im fahrenden Reisezug sollte unterbunden werden.* (beide Sätze bestehen aus acht Wörtern) deutlich, dass die Satzlänge neben der Anzahl der Wörter auch von der Silbenanzahl abhängig ist (vgl. Schneider 2001, S. 90). Vor allem aber rät er vor einer Reihung kurzer Sätze ab, ebenso hatte schon REINERS vor „Zwergsätzen" und einem daraus resultierenden „Asthmastil" gewarnt (vgl. Reiners 1976). Dieser aus einer Abfolge vieler kurzer Sätze entstehende „abgehackte" Eindruck resultiert in der Regel daraus, dass in den kurzen Sätzen das Verhältnis von anknüpfenden Elementen und neuen Informationen relativ gleich verteilt ist. Das heißt, häufig ist am Ende ein klarer Schwerpunkt zu erkennen, der Rhemagipfel. Dies führt dazu, dass bei Texten, in denen kurze Sätze vorherrschen, Thema und Rhema rascher aufeinander folgen. Dadurch kann einerseits der Eindruck erweckt werden, dass die Informationsmenge schneller und vor allem deutlicher übermittelt wird (vgl. Eroms 2008a, S. 157), anderseits resultiert daraus auch die Gefahr einer banalen oder gehetzten Wirkung.

Im Hinblick auf die Angemessenheit kurzer oder langer Sätze spielen laut EROMS die Text- und Diskurseigenschaften eine wichtige Rolle. Demnach tendierten Erzähltexte zu kurzen Sätzen, weil durch sie die verbale Reihung, die Anführung verbaler Prädikationen am einfachsten gewährleistet wird. Bei Beschreibungs- und Erklärungstexten dominierten kurze oder mittellange Sätze, da hier die genaue Orientierung der Rezipienten allein über die Sprache gewährleistet werden müsse. Argumentationstexte benötigen einerseits viele lange Sätze, um Aussagen miteinander in Beziehung zu setzen, andererseits auch kurze, etwa um Thesen prägnant aufzustellen (vgl. Eroms 2008a, S. 158f.).

---

30 Sanders (1986) gibt als ermittelte Durchschnittsgröße deutscher Sätze in Zeitungs- und Sachtexten 15–20 Wörter an. Demzufolge nimmt Sowinski diese Zahl als mittlere Satzlänge an. Kurze Sätze liegen darunter, lange sind entsprechend größer (vgl. Sowinski 1999, S. 89).

Neben den genannten Präferenzen innerhalb bestimmter Vertextungsstrategien lässt sich ein attraktiver, unmarkierter Stil in der Regel durch einen Wechsel von mäßig kurzen und mäßig langen Sätzen erzielen[31]. Eine sehr übertriebene Satzlänge kann in vielen Texten Stileffekte erzeugen, ebenso wie das Aneinanderreihen extrem kurzer Sätze. Unter bestimmten Umständen kann der Einsatz eines sehr kurzen Satzes besonders wirkungsvoll sein, so ist als „Anfang eines Textes der kurze Satz der größte – wenn es gelingt, die wenigen Wörter mit Substanz oder mit einer Erwartungsspannung zu erfüllen" (Schneider 2001, S. 92). Dies gilt gerade für den Bereich der Literatur, z.B.:

Alles dreht sich. Und alles dreht sich um ihn. (Markus Werner „Am Hang")
Es war an einem Sonntagvormittag im schönsten Frühjahr. (Franz Kafka „Das Urteil")

Vor allem kurze und sehr kurze Sätze, die einen unbekannten Namen enthalten, können auf besondere Weise dieser Intention des Spannungsaufbaus, des „Hineinziehens" in die Geschichte dienen, z.B.:

Ich bin nicht Stiller! (Max Frisch „Stiller")

In Zusammenhang mit der Länge von Sätzen wird häufig auch auf den **Nominalstil** eingegangen. Der Begriff ‚Nominalstil' (auch: Substantivstil, substantivischer Stil) gilt nicht als etablierter linguistischer Terminus (vgl. z.B. Glück 2000, S. 477), sondern stellt eine eher vage stilistische Charakterisierung für bestimmte Textsorten und Kommunikationsbereiche (z.B. Verwaltung, Wissenschaft, Presse) dar, die mit dem Merkmal des Auftretens komprimierter Sätze, einer ökonomischen und rationalen Kommunikation dienen sollen. Mit der Verwendung des Nominalstils geht häufig eine stilistische Wirkung einher, die aus einem positiven Blickwinkel als abstrakt, objektiv und allgemeingültig bezeichnet werden kann (vgl. auch die Diathese), aus negativer Sicht zu hölzernen, wenig anschaulichen und statischen Texten führt.

---

[31] Reiners gibt die Obergrenze der Leichtverständlichkeit mit 18 Wörtern pro Satz an, 20 Wörter pro Satz gelten als Obergrenze des Erwünschten bei dpa, 30 als Obergrenze des Erlaubten (vgl. Schneider 2001, S. 90).

Als wichtigstes Indiz des Nominalstils ist das gehäufte Auftreten von Substantivierungen anzusehen. Verfahren der Wortbildung, der Transposition, insbesondere diejenigen der Konversion, der Suffixderivation (z.B. *bedeuten – Bedeutung*) und der Zusammenbildung (z.B. *ins Grab legen – Grablegung*, vgl. Barz 2006, S. 674) ermöglichen es, den gleichen Sachverhalt mit Elementen und Kombinationen unterschiedlicher Wortarten sprachlich darzustellen. Dies führt im Falle des Nominalstils häufig zur Bildung von Abstrakta wie Nomina actionis (z.B. *Stilllegung, Schließung*).
Im Gegensatz zur verbalen Ausdrucksweise, die Aussagen in Form ganzer Sätze und Teilsätze erkennen lässt, werden bei einer nominalen Ausdrucksweise die Aussagen in nominalen Gruppen verdichtet, die den eigentlich verbalen Inhalt tragen, während die Prädikate tendenziell inhaltsarme Verben sind. Dazu dienen verschiedene Arten von Attribuierungen (z.B. auch als Appositionen in Verbindung mit Eigennamen). Die Häufung von Attributen kann sich etwa in der Bildung komplexer Nominalphrasen (Linkserweiterung) äußern, die durch Attributsätze aufgelöst werden können (z.B. *das von den Vorständen von Krupp und Hoesch erarbeitete Konzept* vs. *das Konzept, das von den Vorständen von Krupp und Hoesch erarbeitet wurde*; vgl. Fix et al. 2003, S.108). Eine wichtige Bedeutung kommt hier Adjektiven zu, die durch ihre charakterisierende, registrierende und urteilende Funktion (vgl. Fleischer et al. 1993, S. 197) für den attributiven Gebrauch prädestiniert sind und – prototypisch in Beschreibungstexten – eine „sprachökonomische Informationskonzentration" erlauben (z.B. *Duschdas For Men mit seinem markant-herben Duft ist die klassische maskuline Erfrischung für neue Energie und positiven Schwung.*).
Eine andere Möglichkeit, die syntaktische Komplexität zu reduzieren und gleichzeitig die Informationsdichte zu erhöhen, besteht in der Bildung von Komposita, z.B.:

Das Gesetz zur privaten Finanzierung des Fernstraßenbaus wurde verabschiedet.
Das Fernstraßenbau-Privatfinanzierungsgesetz wurde verabschiedet.

Wie das Beispiel zeigt, ist jedoch die Frage, ob die Bildung von Komposita zwangsläufig zur Entstehung eines Nominalstils beiträgt nicht ohne weiteres zu beantworten. Hier scheint im Falle von Determinativkomposita die Struktur des Erstglieds entscheidend (vgl. Weinert 2009, S. 7), z.B.:

> *Die Karstadt-Filialen bleiben also geöffnet.* (www.bild.de/BILD/news/2009/06/18)
> Paraphrase: *Die Filialen, die zu Karstadt gehören, bleiben also geöffnet.*

Während die Beispiele mit einem Verbstamm als Erstglied in der Paraphrase einen deutlich geringeren Substantivanteil aufweisen, zeigt das Beispiel mit substantivischem Erstglied im Vergleich zur paraphrasierten Form sogar einen prozentual geringeren Anteil an Nomina. Die Ursache liegt darin, dass das Erstglied *Karstadt* als Eigenname in der Paraphrase weiterhin genannt werden muss. Das heißt, Determinativkomposita können ein Element darstellen, das die Herstellung eines Nominalstils begünstigt, weil sich durch sie der Substantivanteil im Satz/Text erhöhen kann. Gerade aber im Falle von Kompositionen aus Substantiv + Substantiv kann das Bestimmungswort in einer entsprechenden Paraphrase vielfach nicht durch ein Wort einer anderen Wortart ersetzt werden (mit Ausnahme etwa von Deverbativa und anderen Erstgliedern, die durch Wörter anderer Wortarten paraphrasiert werden können wie z.B. *Arbeitsbuch – ein Buch, mit dem man arbeiten kann*), wodurch der Substantivanteil annähernd gleich hoch bleibt.

Eine eindeutigere Wirkung in Richtung Nominalstil haben Funktionsverbgefüge. Sie kommen in zwei Varianten vor: zum einen als Verbindung aus Funktionsverb und deverbalem Substantiv im Akkusativ (z.B. *eine Anregung / eine Erlaubnis geben, Anwendung / Berücksichtigung finden*), häufiger als Verbindung aus Funktionsverb und Präposition mit deverbalem Substantiv (z.B. *zum Abschluss / zur Anwendung bringen/kommen*; vgl. Fabricius-Hansen 2006, S. 424). Mit Ausnahme von relativ stark lexikalisierten Formen variiert die Häufigkeit von Funktionsverbgefügen mit der Textsorte. Sie sind typisch für Texte, die generell zum Nominalstil tendieren, insbesondere für Verwaltungstexte.

Funktionsverbgefüge bilden Einheiten, die ebenso wie einfache Vollverben Prädikate bilden können. Sie erscheinen dann als komplexe Prädikate, deren „verbale Formative keine lexikalischen Vollverben, sondern Funktionsverben sind“ (Detges 1996, S. 19). Den sachverhaltsbeschreibenden lexikalischen

Kern bildet das Verbalsubstantiv, während das Funktionsverb als Träger der verbalen Morphologie allgemeinere verbale Bedeutungsaspekte ausdrückt (vgl. Fabricius-Hansen 2006, S. 424). Das bedeutet also, der semantische Fokus liegt auf den Substantiven, das Verb ist hingegen semantisch verblasst (abstrakter, allgemeiner) und übernimmt nur noch grammatische Funktionen im Satz (vgl. Fix et al. 2003, S. 108). Funktionsverbgefüge können vielfach durch ein einfaches Verb ersetzt werden, dessen Stamm mit dem des nominalen Bestandteils des Gefüges identisch ist, wobei diese Ersetzbarkeit daraus resultiert, dass „es sich bei den substantivischen Teilen des Gefüges in den meisten Fällen um von Verben abgeleitete Nomina actionis handelt" (Hentschel/Weydt 2003, S. 86). Beispiele für solche Funktionsverbgefüge mit deverbalen Substantiven sind *zur Entscheidung bringen* gegenüber *entscheiden* oder *Widerspruch erheben* anstatt von *widersprechen*. Auch wenn zahlreiche Funktionsverbgefüge durch einfache Verben ersetzt werden können, zeigen die genannten Beispiele, dass sich zum Teil mehr oder minder große semantische Unterschiede ergeben. Das bedeutet in Bezug auf die stilistische Gestaltung von Texten u.a., dass Funktionsverbgefüge durchaus eine Bereicherung darstellen, weil sie im Sinne des Variationsgebotes der Stilistik die lexikalischen Auswahlmöglichkeiten erhöhen.
Wird der prozentuale Anteil von Substantiven im Satz/Text als Parameter für die Charakterisierung als Nominalstil herangezogen, so ist schließlich noch darauf hinzuweisen, dass im Verhältnis zu anderen Wortarten die Frequenz von Substantiven im Falle von Ellipsen besonders hoch ist (vgl. Fleischer et al. 1993, S. 198). Da diese bevorzugt in journalistischen Überschriften, Schlagzeilen usw. zu finden sind und ihnen dort in Abhängigkeit von der jeweiligen Textsorte in der Regel eine spezifische Funktion zukommt (z.B. eine intertextuell geprägte), werden sie als Bestandteile bestimmter Textsorten im Zusammenhang mit stilistischen Handlungsmustern eingehend betrachtet (vgl. vor allem Kap. 3.7, auch 3.6.1).

Im Gegensatz zum Französischen oder zum Englischen ist das Deutsche in Bezug auf die **Wortstellung** deutlich weniger festgelegt. Aus pragmastilistischer Sicht ist in Bezug auf die topologischen Wahlmöglichkeiten relevant, ob sie im Dienste einer Perspektivierung stehen bzw. mit ihnen besonderer

Nachdruck erzielt werden soll, oder ob sie aus Gründen der stilistischen Variation gesetzt werden. Zu letzteren gehören Stellungsformen, mit denen Abwechslung gewährleistet und ein stereotypes Aneinanderreihen immer gleicher Muster verhindert wird[32]. Eine besondere Rolle kommt dabei etwa der Verwendung trennbarer Verben zu.

Im Vergleich zu Stellungsvarianten, die eingesetzt werden, um Eintönigkeit zu vermeiden, stehen andere im Dienste der Standpunktmarkierung und Perspektivierung, indem sie von einem bestimmten Standpunkt aus dargelegt werden und unterschiedliche Aspekte des Sachverhalts im Sinne der gewünschten Informationsstruktur in den Vordergrund rücken. Derartige Perspektivierungen sind einerseits durch lexikalische Konversen möglich (z.B. durch präfigierte oder andere Verben mit entgegengesetzter Bedeutung: *kaufen – verkaufen, verlieren – gewinnen, geben – entgegennehmen*; durch Adjektive mit gegensätzlicher Bedeutung in Äußerungen mit dem Konjunktiv: *Frauen sind oft feinfühliger als Männer.* vs. *Männer sind oft unempfindlicher / weniger sensibel als Frauen.* usw.), andererseits durch morphosyntaktische Varianten mit weitgehend übereinstimmender Lexik, jedoch unterschiedlicher, meist entgegengesetzter Perspektivierung (vgl. Fleischer et al. 1993, S. 200). Hierzu gehört vor allem die Verwendung des Passivs anstelle des Aktivs, aus der sich spezifische Gestaltungsmöglichkeiten ergeben, die vor allem die Weglassbarkeit der Agensbenennung im Passivsatz, die Akzentuierung des Patiens, die Variation der funktionalen Satzperspektive (Thema-Rhema-Gliederung) betreffen (vgl. Kap. 3.5.2.2.2).

In pragmastilistischer Hinsicht besonders relevant sind intendierte Abweichungen von den normalen Stellungsregularitäten im Umfeld der Verbalklammer. Prinzipiell können Stellungselemente mit dem Ziel der Hervorhebung umgestellt werden, denn allein die Abweichung von der Grundreihenfolge gibt einem Element größeres Gewicht. Je größer und auffälliger die Abweichung ist, umso stärker ist dann jeweils der Hervorhebungseffekt (vgl. Engel 1994, S. 200). Eine solche hervorhebende Permutation kann im Mittelfeld auftreten (z.B. Präpositionalobjekt vor Akkusativobjekt), die größte Wir-

---

32 Ausgenommen sind hier natürlich Figuren, die eben das intendieren (wie z.B. Parallelismen).

kung erzielen hervorhebende Permutationen jedoch im Vorfeld. Da gewöhnlich bzw. besonders häufig das Subjekt im Vorfeld steht, ist sowohl die Vorfeldstellung aller übrigen Ergänzungen als auch von Angaben auffällig und hat Hervorhebungsfunktion. Dabei wirkt beispielsweise bei situativen und existimatorischen Angaben, die am zweithäufigsten das Vorfeld besetzen, die Vorfeldstellung dann hervorhebend, wenn sie besonders umfangreich sind (vgl. Engel 1994, S. 201). Indessen wirkt bei modifikativen Angaben, die sehr selten im Vorfeld stehen, die Stellung im Vorfeld automatisch hervorhebend bzw. auffällig. Als Sonderfall der hervorhebenden Umstellung von Satzgliedern gilt das Herausstellen nach links, die sogenannte Linksversetzung, bei der ein Element aus dem Satzverband nach links geschoben und danach durch eine Anapher wiederaufgenommen wird. Ein Verfahren, das dadurch besonders stark hervorhebend wird, dass es „dem herausgestellten Element fast den Charakter einer selbständigen Äußerung verleiht“ (Engel 1994, S. 201). Auch Permutationen ins Nachfeld können auffällig wirken, besonders hervorhebend wirkt die Verschiebung von sehr umfangreichen Elementen ins Nachfeld.

Die Ausführungen zur Wortstellung sollen durch einige kurze Bemerkungen zur Architektur von zusammengesetzten Sätzen abschlossen werden. Dass die Aneinanderreihung von Sätzen als Verbindung von Hauptsätzen (Satzverbindung) oder Haupt- und Nebensätzen (Satzgefüge) nicht nur große Bedeutung für die stilistische Gestaltung von Texten hat, sondern vor allem auch für ihre Verständlichkeit, ist hinreichend bekannt. Als problematisch werden in diesem Zusammenhang vor allem sog. „Schachtelsätze“ betrachtet, d.h. zusammengesetzte Sätze, die besonders zahlreiche Unterordnungen (meist auch noch unterschiedlicher Stufen) enthalten.

Prinzipiell besteht bei der Textproduktion „die Wahl, einen komplexen Sachverhalt durch eine Satzfolge, ein Satzgefüge oder auch durch Wortbildungsprodukte innerhalb des einfachen Satzes darzustellen“ (Boettcher 2009c, S. 89). So lässt sich beispielsweise Kausalität mit Hilfe einer entsprechenden Konjunktion durch die Verknüpfung von Hauptsatz und Nebensatz innerhalb eines Satzgefüges realisieren, wobei die kausale Information sowohl im Nebensatz als auch im Hauptsatz stehen kann (z.B. *Er blieb daheim, weil er völlig erschöpft war.* vs. *Er war völlig erschöpft, weshalb er daheimblieb.*). Ebenso kann die kausale Verknüpfungsbedeutung durch die Verbindung zweier nebengeordneter Teilsätze, beides Hauptsätze, erfolgen, bei denen wiederum der erste oder der zweite die kausale Information enthalten kann (z.B. *Er war völlig erschöpft, deshalb blieb er daheim.* vs. *Er blieb daheim, denn er war völlig erschöpft.*). Schließlich kann Kausalität auch nicht grammatisch expliziert sein, jedoch aufgrund des Weltwissens und dem Kontext solcher Sätze erschlossen werden (z.B. *Er blieb daheim, er war völlig erschöpft.* Vgl. Boettcher 2009c, S. 78f.). Die Auswahl zwischen derartigen Varianten wird von mehreren Parametern bestimmt. Hierzu gehört etwa der Aspekt, wie gut sich diese unterschiedlichen Darstellungsmöglichkeiten des Sachverhalts in den umgebenden Text einpassen lassen. Bei komplexeren Gesamtsätzen spielen Fragen nach besserer Verstehbarkeit und nach Textsortenzugehörigkeit eine Rolle.

3.5.3 Metrik und Rhythmus

Die Laut- und Klangstilistik bzw. Phonostilistik beschäftigt sich mit lautlichen Erscheinungen der Sprache, die von Autoren mitunter genutzt werden, um den klanglichen Eindruck ihrer Texte zu verbessern (vgl. Sowinski 1999, S. 135). Im Einzelnen geht es dabei um die Variation von Erscheinungen der Lautklänge, des Reims, der Metrik und des Rhythmus. Zeitweilig wurde seitens der Stiltheorie versucht, bestimmte „euphonische" und „kakophonische" Regeln aufzustellen, d.h. festzulegen, welche Laute und Lautverbindungen Wohlklang (Euphonie) und welche Missklang (Kakophonie) hervorrufen, was jedoch früh kritisiert wurde (vgl. Riesel 1959, S. 329).

Prinzipiell ist es hinsichtlich der Klangwirkung von einzelnen Lauten umstritten, ob ihnen eine feste Wirkungsqualität oder Lautsymbolik zukommt. SPILLNER geht davon aus, dass sowohl graphische als auch phonische Ausdrucksmittel eine eigene textsemantische Leistung vollbringen können und nennt diese – sofern sie durch Leserreaktionen stilistisch relevant werden kann – „graphostilistisch" bzw. „phonostilistisch" (Spillner 1984, S. 77). Dabei versteht er die Phonostilistik als Teilbereich der Stilforschung, der der Untersuchung der semantisch-stilistischen Leistung lautlicher Ausdrucksmittel in gesprochenen und geschriebenen Texten, also der Analyse konkreter sprachlicher Realisierungen auf der Ebene der „parole" gewidmet ist. Weil die Lautqualität von Texten (bezogen auf literarische, vor allem lyrische Texte) nicht immer präzise Stileffekte im engeren Sinne hervorrufen muss, sondern im Zusammenspiel verschiedener phonischer Merkmale ästhetische Gesamteindrücke beim Leser hervorrufen kann, spricht SPILLNER auch von „Phonästhetik“ (Spillner 1984, S. 80). Im Zuge einer phonästhetischen Textanalyse kann die lautliche Seite von Texten als schöpferische Klanggestaltung mit autonomen Lautwirkungen beschrieben werden, ohne dem phonischen Gesamteindruck oder den einzelnen Lauten einen semantischen Wert zuzuordnen. Solche Analysen wurden bisher insbesondere für literarische Texte als relevant angesehen, weil sie davon ausgehen, dass „ein literarischer, vor allem ein lyrischer Text gegenüber Äußerungen der Alltagssprache zusätzliche ‚poetische‘ Elemente enthält, die auf den Leser einen ästhetischen Reiz ausüben“ (Spillner 1984, S. 80). Da auch im Bereich bestimmter Alltags- bzw. Gebrauchstexte, gerade bei den kommunikationspolitischen, solche Differenzqualitäten im phonischen Bereich festzustellen sind, erscheint der Entwurf eines phonästhetischen Untersuchungsdesigns im Hinblick auf die Spezifika dieser Textsorten außerordentlich notwendig (z.B. Gestaltung von Slogans).

Obwohl nun jeder Text über irgendeinen Rhythmus, über eine bestimmte Abfolge von Hebungen und Senkungen, Längen und Kürzen, verfügt und diese ebenso wie Laute und Klänge im jeweiligen Sinnkontext des Textinhalts eine Wirkung haben können, zählten solche Formen stilistischer Abwandlungen im Rahmen der linguistischen Stilistik kaum zum Gegenstand systematischer Untersuchungen. Gerade aber auch im Bereich der Gebrauchstexte – hier ebenfalls besonders bei Werbetexten, deren Nähe zu literarischen/poetischen Texten schon häufiger konstatiert wurde – haben die genannten Phänomene ein hohes stilistisches Potential, auf das an dieser Stelle aufmerksam gemacht und zugleich auf das damit verbundene Forschungsdesiderat hingewiesen werden soll. Sie sind ein zentraler Faktor für die Herstellung angemessener, wirkungsvoller und ästhetischer Texte. Dies kommt auch in SPILLNERS Forderung zum Ausdruck, Stil innerhalb einer Stiltheorie prinzipiell auf allen Sprachebenen zuzulassen (phonetisch, syntaktisch, graphisch etc.). Die Voraussetzungen und Grenzen einer Stilanalyse auf der phonetischen Ebene bestehen dabei in der strengen Beschränkung auf die Lautebene. Zudem stellt

SPILLNER fest, dass phonostilistische Mittel wie Rhythmus, Reim, Assonanz usw. textuell polyvalent und die Wahlmöglichkeiten aufgrund lexikalischer und grammatischer Zwänge eng begrenzt sind (vgl. Spillner 1995, S. 83). SCHNEIDER verweist in diesem Zusammenhang auf Wahlmöglichkeiten zwischen (partiellen) Synonymen mit unterschiedlicher Betonung, wie *aber* vs. *jedoch*, *meistens* vs. *zumeist*, *richtig* vs. *korrekt* (vgl. Schneider 2001, S. 189). Darüber hinaus ergeben sich – im Falle der Gebrauchstexte vermutlich stärker als bei lyrischen Texten – zahlreiche Optionen für die rhythmische Gestaltung durch die Variationsmöglichkeiten im Bereich der Morphologie und Wortbildung. Dazu gehören beispielsweise die Wahlmöglichkeiten zwischen trennbaren und untrennbaren Verben, die auf unterschiedliche Weise Partizip II und Infinitiv mit *zu* bilden; starken und schwachen Konjugationsformen und Interpunktionszeichen (z.B. Doppelpunkt). Rhythmische Gründe können auch eine Rolle spielen bei der Verwendung bestimmter Nomina (z.B. *Herz*), die unterschiedliche Dativ und/oder Genitiv-Formen haben oder bei denen zwischen schwacher und starker Deklination gewechselt werden kann, ebenso in den Fällen, die zwischen *-s* und *-es* im Genitiv schwanken. SANDIG verweist exemplarisch auf weitere, i.e.S. syntaktische Wahlmöglichkeiten (nicht auf verbale Formvarianten zurückzuführen), die sich beispielsweise durch die Ausklammerung eines Relativsatzes ergeben. So kommt es bei der Form mit Ausklammerung *...dass es eine breite Masse gibt, die der Manipulation unterliegt.* gegenüber der Form mit gleichem Informationswert *...dass eine breite Masse der Manipulation unterliegt.* zu einer Hervorhebung, die vor allem auf den zwei Intonationsgipfeln beruht. Dass die Bedeutung lautlicher, intonatorischer und rhythmischer Phänomene für die Gestaltung kommunikationspolitischer Textsorten besonders relevant ist und daher einer systematischen Beschreibung bedarf, zeigt sich insbesondere am Textelement ‚Slogan'. So lässt sich die größere Aussage- und Ausdruckskraft des früheren Slogans *Vichy – weil Gesundheit auch Hautsache ist.* gegenüber einer späteren Variante *Vichy. Gesundheit ist schön*, auch dadurch begründen, dass der Produktbezug zur ‚Haut' vor allem damit hervorgehoben wird, dass *Haut-* den Primärakzent trägt.

3.6 Stilfiguren

In systematischer Hinsicht scheint es sinnvoll, die Position von Stilfiguren zwischen den besprochenen Einzelphänomenen (vgl. Kap. 3.5), den Markierungen auf lexikalischer, morphologischer und topologischer Ebene, die über ein erhöhtes stilistisches Potential verfügen, und den stilistischen Handlungsmustern (wie z.B. assoziativ-ästhetischer Typ, vgl. Kap. 3.7) anzunehmen, die stilrelevante Teilhandlungstypen für Texte darstellen (vgl. Sandig 2006, S. 147) und variabel sind. Denn Einzelelemente können beim Herstellen von Stilfiguren Verwendung finden und für deren Ausgestaltung stilistisch relevant sein, ebenso wie Stilfiguren zum Generieren von Handlungsmustern beitragen bzw. innerhalb derer stilistisch bedeutsam sein können[33].

Der Einsatz von Stilfiguren gründet sich auf einer langen rhetorischen Tradition. Seit der Antike beruht der Redeschmuck in Wortverbindungen (ornatus in verbis coniunctis) auf Ausdrucksweisen, die von der gewöhnlichen, schlichten sprachlichen Formulierung abweichen, die „eine Abwechslung gegenüber dem geraden Weg“ (Quintilian II, 13,11 zitiert nach Ueding/Steinbrink 2005, S. 300) bringen. Rhetorische Figuren stellen in diesem Zusammenhang Abweichungen im weitesten Sinne dar, d.h. Abweichungen von der einfachen Stellung und Ordnung der Worte, von der geraden, glatten und flachen Ausdrucksweise, vom gewohnten Ausdruck u.v.m. Die Einteilung des Redeschmucks in Wortverbindungen erfolgt traditionell nach grammatischen Änderungskategorien, die stark vereinfacht als Änderung durch adjectio (Hinzufügung), detractio (Auslassung) und transmutatio (Umstellung) aufgefasst werden können. Gegenüber diesen – aus den genannten drei Änderungsverfahren resultierenden rhetorischen Figuren – liegt den Tropen als Teil des Redeschmucks in den Einzelwörtern (ornatus in verbis singulis) im Wesentlichen ein Austausch (immutatio) zugrunde (vgl. Ueding/Steinbrink 2005, S. 287 und S. 301). Da die stilistische Wirkung einzelner Wörter nur in Verbindung mit anderen Wörtern bzw. in Relation zu diesen relevant wird, schlägt EROMS (vgl. 2008a, S. 178) für die stilistische Analyse vor, beide Ka-

---

33 In einzelnen Fällen ist davon auszugehen, dass Stilfiguren auch ein Handlungsmuster konstituieren können (vgl. Kap. 3.7; zu den Möglichkeiten „semantischer Dichte“ vgl. Blumenthal 1983).

tegorien zusammenzufassen. Dementsprechend werden unter Stilfiguren im Folgenden sowohl rhetorische Figuren als auch Tropen verstanden.

Stilfiguren stellen Abweichungen von der neutralen Ausdrucksweise dar, die jedoch bereits etabliert und konventionalisiert sind. Es sind sozusagen eingeübte Divergenzen, die Texte bereichern, indem sie sie effektiver, dramatischer, wirkungsvoller etc. gestalten. Stilfiguren können Erwartungsnormen durchbrechen, tun dies aber nicht zwingend, weil sie in manchen Textsorten erwartet werden bzw. typisch für diese sind. Im gegenwärtigen Sprachgebrauch sind es vor allem Textsorten aus den Bereichen Publizistik, Belletristik, politische Rede oder Unternehmenskommunikation, in denen in hoher Frequenz Stilfiguren verwendet werden und sie dadurch erwartbar machen. Stilfiguren heben sich – abhängig von der jeweils inhärenten Art der Abweichung – unterschiedlich stark von der neutralen Ausdrucksweise ab und tragen demgemäß zur Stilisierung von Texten bei. In der Regel ergeben sich aus ihrer Verwendung innerhalb der Textsorten, für die sie charakteristisch sind, Stilwerte, in anderen eher Stileffekte. Im Folgenden sollen kurz diejenigen Stilfiguren vorgestellt werden, die häufig in kommunikationspolitischen Textsorten vorkommen, während im 5. Kapitel genauer auf ihre funktionale Deutung bzw. ihren Beitrag zur Ausgestaltung bestimmter stilistischer Handlungsmuster einzugehen sein wird.

3.6.1 Figuren der Auslassung

Durch Auslassung gebildete Figuren „gewinnen ihren Reiz vor allem durch ihre Kürze und Neuheit“ (Quintilian IX, 3, 58 zitiert nach Ueding/Steinbrink 2005, S. 306). Sie werden gebildet, indem notwendige Bestandteile eines Satzes weggelassen werden und stellen somit Abweichungen von grammatischen Regeln dar. Zu den Auslassungsfiguren gehören vor allem die syntaktische Ellipse, die Aposiopese sowie das Zeugma. Als **Ellipsen** sind im grammatisch herkömmlichen Sinne alle Äußerungen zu bewerten, die die zweigliedrige Struktur des deutschen Normalsatzes unterschreiten. Während es in Alltagsgesprächen weit verbreitet ist, Teile des Satzes auszusparen, die situations- und partnerbedingt entbehrlich sind (vgl. Fleischer et al. 1993, S. 277), lassen sich bei schriftlichen Kommunikationsformen relativ klar Bereiche abgrenzen, in denen elliptische Formen als rhetorische Figur[34] nahezu ausgeschlossen sind (z.B. Wissenschaft, Verwaltung), während andere Bereiche wie z.B. Journalismus, künstlerische Literatur oder auch unternehmerische Kommunikation ausgesprochen viele Ellipsen enthalten können. Ellipsen sind zwar in der klassischen Rhetorik dadurch definiert, dass sie Auslassungsfiguren sind, bei denen das Ausgelassene hinreichend durch die übrigen Wörter verständlich ist bzw. ergänzt werden kann und unterscheiden sich damit von der **Aposiopese**, bei der das ausgelassene Wort längerer Erklärung bedarf (vgl. Ueding/Steinbrink 2005, S. 306).

Vielfach bilden elliptische Konstruktionen die Voraussetzung für Sprachspiele oder stilistische Handlungsmuster (z.B. *Neid und Missgunst für € 99,-/Tag. (Mieten Sie den Mercedes SL bei Sixt)*). Dabei zeigt sich, dass der Figurationseffekt (im Sinne eines nichtusuellen, expressiven Gebrauchs; vgl. Michel 1983, S. 475) nicht immer primär durch die elliptische Form entsteht, u.a., weil Ellipsen in Schlagzeilen, Werbeanzeigen und anderen Texten erwartet und somit als angemessen und nicht expressiv empfunden werden, sondern durch die jeweilige kreative Umsetzung (vgl. Kap. 3.7) bzw. die Kombination mit anderen Strategien/Mustern oder auch anderen Figuren, wie beispielsweise der Ironie.

Eine andere Stilfigur, die auf einer Form von syntaktischer Auslassung basiert, ist das **Zeugma**. Es entsteht dadurch, dass auf ein polysemes Lexem (oft das Prädikatsverb) zwei syntaktische Glieder bezogen werden, die verschiedene Sememe des Bezugswortes aktualisieren (z.B. *Nimm dir Zeit und nicht das Leben!*), womit humoristische, satirische oder ironische Wirkungen erzielt werden können (vgl. Fleischer et al. 1993, S. 280). Die Position des Verbs kann dabei der Satzanfang, das Satzende oder die Satzmitte sein und die dem Verb unterstellten syntaktisch-semantischen Glieder (kola) gleichartig oder ungleichartig. Im Allgemeinen ist die Wirkung umso größer und komischer, je semantisch disparater die kola sind, die durch ein Verb verbunden werden, wobei die Skala von geringen semantischen Unterschieden, die einer syno-

34 Hier geht es natürlich nicht um reguläre Ellipsen wie beispielsweise die Koordinations-Reduktion, bei der ein identisches Merkmal ausgelassen wird

nymischen Wiederholung nahekommen und alltagssprachlich geläufig sind, bis hin zur ausgeprägten semantischen Verschiedenheit reicht (vgl. Ueding/ Steinbrink 2005, S. 307).

3.6.2 Figuren der Hinzufügung

Die Figuren der Hinzufügung entstehen im weitesten Sinne durch Wiederholung eines Wortes oder einer Wortgruppe und dienen im Wesentlichen der Hervorhebung von Äußerungen. Im Allgemeinen stellt die Wiederholung ein wichtiges Mittel dafür dar, den Sinnzusammenhang eines Textes, seine inhaltlich-semantische Strukturiertheit (Kohärenz) zu gewährleisten. Den Stilfiguren sind Formen der Wiederholung zuzuordnen, die auf lexikalischer, morphologisch-syntaktischer und lautlicher Ebene besonders strukturiert und auffällig sind und somit stilistische Effekte erzielen können.

In der Unternehmenskommunikation begegnen Figuren der Wiederholung in großer Vielfalt, wichtige Arten sind dabei vor allem die Anapher, die Epipher, die Klimax und die Anadiplose. Seltener begegnen andere Wiederholungsfiguren wie die einfache Verdopplung (Gemination), d.h. die Doppelsetzung eines Wortes am Anfang, in der Mitte oder am Ende des Satzes, oder der Kyklos, die Rahmenwiederholung, d.h. der Kreis um einen Satz, eine syntaktische oder semantische Einheit durch das gleiche Wort oder das gleiche Satzglied (vgl. Ueding/Steinbrink 2005, S. 304).

Die **Anapher** bezeichnet die wörtliche Wiederholung jeweils am Anfang eines Satzes, Teilsatzes oder Gedankenabschnittes (z.B. *JET KRAFTSTOFF ist nicht gerade aufregend: **Immer** gleich hohe Qualität, **immer** penibel kontrolliert und **immer** gleich gut zum Motor.; ratiopharm: **Gute** Preise. **Gute** Besserung.*). Häufig treten Anaphern am Anfang ganzer Absätze auf und stellen dadurch ein wirkungsvolles Mittel der Architektonik von Texten dar, dessen stilistische Wirkung durch Zeilengliederung und andere graphische Faktoren erhöht werden kann (vgl. Fleischer et al. 1993, S. 265). Im Vergleich zur Anapher kommt die Schlusswiederholung, die **Epipher**, seltener vor, hier wird am Ende eines Satzes oder Bedeutungsabschnittes dasselbe Wort oder Wortpaar gesetzt.

Bei der **Anadiplose** steht das eine Wiederholungsglied am Satzende, das andere am Anfang des folgenden Satzes. Als eine fortgesetzte Anadiplose, bei der eine stufenweise Steigerung stattfindet, kann eine **Klimax** entstehen. Diese kann jedoch auch durch die steigernde Reihung synonymer Wörter oder gleicher Satzglieder erreicht werden (vgl. Ueding/Steinbrink 2005, S. 303; z.B. *Man repräsentiert, man tritt auf, man zeigt sich der jauchzenden Menge.* (Thomas Mann: Das Eisenbahnunglück), vgl. Eroms 2008a, S. 185). Unter den Begriff der Klimax fallen zudem Formen der Aneinanderreihung von Wörtern nach dem inhaltlichen Prinzip der Steigerung zum Positiven oder Gewichtigen bzw. zum Negativen oder Auffallenden hin im Falle der Antiklimax (vgl. Michel 1983, S. 474; z.B. Gut. Besser. Paulaner.).

Eine weitere in der Unternehmenskommunikation auftretende Wiederholungsfigur ist die **Paronomasie**, eine Form des Sprachspiels, die sich aus der Klanggleichheit oder Klangähnlichkeit zweier Wörter mit verschiedener Bedeutung ergibt (vgl. Ueding/Steinbrink 2005, S. 305). Dabei werden semantisch und etymologisch unterschiedliche Wörter miteinander kombiniert, durch deren lautliche Ähnlichkeit jedoch ein Wiederholungseffekt entsteht (z.B. ***Power** vom **Bauer**. Die Fitmacher aus deutschen Landen CMA*). Paronomasien können ebenso wie andere Formen des Wortspiels, die z.B. durch Nutzung von Polysemie, Homonymie o.Ä. entstehen, eingesetzt werden, um humoristische, satirische oder komische Effekte zu erzielen (vgl. Fleischer et al. 1993, S. 268).

Im Falle von **Asyndeton** und **Polysyndeton** werden bedeutungsähnliche oder gleichbedeutende Wörter angehäuft[35], wodurch die Eindringlichkeit der Aussage verstärkt werden kann (vgl. Ueding/Steinbrink 2005, S. 305f.). Beim **Asyndeton** werden einfache Wörter, z.B. Substantive oder Wortverbindungen (wie z.B. Substantive mit Attributen, Adjektiv- und Adverbialgruppen), oder einfache Sätze durch das Auslassen jeglicher Bindewörter hintereinander aufgeführt. Dadurch wirkt das Asyndeton „in besonderer Weise dynamisch“ (Fleischer et al. 1993, S. 273) und nachdrücklich (z.B. *Erkennen der Risikofaktoren, Beurteilen der Symptome, Sichern des Therapieerfolgs.*). Steht bei

[35] Sie werden deshalb in der Forschungsliteratur – ebenso wie die Klimax, Antiklimax usw. – mitunter als Figuren der Häufung klassifiziert (vgl. Michel 1983, S. 473f.; Fleischer et al. 1993, S. 272ff.).

einer Aufzählung eine Konjunktion vor dem letzten Aufzählungsglied, so handelt es sich um ein **Monosyndeton** (z.B. *Trotz aller Lobeshymnen auf Winzer, Weinberge, Klima und Wein...*). Ebenfalls zur Vereindringlichung dient das **Polysyndeton**, das sich wie das Asyndeton nicht auf die Ähnlichkeit der gehäuften Wörter, sondern auf die Häufung von Ausdrücken verschiedener Bedeutung bezieht (vgl. Ueding/Steinbrink 2005, S. 306). Beim Polysyndeton werden die Konjunkte mehrfach, im extremsten Fall ausnahmslos mit demselben Bindewort verbunden (z.B. *Es gibt verschiedene Möglichkeiten durchs Leben zu kommen. Sehr sicher. Oder sehr bequem. Oder sehr schnell. Oder? ...*), aber auch eine Häufung verschiedener Konjunktionen ist möglich. Durch die Häufung der Bindewörter entsteht ein gewisser Eindruck von Redundanz und es werden „fließende Übergänge zwischen den Gliedern" (Fleischer et al. 1993, S. 273) geschaffen.

3.6.3 Figuren der Umstellung

Kennzeichnend für die durch Umstellung gebildeten Stilfiguren ist die Abweichung von der gewöhnlichen Wortstellung, das bedeutet, es geht um alle Anordnungsvarianten der Wort- und Satzgliedfolge, die „von der nullexpressiven Variante abweichen" (Michel 1983, S. 477). Deshalb werden den Umstellungsfiguren im Folgenden auch solche Figuren wie Chiasmus und Antithese zugeordnet, die in der Literatur häufig separat als Gegensatzfiguren behandelt werden (vgl. z.B. Eroms 2008a, S. 187ff.).

Auf der Gegenüberstellung zweier gegensätzlicher Wörter oder Wortgruppen beruht die **Antithese**, eine Figur, die in zahlreichen Variationen auftritt und den Antagonismus der Inhalte besonders spannungsvoll und ökonomisch hervorhebt (z.B. *VW Polo – So groß kann klein sein.*). Eine spezielle Variante der Antithese ist das **Oxymoron**, bei dem zwei auf einer semantischen Ebene gegensätzliche Elemente nicht deutlich gegenübergestellt, sondern syntaktisch vereint werden (vgl. Michel 1983, S. 473): z.B. *Mercedes Benz: Die Tradition der Innovation.*

Beim **Chiasmus** erfolgt eine parallele Überkreuzstellung, indem zwei Ausdrücke mit gleichen oder ähnlichen lexikalischen Einheiten aufeinander folgen, deren Reihenfolge im zweiten Ausdruck vertauscht wird (vgl. Fleischer et al. 1993, S. 270). Damit ist es – ebenso wie bei der Antithese – u.a. möglich, Widersprüchliches bzw. Gegensätzliches zu verdeutlichen und einprägsam zu gestalten (vgl. Ueding/Steinbrink 2005, S. 309). Hier zeigt sich natürlich bereits, dass solche Figuren der Umstellung, die ein Entgegensetzen fordern, ein besonderes Potential für die divergente Gestaltung von Texten mitbringen, wie später für einzelne Handlungsmuster genauer zu zeigen sein wird.

Ein **Parallelismus** entsteht aus der parallelen Anordnung gleichrangiger syntaktischer Glieder (z.B. *Doofe Idee: das Mebel. Messer plus Gabel in einem. Gute Idee: Der Plusbrief. Umschlag plus Marke in einem.*). Dreigliedrige Parallelismen enthalten häufig eine Klimax und können durch deren steigernde Wirkung der Hervorhebung dienen.

Die Umstellung der Wörter entgegen der üblichen syntaktischen Abfolge gilt als **Inversion** (vgl. Ueding/Steinbrink 2005, S. 307). Hierzu gehört beispielsweise die für bestimmte Textsorten der Presse typische **markierte Thematisierung**, bei der der Informationskern des Satzes die Äußerung eröffnet (vgl. Fleischer et al. 1993, S. 291) und somit zur Ausdrucksverstärkung beiträgt.

Im Falle von **Prolepsen** wird das Referenzobjekt nach vorne gezogen (vgl. Eroms 2008a, S. 191). Es handelt sich um eine spezielle Form der Wiederaufnahme mit einer Isolierung eines Satzteils am Satzanfang, wobei der auf diesen Satzteil bezogene Nebensatz mit Hilfe eines Pronomens oder Adverbs angeschlossen wird (vgl. Fleischer et al. 1993, S. 283). Einer solchen Vorwegnahme oder Linksverschiebung steht die Rechtsverschiebung gegenüber, bei der eine abweichende Nachstellung betonter Äußerungsteile erfolgt (vgl. Kap. 3.5.2.3).

EROMS (vgl. 2008a, S. 188f.) ordnet den Stilfiguren im weiteren Sinne auch phonetische Stilistika zu und nennt hier vor allem die Stabreim- und die Endreimtechnik, die eine Wiederholung auf einer den Wortbereich übergreifenden Ebene bewirken. Von besonderer Bedeutung für die stilistische Gestaltung kommunikationspolitischer Textsorten ist der Stabreim (Alliteration), d.h. die Wiederholung bzw. der Gleichklang der Anlaute von Silben, die den Hauptton tragen. Demgegenüber tritt der Endreim, der vor allem in lyrischen Texten mehr oder weniger erwartet wird, in deutlich geringerer Frequenz auf (z.B. *Ich trink' Ouzo. Was machst du so?*). In mnemotechnischer Hinsicht basiert der Vorteil der Endreimtechnik auf dem Wiederholungseffekt des Reims, während es bei Alliterationen wohl eher um die Klammer geht, die gebildet wird, um in der Regel zentrale Aspekte eines Sachverhalts in oft stark verkürzter und eindringlicher Form miteinander zu verbinden.

3.6.4 Figuren des Ersatzes

Unter **Tropen** werden im weitesten Sinne übertragene Ausdrücke verstanden, die anstelle der direkten, eigentlichen Formulierung verwendet werden. Die einfachste Form des Tropus liegt vor, wenn ein „semantisch nicht identisches Wort an die Stelle des verbum proprium [im Original kursiv gedruckt] gesetzt wird" (Ueding/Steinbrink 2005, S. 288) und somit die Übertragung auf einer Ähnlichkeit basiert, die in einem einzigen Wort enthalten ist. Zu den Tropen zählen aber auch Erscheinungen, bei denen mehrere Wörter für ein einziges Wort oder eine Wortgruppe gesetzt werden, weshalb es mitunter schwierig ist, Figuren von Tropen zu unterscheiden. So kann beispielsweise die Ironie einerseits den Satz- und Gedankenfiguren, andererseits den Tropen zugeordnet werden (vgl. Ueding/Steinbrink 2005, S. 288), ebenso wie die Antithese gleichsam Bestandteil der Wortfiguren und der Gedankenfiguren ist. Da eine präzise, an engen Kriterien gemessene Klassifikation für eine pragmatisch orientierte Untersuchung der Unternehmenskommunikation kaum von Belang ist, werden die einzelnen Erscheinungen (um Wiederholungen zu vermeiden) hier innerhalb der Zusammenhänge genannt, in denen sie für kommunikationspolitische Aktivitäten relevant sind. So tritt z.B. Ironie eher als Art der Gedankenführung bezogen auf einen größeren Textabschnitt als als Tropus auf und wird deshalb in Zusammenhang mit den Gedankenfiguren/Sinnfiguren behandelt.

Die klassische Rhetorik nennt zahlreiche Verfahren (z.B. Klangmalerei, Synonymie, Allegorie), die auf Substitution der eigentlichen Ausdrücke durch unübliche, ungewöhnliche Benennungen basieren. Abhängig vom Typ des ersetzenden, uneigentlichen Ausdrucks nimmt MICHEL (vgl. 1983, S. 467 ff.) eine Untergliederung vor, die traditionelle Klassifikationen bewusst vereinfacht und modifiziert. So wird bei den Tropen zunächst zwischen Umschrei-

bung und Übertragung unterschieden, je nachdem, ob durch die Art des ersetzenden Ausdrucks innerhalb der Begriffssphäre des ersetzten Ausdrucks geblieben wird (Umschreibung), oder ob die Begriffsebene deutlich gewechselt wird, indem die Art des tropischen Ersatzausdrucks außerhalb der Begriffssphäre des ersetzten Ausdrucks gewählt wird (Übertragung).
Bei Umschreibungen ist wiederum zwischen expliziter und impliziter Merkmalshervorhebung zu unterscheiden. Im Falle der **Emphase** erfolgt die Merkmalshervorhebung ohne zusätzliche sprachliche Mittel durch eine im Kontext angezeigte bedeutungsvolle Herausstellung des Elements, das als Tropus fungiert, im Geschriebenen beispielsweise durch graphische Kennzeichnung wie Fettdruck oder Anführungszeichen oder durch nachdrückliche Wiederholung (vgl. Fleischer et al. 1993, S. 251), wodurch die im Wort implizit gegebenen Merkmale aktualisiert werden (vgl. Michel 1983, S. 468). Die **Periphrase** ist eine umschreibende Ausdrucksweise, die mit Hilfe von mehreren Wörtern oder zumindest durch zusätzliche sprachliche Mittel (z.B. Zusammensetzung) zur Hervorhebung eines kommunikativ wichtigen Merkmals dient. Periphrasen eröffnen die Möglichkeit, negative oder in stilistischer Hinsicht unpassende Ausdrücke zu vermeiden. Sie werden vor allem dann notwendig, wenn die eigentliche Benennung fehlt. Sehr geläufig ist die Umschreibung als Definition von Begriffen oder Wörtern sowie die Verwendung usualisierter Periphrasen, deren Denotatsbezug bekannt ist. Stilistisch relevant werden Periphrasen besonders dann, wenn sie innovativ, möglicherweise sogar einmalig sind und zu einer neuen Sicht des Gegenstands bzw. Sachverhalts führen sollen (vgl. Fleischer et al. 1993, S. 251), oder auch – wenn keine Notwendigkeit für ihren Gebrauch besteht – hauptsächlich der Ausschmückung (vgl. Ueding/Steinbrink 2005, S. 290) bzw. der Ausdrucksvariation dienen sollen, wobei i.d.R. Überschneidungen festzustellen sind, z.B.:

> *Wir haben diese Tradition etwas variiert und statt bunten Eiern* ***einen sizilianischen Roten*** *im Osternest für sie versteckt...: Pasqua* ***Nero d'Avola****. Schon seit 10 Jahren erfreut* ***dieser reinsortige, würzige Wein*** *alle Freunde ursprünglicher, einheimischer Sorten... Initiator* ***des sonnenverwöhnten Sizilianers*** *ist die Familie Pasqua ...*

Weitere Arten der Umschreibung, die der Periphrase teilweise nebengeordnet, teilweise untergeordnet werden, sind die Antonomasie, die Synekdoche, die Litotes und die Hyperbel. Unter **Antonomasie** wird die Umschreibung eines Eigennamens verstanden, bei der statt diesem ein charakteristischer Gattungsname, ein bezeichnendes Epitheton oder eine kennzeichnende Umschreibung gesetzt wird (z.B. *Ritter von der traurigen Gestalt* (Don Quijote), vgl. Ueding/Steinbrink 2005, S. 291).

Die **Synekdoche** bezeichnet den Austausch eines Wortes mit weiterer Bedeutung (Oberbegriff) gegen ein Wort mit engerer Bedeutung (Unterbegriff) und umgekehrt (z.B. *BMW* statt *Auto* oder *Wagen*, vgl. Eroms 2008a, S. 184). Ebenso wie das Allgemeine für das Spezielle, kann auch ein Teil für das Ganze (Pars pro toto) oder das Nachfolgende für das Vorausgehende, z.B. der Rohstoff für das fertige Produkt gesetzt werden oder umgekehrt.

Im Falle der **Litotes** erfolgt der Ersatz einer Übertreibung oder eines positiven Ausdrucks durch die Negation des Gegenteils, wodurch eine Ausdrucksverstärkung (z.B. *Nichts ist unmöglich. Toyota*) oder auch der Eindruck von Understatement erzielt werden können. Im Gegensatz dazu basiert die **Hyperbel** auf einer bewussten Übertreibung, deren oftmals emotionale Wirkung vor allem durch vergleichende oder metaphorische Erhöhung oder Erniedrigung zustande kommt (vgl. Ueding/Steinbrink 2005, S. 294). Obwohl die Kennzeichnung des **Euphemismus** als Tropus nicht unproblematisch ist, soll er hier zu den Ersatzfiguren gezählt werden. Die Funktion von Euphemismen besteht darin, unangenehme, tabuisierte, negative etc. Sachverhalte durch die Ausdruckswahl aufzubessern, abzuschwächen oder zu verhüllen (vgl. Michel 1983, S. 469).

Ein Grundtyp der Übertragung ist die **Metapher**. Metaphern entstehen aus einer Analogie, die mit dem was damit verwandt ist, in Korrelation gebracht werden muss (vgl. Aristoteles, Rhetorik 3, 4, 4). Der metaphorische Prozess basiert auf Ähnlichkeitsbeziehungen bzw. auf der Aktivierung gemeinsamer Bedeutungsmerkmale (Seme) zwischen „Bildspender“ und „Bildempfänger“. Dementsprechend enthält er drei Bestandteile: den eigentlichen Ausdruck, der durch das Bild veranschaulicht werden soll; der veranschaulichende, also bildliche Ausdruck sowie der Vergleichspunkt beider, in dem eigentlicher Ausdruck und Bild übereinstimmen und der ihre Ähnlichkeit erst hervorbringt (vgl. Ueding/Steinbrink 2005, S. 296). Die metaphorische Ausdrucksweise gilt als sehr wirkungsvoll, weil sie nicht nur – wie der Vergleich – einen „Gegenstand mit einer anschaulichen Vorstellung verbindet, sondern diesen in jene überführt: aus etwas Totem etwas Lebendiges macht, Mineralisches verwandelt oder das Unbelebte verlebendigt“ (Ueding 1991, S. 69). Hier zeigt sich bereits auf der Mikroebene das Potential einer kreativen, auf divergenten Denkoperationen basierenden stilistischen Gestaltung, worauf später noch genauer eingegangen wird. Obwohl sowohl der Vergleich als auch die Metapher auf bestimmten Denkkonventionen beruhen und auch dem Vergleich bis zu einem gewissen Grade divergente Denkoperationen zugrunde liegen, so scheint klar, dass die metaphorische Ausdrucksweise in höherem Maße aus divergenten/kreativen Leistungen resultiert und vor allem anders als beim Vergleich deren Auflösung – hier die Identifizierung des Verbindenden, der Ähnlichkeit, des Tertium comparationis – nicht explizit macht. An der Metapher zeigt sich außerdem, dass es – wie MICHEL (vgl. 1983, S. 465) betont – für die Bestimmung dessen, was als Stilfigur zu interpretieren ist, ganz entscheidend ist, ob ein Ausdruck lexikalisiert, d.h. systemhaft ist und schon bei der lexikalischen oder grammatischen Beschreibung des Sprachsystems erfasst wurde. Derartig lexikalisierte Metaphern verfügen natürlich nicht über dasselbe stilistische Potential wie okkasionelle Metaphern und können somit im engeren Sinne nicht den Stilfiguren zugeordnet werden, zu deren Wesensmerkmalen der mehr oder minder auffällige, ausdrucksverstärkende (expressive) Charakter gehört (vgl. Michel 1983, S. 465).

Als Sonderformen der Metapher sollen hier die Personifikation und die Synästhesie genannt werden. Bei der **Personifikation** erfolgt eine Belebung von Gegenständen, Stoffen usw., indem spezifisch menschliche Eigenschaften auf Nichtmenschliches übertragen werden. Im Falle der **Synästhesie** werden Benennungen von Eindrücken verschiedener Sinnesorgane miteinander kombiniert, wobei eine Übertragung dadurch erfolgt, dass von mehreren Ebenen einer Sinnessphäre ein Element ausgetauscht und durch eine Benennung aus dem Feld einer anderen Sinnesempfindung ersetzt wird (z.B. *schreiende Farben, der Klang der Bilder*).

Ein weiterer Grundtyp der Übertragung ist die **Metonymie**, bei der der Ersatz der Benennung aufgrund von Sachzusammenhängen zwischen zwei Erscheinungen erfolgt. Die Beziehungen, aufgrund derer metonymische Verschiebungen möglich sind, können sehr vielfältig sein: z.B. Ursache – Wirkung, Behälter – Inhalt, Person – zugehörige Tätigkeit, Besitzer – Besitz, Bewohner – Ort. Dabei nimmt der metonymische Begriff vom eigentlichen Begriff aus gesehen, die Stelle eines Attributs oder einer adverbialen Bestimmung ein (vgl. Ueding/Steinbrink 2005, S. 295). In funktionaler Hinsicht kann die Metonymie einerseits der Verfremdung, Zuspitzung, Ausdrucksvariation und Ausdrucksverstärkung dienen, andererseits ist sie beispielsweise in der Form des Subjektschubs eher als Wirkungsfaktor der Versachlichung und der Sprachökonomie anzusehen (z.B. *Das Buch gibt einen Überblick...*, vgl. Fleischer et al. 1993, S. 254f.).

3.6.5 Gedankenfiguren

Die Gedankenfiguren sind Formen der Gedankenführung, die Sätze oder größere Textabschnitte betreffen. In den einschlägigen Lehrbüchern zur Stilistik werden sie in der Regel als Klasse nicht erfasst, sondern nur einzelne von ihnen in Zusammenhang mit den Wortfiguren genannt. Demgegenüber soll den Gedankenfiguren hier deutlich mehr Aufmerksamkeit geschenkt werden, weil sie – ursprünglich für die Gestaltung von Reden konzipiert – einen wichtigen Teil dessen beschreiben, was heute für zahlreiche Textsorten der Unternehmenskommunikation wichtig ist: „Die Gedankenfiguren arbeiten mit List [...], vermindern den Überdruß und wirken auf die Affekte [...]; sie setzen Lichtpunkte in die gedankliche Abwicklung der Rede“ (Quintilian IX, 1, 20 und 1, 21, Cicero: De oratore. 3, 136 und 201 zitiert nach Ueding/Steinbrink 2005, S. 311).

Ebenso wie einfache und komplexe stilistische Handlungsmuster beschreiben Gedankenfiguren divergente/kreative Denkprozesse, die grundlegend für bestimmte stilistische Handlungsmuster sein oder zu ihrer konkreten Realisierung beitragen können. Schon in der antiken Rhetorik wurden der Umfang und die Grenze der Gedankenfiguren kontrovers diskutiert. So kritisiert Quintilian vor allem Cicero, der den Gedankenfiguren die lichtvolle Erläuterung (illustris explanatio), die vorläufige Aufstellung und Ankündigung (propositio) und die bündige Schlussfolgerung (rationis apta conclusio) zuordnet (vgl. Cicero: De oratore. 3, 202 und 203 zitiert nach Ueding/Steinbrink 2005, S. 310) und damit Erscheinungen subsumiert habe, ohne die fast keine sprachliche Darlegung verstanden werden könne (vgl. Quintilian IX, 1, 25 ff. zitiert nach Ueding/Steinbrink2005, S. 310). Außerdem sollen die Affekte selbst, die von einigen Theoretikern in die Gedankenfiguren einbezogen werden, nicht als Gedankenfiguren aufgefasst werden. Vielmehr gehörten zu den Gedankenfiguren nur die geplanten, gespielten, künstlichen Affekte und die figürlich amplifizierten Affekte, echte Affekte seien keine Mittel der Kunst (vgl. Quintilian IX, 1, 24 zitiert nach Ueding/Steinbrink 2005, S. 310).

Die Gedankenfiguren sind von den Wortfiguren insofern abzugrenzen, als dass „man die Figuren des Ausdrucks zerstört, wenn man die Worte ändert, während die des Gedankens bestehen bleiben, welcher Worte man sich auch bedient“ (Cicero: De oratore. 3, 200). Das bedeutet, dass die semantische Tiefenstruktur auf eine sprachlich stets zu identifizierende Weise erhalten bleibt, so ist eine rhetorische Frage auch bei ständig wechselndem Ausdruck erkennbar, weil sie ihm ihre Struktur einprägt. Die Identifizierung wird häufig dadurch erleichtert, dass mit Hilfe der Ausdrucksfiguren eine der Struktur der Gedankenfigur entsprechende stilistische Formung erreicht werden kann und von der Rhetorik empfohlen wird (vgl. Ueding/Steinbrink 2005, S. 309f.). Für die Gedankenfiguren gibt es zahlreiche Klassifizierungsmöglichkeiten wie beispielsweise nach bestimmten kommunikativen Absichten oder der formalen Struktur (Veränderung der Satzordnung oder Satzart usw.). Im Folgenden sollen ohne Berücksichtigung der diversen Einteilungsarten diejenigen Gedankenfiguren kurz vorgestellt werden, die für kommunikationspolitische Zwecke besonders relevant sein können:

Hierzu gehört zunächst die **rhetorische Frage**, auf die der Sender keine Antwort erwartet, sondern sie benutzt, um eine Aufforderung oder Aussage auf besonders eindringliche und emotionale Weise zu transportieren. Rhetorische Fragen können nach MEIBAUER (1986) als indirekte assertive Sprechakte analysiert werden, weil die sekundäre, die wörtlich ausgedrückte Illokution eine Frage ist, die primäre, eigentlich gemeinte Illokution aber eine Behauptung[36].

---

[36] Searle (1982) bezeichnet die wörtlich ausgedrückte Illokution als sekundäre Illokution und die gemeinte Illokution als primäre.

Der Empfänger wird damit auf eine andere Weise an der Interaktion beteiligt, als wenn der Sender gleich die direkte Assertion vollziehen würde, wobei sich die argumentative Kraft dadurch entfaltet, dass der Empfänger zunächst erschließen muss, was der Sender schon weiß (vgl. Meibauer 2001, S. 107ff.). Mit der Verwendung rhetorischer Fragen ist in der Unternehmenskommunikation häufig ein fingiertes Frage-und-Antwort-Spiel (subiectio) verbunden, in dem der Sender vorgebliche, selbst gestellte Fragen und Einwände auch selber beantwortet (vgl. Vögele 2005), was durch den fiktiven Dialog mit einem vorgestellten Gesprächspartner auch zur Belebung eines Textes beitragen kann (vgl. Ueding/Steinbrink 2005, S. 311f.). Ebenso wie die Gedankenfigur der subiectio der persuasiven Rede überhaupt zugrunde liegt, denn „jede Rede, die von einer Fragestellung (im Sinne eines Konflikts zwischen zwei Parteien) ausgeht, durchläuft in ihrem Aufbau und ihrer Entwicklung eine Folge von Begründungsformen (status), die auf das Frage-und-Antwort-Spiel zurückgeführt werden können, aus dem sie sich ergeben“ (Ueding/Steinbrink 2005, S. 313), kann von einer umfassenden Bedeutung der subiectio für jede persuasiv angelegte Textsorte ausgegangen werden.

Mit den Gedankenfiguren sind in der Regel spezifische kommunikative Absichten verbunden, die neben emotionaler Stimulierung vor allem in der Erläuterung und Detaillierung eines Themas bestehen können. Als eine der wichtigsten Formen der Veranschaulichung gilt dabei der **Vergleich** (similitudo), bei dem neben einen meist abstrakten Sachverhalt ein überzeugendes Bild gestellt wird. Beim Vergleich müssen ebenso wie bei der Metapher Sachverhalt und Bild einen Vergleichspunkt (tertium comparationis) gemeinsam haben. Die Leistung von Vergleichen besteht vor allem darin, einen in direkt sachlicher Form nur umständlich und aufwendig beschreibbaren Vorgang oder Sachverhalt sinnfällig und leicht erfassbar darzustellen, indem er ihn mit einer konkreten Situation, einem ohne Schwierigkeiten zugänglichen oder im üblichen Erfahrungswissen präsenten Wirklichkeitszusammenhang assoziiert (vgl. Ueding 1991, S. 72). Vergleiche verfügen somit auch über ein besonders hohes didaktisches Potential.

Das **Beispiel** (exemplum) wird in der Rhetorik meistens in Zusammenhang mit Beweisen und Argumenten genannt, es handelt sich um einen (der Rede) zugefügten, veranschaulichenden Beleg. Die Funktion des Beispiels beschränkt sich jedoch nicht nur auf die des Beweisens und Belegens, sondern es kann auch eine schmückende, unterhaltende und emotionale Wirkung haben, weil es einen schwer zugänglichen, spröden oder abstrakten Sachverhalt an einem einsichtigen, anschaulichen, möglicherweise allgemein bekannten Fall erleuchtet (vgl. Ueding 1991, S. 74f.). Während in der klassischen Rhetorik das historische Exempel als sehr autoritätshaltig gilt und deshalb häufig Verwendung findet, sind für die Unternehmenskommunikation vor allem aktuelle Beispiele von Bedeutung. Ihre Glaubwürdigkeit ist sehr groß, insbesondere dann, wenn sie allgemein bekannt sind oder nachgewiesen werden können.

Eines der wirkungsvollsten Mittel, die Glaubwürdigkeit einer Sache oder einer Person in Zweifel zu ziehen, stellt die **Ironie** (ironia) dar. Hier verstellt sich der Redner und zwischen seinem Wissen bzw. seiner Meinung und seinen Äußerungen wird eine Diskrepanz ahnbar oder sogar sichtbar. Im Gegensatz zur dissimulatio, bei der das eigene Wissen verheimlicht und Nichtwissen simuliert wird (sokratische Ironie), also einer eher passiven Form von Ironie, geht es bei der **simulatio** darum, dass der Redner dem Adressaten dessen Meinung als die eigene vortäuscht. Das heißt, er versucht, den Gesprächspartner oder Redegegner zu entwaffnen, indem er vorgibt, mit ihm übereinzustimmen (vgl. Ueding/Steinbrink 2005, S. 317). Bei beiden Arten von Ironie geht es letztlich nicht nur um den rhetorischen Sieg über den Gegner, sondern auch um den psychologischen, wobei die simultatio stärker auf Publikumswirksamkeit ausgerichtet ist und als offenkundiger, schärfer und aggressiver gilt.

Die Formen der Verstellung, Ironie, können sowohl die Glaubwürdigkeit von Personen als auch die von Sachen erschüttern. Dabei ist wichtig, dass dem Adressaten Hinweise gegeben werden, die ihn vor dem bloß einsinnigen Verständnis bewahren und die Doppeldeutigkeit, die ironische Qualität der betreffenden Wendung erkennen lassen (vgl. Ueding/Steinbrink 2005, S. 317f.). Für die mündliche Rede stehen hier zahlreiche audiovisuelle Signale wie Aussprache, Mimik, Gestik oder Körperhaltung zur Verfügung. Bei der schriftlichen Rede können entsprechende Signale z.B. durch den Kontext gegeben werden, der „die Verkehrung des Sinngehalts verdeutlicht, durch Übertreibung oder andere unerwartete stilistische Überformung (abrupter Wechsel der

Stillage), überhaupt durch bewusste aptum-Verletzung [erster Bestandteil im Original kursiv], Unlogik oder die Montage des Unvereinbaren“ (Ueding/Steinbrink 2005, S. 318).
Für die Kommunikationspolitik ist vor allem die ironische simulatio von Bedeutung, die auch in ihrer speziellen, bewusst überzogenen Form als amplificatio auftreten kann. Ebenso wie sie im klassischen Falle von Reden der Widerlegung des Gegners bzw. der Gegenpartei dient und deren Glaubwürdigkeit verringern soll, wird sie in der Unternehmenskommunikation in der Regel eingesetzt, um dem Image der Konkurrenz und ihren Produkten zu schaden bzw. eine Meinungsbildung oder Einstellungsänderung im Sinne der eigenen Marktpositionierung zu erreichen. Neben den o.g. kontextuellen Signalen wird Doppeldeutigkeit dabei auch häufig durch besondere Text-Bild-Kombinationen angezeigt (z.B. BMW-Kampagne „Transporter“: Hier wird die Aussage *Auch ein Mercedes kann Fahrfreude bringen.* mit der Abbildung eines Autotransporters der Marke Mercedes-Benz kombiniert, der Neuwagen des Autoherstellers BMW geladen hat (vgl. Jung/v. Matt 2000, S. 72).
Bei der **Personenevokation** (sermocinatio, fictio personae) werden historische oder erdichtete Personen in die Rede eingeführt. Dabei kann sich die Darstellung als Äußerung anwesender oder abwesender Personen abspielen, auch im Augenblick erfundene oder aus der Literatur entnommene Personen können zitiert werden. Für die Herstellung einer glaubwürdigen Evokation von Personen ist es erforderlich, sie so lebhaft vor Augen zu stellen, dass die Adressaten ihnen und nicht dem Autor zu folgen scheinen (vgl. Ueding 1991, S. 77).
Ein der Personenevokation sehr ähnliches Muster entsteht in der Unternehmenskommunikation durch die Integration von Testimonials. Dabei geht es ebenso wie in der klassischen Rhetorik darum, durch die Wiedergabe von Aussprüchen oder Gesprächen bestimmter Personen, die wahr oder fingiert sein können, glaubhafter zu erscheinen oder Authentizität zu suggerieren.
Die Gedankenfiguren der Vergrößerung, Steigerung, Ausfüllung (amplificatio) und der Verkleinerung, Abschwächung (minutio) werden in der Rhetorik oft zusammen abgehandelt, weil sie dieselben Verfahren und Mittel erfordern. So geht es im ersten Fall darum, einen Sachverhalt in seiner ganzen Fülle darzustellen, seine Bedeutung nachdrücklich herauszustellen, sogar überdeutlich

zu machen, im zweiten werden umgekehrt nur wenige, geringfügige Aspekte genannt, wichtige Details vernachlässigt und durch die Beschäftigung mit Randerscheinungen die Dimension einer Problemstellung oder Sache verringert (vgl. Ueding 1991, S. 78).
Eine **Vergrößerung** besteht also darin, auf die positiven Eigenschaften eines Sachverhalts einzugehen und alle wichtigen Argumente auszuschmücken und hervorzuheben. Dies kann durch einen erhöhenden Vergleich, durch eine Häufung verschiedenster Attribute, Bezeichnungen oder Namen erfolgen oder durch eine Folge sich überbietender Gedanken auf die Spitze getrieben werden.
Die Amplifikation kann als das grundlegende Verfahren der Rhetorik schlechthin aufgefasst werden, in allen Redeteilen hat sie ihren Platz (vgl. Ueding 1991, S. 78). Aufgrund ihrer verstärkenden Wirkung stellt sie ein generelles Verfahren innerhalb der Kommunikationspolitik von Unternehmen dar, das – wie im Folgenden gezeigt werden soll – durch zahlreiche stilistische Muster realisiert bzw. gestützt werden kann.

3.7 Stilistische Handlungsmuster

In der Stilistik und Textlinguistik besteht seit langem Übereinstimmung darin, dass es für die stilistische Charakteristik eines Textes nicht ausreicht, lediglich einzelne Stilelemente oder Stilfiguren aufzuzählen, denn der Stil in seiner Ganzheit bedeutet eben mehr als die Summe seiner Elemente. Deshalb ist es sowohl im Hinblick auf die Textproduktion als auch auf die Textrezeption äußerst wichtig, diejenigen Merkmale der Stilqualität zu beschreiben, die für einen Text oder eine Textsorte charakteristisch sind (vgl. Michel 1983, S. 478). Es geht um die stilistischen Besonderheiten, die sich aus dem Zusammenwirken und dem Relationsgefüge der einzelnen sprachlichen Mittel ergeben, um erwartbare Muster und Elemente, die einen Stilwert in der Darstellungsart abgeben.
Um dieses Relationsgefüge der einzelnen sprachlichen Elemente interpretieren und klassifizieren zu können, ist es unbedingt erforderlich, den Anteil an divergenten und konvergenten Denkoperationen als ein Kriterium zugrunde zu legen. Denn wie sich an den Texttypen ‚Gedicht‘ und ‚Brief‘ zeigen lässt,

können diese durchaus in ihrer Funktion übereinstimmen (z.B. Liebeserklärung), sich hinsichtlich der stilistischen Gestaltung jedoch erheblich voneinander unterscheiden[37], was (zum großen Teil) auf den unterschiedlichen Anteil divergenter und konvergenter Operationen zurückzuführen ist.

Die Frage der Klassifikation von stilistischen Merkmalen ist aufs engste mit der Klassifikation von Stilen überhaupt verbunden. Bezogen auf das Kriterium der Divergenz bzw. Konvergenz ist zunächst ganz allgemein davon auszugehen, dass eine auf divergenten Operationen basierende Gestaltung den Stil eines Textes / einer Textsorte exzeptioneller werden lässt und eine konvergente Ausführung zu konventionellen, eher prosaischen Stil- bzw. Textformen führt.
Nun scheint gerade bei einer divergenten Gestaltung, die einen originellen und kreativen Sprachgebrauch generiert, eine strenge Klassifikation aller denkbaren Stilelemente kaum möglich. Jedoch liegen auch hier bestimmte Muster zugrunde, anhand derer eine Einteilung von komplexeren stilistischen Erscheinungsformen möglich ist. Im Folgenden sollen solche Muster, die nicht an ein einzelnes sprachliches Mittel gebunden sind, sondern durch verschiedenartige sprachliche Mittel realisiert werden können, aufgedeckt werden, indem das Invariante, das sich Wiederholende, das Wesen der stilistischen Erscheinungsform beschrieben wird.
Ebenso wie die Beschreibung von Figuren für die Rhetorik immer schon eine besondere Rolle gespielt hat und diese häufig auch für die Stilistik als geradezu wichtigste Erscheinungsform sprachlicher Mittel angesehen worden sind, wird hier davon ausgegangen, dass die auf divergenten Denkoperationen basierenden stilistischen Muster, die sich teilweise mit den klassischen Figuren überlagern oder sie nutzen, das Profil eines Textes oder ganzer Textsorten auf besondere Weise prägen können. Sie bergen ein außerordentlich großes Potential in sich, Stilwerte zu erzeugen und andere Stilelemente innerhalb des Mermalbündels zu dominieren. Solche immer wiederkehrenden stilistischen Muster finden sich in vielen Bereichen unserer Sprache, können jedoch gera-

---

[37] Den Problemen der Systematisierung und Deskription sowie dem stilistischen Aspekt von Textsorten widmet sich detailliert das vierte Kapitel.

de für weite Teile der Unternehmenskommunikation als charakteristisch angesehen werden, weshalb im Folgenden der Versuch unternommen werden soll, diese zu beschreiben und zu klassifizieren.

3.7.1 Zum Begriff

Der Begriff des ‚textstilistischen Handlungsmusters' geht auf SANDIG zurück, die zwischen „allgemeinen textstilistischen Handlungstypen und Verfahren", „generellen textstilistischen Mustern" und „komplexen stilistischen Handlungsmustern" unterscheidet und diese als Ausdruck von unterschiedlichen Aspekten produktiver und rezeptiver stilistischer Kompetenz bewertet (vgl. Sandig 2006, S. 147). SANDIG betrachtet stilistische Handlungsmuster als Vorgaben für stilistische Textherstellungshandlungen unterschiedlichen Allgemeinheitsgrades und unterschiedlicher Komplexität, womit sie auch „Textherstellungshandlungen" (vgl. Antos 1982) wie z.B. ‚Fortführen' (nach Püschel 2000, S. 483ff.) meint, bei dem weiter zu differenzieren sei „zwischen ausdrucksseitigem FORTFÜHREN, das zu „stilistischer Kohäsion" führt […] und inhaltsseitigem FORTFÜHREN, das zu „stilistischer Kohärenz führt" (Sandig 2006, S. 151, [Großschreibung und Anführungszeichen im Original]). Die damit einhergehende Vermischung von allgemeinen Textualitätskriterien bzw. „Textmerkmalen" (vgl. Sandig 2006, S. 309–485) und in unterschiedlichem Maße und auf unterschiedliche Weise auffälligen stilistischen Mitteln scheint gerade im Hinblick auf den Aspekt der stilistischen Kompetenz ungünstig.[38]

Mit der weiteren Differenzierung zwischen stilistischen Verfahren und generellen stilistischen Mustern versucht SANDIG zudem bestimmte formale Merkmale, die im Text verschiedene Funktionen ausüben können, „mit denen also nicht bereits im Rahmen der Stilkompetenz eine begrenzte Bandbreite von Funktionen oder gar eine einzige Funktion verbunden ist" (Sandig 2006, S. 152) – hierzu zählt sie etwa das ‚Abweichen' –, von anderen eher formalen

[38] Die Begriffe ‚stilistische Kohäsion' und ‚stilistische Kohärenz' werden hier in einem abgewandelten Sinn für die Beschreibung von bestimmten Textsortenstilen nutzbar gemacht (s.u.).

Mustern (generelle) abzugrenzen, deren konkrete Ausgestaltung ebenfalls als relativ offen anzusehen ist:

> „Generelle textstilistische Muster sind solche, die nicht für sich bereits einen Untertyp stilistischen Sinns nahelegen wie z.B. EMOTIONALISIEREN im Funktionstyp des Einstellungsausdrucks. Vielmehr sind die hier zu beschreibenden Muster mehr formaler Art: Sie sind variabel einsetzbar und legen einen bestimmten (Unter-)Typ von stilistischem Sinn nur in einem bestimmten Kontext nahe.
> Es gibt Textmuster, deren Ausgestaltung durch Teil-Handlungen relativ offen ist, wie z.B. Werbetexte, Feuilletontexte, Glossen [...] oder literarische Texte. Besonders bei diesen sind generelle Muster der Handlungsdurchführung nützlich: Sie sind sozusagen Vorgaben für kreatives Schreiben." (Sandig 2006, S. 175f., [Hervorhebung im Original])

Zu den Mustern dieser Art gehören bei SANDIG (vgl. 2006, S. 176) auch generelle Textherstellungsmuster wie z.B. Anfangs- und Endmarkierung, sofern sie stilistisch einsetzbar sind, d.h. gewählt werden können oder eben auch nicht. Beide, die ‚allgemeinen stilistischen Verfahren' und die ‚generellen textstilistischen Muster' können dann offenbar in ‚komplexe stilistische Handlungsmuster' eingehen, „bei denen auch auf komplexe Einheiten und Muster, nicht nur auf einfache Elemente und Verfahren zurückgegriffen wird" (Sandig 2006, S. 248). Als Beispiele für solche ‚komplexen stilistischen Handlungsmuster' nennt sie u.a. ‚Verständlich machen', ‚Emotionalisieren' oder ‚Bewerten', bei denen allein schon durch die Bezeichnung klar wird, dass damit letztlich versucht werden soll, Möglichkeiten der Textgestaltung aufzulisten, die besonders gut im Dienste eines bestimmten Kommunikationsziels stehen können.
Im Vergleich dazu scheint es in systematischer Hinsicht vielversprechender, bei der Beschreibung von stilistischen Handlungsmustern konsequent von formalen Aspekten auszugehen. Das heißt, es wird zunächst von der sprachlichen Form eines Musters ausgegangen und dann versucht, die jeweiligen Funktionen innerhalb verschiedener Kontexte zu ermitteln. Mitunter wird zu prüfen sein, inwiefern (in seltenen Fällen) eine bestimmte Form eine eindeutige Funktionszuweisung erlaubt. Sehr allgemeine Verfahren wie beispielsweise das Abweichen von der usuellen Gestaltung, das SANDIG (vgl. 2006,

S. 153ff.) zu den allgemeinen stilistischen Verfahren zählt, sollen hier als Ausdruck der Anwendung offener Denkprinzipien (z.B. Herstellen ungewöhnlicher Verbindungen, spontane Einfälle/Assoziationen zulassen; vgl. Kap. 2) angesehen werden. Sie bilden in der Regel die Voraussetzung für die Herstellung divergenter stilistischer Handlungsmuster.

Als Handlungsmuster werden diejenigen Techniken verstanden, die zwar in funktionaler Hinsicht mehr oder minder stark an bestimmte Kommunikationsbereiche und Textsorten gebunden sind, prinzipiell jedoch vielfältig verwendbar sind und ihre spezielle Funktion (und Interpretation) jeweils erst im Kontext, also der konkreten Handlung erhalten, wobei etwa auch das stilistische Potential der verwendeten Wörter u.Ä. eine besondere Rolle spielt. Das heißt, dass durch ein und dasselbe Muster verschiedene Funktionen zum Tragen kommen können. Als stilistisch sind Muster dieser Art deshalb zu betrachten, weil sie gewählt werden können oder auch nicht, sie also grundsätzlich in Relation zu bestimmten Alternativen stehen. SANDIG (vgl. 2006, S. 176) weist zudem darauf hin, dass aus einer spezifischen Konfiguration solcher textstilistischen Muster wiederum andere Textmuster entstehen können.

3.7.2 Natürlichkeit

Stilistische Handlungsmuster können als Ausdruck unterschiedlicher Aspekte von produktiver und rezeptiver stilistischer Kompetenz angesehen werden, weshalb es sinnvoll scheint, an dieser Stelle auf die Natürlichkeitsdiskussion einzugehen, einen Ansatz, der die Sprecher mit ihren produktiven und rezeptiven Fähigkeiten in den Vordergrund stellt. Dabei geht es im Wesentlichen darum, was für den Sprecher besser oder schlechter ist, was weniger oder mehr markiert ist.

Die Konzepte der Markiertheit und Natürlichkeit fanden zunächst in der Phonologie und der Morphologie Anwendung (vgl. Dressler 1980, Mayerthaler 1981, Wurzel 1984). Auf die Stilistik hat den Ansatz AUER (1989) übertragen, der eine semiotische Analyse von Stilen auf der Natürlichkeitsdimension versucht. Ausgehend von der PEIRCESCHEN Zeichentheorie und den semiotischen Phänomenen ‚icons', ‚indices' und ‚symbols' entwickelt er einen auf die Stilanalyse zugeschnittenen Natürlichkeitsansatz. Dabei versteht er die Dimension Natürlichkeit vs. kulturelle Überformtheit so, dass „auf ihrem kulturell überformten Pol sprachspezifische, der jeweiligen historischen Entwicklung geschuldete Zeichen stehen, während auf ihrem natürlichen Pol wiederum eine Verzweigung in natürlich-ikonische und natürlich-indexalische Zeichen vorzunehmen ist“ (Auer 1989, S. 32). Ikonizität basiert auf Ähnlichkeit, darin besteht die zeichenkonstitutive Beziehung zwischen Zeichengestalt und abgebildetem Gegenstand. Demgegenüber setzt Indexikalität als Konstituens eines Zeichens Kontiguität zwischen Zeichen und bezeichnetem Gegenstand voraus, wobei diese Kontiguitätsbeziehung zwischen den sprachlichen Zeichen, d.h. auf endophorische Art, oder zwischen dem sprachlichen Zeichen und seinem nicht sprachlichen Kontext (Situation, Hintergrundwissen), d.h. auf exophorische, pragmatische Weise, bestehen kann (vgl. Auer 1989, S. 32f.).

Es kann demnach also unterschieden werden zwischen ikonischen Zeichenbildungsverfahren und indexalischen Zeichenbildungsverfahren, die beide als natürlich angesehen werden, und drittens symbolischen Zeichenbildungsverfahren, die konventionalisiert bzw. mehr oder weniger grammatikalisiert sind. Aus der Perspektive der Zeichenerkennung gilt das ikonische Zeichenbildungsverfahren als das einfachste, weil es aufgrund einer Qualität des Zeichens funktioniert, die dieses dem bezeichneten Objekt ähnlich macht. Demgegenüber ist dieses Verfahren für den Zeichenproduzenten schwieriger, denn er muss dafür sorgen, dass das von ihm produzierte Zeichen dem intendierten Gegenstand ähnlich ist. Das indexalische Zeichenbildungsverfahren fordert hingegen den Rezipienten des Zeichens, da dieses als Zeichen nur funktionsfähig ist, wenn es an ein Objekt gebunden ist. So kann der Rezipient das indexalische Zeichen nur dann verstehen, wenn er den Kontext, also die Kontiguitätsbeziehung zum Objekt, nachvollzieht. Die Aufgabe des Zeichenproduzenten scheint demgegenüber weniger anspruchsvoll zu sein. Er muss die Aufmerksamkeit des Rezipienten auf ein Objekt richten, dabei aber weder die Gestalt des Zeichens noch des zu bezeichnenden Objektes berücksichtigen (vgl. Auer 1989, S. 33). Das bedeutet, beide Zeichenbildungsverfahren folgen zwar natürlichen Prinzipien, sie arbeiten jedoch dem Produzenten und dem Rezipienten auf unterschiedliche Weise zu: „Indexikalität erleichtert meist die Sache des Sprechers, Ikonizität die des Rezipienten; umgekehrt geht abnehmende Indexikalität zulasten des Sprechers, abnehmende Ikonizität zulasten des Rezipienten“ (Auer 1989, S. 33). Das heißt, was sprecherseitig erleichtert, kann für die Rezipienten eine Erschwernis bedeuten und zu Natürlichkeitskonflikten führen (s.u.).

Als Beispiel für die aus symbolischen, ikonischen und indexalischen Aspekten resultierende Dreiteilung nennt AUER (vgl. 1989, S. 34) die Herstellung von Textkohärenz, für die im Deutschen u.a. die Mittel der Wiederholung und der Pronominalisierung zur Verfügung stehen. Der Einsatz der beiden Mittel ist teilweise grammatikalisiert (also konventionalisiert und damit symbolisch), in anderen Fällen besteht die Möglichkeit der Auswahl eines der beiden Mittel, womit die Entscheidung zwischen Pronominalisierung und Wiederholung zum stilistischen Phänomen wird. Beide Verfahren beruhen auf natürlichen Prinzipien, wobei die Wiederholung ikonisch ist: Sie macht die Dekodierung für den Rezipienten leichter, belastet aber den Produzenten, indem sie umständlich und in der Regel länger ist. Die Pronominalisierung ist hingegen indexikalisch, sie entlastet den Produzenten (z.B. artikulatorisch), belastet jedoch den Rezipienten mir der Aufgabe, die korrekte Vorgängerstruktur zu identifizieren, auf die sich das Pronomen bezieht (vgl. Auer 1989, S. 34).

Die Relation zwischen Konventionalisierung, Indexikalisierung und Ikonisierung stellt natürlich ein großes Potential für die Beschreibung von Stil dar, denn viele Stile lassen sich mehr oder weniger nah an einem der drei Pole verorten (vgl. Auer 1989, S. 48). Problematisch für eine Stilbeschreibung unter Natürlichkeitsaspekten ist die Tatsache, dass es neben zahlreichen Natürlichkeitsparallelen häufig auch zu Natürlichkeitskonflikten kommt. So sind zwar auf allen Ebenen der Sprachstruktur und Sprachbeschreibung vergleichbare Spannungen zwischen natürlichen Tendenzen einerseits und konventionalisierten Strukturen andererseits zu verzeichnen, sie zeigen jedoch innerhalb der einzelnen Äußerung nicht immer in dieselbe Richtung. So kann etwas, was artikulatorisch natürlicher ist, morphologisch betrachtet weniger natürlich sein, weil es nicht mehr durchsichtig in seiner Struktur ist (z.B. die Aussprache von *eigentlich*, vgl. Sandig 2006, S. 186f.). Das heißt, sprachliche Formen können nicht zugleich ein Maximum an morphologischer und phonologischer Natürlichkeit realisieren, weil jeder der beiden Typen sich (von Ausnahmen abgesehen) immer nur auf Kosten des jeweils anderen durchsetzen kann (vgl. Mayerthaler 1981, Wurzel 1994).

Zudem sind die Natürlichkeitsprinzipien für die einzelnen Ebenen der Sprachstruktur bisher unterschiedlich tiefgründig erforscht bzw. bisher nicht für alle Ebenen die Markiertheitsbedingungen genau definiert. Eine ausgearbeitete Theorie der Natürlichkeit gibt es – neben dem Bereich der Phonologie – vor allem für die Morphologie. Hier hat zunächst JAKOBSON ausgehend von Pierce' Zeichentheorie gezeigt, dass die Morphologie der natürlichen Sprachen voll von Motivationserscheinungen ist, die er als „diagrammatischen Ikonismus" („diagrammatic iconicity") bezeichnet. Dazu zählt er Erscheinungen wie morphosemantische Transparenz/Uniformität, konstruktionellen Ikonismus und Serialisierungsikonismus, die er als konstitutiv für die Morphologie und Syntax der natürlichen Sprachen ansieht. Dementsprechend werden diagrammatisch-ikonische Zeichen von den Sprachen favorisiert, während sie dazu tendieren, nicht diagrammatisch-ikonische Zeichen zu vermeiden, womit impliziert wird, dass ikonische morphologische Formen in den natürlichen Sprachen stärker verbreitet sind als nichtikonische (vgl. Jakobson 1971, zitiert nach Wurzel 1994, S. 29). MAYERTHALER (1981) geht von den Beobachtungen aus, dass nicht alle morphologischen Strukturen in natürlichen Sprachen gleichermaßen verbreitet sind, ebenso wie nicht alle morphologischen Strukturen von Kindern zur gleichen Zeit erworben werden, nicht gleichermaßen vom Sprachwandel affiziert werden, nicht in derselben Weise von Sprachstörungen in Mitleidenschaft gezogen werden und genauso leicht dekodierbar sind. Danach definiert er einen morphologischen Prozess bzw. eine morphologische Struktur als natürlich, „wenn er/sie a) weit verbreitet ist und/oder b) relativ früh erworben wird und/oder c) gegenüber Sprachwandel relativ resistent ist oder durch Sprachwandel häufig entsteht etc" (Mayerthaler 1981, S. 2). Dabei wird der Natürlichkeit umgekehrt proportional die Markiertheit zugeordnet, d.h., eine morphologische Erscheinung ist umso weniger markiert, je natürlicher sie ist und umgekehrt (vgl. Wurzel 1994, S. 30). Ausgehend von der Funktion der Morphologie, morphologische Kategorien (Flexions- und Wortbildungskategorien) formal zu repräsentieren, unterscheidet MAYERTHALER drei Typen von Markiertheit: die semantische Kategorienmarkiertheit, die Symbolisierungsmarkiertheit und die abgeleitete Markiertheit für symbolisierte Kategorien. In stilistischer Hinsicht relevant können vor allem bestimmte Aspekte der beiden erstgenannten Typen sein.

Die semantische Kategorienmarkiertheit ergibt sich daraus, inwiefern morphologische Kategorien prototypische Sprechereigenschaften widerspiegeln (vgl. Wurzel 1994, S. 31). Sie geht dabei vom menschlichen Wahrnehmungssystem aus und charakterisiert als semantisch unmarkierte / weniger markierte Kategorien diejenigen, die prototypische Sprechereigenschaften spiegeln. Daraus werden Markiertheitsbeziehungen zwischen den Kategorien abgeleitet, so „ist z.B. das Subjekt semantisch weniger markiert als das Objekt, Belebtheit als Nichtbelebtheit, die 1. Person als die anderen Personen, das Präsens als die nichtpräsentischen Tempora, der Indikativ als die nichtindikativischen Modi, der Singular als der Plural usw." (Wurzel 1994, S. 31).

Die Symbolisierungsmarkiertheit basiert auf dem Konzept der optimalen Symbolisierung. Dabei nimmt MAYERTHALER an, dass eine Symbolisierung optimal, d.h. maximal natürlich ist, wenn sie konstruktionell ikonisch, uniform und transparent ist. Konstruktioneller Ikonismus liegt dann vor, wenn die markierte Kategorie durch ein Mehr an formalen Mitteln gegenüber der weniger markierten symbolisiert wird. Daraus lässt sich eine Hierarchie des Ikonismus ableiten, die von ‚maximal ikonisch' (konstruktioneller Ikonismus und additive Symbolisierung z.B. engl. *boy* – Plural *boys*) über u.a. ‚minimal ikonisch' (konstruktioneller Ikonismus und modulatorische Symbolisierung z.B. engl. *goose* – Plural *geese*) bis hin zu kontra-ikonisch (inverse Ausprägung des konstruktionellen Ikonismus z.B. *Elternteil* – Plural *Eltern*) reicht (vgl. Wurzel 1994, S. 31f.). Durch das Prinzip der Uniformität wird die Symbolisierung eines Paradigmas als ‚uniform' bestimmt, wenn sie gemäß ‚one function – one form' organisiert ist (z.B. das Paradigma von *amicus* im klassischen Latein). Das Prinzip der Transparenz besagt, dass ein Paradigma dann als ‚transparent' zu bezeichnen ist, wenn es sich durch monofunktionale Operationen konstituiert bzw. nur monofunktionale Flexive/Derivative aufweist (vgl. Mayerthaler 1981, S. 35). Diese Prinzipien der semantischen Kategorienmarkiertheit und der Symbolisierungsmarkiertheit können insofern auf die stilistische Beschreibung angewendet werden, als beispielsweise die Verwendung des Präsens weniger markiert ist als die des Präteritums oder Perfekts, die Bezeichnung einer Person mit *wir* (anstelle des singularischen *ich*) nicht natürlich ist, sondern markiert und insofern auch stilistisch wirksam, ebenso wie der Höflichkeitsplural *Sie* oder der Konjunktiv (vgl. Sandig 2006, S. 188 und Kap. 3.5.2.1).

AUER (vgl. 1989, S. 42) weist daraufhin, dass es auch in der Morphologie nicht nur natürliche Ikonisierung, sondern auch natürliche Indexikalisierung gibt. Dabei betrifft etwa endophorische Indexikalität in der Morphologie (auf der Schwelle zur Syntax) die Beziehungen, die mit morphologischen Mitteln zwischen den Wörtern hergestellt werden (z.B. Kongruenz durch Genus) oder (an der Schwelle zur Phonologie) die Reihenfolge, mit der sich die morphologischen Affixe an die Wurzel anschließen. Exophorisch indexikalisch sind demgegenüber nicht-transparente derivative und kompositionelle Bildungen, weil sie vom Weltwissen der Benutzer abhängig sind (vgl. auch Krieg 2005). Die semantische Ambiguität solcher Bildungen kann nur durch den unmittelbaren Kontext aufgelöst werden, „sie verweisen also aus der sprachlichen Struktur in den Wissenshintergrund oder auf das sprachliche Umfeld“ (Auer 1989, S. 42). Zur Natürlichkeit gehören auch rhythmische Phänomene wie der Wechsel zwischen hervorgehobenen und nicht hervorgehobenen (Primär- und Sekundärakzent tragenden) Silben. Dabei bildet eine natürliche rhythmische Gliederung die „semantische und prosodische Struktur aufeinander ab; die rhythmische Gruppenbildung entspricht der semantischen, und die stärksten phonetischen Hervorhebungen fallen auf die Akzentsilben der semantisch zentralen Wörter im Fokus der Äußerung“ (Auer 1989, S. 36). Ein solcher Ikonismus seitens des Sprechers erleichtert in der Regel dem Rezipienten das Zuhören erheblich. Häufig beruht auch die Eingängigkeit von Sprichwörtern oder Slogans darauf, dass sie in mehrfacher Weise natürlich sind, dass sie Natürlichkeitsparallelen aufweisen (vgl. Sandig 2006, S. 190), weshalb auch gerade die Analyse von divergenten Handlungsmustern unter Einbeziehung von Natürlichkeitskriterien sinnvoll scheint.

Obwohl es für den Versuch einer umfassenden stilistischen Analyse unter dem Natürlichkeitsaspekt zunächst notwendig wäre, für jede Ebene der Sprachbeschreibung die Markiertheitsbedingungen zu definieren, jedoch gerade für den Bereich der Syntax und Textkonstitution bisher keine explizite Natürlichkeitstheorie gibt, fasst Sandig (vgl. 2006, S. 191ff.) zentrale Natürlichkeitsprinzipien zusammen, für die sie bestimmte ‚Sequenzmuster‘ formuliert, die als musterhafte Vorgaben für die Sprachverwendung in Texten zu verstehen sind. Diese Sequenzmuster, die Texte ‚natürlich' machen, unterteilt sie in vier Gruppen:

(1) ‚auf das Wahrnehmungssystem bezogen',
(2) ‚der Wahrnehmung des thematisierten Gegenstandes folgend',
(3) ‚wie ein Gegenstand wahrgenommen werden soll'
(4) ‚die Sequenzmuster Figur – Grund und Grund – Figur'.

Zur Gruppe (1) gehören Muster, die auf der Grundlage der o.g. „Ich-vor-allem-Regel" (vgl. Ross 1980[39]) gebildet werden. Hierzu zählt u.a. die Abfolge ‚erst positiv dann negativ', der phraseologisch verfestigte Sequenzen wie *recht und schlecht, pro und kontra* entsprechen, oder auch die Reihenfolge von Teilhandlungen in Pro-und-Kontra-Texten oder In-und-Out-Angaben. Das Muster ‚vom Bekannten zum Neuen' entspricht der generellen Tendenz in der deutschen Wortstellung Themaelemente vor Rhemaelemente zu stellen, Pronomina vor Nominalgruppen etc.

Beim Prinzip ‚von oben nach unten' wird davon ausgegangen, dass der Kopf als Zentrum der Wahrnehmung ‚oben' ist und sich dadurch eine ‚natürliche' Reihenfolge ‚von oben nach unten' bei der Themensequenzierung ergibt. Dies lässt sich wiederum durch phraseologisch verfestigte Formen wie *von Kopf bis Fuß* oder *jemanden von oben bis unten mustern* zeigen oder auch durch den Ausdruck *drunter und drüber*, der durch die Perversion der ‚natürlichen' Reihenfolge eben gerade die Unordnung zum Ausdruck bringen soll. Auf ähnliche Weise funktioniert das Muster ‚von vorne nach hinten', das etwa für Bildbeschreibungen typisch ist (erst Vordergrund, dann Hintergrund) und mit der gestaltpsychologisch relevanten Abfolge ‚Figur-Grund' Gemeinsamkeiten aufweist.

---

39 Für phraseologische Verfestigungen von Wortfolgen gilt nach Ross (vgl. 1980, S. 48) die „Ich-vor-allem-Regel", nach der u.a. ‚Ausdrücke für Nähe vor Ausdrücken für Distanz' stehen (z.B. *ich und du* mit der als ‚höflich' markierten Umkehrung *du und ich*), Ausdrücke für Erwachsene vor Ausdrücken für Nichterwachsene (z.B. *Vater und Sohn, Mutter und Kind*), Ausdrücke für männliche Lebewesen vor Ausdrücken für weibliche Lebewesen (z.B. *Adam und Eva, Brüdern und Schwestern* wiederum mit der nichtnatürlichen, markierten Form als Höflichkeitsform: *Meine Damen und Herren! Liebe Wählerinnen und Wähler!* Vgl. Sandig 2006, S. 188).

Schließlich ist hinsichtlich der Sequenzmuster, die auf das Wahrnehmungszentrum bezogen sind, noch zu erwähnen, dass gerade innerhalb der externen Unternehmenskommunikation die Themenentfaltung häufig vom Wahrnehmungszentrum aus erfolgt (zur damit häufig verbundenen Funktion der Emotionalisierung s.u.), z.B.:

(Eine Hommage an die Sinne. Der neue Volvo C70. Alles, was den Menschen bewegt. [...])
***Sehen**. Der neue Volvo C70. Design für tausend Augen-Blicke.*
***Spüren**. Der neue Volvo C70. Geborgenheit im sichersten Cabrio seiner Klasse.*
***Erleben**. Der neue Volvo C70. Fahrvergnügen und Handling für den Weg zum Glücklichsein.*

Eine weitere Reihe von Sequenzmustern zieht das Prinzip (2) ‚der Wahrnehmung des thematisierten Gegenstandes folgend' nach sich (vgl. Sandig 2006, S. 193). Hierzu gehören zeitliche Abfolgen, die der Ordo naturalis nach dargestellt werden (z.B. bisher – jetzt, früher – heute) und auch räumliche Sequenzen, mit denen der Leser von einem Ort zum anderen ‚geführt' wird und ihm gezeigt wird, wohin er schauen soll. Charakteristisch ist auch, dass am Beginn solcher Texte häufig Adverbien stehen.
Als weiteres Sequenzierungsmuster der zweiten Gruppe ist ‚von außen nach innen' zu nennen (z.B. erfolgt die Präsentation eines Fahrzeuges im Produktkatalog in der Regel vom äußeren Design ausgehend zu Details der inneren Ausstattung). Dabei zeigen sich mitunter auch Überschneidungen mit der Abfolge ‚vom Ganzen zu den Teilen', zu der Muster wie z.B. ‚Klasse – Teilklasse' oder ‚Thema – Teilthema' zu rechnen sind. Hierhin gehören auch die von VAN DIJK (1977) genannte Reihenfolge ‚vom Allgemeinen zum Besonderen' wie etwa ‚Menge – Untermenge – Elemente' (vgl. Sandig 2006, S. 196). Wird gegen diese Muster verstoßen bzw. die Abfolge umgekehrt ist dies insofern stilistisch wirksam, als dass die entsprechende Äußerung ein erhöhtes stilistisches Potential hat und beispielsweise zu Hervorhebungen genutzt werden kann, z.B.: *Wer sich für einen **Mercedes** entscheidet, kauft viel mehr als ein **Auto**.*

In die dritte Gruppe und damit dem Prinzip ‚wie etwas wahrgenommen werden soll' ordnet SANDIG (vgl. 2006, S. 197) bestimmte Muster ein, die durch Sequenzierung im Text geprägt werden. So kann beispielsweise die ‚soziale Hierarchie' sequenzierend abgebildet werden (z.B. *Herr Ministerpräsident, Herr Minister, meine Damen und Herren, liebe Freunde*...)[40]. Dieses Muster steht im Gegensatz zur Ich-vor-allem-Regel, da hier das ‚Nächste' an den Schluss gestellt wird. Ein damit verwandtes Prinzip ist ‚das Wichtigste zuerst', diesem wird etwa in Zeitungstexten durch die Schlagzeilenbildung sowie durch graphisch besonders hervorgehobene Lead-Texte entsprochen. Im Bereich der Syntax werden solche Sequenzierungsmuster durch Linksversetzung, Spitzenstellung des Rhemaelements vor dem finiten Verb usw. ermöglicht (s.o. Kap. 3.5.2.3), wodurch auch mehrere Rhemaelemente getrennt voneinander in einem Satz stehen können (vgl. Sandig 2006, S. 198).

Als weiteres Muster natürlicher Handlungsdurchführung nennt SANDIG (vgl. 2006, S. 199ff.) ‚das Wichtigere mit dem größeren Sprachaufwand', das in der gesprochenen Sprache durch wechselnde Lautstärken und Akzente oder besondere Rhythmisierungen seinen Ausdruck finden kann. In der schriftlichen Kommunikation werden dafür Hervorhebungen im Schriftbild bzw. graphische Mittel wie besondere Schriftgrößen, Versalien, Fettdruck, Sperrungen usw. genutzt. Daneben besteht im lexikalischen Bereich mitunter die Möglichkeit, eine längere und „gewichtigere" Wortform zu wählen. Dies gilt etwa für (partielle) Synonyme (z.B. *Limousine* anstelle von *Auto*) oder die bereits in Zusammenhang mit rhythmischen Aspekten genannten Varianten (z.B. *Auto – Automobil*; *nie – niemals*, vgl. Kap. 3.5.3), mit denen dem Prinzip ‚*mehr Ton – mehr Bedeutung*' entsprochen werden kann. Syntaktisch erfolgt dieses schrittweise „Wichtigermachen" laut SANDIG häufig durch Koordinationen, die „zum thematischen Hochstufen" (Sandig 2006, S. 200) außerordentlich geeignet sind. Besondere Bedeutung hat dieses Muster innerhalb der Gestaltung einer Klimax (siehe Kap. 3.6). Bei der Stilfigur ‚Klimax' ist es unbedingt notwendig, steigende Wichtigkeit ‚natürlich' mit steigendem Sprachaufwand darzustellen. Als beispielhaft ist dafür der Slogan *Gut. Besser. Paulaner.* an-

---

[40] Das Beispiel zeigt außerdem, dass entsprechend der Regel ‚mehr Ton, mehr Bedeutung' der Grad der Wichtigkeit durch die jeweilige Menge an Sprachmaterial ikonisch abgebildet wird (*Ministerpräsident – Minister*; vgl. Sandig 2006, S. 197)

zusehen, bei dem proportional zur inhaltlichen „Steigerung“ die Silbenanzahl steigt. Denn in der Klimax sollte sich idealer das inhaltliche „Wichtigermachen“ mit der Natürlichkeit des Rhythmus verbinden, die sich auch im „Gesetz der wachsenden Glieder“ ausdrückt (vgl. Behaghel 1932). Wird im Rahmen einer Klimax gegen das „Gesetz der wachsenden Glieder“ verstoßen, kann dies die Wirksamkeit der gesamten Aussage erheblich beeinträchtigen. Ein Beispiel dafür ist der Text eines Fernsehspots der Marke Hipp:

> *Das erste Wort muss nicht verständlich sein,*
> *der erste Schritt darf auch danebengehen,*
> *aber das erste Menu muss perfekt sein.*

Hier wird das „Gesetz der wachsenden Glieder“ verletzt, weil die Silbenanzahl jeweils ab dem finiten Verb nicht ansteigt, sondern zum Ende hin abnimmt und damit die gewünschte Steigerung vom *ersten Wort*, über den *ersten Schritt* bis hin zum *ersten Menu* nicht durch „mehr Ton“ gestützt wird. Darüber hinaus wirkt sich neben diesem Verstoß deutlich negativ auf die Gestaltung der Klimax aus, dass die Verbform *muss (...sein)* wiederholt wird und dadurch eher eine Rahmenstruktur, ein Reim o.Ä. entsteht, was der Steigerungsfunktion klar entgegensteht und dem letzten Glied der Dreierstruktur seine Wichtigkeit nimmt, weil dieses letzte Element eben dadurch keinen intensivierenden Ausdruck enthält. Auch große intonatorische Bemühungen können derartige strukturelle Schwächen nicht ausgleichen.

Die vierte Gruppe von Prinzipien, die zu einer ‚natürlichen‘ Textgestaltung beitragen, umfasst „generelle Sequenzmuster in der Abfolge von Figur und Grund, bezogen auf das Textthema, in der Themenhierarchie“ (Sandig 2006, S. 203). Erkennbar wird eine Gestalt vor einem Hintergrund, weshalb der Vergleich in diesem Zusammenhang eine besondere Rolle spielt. Im Vordergrund, als Figur, können bestimmte Wahrnehmungsinhalte stehen, die sich vom Erwartbaren, Unmarkierten abheben, wobei der Grund insofern Teil der Gestalt ist, als sich diese erst durch ihr Abheben von diesem neutralen Hintergrund konstituieren kann. Das bedeutet, beide sind interdependent, denn die unmarkierten oder wenig markierten Elemente gehören ebenso zum Stil wie

die markierten. Sequenzierungsmuster der Abfolge ‚Figur-Grund' integrieren häufig andere Muster wie ‚das Wichtigste zuerst' oder ‚das Wichtigste mit dem größeren Sprachaufwand'. Als Beispiel dafür, dass die Figur am Anfang mit mehr verbalem Aufwand realisiert wird, nennt SANDIG u.a.: *Bürger, die das Duale System und die gelbe Wert-Tonne nutzen, achten bewusster auf überflüssige Verpackungen als jene, die auf die Sammelgefäße des Dualen Systems verzichten.* Der intendierte Grund sei auch daran zu erkennen, dass „auf die Vergleichsgruppe mit einem Pronomen referiert wird, das im deiktischen System zum ‚Fernbereich' gehört: *jene, die* wird ‚in den Hintergrund verschoben'" (Sandig 2006, S. 204, [Hervorhebungen im Original]). In diesem Sinne stelle die Grund-Figur-Sequenz auch eine Möglichkeit des Kontrastierens dar.
Ein solches Figur-Grund-Verständnis scheint aufgrund der Nähe zu diversen Modellen der Syntax bzw. Topologie in methodischer Hinsicht ungünstig, weshalb im Folgenden unter einer ‚Figur' ein merkmalhaftes Stilelement vor dem Hintergrund einer neutralen Umgebung verstanden werden soll. Dies kann ein in einen Roman eingefügtes Gedicht ebenso sein, wie der Stil einer Textpassage nach einem Stilwechsel, mehrere gemischte unterscheidbare Stile oder schließlich ein ganzer Text in seiner Umgebung (vgl. dazu auch Sandig 2006, S. 73ff.). So wird etwa bei einem Stilwechsel der bisherige Stil zum (Hinter-) Grund, der neue Stil zur Figur, auch dann, wenn einer an sich als markiert und der andere als neutral einzustufen ist.

Zweifelsohne muss sich gerade ein Stil, der aus verschieden Gründen (z.B. Unterhaltung) ästhetisch aufgewertet wird, von einer rein den Sprecher oder den Rezipienten entlastenden Funktionalisierung lösen, indem er nichtikonische und nicht-indexikalische Strukturen verwendet, jedoch werden auch im Falle von ästhetischer Textgestaltung zahlreiche Elemente eingesetzt, die – wie bereits oben gezeigt – auf natürlichen Prinzipien beruhen. Das heißt, Natürlichkeit ist zwar einerseits eine wichtige Voraussetzung für Verständlichkeit, andererseits benötigen gute (stilisierte) Texte auch ein gewisses Maß an kognitiver Dissonanz, damit sich die Rezipienten intensiver mit ihnen auseinandersetzen, dabei „sind gewisse Natürlichkeitskonflikte eine gute Voraussetzung für stilistisch ‚interessante' Textgestaltung" (Sandig 2006, S. 204, [Hervorhebungen im Original]).

3.7.3 Zur Beschreibung divergenter stilistischer Handlungsmuster

3.7.3.1 Zum Divergenz-Kriterium innerhalb der Stilbeschreibung

Im Folgenden geht es um die Beschreibung von diversen stilistischen Mustern, denen – ähnlich wie bei VAN DIJK (vgl. 1980, S. 120ff.) – bestimmte Extra-Strukturen, als eine Form systematischen Abweichens, zugewiesen werden können. Jedoch soll hier im Gegensatz zum Modell von VAN DIJK (1980) nicht das Hinzufügen, Auslassen, Ersetzen usw. von Sprechakten im Vordergrund stehen, sondern das kreative Abweichen im Sinne der in Kapitel 2 eingeführten Denkstile. LINNEWEH (vgl. 1984) hat in Zusammenhang mit kreativen Problemlöseprozessen – und diesen können ohne weiteres große Bereiche der Unternehmenskommunikation zugeordnet werden – zwischen vier Denkstilen unterschieden: dem logischen, pragmatischen, kreativen und phantastischen Denkstil. Seine Unterscheidung basiert dabei auf dem jeweiligen Anteil von logisch-konvergenten und kreativ-divergenten Denkoperationen, die eine zentrale Rolle beim kreativen Denken spielen. Konvergente Denkprozesse sind dabei u.a. gekennzeichnet als eng und logisch, in systematischen Schritten verlaufend. Sie sind durch den großen Erfahrungshintergrund einer Sozialgemeinschaft geprägt, verbinden Naheliegendes und Traditionelles, was mit dem gegebenen Problem in irgendeiner Form in Beziehung steht und können somit bei ihrer Äußerung von den Rezipienten als sinntragend und stimmig nachvollzogen werden (vgl. hierzu ausführlicher Kap. 2.2). Im Vergleich dazu wird divergentes Denken als freies, ungeordnetes und phantastisches Denken charakterisiert, das nicht logisch nachvollziehbar ist. Im Rahmen der Äußerung von Ergebnissen divergenter Denkprozesse muss deshalb zunächst künstlich ein Bezugskontext geschaffen werden, um den bestehenden Wissens- und Erfahrungsstand des Rezipienten durch die fehlende Bezugsgröße zu ergänzen. Das bedeutet, divergentes Denken muss vor dem Hintergrund eines künstlich geschaffenen Bezugskontextes konvergent erscheinen, damit es die Rezipienten nachvollziehen und als sinntragend empfinden können.

Nun enthalten kreative Denkprozesse im Bereich des Marketings in der Regel beides, also konvergente, rationale Denkweisen und divergente, intuitive Denkweisen, weil beispielsweise eine ausschließlich offene, spielerische Denkweise zu nur ‚phantastischen' Denkprodukten (vgl. Linneweh 1984, S. 27) führen würde, deren Willkürlichkeit und fehlender Realitätsbezug für die Kodierung zweckgebundener Kommunikationsbotschaften nicht geeignet sind. Vielmehr eignen sich – neben dem ‚logischen' Denkstil, der nahezu ausschließlich auf konvergenten Denkoperationen basiert – für die Gestaltung von Kommunikationsformen der externen Unternehmenskommunikation vor allem der ‚pragmatische' und der ‚kreative' Denkstil. Während beim ‚kreativen' Denkstil die divergenten Gedankenoperationen gegenüber den konvergenten deutlich überwiegen, weil der ‚kreative' Denkende bei der Wahrnehmung und Durchdringung zu lösender Probleme bewusst eigene Akzente setzt, und somit die Ergebnisse ‚kreativer' Problemlösungen normalerweise überraschend und neuartig sind, dominieren beim ‚pragmatischen' Denkstil die konvergenten Denkoperationen. ZIELKE hat den ‚pragmatischen' Denkstil aufgrund des überwiegenden Anteils an konvergenten Denkprozessen als eine Variante des ‚logischen' Denkstils beschrieben, die sich demgegenüber durch wenige divergente Anteile abhebt. Diese divergenten Anteile können als Verfremdungen oder Umstrukturierungen verstanden werden, die das Erscheinungsbild eines auf logischen Denkoperationen gegründeten Ergebnisses eines Problemlöseprozesses kreativ akzentuierter und interessanter machen. Da ein logisch konzipiertes Kommunikationsmittel ‚pragmatisch' umstrukturiert, also kreativ verfremdet werden kann, bezeichnet er den ‚pragmatischen' Denkstil auch als einen auf dem ‚logischen' Denkstil basierenden „Korrekturdenkstil" (vgl. Zielke 1991, S. 144f., Kap. 2.2).

Von dieser durch ZIELKE in die Diskussion gebrachten Perspektive der Umstrukturierung, der Korrektur gehen die folgenden Überlegungen aus. Dabei soll es zunächst um die sprachlichen Manifestationen des ‚pragmatischen' Denkstils gehen, die sich – ebenso wie ZIELKE es für kreative Problemlösungen im Allgemeinen postuliert – als Verfremdungen, Umstrukturierungen oder eben kreative Korrekturen von logischen, konvergenten Denkoperationen verstehen lassen. Solche Verfremdungen, Umstrukturierungen oder kreative Korrekturen auf der sprachlichen Ebene verhalten sich im Wesentlichen analog zur oben beschriebenen Stilstruktur ‚Figur – Grund', das heißt, sie bilden den Wahrnehmungsinhalt, die Figur, während die anderen Teile mehr oder weniger im Hintergrund bleiben. Dabei prägen sie aufgrund ihrer besseren Wahrnehmbarkeit einerseits in hohem Maße den Stil eines Textes, andererseits bewirken sie – sozusagen in entgegengesetzter Reihenfolge (vgl. dagegen Linneweh 1984, S.24) – die Wahrnehmung des „Bezugskontextes". Das bedeutet, der Bezugskontext spiegelt auf der Ebene der sprachlichen Gestaltung konvergente Denkprozesse wider, während die Figur als sprachlicher Ausdruck von divergenten Denkoperationen anzusehen ist. Da diese divergenten Denkvorgänge in der Regel erst mit Hilfe des Bezugskontextes als konvergent erscheinen können, weil dieser den Erfahrungs- und Wissensbestand des Rezipienten um die fehlende Bezugsgröße erweitert, dienen sie der Aufmerksamkeitssteuerung (vgl. Krieg 2005), indem sie die Wahrnehmung der Rezipienten von der „divergenten" Figur zum „konvergenten" Grund lenken. Denn nur durch die Rezeption des Grundes, des Bezugskontextes kann die divergente Zuordnung als sinntragend empfunden und nachvollzogen werden. Nun sind freilich nicht alle Ergebnisse divergenter Denkoperationen im selben Maße von Bezugskontexten und anderen Möglichkeiten der Konvergenzherstellung abhängig, denn die Produkte kreativer Denkprozesse unterscheiden sich in ihrem Maß an Divergenz (und dies betrifft nicht nur den o.g. unterschiedlichen Anteil an konvergenten und divergenten Operationen). Doch bevor detaillierter auf die verschiedenen Grade von Divergenz eingegangen werden kann, muss zunächst versucht werden, die Begriffe ‚divergenter Denkstil' und ‚konvergenter Denkstil' auf die linguistische Stilanalyse zu übertragen.

Wird Stil aus einer linguistischen Perspektive betrachtet, so stellt er sich – wie oben bereits näher ausgeführt – grundsätzlich als Phänomen der Wahl dar. Zudem fordern moderne sprachwissenschaftliche Stildefinitionen mehrheitlich, Aussagen zum Stil nicht auf einzelne sprachliche Elemente, sondern immer auf den Text zu beziehen. Das bedeutet zum einen, dass ein Sprecher oder Schreiber mit der stilistisch bedingten Auswahl aus den Möglichkeiten des Sprachsystems eine (mehr oder minder bewusste) Entscheidung trifft, „die seine geplante kommunikative Handlung über ihr bloßes Angemessensein hinaus in besonderem Maße zum Gelingen führen soll“ (Eroms 2008a, S.23). Zum anderen bezieht sich Stil in diesem Sinne nicht auf ein einzelnes sprachliches Phänomen, sondern auf größere Komplexe, die in ihrem syntagmatischen Bezug nach bestimmten Prinzipien ausgewählt sind. Dies bedeutet jedoch nicht, dass nicht einzelne Elemente, bei kürzeren Texten sogar ein einziges Element den Stil entscheidend prägen bzw. das Merkmalbündel dominieren können, wie z.B. stark konnotierte oder stilschichtig geprägte Lexeme. Neben solchen besonders auffälligen Wörtern können vor allem spielerische, intendierte Abweichungen auf verschiedenen sprachlichen Ebenen die Ursache für eine besondere Stilprägung sein.

EROMS fasst den Charakter von Stil mit dem Bild der Janusköpfigkeit. Danach hat Stil „eine normbezogene, verbindliche Komponente, [...] aber auch eine individuelle, die Norm, die Vorgaben gerade überschreitende Bedeutung“ (Eroms 2008a, S. 24). Es geht also einerseits um das Einhalten von Normen, Mustern und Konventionen, andererseits um das Überschreiten von Normen, das Abweichen vom Erwarteten, die Abkehr vom Usuellen. Dabei werden Abweichungen vom Rezipienten – wenn er sie als intendierte Abweichungen erkennt – erfahrungsgemäß nicht als Störung empfunden, sondern besonders positiv bewertet.

Die Stilanalyse kann sich nicht auf die Bewertung sprachlicher Aussagen als normgemäß, erwartet und kollektiv bzw. andererseits abweichend, unerwartet und individuell beschränken, weil bestimmte Textsorten dies – gerade auch im Bereich der externen Unternehmenskommunikation – im Sinne einer ästhetischen bzw. unterhaltenden Gestaltung geradezu erfordern. Daraus ergibt sich wiederum, dass für bestimmte Textsorten, vor allem für bestimmte Teile von Textsorten – wie etwa Überschriften, Betreffzeile, Postskriptum – der Einsatz abweichender, nicht usueller stilistischer Mittel eben zumindest kollektiv erwartet, gebräuchlich und typisch ist und damit letztlich normgemäß, weil er der Erwartungsnorm entspricht.

An dieser Stelle soll mit der Übertragung der Begriffe ‚divergent‘ und ‚konvergent‘ aus dem Bereich der Kreativitätsforschung in die Stilanalyse versucht werden, eine Bezeichnungslücke zu schließen: Folglich werden als ‚konvergente‘ stilistische Strukturen diejenigen aufgefasst, die prototypischer Weise innerhalb von kohärenten, logisch aufeinander aufbauenden Textteilen vorkommen und damit den (Hinter-)Grund für andere Strukturen bilden (s.o.), die sich von diesem als Figur abheben können. Divergente Strukturen sind Resultate eines kreativen Umgangs mit Sprache, sie ergeben sich aus unüblichen Verknüpfungen von sprachlichen Mitteln, dazu gehören etwa auch Prozesse, die unter Bezeichnungen wie ‚Wortspiel', ‚Verfremdung', ‚Remotivierung' usw. bekannt sind. Ihnen entspricht im Vergleich zu konvergenten Strukturen entweder nur zum Teil ein Erfahrungswert in der Kommunikationsgemeinschaft oder eben überhaupt keiner. Letzteres ist der Fall bei okkasionellen Verbindungen (von zwei oder mehreren Ausdrücken), die ungeordnet und nicht logisch nachvollziehbar erscheinen. Zu erstgenannten gehören – als ähnliche Verfahren wie die Stilfiguren der Rhetorik – divergente Strukturen, die durch ihre mehr oder minder häufige Verwendung bereits über den Charakter eines Musters verfügen[41], mit dem die Mitglieder einer Sprachgemeinschaft bewusst oder unbewusst umzugehen gelernt haben. Die Musterhaftigkeit solcher divergenten Strukturen resultiert jedoch nicht allein aus ihrer häufigen Verwendung, sondern meistens auch daraus, dass es mit Hilfe eines sprachlichen oder auch bildlichen Kontextes in der Regel ohne weiteres möglich ist, die divergente Struktur aufzulösen und als logisch begründbar oder nachvollziehbar zu erkennen. Vielfach funktioniert dies auch ganz ohne Kontext, gerade in solchen Fällen, in denen es nur um den Zusatznutzen einer spielerischen, unterhaltenden Gestaltung geht, die durch die Wahl der sprachlichen Mittel gewährleistet werden soll.

Hinsichtlich der Faktoren, die bisher für die Analyse von Stilmerkmalen und die Beschreibung des Potentials einzelner sprachlicher Elemente herangezogen worden sind, wird davon ausgegangen, dass die oben näher beschriebene Dreiteilung (vgl. Kap. 3.1.3) beibehalten werden kann: Als neutrale Ausdrucksweisen sind demzufolge ausschließlich konvergente Strukturen anzusehen, weil sie in allen Texten und Textsorten beliebig vorkommen können. Divergente Strukturen oder auch divergente Muster bewirken in den Texten, in

---

[41] Das Musterkonzept beinhaltet nach Sandig Folgendes: „Muster sind wiederholt anwendbar, sie sind sozial eingespielt und typisiert, haben konventionelle und (bezogen auf eine Gemeinschaft) intersubjektive Geltung, sind damit auch historisch veränderlich, und man kann Fehler machen in Bezug auf das Muster, aber auch intentional davon abweichen" (Sandig 2006, S. 488).

denen sie zu erwarten sind und ihrer kommunikativen Funktion dienen, Stilwerte. In Texten, in denen sie nicht erwartet werden, jedoch ihre kommunikative Funktion unterstützen, führen sie zu Stileffekten.

Gerade zwischen etablierten divergenten Mustern und bestimmten konvergenten Strukturen, die sich zwar aus divergenten Mustern entwickelt haben, synchron unter bestimmten Bedingungen aber durchaus als konvergent anzusehen sind, kann es bei der Beschreibung der Randbereiche zu Überschneidungen kommen (z.B. mehr oder weniger lexikalisierte metaphorische Ausdrucksweisen, vgl. Kap. 3.6.4), weil eine scharfe Grenze zwischen Üblichem und Nichtüblichem eben nicht gezogen werden kann. Dies scheint jedoch eher ein methodisches Problem darzustellen als ein praktisches, da im konkreten Einzelfall in der Regel klar zu erkennen ist, ob die Struktur als divergent oder konvergent interpretiert und verstanden werden soll. Denn auch wenn hier davon ausgegangen wird, dass divergenten Strukturen normalerweise keine eindeutige Funktion zugewiesen werden kann, da sie ihre Funktion erst innerhalb des Kontextes und der konkreten Kommunikationssituation erhalten, so ist ein wichtiger Gesichtspunkt bei der Bestimmung von divergenten Strukturen und Mustern doch eine Gemeinsamkeit ihres Wesens auf funktionaler Ebene: Ebenso wie bei den Stilfiguren der Rhetorik (vgl. Michel 1983, S. 465) besteht eine allgemeine Funktion der Verwendung divergenter Strukturen in der Ausdrucksverstärkung, der Expressivität der aktuellen Äußerung. Diese Expressivität lässt sich (wiederum im Sinne von Figuriertheit) als graduell und qualitativ unterschiedlich ausfallende Kontrastivität zum vorgängigen und/oder nachfolgenden Text beschreiben.
Innerhalb der rhetorischen Tradition drückt sich die Differenzierung zwischen divergenten und konvergenten sprachlichen Strukturen beispielsweise in der Unterscheidung zwischen der Gedankenfigur ‚Vergleich' und der Ersatzfigur ‚Metapher' aus (vgl. Kap. 3.6.4 und 3.6.5): Zwar basieren beide, sowohl die Metapher als auch der Vergleich bis zu einem gewissen Grad auf kreativen, divergenten Denkoperationen, jedoch werden diese im Falle des Vergleich durch konvergente sprachliche Strukturen logisch begründbar und nachvollziehbar gemacht, während im Falle der (nicht bereits lexikalisierten) Metapher divergente Denkprozesse in divergenten Sprachstrukturen ihren Aus-

druck finden, weil hier die Identifizierung des Verbindenden, der Ähnlichkeit, des Tertium comparationis eben nicht explizit gemacht wird. Es ist das Verbindende neben x und y, das beim Vergleich ebenso wie die anderen beiden Größen sprachlich realisiert wird, während die Metapher diese Grundstruktur syntaktisch verkürzt und nicht alle Größen aufführt. Jedoch kann jede Metapher bei einer Auflösung des Textes in Ähnlichkeitsbeziehungen und damit auf einen Vergleich zurückgeführt werden, nur dadurch wird sie überhaupt kommunikationsfähig und für den Leser nachvollziehbar (vgl. Michel 1983, S. 471). Somit erscheint die Metapher auf der sprachlichen Ebene als deutlich kreativer und spielerischer, sie weist eher auf einen ‚pragmatischen' oder ‚kreativen' Denkstil hin. Unter Natürlichkeitsaspekten wäre eine Metapher als indexikalisch anzusehen, in dem Sinne, dass sie den Produzenten entlastet und dem Rezipienten die Aufgabe zukommen lässt, die divergente Struktur durch die fehlende Bezugsgröße zu ergänzen und damit die zunächst divergente Verknüpfung logisch nachvollziehbar zu machen. Zur Anwendung solcher Natürlichkeitsprinzipien ist in Bezug auf die Unternehmenskommunikation jedoch noch einmal grundsätzlich einschränkend zu bemerken, dass sich diese aufgrund ihrer Geplantheit und ihres ästhetischen Anspruchs im Gegensatz zu vielen spontanen Kommunikationsformen von den Notwendigkeiten der Sprechsituation löst, denn der Wert sprachlicher Formen ist hier nicht ausschließlich von der Effizienz der Informationsvermittlung abhängig.

3.7.3.2 Beschreibungsmethode und Untersuchungsdesign

Die Beschreibung der verschiedenen divergenten Muster soll vom konvergenten Bezugstext – falls ein solcher vorhanden ist – ausgehen, mitunter auch von einer möglichen Paraphrase. Durch ein solches Vorgehen ist es zum einen möglich, die verschiedenen offenen Denkprinzipien zu integrieren, die die Voraussetzung für divergente Denkstile bilden, und zum Teil auch die Beschreibung der divergenten stilistischen Handlungsmuster an deren Unterteilung zu orientieren. Zum anderen kann die Länge einer entsprechenden Paraphrase, mitunter auch die Art des sprachlichen oder bildlichen Kontextes als Kriterium für unterschiedliche Grade an Divergenz angesehen werden.

Der Klassifikation von divergenten stilistischen Handlungsmuster wird ein Korpus zu Grunde gelegt, das ca. 300 solcher divergenten Strukturen umfasst. Das untersuchte Material umfasst vor allem Kommunikationsmittel aus dem Bereich des Direct Marketings und der Mediawerbung (Print), die im Laufe der letzten zehn Jahre für interessierte Konsumenten im Allgemeinen frei zugänglich waren. Während sich die Ausführungen der vorangegangenen Kapitel auf eine Materialbasis beziehen, die – ebenfalls verteilt über einen Entstehungs- bzw. Veröffentlichungszeitraum von ca. zehn Jahren – kommunikationspolitische Aktivitäten aus den verschiedenen Wirtschaftssektoren enthält, also sowohl langlebige und kurzlebige Konsumgüter als auch Dienstleistungen und Investitionsgüter umfasst, und damit neben einer breiten Produktpalette (z.B. pharmazeutische Produkte, Genussmittel, Autos, Non-Profit-Leistungen, medizinisch-technische Geräte, Anlagen für die Zellstoff- und Papierherstellung, Finanzdienstleistungen) den Consumer-Bereich und den Business-to-Business-Bereich abdeckt, beschränkt sich die Untersuchung der divergenten stilistischen Muster nahezu ausschließlich auf das Segment der langlebigen Konsumgüter und den Privatkundenbereich. Im Zentrum stehen dabei kommunikationspolitische Maßnahmen für die Produkte von verschiedenen Automobilherstellern[42], die sich – wie eingangs bereits bemerkt – gerade deshalb so gut für eine sprachwissenschaftliche Analyse eignen, weil hier ganz offensichtlich der Stellenwert der Kommunikationspolitik sehr hoch ist. Dies resultiert aus den wechselseitigen Beziehungen zu anderen Instrumenten des Marketingmix: So spielen im Automobilbereich neben den üblichen funktionalen Beziehungen zwischen Kommunikations- und Produktpolitik (Information über Produktpalette usw.), vor allem die konditionalen funktionalen Beziehungen eine Rolle, denn eine wichtige Aufgabe der Kommunikationspolitik besteht bei diesen Produkten in der Regel darin, auf bestimmte nicht beobachtbare Produkteigenschaften (oft einen produktspezifischen Zusatznutzen) hinzuweisen, die für das Konsumentenverhalten im Sinne der Unterneh-

---

[42] Für die Analyse der divergenten Handlungsmuster wurden vor allem externe Kommunikationsaktivitäten der Hersteller BMW, Mercedes, Volvo, Volkswagen, Peugeot, Audi, Toyota, Dacia, Smart und Porsche herangezogen. Hinsichtlich der Zuordnung der einzelnen Kommunikationsformen zu bestimmten Marketinginstrumenten geht es dabei zum überwiegenden Teil um Direkt-Marketing-Aktivitäten, deutlich seltener um Mediawerbung.

mensziele wichtig sind. Zwar scheint das Kommunizieren von nicht beobachtbaren Produkteigenschaften prinzipiell für die meisten Produkte notwendig zu sein, die hoch komplexe Technologien enthalten, im Automobilsektor kommt hier jedoch nicht nur der Aspekt der Langlebigkeit, sondern vor allem auch der der Hochpreisigkeit hinzu. Letzteres betrifft z.B. auch Parallelbeziehungen zwischen Kommunikations- und Preispolitik, die sich u.a. darin äußern, dass der Aufwand der Kommunikationspolitik, der sich – wie später noch gezeigt wird – neben außersprachlichen Merkmalen (wie z.B. Papierqualität) auch an der Frequenz divergenter Muster nachweisen lässt, meist proportional zur Höhe der Produktpreise steigt. In jedem Fall ist davon auszugehen, dass der Produkterfolg im Automobilbereich in hohem Maße von der Leistungsfähigkeit der Kommunikation gesteuert wird. Anders als etwa im pharmazeutischen Bereich, in dem trotz der damit verbundenen hohen Kosten der Schwerpunkt auf dem Gespräch mit dem Referenten liegt, spielen hier neben dem persönlichen Verkaufsgespräch schriftliche Kommunikationsformen eine wichtige strategische Rolle. Dies resultiert vor allem aus der niedrigen Kaufhäufigkeit langlebiger Konsumgüter und dem mit der Kaufentscheidung verbundenem hohen Risiko. Die Kaufentscheidung hat in der Regel prozessualen Charakter und unterliegt insgesamt einer starken kognitiven Kontrolle. Damit verbunden sind eine starke kognitive Aktivierung bzw. die Bereitschaft, sich kognitiv und emotional mit der Entscheidung auseinanderzusetzen. Das gilt in besonderem Maße für die sog. Entscheidungsphase (vgl. Kap. 1.2.1), in der bewusst Informationen gesucht und gespeichert werden. Gerade für diese Phase eignen sich schriftliche Formen des Direct-Marketings wie Produktprospekte und Produktkataloge, während Aktivitäten der Mediawerbung eher geeignet sind, Impulse für das Auslösen der Wunschphase oder Sicherheit in der Bestätigungsphase zu geben.

Das Ziel der Untersuchung besteht nicht in einer quantitativen Analyse, sondern insbesondere darin, derzeit aktuelle, im untersuchten Material mehr oder minder häufig auftretende Muster offen zu legen und eine Möglichkeit aufzuzeigen, solche Muster zu beschreiben und zu klassifizieren. Damit soll außerdem der Versuch unternommen werden, derartige Strukturen bei der Charakterisierung von Stilen einzubeziehen, nicht zuletzt zu dem Zweck, die Beliebigkeit stilistischer Beschreibung – gerade in Bezug auf kreative und ästhetische Texte – zu verringern.

Natürlich sollte innerhalb der Unternehmenskommunikation die formale und/oder inhaltliche Austauschbarkeit der Botschaften unbedingt vermieden werden, denn nur so kann das vorrangige Ziel erreicht werden, nicht nur ein eigenständiges, konsistentes, sondern vor allem ein einzigartiges Bild von der Marke und dem beworbenen Produkt aufzubauen, um letztlich eine Unique Communication Proposition im Sinne eines strategischen Kommunikationsvorteils zu sichern (vgl. Kap. 1.1). Wird an dieser Stelle der Aspekt berücksichtigt, dass Stil in der Regel kollektive und individuelle Merkmale aufweist, so lassen sich große Teile der externen Unternehmenskommunikation eben in das Spannungsfeld zwischen diesen beiden Polen einordnen: Es geht zum einen darum, kollektiven (gesamtgesellschaftlichen) Trends zu folgen, um von einem möglichst großen Teil der Bevölkerung[43] akzeptiert und im besten Fall gut und zeitgemäß gefunden zu werden. Solche aktuelleren Trends äußern sich etwa in Gemeinsamkeiten der Interpunktion (z.B. Tendenz zum Zerschneiden vollständiger Sätze durch das Setzen eines Punktes: *In Zukunft wird Sie ein Stau nur noch Zeit kosten. Aber keine Nerven mehr.* oder Tendenz zum Dezimieren der starken Ausdruckswirkung von Aufforderungssätzen (vgl. Kap. 3.2.1) durch das Ersetzen des Ausrufezeichens durch einen Punkt: *Ziehen Sie Blicke auf sich.*), Gemeinsamkeiten der Wortwahl im Sinne von aktuellen Hochwertwörtern u.Ä. (z.B. *Leidenschaft: Seit über 80 Jahren Sicherheit aus Leidenschaft.* oder *Nachhaltigkeit: Nachhaltigkeit ist kein Begriff, sondern gelebte Tradition! Als dieses Buch geschrieben wurde, hat noch niemand über Nachhaltigkeit gesprochen. Wir haben sie bereits gelebt...*) bis hin zu besonders häufig auftretenden divergenten Mustern (z.B. Vereinfachen des produktspezifischen Zusatznutzens durch ein (oft semantisch übergeordnetes) Substantiv und einen relativischen Anschluss: z.B. *Reifen, die nicht platzen.*).

Zum anderen geht es um die eigene, unverwechselbare Note in der sprachlichen Gestaltung, und zwar eine solche, die ganz im Sinne des Konzeptes der

---

[43] Die Zielgruppenproblematik soll hier zunächst außer Acht gelassen werden. Der Zusammenhang von Zielgruppenansprache und Stil wird an anderer Stelle Berücksichtigung finden (vgl. Kap. 5).

Integrierten Kommunikation nicht beliebig oder punktuell erfolgt, sondern eine Konstante erkennen lässt, die das Unternehmen / die Marke deutlich von anderen Wettbewerbern unterscheidet.

3.7.4 Typen divergenter stilistischer Muster

Es scheint nur zwei Ansatzpunkte zu geben, den großen und sich stetig wandelnden Bereich der divergenten Stilelemente formal in ein „System" zu bringen:

- **den Strukturtyp, die syntaktische Form der divergenten Konstruktion,**
- **die lexikalische Ausfüllung der divergenten Struktur.**

Anhand dieser beiden Parameter lassen sich divergente Strukturen insofern systematisch beschreiben, als sie entweder in syntaktischer oder lexikalischer Hinsicht von konvergenten Strukturen, die für kohärente Texte typisch sind, abweichen, oft auch beides oder in mehrerlei Hinsicht. Lexikalisches Abweichen im Sinne von figurativer Gestaltung lässt sich dabei natürlich nur am sprachlichen und situativen Kontext messen.

3.7.4.1 Satzverkürzung

Bereits die oberflächliche Betrachtung von konvergenten und divergenten sprachlichen Strukturen zeigt, dass divergente Muster im Vergleich zu konvergenten Strukturen häufig kürzer sind. Diese Kürze ist Ausdruck einer fehlenden Explizitheit, die wiederum oft als notwendige Basis für divergente, kreative Zuordnungen anzusehen ist. In diesem Zusammenhang ist unter stilistischer Perspektive gerade das Auftreten von Reduktionsformen von großer Bedeutung. Es betrifft neben bestimmten Satzbauplänen, die die Maximalzahl möglicher Aktanten nicht ausnutzen, vor allem die Ellipsenbildung bzw. Satzverkürzungen und Satzfragmente.
Die Reduktion von Aktanten ist nach EROMS (vgl. 2008b, S. 1601) immer dann als stilneutral anzusehen, wenn sie einer der zwei regulären Bedingungen gehorcht, entweder der generischen Aussage (z.B. *er raucht* = *er ist Raucher*) oder der Nichtsetzung von Aktanten, die aus dem Kontext oder der Si-

tuation eindeutig zu erschließen sind (z.B. *Wir haben verstanden. – Sie liest gerade.*)[44]. Für die Beurteilung elliptischer Ausdrucksweisen ist dagegen die Beachtung der medialen Bedingungen und der Textsorten besonders wichtig. So gelten in gesprochener Sprache Ellipsen als stilistisch neutral, „sie gehören zum normalen Ausdrucksrepertoire mündlicher Kommunikation" (Eroms 2008b, S. 1606). Innerhalb der geschriebenen Sprache muss geprüft werden, ob es sich bei einer Ellipse um eine neutrale Form handelt, die ohne Stilwerte oder Stileffekte in Texten begegnet, oder ob bewusst stilistisch geformte Rede vorliegt. Dasselbe gilt auch für die Aposiopese, den Satzabbruch, der ebenso wie die Ellipse von nichtfigurativen Satzabbrüchen zu unterscheiden ist, die wiederum häufig in der mündlichen, spontanen Kommunikation vorkommen ohne dabei Stilfiguren im oben beschriebenen Sinne zu sein. Wie bereits in Zusammenhang mit den klassischen Stilfiguren ausgeführt (vgl. Kap. 3.6), werden hier unter Ellipsen nicht nur spezielle Aussparungen von sprachlichen Elementen aufgrund von bestimmten lexikalischen Eigenschaften (z.B. Valenz eines Verbs) oder syntaktischen Regeln verstanden (wie z.B. Koordinations-Reduktion, bei der ein identisches Element ausgelassen wird: *Er trank Bier und sie (trank) Wein.* vgl. Bußmann 1990, S. 207). Als Ellipse wird hier vielmehr in einem weiteren Sinne jede Art der Auslassung syntaktischer Elemente eines Satzes verstanden, die das syntaktische Minimum, d.h. die zweigliedrige, nominativische und verbale Struktur des deutschen Satzes unterschreitet. Deshalb wird im Folgenden – auch um terminologische Überschneidungen zu vermeiden – erstens von ‚Satzverkürzungen', zweitens (etwa auch bei extrem kurzen Varianten) von ‚Satzfragmenten' die Rede sein. Auch bringen die Begriffe ‚Satzverkürzung' und ‚Satzfragment' stärker den Aspekt zum Ausdruck, dass die Beschreibung divergenter Strukturen zum großen Teil durch die Abgrenzung von konvergenten Strukturen erfolgen muss. Da konvergente Strukturen als typische Elemente von kohärenten, schriftlichen Texten angesehen werden und solche Texte in der Regel aus vollständigen Sätzen bestehen, stellt demnach die Unvollständigkeit eines Satzes bereits ein Indiz für Divergenz dar und somit für ein besonderes stilistisches Potential im

44 Wie bereits in Kap. 3.6.1 ausgeführt kommen auch derartige Formen der Auslassung nicht in allen Kommunikationsbereichen vor und sind somit nicht als stilneutral anzusehen (z.B. Verwaltung, Wissenschaft).

Sinne von Expressivität bzw. im Hinblick auf die Erzeugung von Stilwerten und Stileffekten.
Dies belegen auch die zahlreichen „unechten" Satzverkürzungen, die durch das von syntaktischen Regeln abweichende Interpungieren, das rein ausdrucksseitige Zerschneiden kompletter Sätze entstehen, z.B.:

Behalten Sie alles im Griff. Vor allem den Verkehr.
Die S-Klasse liefert die besten Ideen. AMG die schnellste Umsetzung.
Alles dreht sich um Freude. Mehrere tausend mal pro Minute.

Als verhältnismäßig sicheres Indiz dafür, dass eine verkürzte Form einen Stilwert besitzen oder sogar einen Stileffekt erzeugen soll, ist die Extrastellung, d.h. die Abspaltung vom Kontext, anzusehen etwa in Form einer Überschrift, Schlagzeile o.Ä. (derartige Formen gelten zugleich als Textsortenmerkmal; vgl. Kap. 4.2.4). Auch die Verbindung von verkürzten Formen mit anderen figurativen Elementen weist in diese Richtung (z.B. *Gibt nicht nur Lenkanstöße.*). Mit der Extrastellung sind in der Regel automatisch bestimmte Funktionen verbunden, wie die bei SANDIG (vgl. 2006, S. 223ff.) als „generelle stilistische Handlungsmuster" erläuterten Typen „Hervorheben" und „Informationen Gewichten", die eng miteinander verbunden sind, weil jedem ‚Hervorheben' das ‚Gewichten von Informationen' vorausgeht. Dieses Gewichten von Informationen wird hier deshalb nur als Teilschritt für die Funktion des Hervorhebens betrachtet. Die Hervorhebung erfolgt – abgesehen von bestimmten stilistischen Eigenschaften – allein schon durch die Extrastellung, die normalerweise mit einer besonderen Typographie verbunden ist. Als Beispiele für solche visuell wahrnehmbaren Möglichkeiten des Hervorhebens ist die Wahl einer anderen Schriftart, Fettdruck, Kursivdruck, Versalien o.Ä zu nennen.
Zunächst ist jedoch festzuhalten, dass es eine unerlässliche Voraussetzung für einen großen Teil divergenter stilistischer Muster ist, sprachliche Elemente auszusparen, die im Falle einer konvergenten Gestaltung aufgrund von syntaktischen Regeln notwendig wären. Für einige Formen von divergenten Strukturen ist das Aussparen von syntaktischen Elementen das einzige formale Abweichungsmerkmal.

Entsprechend der Zweigliedrigkeit des deutschen Satzes können im untersuchten Material zwei Typen von Satzverkürzungen unterschieden werden:

a) Auslassung des Subjekts und
b) Auslassung des Prädikats.

Andere mehr oder minder komplexe syntaktische Strukturen, die weder über ein Subjekt noch über ein Prädikat verfügen, werden unter dem Begriff ‚Satzfragment' zusammengefasst.

Typ 1: Satzverkürzung durch Subjektauslassung

Als Beispiele für divergente Strukturen, die durch das Fehlen des Subjekts gekennzeichnet sind und sich vor allem oder ausschließlich dadurch als Figur vom jeweiligen Kontext abheben, sind die folgenden zu nennen:

Holt mehr aus jedem Tropfen.
Verteilt die Kraft dahin, wo sie gebraucht wird.
Reduziert Wankbewegungen.
Schaut auch im Dunkeln voraus.
Hält andere selbständig auf Distanz.

Die Vorfeldposition ist in diesen Fällen nicht besetzt, sie könnte (ohne den semantischen Gehalt zu verändern) durch ein *es* ausgefüllt werden, das dabei kataphorisch auf ein rhematisches Element weiter rechts oder im nächsten Satz verweist. Die Aussparung des Vorfelds bewirkt – ebenso wie ein mögliches *es* – gerade am Textanfang oder bei Einzelstellung, dass die Äußerung nicht vollständig eingeordnet werden kann, indem unklar bleibt, worauf sie sich bezieht. Damit wird Spannung erzeugt und das Interesse auf die fehlende semantische Rolle gelenkt. Das ausgelassene Element bildet in der Regel das Thema des Bezugskontextes. In manchen Fällen wird es (oft mit einer größeren räumlichen Distanz, beispielsweise getrennt durch ein graphisches oder bildliches Element) mit dem bestimmten Artikel verbunden dahinter/darunter gestellt und somit besonders hervorgehoben, z.B.:

Holt mehr aus jedem Tropfen.
Die High Precision Injection von BMW.

Hält andere selbstständig auf Distanz.
Die Aktive Geschwindigkeitsregelung von BMW.

Unabhängig davon, ob das ausgelassene Element wie in den o.g. Beispielen direkt an die divergente Struktur anschließt und somit gewissermaßen Teil der Figur wird oder erst im Fließtext genannt wird, dient diese Form der Subjektaussparung dem vordergründigen Ziel, Spannung zu erzeugen und die Aufmerksamkeit auf den nachfolgenden Text zu lenken. Denn auch wenn das ausgelassene Element (normalerweise die Benennung eines produktspezifischen Zusatznutzens, z.B. *xDrive*) bereits vor dem Fließtext genannt wird, ist es in der Regel nicht eindeutig verständlich bzw. wird erst mit Hilfe des Kontextes verständlich gemacht, z.B.:

Verteilt die Kraft dahin,
wo Sie gebraucht wird.

xDrive, das intelligente
Allradsystem von BMW.

xDrive, das intelligente Allradsystem von BMW, fährt nicht nur – es denkt voraus. Mit seiner einzigartigen Technik verteilt es die Kraft flexibel und stufenlos. Im Extremfall kann es die Antriebskraft blitzschnell bis zu 100% auf eine Achse lenken. In Verbindung mit Dynamic Performance Control kann diese zusätzlich aktiv zwischen den Rädern der Hinterachse verteilt werden. Egal, ob Eis, Regen oder Laub, Ihr Automobil hat immer optimalen Vortrieb, maximale Bodenhaftung und Dynamik. Die Straße mag sich ändern. Die Freude am Fahren bleibt.

oder

Schaut auch im Dunkeln voraus.
BMW Night Vision.

Mit der Dunkelheit kommt die Zeit von BMW Night Vision. Eine Wärmebildkamera mit innovativer Infrarot-Technologie zeigt auf dem zentralen Bordmonitor, was sich vor Ihrem Fahrzeug befindet. Je mehr Wärme Objekte abstrahlen, desto heller bildet BMW Night Vision diese ab. Besonders Personen und Tiere werden in bis zu 300m Entfernung erkannt – selbst wenn Büsche oder Bäume die Sicht verstellen oder der

Gegenverkehr blendet. So fährt neben BMW Night Vision bei Dunkelheit vor allem eins immer mit: ein gutes Gefühl.

Wie die Beispiele zeigen ist die verkürzte Form gegenüber dem kohärenten Bezugskontext als mehr oder weniger starke Vereinfachung anzusehen. Sie entspricht damit der von PREISER (vgl. 2004, S. 44) angeführten Kreativitätstechnik ‚Vereinfachen', bei der es darum geht, ein komplexes Problem mit einfachen Worten und Beispielen zu beschreiben (vgl. Kap. 2.1). Dies geschieht hier – anders als im Falle von Kreativitätstrainings – nicht, um Barrieren im Sinne von Denkblockaden zu überwinden, sondern um niedrig involvierte, desinteressierte und mit Informationen überlastete Rezipienten mit einem produktspezifischen Zusatznutzen zu konfrontieren und sie im Idealfall dahingehend zu aktivieren.

Bereits an diesem Typ der Satzverkürzung ist klar zu erkennen, dass (ebenso wie bei den rhetorischen Figuren) die Muster sich auf vielfältige Weise überlagern bzw. ineinandergreifen. So kann das im Verhältnis zum Bezugskonzept angeführte Verfahren des Vereinfachens durch einen spielerischen Umgang mit Wörtern oder festen Wendungen ergänzt werden. Das heißt, zur kreativen Technik des Vereinfachens kommen Denkprinzipien wie das Verfremden, Bildhaftigkeit, Analogie u.Ä. hinzu, die hinsichtlich ihrer Wirkung die Vereinfachung auch mehr oder weniger überlagern können.

In formaler Hinsicht bedeutet dies eine Zunahme an Divergenz, die mithilfe einer entsprechenden „konvergenten" Paraphrase nachgewiesen werden kann. Der Begriff ‚Paraphrase' referiert dabei darauf, dass der Bezugsausdruck und der umschriebene Ausdruck weitgehend bedeutungsgleich sind. Im Extremfall sind es nahezu identische Reformulierungen, d.h., im Falle von Verkürzungen geht es mit Ausnahme des ausgelassenen Elements/Satzgliedes um wörtliche Wiederholungen. Mit der Bezeichnung ‚konvergent' wird ebenso wie oben zunächst auf den Umstand Bezug genommen, dass solche Strukturen in allen Texten und Textsorten beliebig vorkommen können und gerade für kohärente schriftliche Texte typisch sind. Hinzukommt, dass sie entweder wörtlich zu verstehen sind oder lexikalisierte bzw. etablierte Formen (z.B. Metaphern) darstellen und in diesem Sinne logisch nachvollzogen werden können. Das bedeutet zugleich, dass eine solche konvergente Paraphrase den ästhetischen

Wert / das ästhetische Potential der entsprechenden divergenten Struktur nicht transportieren kann, weil sie ihn durch die Umschreibung verliert.[45]
Die Unterschiede zwischen schieren Verkürzungen und Verkürzungen mit spielerischem Mehrwert sollen die folgenden Beispiele verdeutlichen:

> *Reduziert Wankbewegungen. = Es (Dynamic Drive) reduziert Wankbewegungen.*
> vs.
> *Schärft Ihren Schulterblick. = Es (das technische System Totwinkel-Assistent[46]) warnt den Fahrer vor Fahrzeugen im toten Winkel.*

Dabei zeigt sich, dass die Paraphrase mit einer Zunahme von Divergenz zunächst auf jeden Fall umfangreicher und komplexer wird. Vielfach erscheint es (gerade im Falle von festen Wendungen, rhetorischen Verfahren, analog-holistischen Bildungen usw.) relativ schwierig, eine äquivalente Paraphrase zu formulieren, vor allem dann, wenn mehrere solcher Verfahren zur Anwendung kommen. Hier kann prinzipiell zwischen einigen mehr oder weniger passenden Alternativen gewählt werden, z.B.:

> *Gibt nicht nur Lenkanstöße. = Es (das technische System Attention Assist / das technische System Spurhalte-Assistent) gibt nicht nur Denkanstöße, sondern hat auch irgendetwas mit der Lenkung zu tun.*

oder

> *Gibt nicht nur Lenkanstöße = Es (das technische System Attention Assist / das technische System Spurhalte-Assistent) ist nicht nur nutzbringend in Bezug auf das Lenken, sondern auch sonst für irgendetwas.*

Durch die Paraphrase kann in solchen Fällen zugleich verdeutlicht werden, dass durch die divergente Gestaltung die Verständlichkeit der Aussage mitunter nicht mehr gewährleistet ist und über den kohärenten Bezugstext herge-

---

45 Dem ästhetischen Wert stilistischer Gestaltung und dem Unterhaltungspotential bestimmter Strukturen widmet sich detaillierter Kap. 3.7.4.3.

46 Die Umschreibung zielt natürlich auf die eingangs angeführte Ersetzbarkeit durch *es* ab, womit ein höherer Grad an Formalisierung angestrebt wird.

stellt werden muss[47]. Zudem ist durch den kohärenten Bezugstext in der Regel die Paraphrase verifizierbar, das bedeutet, dass dem Rezipienten durch den Bezugstext erklärt wird, wie er die Aussage und wie er das Spiel, die kreative Abweichung, verstehen soll, z.B.:

Gibt nicht nur Lenkanstöße.

ATTENTION ASSIST und der optionale Spurhalte-Assistent. Gedanken lesen können diese beiden Helfer zwar nicht – aber sie merken, wenn Ihre Gedanken abschweifen. Der ATTENTION ASSIST hat schon nach einigen Minuten Ihre normale, konzentrierte Fahrweise analysiert. Anhand charakteristischer Abweichungen erkennt er beginnende Müdigkeit und regt den Fahrer an, über eine Pause nachzudenken. Bei sportlicher Fahrweise oder schlechten Straßen hingegen wechselt der ATTENTION ASSIST ganz automatisch in den passiven Zustand. Der Spurhalte-Assistent ortet Fahrbahnmarkierungen und erkennt, wenn sich Ihre E-Klasse den Begrenzungslinien unbeabsichtigt nähert. Eine diskrete Vibration im Lenkrad erinnert Sie daran, wieder auf den richtigen Weg einzulenken.

oder

Erkennt den schmalen Grad zwischen „erleuchtet“ und „geblendet“.

Der Nachtsicht-Assistent Plus und der adaptive Fernlicht-Assistent. Nachts ohne Fernlicht zu fahren, kann auf Dauer ziemlich ermüdend sein. Mit Fernlicht zu fahren, blendet unter Umständen den Gegenverkehr. Die Lösung: unsichtbares Fernlicht. Die Infrarotstrahler des optionalen Nachtsicht-Assistenten Plus in der neuen E-Klasse erfassen die Strecke bis zu 150 Meter weit, und eine Kamera überträgt das Bild auf das Zentraldisplay. So liegt die Straße deutlich vor Ihnen, aber der Gegenverkehr bleibt unbehelligt. Mehr noch: Fußgänger und Radfahrer sind besonders gut zu erkennen.

In den klassischen Scheinwerfern steckt ebenfalls eine einleuchtende Idee, um Blendung zu vermeiden: Der auf Wunsch verfügbare, adaptive Fernlicht-Assistent erkennt Gegenverkehr sowie vorausfahrende Fahrzeuge, senkt das Fernlicht selbständig ab, hebt es später wieder an – und spart so Energie und Nerven.

---

[47] Die verschiedenen Grade an Divergenz verhalten sich nicht automatisch proportional zu den verschiedenen Graden an Verständlichkeit (vgl. Kap. 3.7.5).

Die durch Subjektauslassung entstehenden Satzverkürzungen können neben spielerischen Aspekten zum Beispiel auch durch das o.g. Verfahren einer abweichenden Interpunktion, das zu einem rein ausdrucksseitigen Zerschneiden führt, ergänzt werden. Dieses Verfahren scheint in Analogie zu den unterschiedenen offenen Denkprinzipien grundsätzlich mit der kreativen Technik des Zerlegens vergleichbar, bei der Aspekte eines Problems in Untereinheiten oder Elemente gegliedert werden, um sie zu neuen Systemen zusammensetzen zu können (vgl. Preiser 2004, S. 44, Kap. 2.1). Der Aspekt des Gliederns, des Zerlegens in einzelne Gesichtspunkte eines Problembereichs zeigt folgendes Beispiel:

> ***Steht Ihnen gut. Und zur Seite.***
>
> *Stil, Sicherheit und Komfort. Beim Stil Ihrer E-Klasse können Sie zusätzlich zur Serienausführung zwischen der sportlichen Ausstattungslinie AVANTGARDE und der klassischen ELEGANCE wählen. Zwei andere wesentliche Eigenschaften verlangen Ihnen dagegen keine Entscheidung ab, denn sie sind untrennbar miteinander verbunden. Sicherheit und Komfort verschmelzen in der besten E-Klasse aller Zeiten zu einem faszinierenden Automobil, das alles tut, um Gefahren begegnen zu können, bevor sie entstehen. Und Sie entlastet, damit Sie das Fahren noch entspannter und gleichzeitig intensiver erleben ...*

Hier kann das Zerschneiden einerseits als Gliederungssignal für die im Bezugskontext angesprochenen Themen (1) ‚Stil' und (2) ‚Sicherheit und Komfort' (auch im Sinne einer übergeordneten Funktion ‚Vereinfachen') verstanden werden, andererseits bringt es den Verfremdungseffekt, der aus dem spielerischen Umgang mit dem Verb *stehen* als Teil von verschiedenen festen Wendungen[48] resultiert, stärker zum Ausdruck. Die Expressivität entsteht vor

---

48 Eine Klassifikation von festen Wendungen kann unter semantisch-strukturellen Gesichtspunkten erfolgen (vgl. z.B. Fleischer 1983, S. 318f.): Dabei sind semantische Kriterien wie Idiomatizität und lexikalisch-semantische Stabilität für die Identifizierung entscheidend und somit als übergeordnet zu betrachten. Sie werden ergänzt durch strukturelle Aspekte wie die Unterscheidung zwischen Wortgruppenstrukturen und Satzstrukturen, die ebenfalls Bestandteil derartiger Klassifikationen sind. Demzufolge kann etwa differenziert werden zwischen Phraseolexemen (vgl. Pilz 1978, S. 42ff.), Phraseoschablonen, Nominationsstereotypen (z.B. *gesunder Menschenverstand*) und kommunikativen Formeln (z.B. *Nichts für ungut!*). Als Phraseolexeme

allem aus dem elliptischen Eingreifen in die Phraseologismusstruktur des zweiten Teils, während der erste Bestandteil in einer kompletten Phraseoschablone besteht, die eindeutig auf Stil u.ä. referiert.

Mit derartigen Konstruktionen können natürlich zahlreiche Intentionen in Bezug auf die Wirkung bei den Rezipienten verbunden sein. So kann beispielsweise das Zerschneiden dem bei SANDIG (als textstilistisches Handlungsmuster) genannten „Kontrastieren/Gegensätze aufbauen" dienen (vgl. Sandig 2006, S. 206), das bei MICHEL (vgl. 1988, S. 303) als stilistische Operation aufgefasst wird, die aus dem Entgegensetzen von syntaktischen Einheiten resultiert. Das Kontrastieren gehört zu den generellen Möglichkeiten der stilistischen Nutzung von im Sprachsystem angelegten Gegenpolen (z.B. Antonymen) und betrifft auch das Herstellen solcher Gegensätzlichkeiten (vgl. Blumenthal 1983). Das Zerlegen in zwei ausdrucksseitige syntaktische Strukturen kann diesen Kontrast hervorheben und dadurch die Informationsverarbeitung steuern.

So nutzt auch die divergente Struktur im folgenden Beispiel zunächst den Kontrast (*Stärken* vs. *Schwächen*), worauf die antithetische Form durch ein spielerisches Umdeuten aufgelöst wird (*Schwäche* als *Stärke*)[49]:

werden dabei feste Wendungen mit den Merkmalen der Idiomatizität und Stabilität bezeichnet. Sie bilden den Kernbereich der Phraseologismen, sind kommunikativgrammatisch mehr oder weniger variabel (z.B. Tempus, Person). In der Regel sind es „Wortgruppen ohne feste prädikative Beziehung" (Fleischer 1983, S. 318) wie zum Beispiel *die Augen gehen auf.* Nach dem Grad ihrer Idiomatizität können weitere Unterscheidungen vorgenommen werden (z.B. in (voll)idiomatisch und teilidiomatisch: *sich einen Kopf machen* vs. *ein Wink mit dem Zaunspfahl*). Phraseoschablonen unterscheiden sich von Phraseolexemen zunächst durch die fehlende lexikalischsemantische Stabilität. Es sind syntaktische Strukturen (Wortgruppen oder Sätze), deren lexikalische Füllung zwar nicht fest ist, aber eine syntaktische Idiomatizität aufweist (z.B. *zum Lachen bringen*; *Es ist zum Davonlaufen.* vgl. Fleischer 1983, S. 318f.).

49 Sandig fasst diese Form des Kontrastierens als Befolgung eines eigenständigen Musters „eine unerwartete Wendung (machen)" auf. Dieses Sequenzmuster „beruht auf der Tatsache, dass ein Text als Prozess dargeboten und rezipiert wird" (Sandig 2006, S. 478) und ist konstitutiv für Witze. Die Wirkung von Witzen basiert auf einem Überraschungseffekt, häufig darauf, dass etwas Nebensächliches plötzlich fokussiert wird (vgl. Kotthoff 1997, S. 127f.). Dabei ist die Pointe nur ein Hinweis auf die Art der ‚unerwarteten Wendung' (Sandig 2006, S. 478f.).

Hat viele Stärken. Zum Beispiel eine Schwäche für die Umwelt.

BlueEFFICIENCY und die neue Motorengeneration. Modernste Mercedes-Benz Technologie sorgt auf verschiedenen Wegen für mehr Effizienz – bei deutlich reduzierten Emissionen und bis zu 23% weniger Verbrauch. So schonen Triebwerke der BlueEFFICIENCY Fahrzeuge wertvolle Energiereserven und die Umwelt. Bei den 4-Zylinder-Benzinern kommen Motoren mit höherem Wirkungsgrad und Turboaufladung zum Einsatz, die maximale Effizienz erreichen. Das 6-Zylinder-Triebwerk im E 350 CGI BlueEFFICIENCY spart dank Benzineinspritzung mit geschichtetem Brennverfahren signifikant Kraftstoff. Bei den 4-Zylinder-Dieseltriebwerken sorgt die 4. Generation der Common-Rail-Technologie mit Magnetloch- bzw. Piezoventilen und ein oder zwei Turboladern für saubere Leistung...

Die wesentlichen Charakteristika des ersten Typs werden in folgender Tabelle zusammengefasst:

DIVERGENTES MUSTER	FORMALES MERKMAL	KREATIVE DENKOPERATION	FUNKTION/ WIRKUNG
Typ 1	Subjektauslassung	Vereinfachen	Spannung erzeugen, Aufmerksamkeit steuern
+ästhetischer Mehrwert	+Spiel	+Verfremden, Bildhaftigkeit, Analogie, Zerlegen usw.	+Unterhalten

Typ 2: Satzverkürzung durch Prädikatsauslassung

Als Beispiele für divergente Strukturen, die sich in formaler Hinsicht zunächst aus der Auslassung des Prädikats ergeben und sich vor allem oder ausschließlich dadurch als Figur vom jeweiligen Hintergrund abheben, können die folgenden genannt werden:

Die Integral-Aktivlenkung: einzigartig wie jede Kurve.
Das Fahrwerk des neuen BMW7er. Das Meisterwerk unserer Ingenieure.
iDrive: die moderne Interpretation von Intuition

BMW Connected Drive: Die intelligente Vernetzung von Fahrer, Fahrzeug und Aussenwelt.
City Safety. Die Weltneuheit zur Reduzierung von Kollisionen im Stadtverkehr.
DAS DESIGN DES VOLVO V70 – SO INDIVIDUELL WIE IHR ANSPRUCH.
Die Motoren: Sparsam, ohne auf Leistung zu verzichten.
Das Getriebe: Komfortabel, ohne auf Spaß zu verzichten.
smart micro hybrid drive: Eine innovative Idee, die Kraftstoff spart.
Der pure: Konzentration auf das Wesentliche.

Die genannten Beispiele verfügen über das gemeinsame Merkmal der Prädikatsauslassung, wobei die Lücke in der Regel durch die Kopulaverbform *ist* (bei Pluralformen *sind,* seltener auch andere Prädikativverben) ausgefüllt werden könnte, z.B.:

Das Fahrwerk des neuen BMW7er ist das Meisterwerk unserer Ingenieure.
Die Motoren sind sparsam, ohne auf Leistung zu verzichten.

Diese Form grammatikalisch unvollständiger Sätze wird in der Literatur mitunter als ‚Setzung' bezeichnet. Solche Setzungen galten einst als Indiz für den Einfluss der Umgangssprache auf die Schriftsprache (vgl. z.B. Eggers 1961, S. 54). Heute sind Setzungen ein typisches Merkmal zahlreicher journalistischer Darstellungsformen. So repräsentiert zum Beispiel die Aussage *Westerwelle erfolgreichster FDP-Chef aller Zeiten!* (Bild-Zeitung 05.09.2009) einen prototypischen Schlagzeilen-Duktus.

Im Unterschied zu den typischen Setzungen in Schlagzeilen, die mit der ersatzlosen Auslassung des Prädikats operieren, werden die Prädikatsleerstellen im untersuchten Material immer mit einem Platzhalter-Element[50] besetzt. Als Platzhalter erscheinen dabei Interpunktionszeichen, vor allem der Doppelpunkt, der Gedankenstrich oder der Punkt.

Während das Setzen eines Punktes – wie oben bereits ausgeführt – wiederum mit dem Zerschneiden in zwei syntaktische Strukturen verbunden ist, signali-

[50] Unter einem Platzhalter-Element wird hier im allgemeinen Sinne ein sprachliches Element verstanden, dessen einzige Funktion es ist, eine in einer syntaktischen Struktur nicht besetzte grammatische Position auszufüllen.

siert ein Gedankenstrich nur die Auslassung und bewirkt dabei in der Regel zugleich, dass das die anknüpfende Einheit hervorgehoben wird, z.B.:

Der neue BMW7er – hellwach, selbst in tiefster Nacht.

Diese Hervorhebungsfunktion des Gedankenstrichs lässt sich gerade auch an seiner Verwendung in vollständigen syntaktischen Strukturen nachweisen (z.B. *BMW Efficient Dynamics – nimmt wenig und gibt viel.*).

Der Doppelpunkt schafft eine enge Verbindung zwischen den beiden Satzteilen. Dies führt zu einer Informationsverdichtung, die auch für alle anderen Arten von Setzungen als typisch anzusehen ist. Durch Setzungen können zentrale Aspekte in den Vordergrund gerückt werden, indem den allein stehenden Lexemen mehr Gewicht verliehen wird. Durch die Reduzierung der Syntax verändert sich auch die rhythmische Struktur der Aussage (vgl. Kap. 3.5.3), wobei sich zugleich das Tempo der Informationsvermittlung erhöht.

Die hier zu beschreibenden divergenten Strukturen haben mit Schlagzeilen nicht nur ihre semantische Zweigliedrigkeit gemeinsam. Sie können – ebenso wie typische Schlagzeilen – auch stets als vollständige Aussage mit Referenzteil und Prädikat rekonstruiert werden.

HELLWIG (vgl. 1984, S. 2ff.) gibt als weiteres typisches Merkmal von Schlagzeilen an, dass in ihnen eine wichtige Aussage aus dem Bezugstext wiederholt oder paraphrasiert wird. Das bedeutet, es handelt sich entweder um eine Kondensation des Bezugstextes oder dessen metatextliche[51] Beschreibung, wobei natürlich die Formulierungen „ausdrucksseitig mehr oder weniger stark verkürzt“ (Hellwig 1984, S. 16) sind. Als Operationen einer solchen Kondensierung des Bezugstextes sieht er in diesem Zusammenhang Verfahren wie die von VAN DIJK (vgl. 1980, S. 45ff.) genannten Makroregeln an (z.B. Selektieren, Generalisieren, Konstruieren)[52]. Wie das folgende Beispiel zeigt, kann auch der aus der Prädikatsauslassung resultierende Typ der Satzverkürzung als eine Kondensation des kohärenten Bezugskontextes verstanden werden, z.B.:

---

[51] Als Metatexte gelten in diesem Zusammenhang Texte, die auf einen Kontext Bezug nehmen und ihn nach seiner Art und seinem Inhalt charakterisieren.

[52] Zu den in van Dijk (1980) genannten Makrostrukturen vgl. Kap. 4.1.2.

Die Motoren: Sparsam, ohne auf Leistung zu verzichten.

Die 3-Zylinder-Reihenmotoren in Vollaluminium-Bauweise entsprechen ganz dem Fahrzeugkonzept des smart fortwo: Mit unter einem Liter Hubraum sind sie überaus kompakt und platzsparend. Trotz niedrigen Verbrauchs sorgen sie für überzeugende Leistungsdaten – und so für mehr Agilität und bessere Fahrleistungen. Die mhd-Technologie geht einen Schritt weiter. So sinkt der Verbrauch der Benzin-Saugmotoren, ohne Leistungseinbußen, noch einmal bis zu ca. 20 Prozent ...

Ebenso wie im Falle der Satzverkürzung durch Subjektauslassung kann diese Form der Kondensation vordergründig in einem kreativen ‚Vereinfachen' des kohärenten Bezugskontextes bestehen. Das bedeutet, dass durch die divergenten Strukturen zunächst in ausdrucksseitig vereinfachter Form auf ein bestimmtes Thema, meistens einen produktspezifischen Zusatznutzen Bezug genommen wird. Dieses Thema stimmt mit dem Thema oder einem Thema des kohärenten Bezugskontextes überein, was dem in Zusammenhang mit einer Typologie von Schlagzeilen genannten Typus der „thematischen Überschrift" entspricht, die dem Rezipienten eine erste Orientierung über die Art der zu erwartenden Information gibt und damit die Aufmerksamkeit auf das zentrale Thema lenkt (vgl. Franke 1997, S. 352f.).

Wie die eingangs genannten Beispiele bereits zeigen, geht es bei der Satzverkürzung durch Prädikatsauslassung nicht immer nur um eine Kondensation, Vereinfachung oder Zusammenfassung der Inhalte des Bezugskontextes, sondern vielfach auch um eine mehr oder weniger subjektive Bewertung der im kohärenten Bezugstext gegebenen Informationen, z.B.:

Das Fahrwerk des neuen BMW7er. Das Meisterwerk unserer Ingenieure.

... Zahlreiche Fahrwerkskomponenten sind für mehr Agilität aus Aluminium gefertigt. Dadurch wird das Gewicht des Motors auf der Vorderachse kompensiert und eine optimale Gewichtsverteilung von nahezu 50:50 erreicht.
Doch mit dem optionalen Fahrwerksregelsystem Dynamic Drive wird selbst diese Fahrfreude noch gesteigert: Aktive Stabilisatoren an Vorder- und Hinterachse reduzieren die Fahrzeugbewegungen auf ein Minimum – für maximale Agilität ...

Während in den beiden zuerst genannten Beispielen noch die vereinfachte Wiedergabe des Bezugstextinhalts im Vordergrund stand, geht es hier offenkundig um die Bewertung der Kontextinhalte (die in einigen Fällen selbst schon explizit bewertende Elemente enthalten). Wie die oben angeführte Paraphrase bereits verdeutlicht (*Ein produktspezifischer Zusatznutzen ist xy.* oder *Ein Produkt(-bestandteil) ist xy.*), lädt die syntaktische Struktur dieses Typs gewissermaßen zu einer Bewertung im prädikativen Teil ein, denn die binäre Struktur schafft die Voraussetzungen für die beiden Bestandteile einer expliziten Bewertung: die Thematisierung und die Bewertung bzw. Deutung. Durch die Prädikatsauslassung wird die Bewertung zugleich enger mit dem beworbenen Produkt verbunden. Wie es für explizite Bewertungen typisch ist, werden dazu vor allem Adjektive eingesetzt (z.B. *die moderne Interpretation, die intelligente Vernetzung*). Daneben erfolgt – als charakteristisches Merkmal von Textsorten der Unternehmenskommunikation – häufig der Gebrauch von Hochwertwörtern oder Plastikwörtern (vgl. Kap. 3.5.1.3), mitunter auch emotionaler Lexik (z.B. *Herzensangelegenheit, Herzenssache*; vgl. Kap. 3.5.1.2.4). Dabei besteht ein zentraler, bisweilen in der Bedeutung dieser Wörter angelegter Unterschied in ihrer Objektivierbarkeit (z.B. *Schönheit, Eleganz*). So ist der Wahrheitsgehalt von Aussagen im Allgemeinen entweder überprüfbar oder nicht überprüfbar (vgl. Kap. 4.2.2), z.B.:

City Safety. Die Weltneuheit zur Reduzierung von Kollisionen im Stadtverkehr.

Sie fahren im langsamen Stadtverkehr und sind nur für eine Millisekunde abgelenkt. Ihr Vordermann macht eine Vollbremsung – Auffahrunfall. Dank der serienmäßigen City Safety-Technologie im neuen Volvo XC60 können Sie diese Standardsituationen bald Geschichte sein. Modernste Lasertechnologie kalkuliert das Risiko eines Auffahrunfalls und bremst Ihren Volvo automatisch ab.

Im Gegensatz zu anderen Beispielen (vgl. *iDrive: die moderne Interpretation von Intuition* oder *Das Fahrwerk des neuen BMW7er. Das Meisterwerk unserer Ingenieure.*) kann der propositionale Gehalt von *City Safety. Die Weltneuheit zur Reduzierung von Kollisionen im Stadtverkehr.* prinzipiell als verifizierbar eingestuft werden. Im Falle von derartigen verifizierbaren Aussagen wird hier davon ausgegangen, dass diese ebenfalls als Ergebnisse eines kreativen Vereinfachungsprozesses anzusehen sind und das Ziel haben, zentrale Inhalte des Fließtextes ausdrucksseitig zusammenzufassen – wenn auch mitunter in inhaltlich akzentuierter Form. In anderen Fällen sind die Aussagen innerhalb der divergenten Struktur nicht überprüfbar. Meistens zeichnen sie sich durch die Verwendung stark konnotierter Lexik aus und entfernen sich dadurch auch stärker vom semantischen Gehalt des Bezugskontextes. Deshalb wird im Folgenden davon ausgegangen, dass die kreative Operation, die solchen Strukturen zugrunde liegt, vordergründig als ‚Assoziieren' beschrieben werden kann. Assoziationen gelten auch als Begründungen für bestimmte negative oder positive Konnotationen, sie sind häufig an die Bedeutung von Wörtern gebunden und können so das Wort mit anderen Konzepten verbinden, die kulturell oder individuell angelegt sein können[53]. Solche auf der Grundlage von Assoziationsprozessen entstandenen divergenten Strukturen weisen kaum einen Bezug zum Kontext auf, außer dass sie normalerweise als Subjekt dasjenige Element des Bezugskontextes enthalten, das zugleich sein Thema ist, z.B.:

Der Motor. Eine wahre Herzensangelegenheit.

Für jeden 911 – und somit auch für den 911 Turbo – gelten einige unverrückbare Prinzipien. Der flache, kurze 6-Zylinder-Boxermotor zum Beispiel. Seine Lage im Heck, der tiefe Schwerpunkt und die daraus resultierenden Vorteile für Traktion und Fahrdynamik ...
Zusammengefasst: Der Motor der 911 Turbo Modelle produziert Leistung müheloser als jemals zuvor. Und das bei einer Laufruhe, wie man sie nur von Motoren mit mehr als 6 Zylindern kennt.

Dass eine Typisierung – wie sie hier versucht wird – Unschärfen an den Rändern mit sich bringen muss, scheint klar. Wichtig ist in Zusammenhang mit Typ 2 jedoch bereits die generelle Unterscheidung zwischen einer ausdrucksseitigen Vereinfachung/Kondensation des Kontextes im Sinne einer komprimierten Informationsvermittlung einerseits und einer abweichenden Proposition, die so nicht direkt im kohärenten Bezugstext steht, andererseits. Bei die-

[53] Zur Unterscheidung zwischen kulturellen und individuellen Assoziationen vgl. zum Beispiel Kessel/Reimann 2008, S. 165.

sen abweichenden Aussagen geht es in der Regel um mehr oder weniger explizite Bewertungen, womit dieser Subtyp in funktionaler Hinsicht stark zur ‚Meinungsäußerung' tendiert.
Bei einem dritten Untertyp enthält die divergente Struktur als Kondensat des kohärenten Bezugstextes – ähnlich wie beim ersten Typ – verfremdete Elemente, die etwa zu einer besonderen Anschaulichkeit beitragen können und gelegentlich so auch im kohärenten Text auftreten, z.B.:

> ***Der neue BMW7er – hellwach, selbst in tiefster Nacht.***
>
> *Für ein Höchstmaß an Sicherheit bei Dämmerung und Dunkelheit ist der neue BMW7er mit einer im wahrsten Wortsinn vorausschauenden Lichttechnologie ausgestattet. Das serienmäßige Xenon-Licht mit integrierter Fernlichtfunktion leuchtet die Fahrbahn besonders hell und großflächig aus. Doch es ist nicht nur hell, sondern auch hellwach: Es passt sich der Fahrsituation an, indem es zum Beispiel per optionales Adaptives Kurvenlicht die Fahrbahn in Kurven um bis zu 90% besser ausleuchtet. Im Stadtverkehr wird der linke Fahrbahnrand besser ausgeleuchtet, während sich auf Autobahnen die Scheinwerferreichweite automatisch vergrößert. Beim Abbiegen schaltet sich zudem automatisch das Abbiegelicht zu – es erhellt einen Bereich von bis zu 90 Grad neben dem Fahrzeug ...*

Das personifizierende Element *hellwach* im prädikativen Teil der möglichen Paraphrase (*Der neue BMW7er ist **hellwach**.*) kann als Ergebnis von kreativen Denkprozessen wie ‚Herstellen von ungewöhnlichen Verknüpfungen' oder ‚Analogiebildung' angesehen werden. Die Anschaulichkeit resultiert dabei – wie es für metaphorische Ausdrücke allgemein kennzeichnend ist – aus einer auf Ähnlichkeitsbeziehungen beruhenden Übertragung, d.h. im Beispielfall aus der Übertragung der Bezeichnung eines menschlichen Zustandes in die Sphäre nichtmenschlicher Sachverhalte. Diese Form der Übertragung wird auch bei SANDIG (vgl. 2006, S. 245ff.) dem stilistischen Handlungsmuster ‚Anschaulich machen' zugeordnet, das vor allem als „ein Mittel der Verständlichkeit" interpretiert wird, aber „auch der Unterhaltsamkeit, dem gemeinschaftlichen Bewerten im Klatsch [...] oder im Scherzen" (Sandig 2006, S. 245) dienen kann. Auch WAGNER charakterisiert ‚Anschaulichkeit' als „ein Stilprinzip, das eine Darstellung verständlich und attraktiv zugleich macht"

(Wagner 2000, S. 422). Dabei gilt die Bewertung, ob ein Text ‚anschaulich‘ ist oder nicht, als interpretationsabhängig und somit subjektiv. Als Voraussetzungen für eine anschauliche Stil-/Textwirkung ist jedoch grundsätzlich die Beziehung zu etwas Bekanntem anzusehen. Die Bestandteile des neu Vermittelten müssen dann entweder Analogien zu bereits Bekanntem aufweisen, Bekanntes in den Vermittlungszusammenhang übernehmen oder aus bereits Bekanntem (vor allem aus dem Kontext) herleitbar sein (vgl. Wagner 2000, S. 422f.).

Wie das o.g. Beispiel zeigt, kann Anschaulichkeit nicht nur durch eine besondere Ausdrucksfülle hergestellt werden (z.B. durch sog. „Szenarios“, also verbale Entwürfe einer vorgestellten, kontrafaktischen Situation; vgl. Brünner/Gülich 2002, S. 23), „sondern sie kann gerade auch durch Sparsamkeit des Ausdrucks für Konkretes erreicht werden“ (Sandig 2006, S. 246). Im genannten Beispiel erfolgt dies mit dem Begriff *hellwach*, der als Konzeptualisierung verstanden werden kann, die zum einen dem thematisierten Sachverhalt eine „Seele“ verleiht, zum anderen durch Analogie zu bekannten Zuständen den Deutungsrahmen im Hinblick auf eine Informationsvermittlung eröffnet.

Folgende Tabelle stellt die wesentlichen Merkmale des Typs 2 ‚Satzverkürzung durch Prädikatsauslassung‘ zum Überblick dar:

DIVERGENTES MUSTER	FORMALES MERKMAL	KREATIVE DENKOPERATION	FUNKTION/ WIRKUNG
Typ 2	Prädikatsauslassung	Vereinfachen Assoziieren	Bewerten Meinungsäußerung
+ästhetischer Mehrwert	+Spiel	+Herstellen ungewöhnlicher Verknüpfungen +Analogiebildung	+Anschaulich machen +Unterhalten

3.7.4.2 Satzfragment

Als ‚Satzfragment‘ wird eine im Untersuchungskorpus sehr häufig auftretende divergente Struktur bezeichnet, wie sie die folgenden Beispiele verkörpern:

Licht, das um die Ecke sehen kann.
Scheinwerfer, die mitdenken.
Ihre persönliche Einladung zu einer außergewöhnlichen Erfahrung.
Einer der sichersten Fonds auf dem Markt.
Ein starker Partner.
Raum für Ihre Freiheit.
Weltweit getestet, um ein besonderes Gefühl zu vermitteln: Geborgenheit.
Grenzenloses Fahrvergnügen.
Ungetrübtes Reisevergnügen.
Präzise Eleganz.
Souveräne Sportlichkeit.

Durch eine mögliche Paraphrase (z.B. *Das ist…; Produkt xy ist…; Ein produktspezifischer Zusatznutzen ist…*) lässt sich hier wiederum verdeutlichen, dass alle Beispiele über ein gemeinsames Merkmal verfügen, nämlich das Fehlen von Subjekt und Prädikat. Nun kann es sich hier zwar (ausgehend von der zweigliedrigen Struktur des deutschen Normalsatzes) nicht mehr um ‚Sätze' im engeren Sinne handeln und eben auch nicht um ‚Satzverkürzungen', trotzdem scheint es durchaus berechtigt, von Bruchstücken eines Satzes auszugehen. Dafür spricht vor allem auch die mitunter relativ komplexe syntaktische Gestaltung der einzelnen Einheiten (z.B. angeschlossene Nebensätze). Alle Beispiele können in syntaktischer Hinsicht vervollständigt werden durch ein Subjekt, das in der Mehrzahl der Fälle dem beworbenen Produkt oder einem Produktbestandteil entspricht, und ein Kopulaverb, deutlich seltener auch ein Verb der persönlichen Einschätzung, das als Ergänzung ein Subjekts- oder ein Objektsprädikativ verlangt. Prädikative, die in Verbindung mit Kopulaverben, also weitgehend inhaltsleeren Verben auftreten, weisen der Bezugsphrase häufig eine Eigenschaft zu oder haben eine identifizierende Bedeutung (vgl. Gallmann 2006, S. 800). Bei den Verben der persönlichen Einschätzung (z.B. *finden, betrachten*) ist ihre bewertende Komponente offensichtlich. Die durch die Paraphrase beschriebene Struktur der Satzfragmente ist damit in funktionaler Hinsicht wiederum außerordentlich geeignet, um eine Behauptung / eine Meinung zu äußern und so den thematisierten Sachverhalt explizit zu bewerten. Tatsächlich erfolgt aber bei dieser Form divergenter Strukturen durch die Aussparung von finiter Verbform und vor allem durch die Aussparung des Subjekts als Bezugsphrase des prädikativen Elements keine explizite Bewertung, denn diese würde (wie unter 3.7.4.1 in Zusammenhang mit Typ 2 bereits ausgeführt) eine Thematisierung des zu bewertenden Sachverhalts voraussetzen. Durch die fehlende Thematisierung des zu Bewertenden werden die Aussagen zugleich kürzer und natürlich stilisierter. Vielfach bietet sich die Möglichkeit, wesentliche Aspekte akzentuierter zu kommunizieren, die rhematischen Ausdrücke rücken gleichzeitig nach links. Hinsichtlich der fehlenden Bezugsphrase muss davon ausgegangen werden, dass diese für den durchschnittlichen Rezipienten entweder ohne größere Probleme aus Bekanntem herleitbar ist (z.B. referiert der Ausdruck *Licht* in Zusammenhang mit Fahrzeugen eindeutig auf ‚Scheinwerfer' und andere Beleuchtungselemente) oder durch Bilder oder Abbildung visualisiert und eindeutig gemacht wird. So steht z.B. die Aussage *Raum für Ihre Freiheit.* unter der Fotographie eines Mannes, der (umringt von spielenden Kindern) offenbar gerade dabei ist, mehrere große Gepäckstücke in den Kofferraum seines Dacia Logan einzuräumen, womit der Bezug zu ‚Kofferraum' eindeutig wird. In anderen Fällen wäre als unmarkierte, also vollständige Form auch eine Rechtsverschiebung durch ein thematisches *es* denkbar (vgl. Fritz 2006, S. 1138), gegenüber derer die divergente Struktur als figuriert anzusehen ist. Dies scheint besonders dann zuzutreffen, wenn dem Subjekt ein Relativsatz folgt, z.B.:

Es ist eine Limousine, die fast so viel Aufmerksamkeit schenkt ...
vs.
Eine Limousine, die fast so viel Aufmerksamkeit schenkt ...

Unabhängig von der jeweiligen Form der Paraphrase (*Das ist..., Es ist...* usw.) ist bei diesen Beispielen grundsätzlich davon auszugehen, dass auch ohne Nennung der Bezugsphrase das Referenzobjekt eindeutig identifizierbar ist. Durch das Auslassen wird lediglich von der usuellen Struktur des expliziten Bewertens abgewichen, womit die Bewertung weniger offensichtlich ist und die Struktur zugleich stilisierter wirkt, so dass sich das Element stärker als Figur vom jeweiligen Hintergrund abheben kann.

Im Vergleich zu diesen Beispielen gibt es bei den Satzfragmenten deutlich seltener auch solche Fälle, bei denen auf den ersten Blick – ähnlich wie bei Typ 1 – die Steuerung von Aufmerksamkeit als zentrale Funktion innerhalb einer Informationsvermittlung angesehen werden kann, z.B.:

Zeit, um eine Erfahrung reicher zu werden.

Nirgends ist ein Mercedes-Benz so überzeugend wie auf der Straße. Denn erst dort erleben Sie das souveräne Fahrgefühl, das diesen Automobilen ihre unnachahmliche Klasse verleiht. Spüren Sie, wie leistungsstarke Motoren den Wagen vorantreiben und sich präzise Lenkbewegungen direkt auf Ihre Stimmung übertragen. Erleben Sie, was wirklichen Komfort auszeichnet.
Die besondere Atmosphäre aber, die während einer Fahrt in einem Mercedes aufkommt, lässt sich nicht in Worte fassen. Eben deshalb möchten wir Sie zu einer Probefahrt einladen ...

oder

Eine Theorie, die in der Praxis Leben retten kann.

Das integrale Sicherheitskonzept von Mercedes-Benz.
Kaum ein Gebiet spornt uns so sehr zu Höchstleistungen an wie die Erforschung neuer Sicherheitstechnologien. Bereits in den 50er Jahren legten wir zum ersten Mal einen Meilenstein – mit der Sicherheitsfahrgastzelle, einer Erfindung von Béla Barényi...
Doch so gern wir zurückschauen – unser Blick geht seit je in die Zukunft. Der beste Beweis ist unsere Vision vom unfallfreien Fahren. Ihr sind wir heute so nah wie nie zuvor – dank dem integralen Sicherheitskonzept von Mercedes-Benz. Es gliedert die automobile Sicherheit in vier Phasen ...

Weder der inhaltliche Bezugspunkt für *Zeit* noch für *eine Theorie* scheinen zunächst ohne Bezugskontext auffindbar. Im zweiten Beispiel erfolgt deshalb die Nennung des Referenzobjektes gewissermaßen als Zwischenüberschrift gleich im Anschluss an die divergente Struktur, im ersten am Ende des kohärenten Bezugstextes. In funktionaler Hinsicht scheint es hier neben dem Bewerten und der Meinungsäußerung wiederum um eine anschauliche Form der Informationsvermittlung zu gehen, indem zum einen ‚pointiert', zum anderen

‚konkretisiert' wird. Das bedeutet, es geht einerseits zum Beispiel darum, „syntaktische oder semantische Redundanz zu erzeugen" bzw. „den Abfolgecharakter des Textes bewusst zur sukzessiven oder sprunghaften Annäherung an Objekte [zu] nutzen" (Wagner 2000, S. 424; z.B. *Zeit, um eine Erfahrung reicher zu werden...deshalb möchten wir Sie zu einer Probefahrt einladen...*). Andererseits erfolgt als eine andere Strategie innerhalb von ‚Anschaulich machen' ein ‚Konkretisieren', indem etwa abstrakte Begriffe in eine verbal gebundene Satzaussage umgeformt werden (vgl. ebd., z.B. *integrales Sicherheitskonzept = eine Theorie, die in der Praxis Leben retten kann*).

Bevor nun Satzfragmente in lexikalischer und funktionaler Hinsicht genauer betrachtet werden, soll entsprechend ihrer Struktur zunächst zwischen zwei Typen, nämlich ausdrucksseitig komplexeren (Typ 3) und weniger komplexen (Typ 4), unterschieden werden.

Typ 3: komplexes Satzfragment

Kennzeichnend für einen ersten Untertyp solcher komplexeren Strukturen ist das Auftreten eines Relativsatzes. Hierzu gehören Beispiele wie:

> ***Licht, das um die Ecke sehen kann***
>
> *Das Adaptive Kurvenlicht von BMW*
> *Das Adaptive Kurvenlicht erhellt mit einer bis zu 90% besseren Ausleuchtung die Fahrbahn. So werden Kurven besser einsehbar und die Straße insgesamt berechenbarer – dank Abbiegelicht sogar bei geringer Geschwindigkeit*

oder

> ***Sicherheit, die entspannt und begeistert.***
>
> *Entspannung ist vielleicht die schönste Begleiterscheinung bei einer Fahrt im neuen BMW3er Coupé – die sprichwörtliche Freude am Fahren.*
> *Denn nicht nur dank der besonders steifen Fahrgastzelle werden Sie sich jederzeit rundum sicher fühlen. Ein umfassendes Airbagsystem und crashaktive Kopfstützen*

sorgen ebenfalls dafür, dass Sie jede Tour sorglos genießen können: auf der sicheren Seite des Straßenverkehrs.

In beiden Fällen bezieht sich der Relativsatz natürlich auf das vor dem Komma stehende Substantiv. Zu unterscheiden ist hier jedoch hinsichtlich der semantischen Beziehungen zwischen dem Bezugselement des Relativsatzes und dem thematisierten Sachverhalt. So stellt *Licht* gegenüber dem thematisierten Sachverhalt *Adaptives Kurvenlicht* einen Oberbegriff, ein Hyperonym dar, während *Sicherheit* zunächst in einer deutlich weiteren Bedeutungsrelation zur *besonders steifen Fahrgastzelle*, einem *umfassenden Airbagsystem* und *crashaktiven Kopfstützen* steht. Das Abstraktum *Sicherheit* ist aus einer statischen Perspektive hier als Frame anzusehen (vgl. Kap. 3.2.2), also als größerer Zusammenhang, unter dem sich die anderen Begriffe bzw. die damit verbundenen Inhalte und Wissensbestände einordnen lassen. Im ersten Beispiel handelt es sich (ebenso wie etwa bei *Scheinwerfer, die mitdenken* usw.) wiederum um eine Personifizierung, die auf kreativen Operationen wie ‚Herstellen ungewöhnlicher Verbindungen' oder ‚Analogiebildung' basiert. Hier geht es ebenfalls um eine Art von ‚Anschaulich Machen', das als ‚Konzeptualisieren' und auch ‚Konkretisieren' verstanden werden kann, indem einerseits der Deutungsrahmen im Hinblick auf die Informationsvermittlung aufgezeigt wird und andererseits eine Umformung komplexerer Begriffe in eine Aussage erfolgt, die auf etwas bei der Rezipientengruppe als bekannt Voraussetzbarem aufbaut (vgl. Wagner 2000, S. 424). Dieses Konkretisieren kann mitunter auch als reine Vereinfachung auftreten, bei der die Informationsvermittlung auf ein Minimum an inhaltlicher Komplexität reduziert wird, z.B.:

Reifen, die nicht platzen

... Auch wenn Reifen mit BMW Runflat Technologie die Luft ausgeht, kommen Sie bis zur Werkstatt. Denn selbst bei vollständigem Druckverlust lassen sich bei Tempo 80km/h noch mindestens 150 km zurücklegen. Je nach Restluftdruck kann die Reichweite sogar bis zu 1.000 km betragen ...

In allen drei Fällen geht es dabei in funktionaler Hinsicht primär um eine Informationsübermittlung, die sich entweder mittels besonderer Anschaulichkeit oder eben durch eine inhalts- und ausdrucksseitige Konzentration auf die zentralen Aspekte eines Sachverhalts bzw. des produktspezifischen Zusatznutzens den heutigen Gegebenheiten der Marktkommunikation und den nachfrageseitigen Strukturen anpasst (vgl. Kap. 1.1). Wie das Beispiel *Sicherheit, die entspannt und begeistert* zeigt, eignen sich solche divergenten Strukturen mit Relativsatz auch zum expliziten Bewerten, wobei die oben beschriebene Sinnrelation zwischen dem Bezugselement des Relativsatzes und den Begriffen des kohärenten Bezugtextes eine häufige Begleiterscheinung darstellt. Das heißt, das Bezugselement des Relativsatzes nennt den größeren Zusammenhang, unter dem sich die Begriffe und Inhalte des Kontextes entweder aufgrund des allgemeinen Weltwissens oder eben der intendierten Interpretationsrichtung einordnen lassen. Letzteres stellt zugleich ein Kriterium dafür dar, andere Formen des dritten Typs zu unterscheiden. Dabei geht es – weitgehend unabhängig von der syntaktischen Form des Satzfragments – zum einen um typische Formulierungen von direkten Bewertungen (z.B. *Stilvoll und durchdacht – bis ins letzte Detail*, *Licht in seiner schönsten Form*), zum anderen um ein sog. „Umdeuten“, eine bewusste und geplante Verschiebung in der sprachlichen Darstellung eines Gegenstandes oder Sachverhalts mit dem Ziel einer eher emotionalen Bewertung (z.B. *Kofferraum – Raum für Ihre Freiheit*). Für ein solches ‚Umdeuten‘ stehen mehrere Techniken zur Verfügung, dazu gehören etwa das o.g. Umdeuten eines einzelnen Wortes (z.B. *Schokoriegel – Praline*, vgl. Kap. 3.5.1.2.4), bei dem ein Wort durch ein anderes Wort ersetzt wird, das positivere Implikationen enthält.

Prinzipiell geht es beim ‚Umdeuten‘ darum, die Beurteilung einer Aussage in eine bestimmte Richtung zu verändern und dadurch letztlich die Einstellung der Rezipienten zu einem bestimmten Sachverhalt zu verändern. Folglich besteht auch die deutlichste Form des Umdeutens in dem Versuch, direkt auf Einstellungen und Werte der Rezipienten Einfluss zu nehmen, indem beispielsweise durch den Slogan *Geiz ist geil!* versucht wird, die Einstellung, dass ‚Geiz‘ etwas negativ zu Bewertendes ist, durch die Einstellung ‚Geiz ist extrem wünschenswert‘ zu überzeichnen.[54] Auch ein Verändern der Abstrak-

54 Auch in der Ratgeberliteratur zur Erstellung kommunikationspolitischer Texte werden Techniken des verbalen Umdeutens aufgezeigt. So nennt Reins (2006) etwa die auf NLP-Erkenntnissen basierenden „Reframing-Techniken“, durch die ein geistiger Be-

tionsebene (vgl. o.g. Beispiel *Airbag – Sicherheit*), das schrittweise Hinauf- oder Hinuntergehen vom Besonderen zum Allgemeinen, vom Teil zum Ganzen, kann für die Einstellungsbeeinflussung im Rahmen einer emotionalen Bewertung nutzbar gemacht werden. Denn wie SANDIG (vgl. 2006, S. 249ff.) betont, kann ‚Emotionalisieren' gewissermaßen als ‚gesteigertes Bewerten' aufgefasst werden, das nach FIEHLER (1990) ein Erleben einschließt. Wie in Kapitel 3.5.1.2.4 dargestellt, kann das Thematisieren von Emotionen auf vielfältige Weise erfolgen u.a. durch begriffliche Benennungen wie z.B. *Gefühl* oder *Freude*. Das heißt, dass mitunter durch einen Wechsel der Abstraktionsebene die begriffliche Benennung „erlebbarer Dinge" erfolgen kann, die dann in emotionaler Hinsicht bewertet und im Idealfall zu einer Einstellungsänderung führt. So können zum Beispiel in Zusammenhang mit dem Begriff *Auto* bestimmte Fragen gestellt werden, die auf eine andere Abstraktionsebene führen (z.B. Wozu dient es? – *Fahren, Reisen, Fahrvergnügen, Fahrfreude, Reisevergnügen*; Was ist daran wichtig? – *Sicherheit, Dynamik, Sportlichkeit, Eleganz*; Aus welchen Teilen besteht es? – z.B. ‚Motor' *Fahrvergnügen ohne Reue.* oder *Die nachhaltigste Verbindung von Effizienz und Dynamik.* / ‚Metallklappdach' *Klimawechsel per Knopfdruck.* oder *Zwei Träume auf vier Rädern.* / *‚Fahrwerk' Stabilität und Fahrspaß auf jeder Strecke.*). Aus Gründen der Vollständigkeit sei an dieser Stelle noch bemerkt, dass nicht nur ein Wechsel der Abstraktionsebene zum emotionalen Bewerten und zur Einstellungsbeeinflussung genutzt werden kann, sondern auch ein laterales Umdeuten, ein Vergleichen, eine Metaphorik oder Analogie auf derselben Abstraktionsebene. So führt die Frage, was ist ein anderes Beispiel für diese Klasse von Objekten, beispielsweise vom *Auto* zum *Flugzeug* (z.B. ***Fahren** wie Piloten **fliegen**.*[55]).

In funktionaler Hinsicht scheint in Zusammenhang mit den verschiedenen Formen des Bewertens wichtig, dass direkte Bewertungen (z.B. mit Hilfe von

---

zugsrahmen gezielt erzeugt, gestaltet oder verändert werden soll, um zu erreichen, „dass eine andere Person im Hinblick auf eine bestimmte Tatsache eine gewünschte Einstellung entwickelt oder ihre Einstellung verändert" (Reins 2006, S. 132). Zu diesen Techniken zählt er u.a. ‚Power-Reframing', ‚Positives Denken durch positives Umdeuten', ‚Chunking' und ‚Verändern der Rahmengröße' (vgl. Reins 2006, S. 126ff.).

55 Dies betrifft im untersuchten Material keine Beispiele des dritten Typs.

attributiv gebrauchten Adjektiven o.ä.), deren Wahrheitsgehalt prinzipiell verifizierbar ist, zum Teil auch als Informationsübermittlung (z.B. *Einer der sichersten Fonds auf dem Markt.*) interpretiert werden können, während emotionale Bewertungen grundsätzlich als Meinungsäußerung anzusehen sind, z.B.:

> ***Ein starker Partner.***
>
> *Die Vielseitigkeit des neuen Volvo XC60 geht weit über Zweckmäßigkeit hinaus und stellt sich souverän den Anforderungen des Alltags ...*

oder

> ***Ein charismatischer Begleiter.***
>
> *Der Volvo V50 ist von der Front bis zum Heck auf Individualität programmiert, für Leistung gebaut und zum Schutz seiner Insassen konstruiert. Der Innenraum lädt ein zu langen, komfortablen Reisen oder vergnüglichen Kurztrips ...*

Durch die Umdeutung von *Auto* zu *Partner* bzw. von *Auto* zu *Begleiter* erfolgt hier zusätzlich zum direkten Bewerten ein emotionalisierendes Bewerten, das schon insofern eine Meinungsäußerung darstellt, als es subjektiv geschieht. In Anlehnung an FIEHLER (2001) geht es hier um den Aspekt, dass die Kommunikation von Emotionen innerhalb von verschiedenen Interaktionszielen und -zwecken als eine Möglichkeit zur Lösung von Bewertungsaufgaben angesehen werden kann. Bewertungsaufgaben können ebenso wie andere Kommunikationsaufgaben auf unterschiedliche Weise realisiert werden, wobei sich das, was als Emotion oder emotionaler Prozess bezeichnet wird, als ein spezifisches Verfahren zur Lösung solcher Aufgaben auffassen lässt. In funktionaler Perspektive beschreibt FIEHLER „jedes Erleben und jede Emotion als bewertende Stellungsnahme“ (Fiehler 2001, S. 1428). In diesem Sinne ist die Emotion A eine bewertende Stellungnahme zu X auf der Grundlage von Y als Z. Als X kommt dabei natürlich Verschiedenes in Betracht wie etwa Handlungen, Eigenschaften anderer Personen oder der eigenen Person,

mentale Produktionen, Ereignisse usw. Im untersuchten Material wird X vor allem durch Sachverhalte und Gegenstände belegt.
Für Y, nämlich die Grundlage einer emotionalen, bewertenden Stellungsnahme, nennt FIEHLER (vgl. 2001, S. 1429) als mögliche Belegungen (1) Erwartungen, (2) Wünsche und Interessen, (3) (akzeptierte) soziale Normen und Moralvorstellungen, (4) Selbstbild und (5) das Bild des anderen. Als Z kann demgemäß (1) (gut) entsprechend oder (2) nicht entsprechend erscheinen, was sich in der Kommunikation eben grundsätzlich dadurch realisieren lässt, dass Emotionen zum Ausdruck gebracht werden oder ein Thematisieren von Erleben und Emotionen erfolgt.[56] Letzteres kann wiederum durch eine begriffliche Erlebensbenennung, eine Erlebensbeschreibung, die Benennung oder Beschreibung von erlebensrelevanten Sachverhalten und Ereignissen und die Beschreibung der situativen Umstände, in deren Rahmen ein Erleben stattfand, geschehen (vgl. Fiehler 2001, S. 1431).
Innerhalb der divergenten Strukturtypen erfolgt die Kommunikation von Emotionen vorwiegend durch begriffliche Erlebens- und Emotionsbenennungen, die gewissermaßen sozial vorgeformte Deutungsmöglichkeiten für ein individuelles Erleben sind. Sie sind „sozial normierte Möglichkeiten, ein Erleben zu typisieren und zu bezeichnen" (Fiehler 2001, S. 1431) und liegen in nominaler, verbaler und adjektivischer Form vor (vgl. Kap. 3.5.1.2.4). Beispiele für solche Begriffe aus dem allgemeinen Erlebenswortschatz sind *Stimmung* oder *Gefühl*, aus dem besonderen Erlebens- und Gefühlswortschatz *Faszination, Geborgenheit* oder *Freude*.
Als weitere sprachliche Mittel zur Realisierung von Erlebensbeschreibung sind in der Unternehmenskommunikation vor allem der Gebrauch fester metaphorischer Wendungen (Phraseologismen) und der metaphorische Gebrauch von bestimmten Ausdrücken zu nennen, seltener die Verwendung erlebensdeklarativer Formeln. Erlebens- und Emotionsbeschreibungen stellen mitunter relativ ausführliche Versuche dar, dem Rezipienten ein spezifisches Erleben durch Umschreibungen zu verdeutlichen. Gerade der Gebrauch erlebensdeklarativer Formeln, die das, „was in ihrem Skopus auftritt als Erleben oder Emo-

[56] Im Gegensatz zu den Verfahren der Thematisierung eines Erlebens oder einer Emotion sind Ausdrucksphänomene nicht zwangsläufig an Verbalisierungen gebunden.

tionen deklarieren und somit als Ganzes ein spezifisches Erleben beschreiben" (Fiehler 2001, S. 1431), bringt ein Maß an Explizitheit mit sich, das der generellen Kürze der divergenten Strukturen oft entgegensteht. Beispiele für solche erlebensdeklarativen Formeln wie *ich fühle mich* oder *ich empfinde x* begegnen eher in mündlichen Texten (z.B. auch Fernsehspots). Sie können dabei auch durch mündliche Kommunikationsformen instrumente- und kampagnenübergreifend als Slogan o.ä. eingeführt werden (z.B. *Ich fühl' mich schön mit Jade*).

Häufiger sind der Gebrauch fester bildlich-metaphorischer Wendungen, die auch ohne erlebensdeklarative Formeln zur Emotions- und Erlebensbeschreibung genutzt werden können, sowie der metaphorische Gebrauch bestimmter Ausdrücke. Erleben und Emotion wird dann in Analogie zu anderen Bereichen dargestellt, wobei einige davon besonders wesentlich und produktiv sind. Im Allgemeinen gehören zu den produktiven Bereichen für negatives Erleben die Konzeptualisierung von körperlichen Verletzungen oder der Störung der körperlichen Integrität (*Schmerzen*, *Wunden*, *Narben* etc.), von Sinneswahrnehmungen (z.B. *das schmeckt mir nicht*), Hitze oder Kälte (z.B. *es lässt mich kalt*), Druck usw. Positive Gefühle können etwa als Gewichtsverlust konzeptualisiert werden, der es ermöglicht, zu schweben oder zu fliegen (z.B. *was für eine Erleichterung* oder *wie auf Wolken schweben*), was gewissermaßen als Sonderfall von Konzeptionalisierungen angesehen werden kann, die ‚Höhe' oder ‚Tiefe' benutzen. Dabei sind positiv bewertete Entitäten in der Regel ‚hoch' (z.B. *Himmel*) und negative ‚tief' (z.B. *ich bin down*; vgl. Fiehler 2001, S. 1432).

Auch wenn Emotionsausdrücke und Emotionsthematisierungen zum großen Teil sozial vorgeformt und normiert sind, so gelten sie jedoch grundsätzlich als Ausdruck eines individuellen und subjektiven Erlebens, was sie in Bezug auf die Unterscheidung zwischen Informationsvermittlung und Meinungsäußerung grundsätzlich letztern zuordnen lässt. Die Umdeutung von *Auto* zu *Partner bzw. Auto zu Begleiter* basiert in kreativitätspsychologischer Hinsicht wiederum vordergründig auf Denkoperationen wie dem Assoziieren bzw. dem freien Verknüpfen. Emotionalität wird hier in Analogie zu Bereichen und Konzeptionalisierungen hergestellt, die als eng mit Emotionen verbunden gelten wie ‚Beziehung', ‚Partnerschaft' usw.

Die genannten Formen des primären Bewertens (direktes und emotionales Bewerten) können ergänzt werden durch ein sekundäres Bewerten, das (ebenso wie bei Typ 1 und Typ 2) durch kreative Denkoperationen wie ‚Verfremden' erzielt werden kann, d.h., das Bewertungsmanagement erfolgt hier über eine besondere Form der Stilisierung (vgl. genauer Kap. 3.7.4.3). Als Beispiel für derartige Strukturen des dritten Typs ist folgendes anzusehen:

> ***Fahrwerkstechnik, mit der gute Straßen Serienausstattung sind.***
>
> *Für Fahrkomfort sorgen in der S-Klasse sowohl die weiterentwickelte Luftfederung AIRMATIC als auch das auf Wunsch erhältliche aktive Fahrwerk ABC (Active Body Control) ...*
> *Während die AIRMATIC nun für noch mehr Komfort und Agilität beim Fahren sorgt, ist beim ABC das Zusammenspiel von Hochdruckhydraulik, aufwendiger Sensorik und leistungsfähigen Mikroprozessoren dafür verantwortlich, dass sich die S-Klasse in Sekundenbruchteilen dem jeweiligen Straßenzustand anpassen kann. Dabei werden Aufbaubewegungen der Karosserie beim Anfahren und Abbremsen ebenso wie Wankbewegungen bei Kurvenfahrten deutlich reduziert.*

Ein Verfremden erfolgt hier durch die spielerische Deklaration von *guten Straßen* als besonderer Bestandteil der *Serienausstattung* eines Autos. Damit ist wiederum eine Zunahme an Divergenz verbunden, wobei der daraus resultierende ästhetische Mehrwert über eine konvergente Paraphrase nicht vollständig transportierbar ist.

Ein weiteres Beispiel ist *Unwiderstehlich schön. Und ganz schön widerstandsfähig.* Hier resultiert das ästhetische Potential vor allem aus der figurierten, der rhetorischen Figur ‚Chiasmus' ähnlichen Anordnung der Elemente *wider-* und *schön* in *unwiderstehlich schön* und *schön widerstandsfähig*. Ferner geht es um ein Spiel mit Polysemie bzw. Wortartwechsel von *schön* sowie ein Spiel mit der Polymorphie des Stamms von *unwiderstehlich* und *widerstandsfähig*.

Die typischen Merkmale komplexer Satzfragmente fasst abschließend folgende Tabelle zusammen:

DIVERGENTES MUSTER	FORMALES MERKMAL	KREATIVE DENKOPERATION	FUNKTION/ WIRKUNG
Typ 3	Satzfragment z.B. +Relativsatz	Herstellen ungewöhn-licher Verbindungen/ Analogiebildung Vereinfachen Umdeuten	Bewerten/ Meinungsäußerung Anschaulich machen/ Konzeptualisieren Konkretisieren/ Informationen vermit-teln emotionales Bewerten als gesteigertes positi-ves Bewerten
+ästhetischer Mehrwert	+Spiel	+Verfremden	+Unterhalten

Typ 4: binares Satzfragment

In formaler Hinsicht kann eine Abgrenzung des vierten Typs gegenüber dem dritten nur insofern vorgenommen werden, als dass die Strukturen des vierten Typs grundsätzlich zweiteilig aufgebaut sind, während die des dritten Typs auch erheblich komplexer sein können. An den Rändern zu Typ 3 ergeben sich mitunter mehr oder minder große Ähnlichkeiten. Dies zeigen etwa die oben genannten Beispiele *ein starker Partner* oder *ein charismatischer Begleiter*, die sich nur durch die Verwendung des unbestimmten Artikels von den Mustern des vierten Typs unterscheiden.
Entscheidend für die weitere Differenzierung innerhalb der Satzfragmente sind neben der außerordentlich hohen Frequenz dieses vierten Musters vor allem grundlegende funktionale Übereinstimmungen. Als Beispiele für diesen Subtyp der Satzfragmente sind zunächst die folgenden zu nennen:

Grenzenloses Fahrvergnügen.
Ungetrübtes Reisevergnügen.
Präzise Eleganz.
Souveräne Sportlichkeit.
Klassische Werte.

Zeitlose Eleganz.
Stilvolle Dynamik.

Wie die Beispiele bereits deutlich machen, geht es in funktionaler Hinsicht wiederum um ein Bewerten, eine Form der Stellungnahme bzw. Meinungsäußerung. Dazu erfolgt besonders häufig der Einsatz von Hochwertwörtern, die auch ohne die Struktur eines Komparativs oder Superlativs geeignet sind, das Bezeichnete aufgrund ihrer sehr positiven Inhaltsseite aufzuwerten. In Bezug auf eine konvergente Paraphrase, die die divergente Struktur in syntaktischer Weise komplettiert, ist neben den für alle Formen von Fragmenten (Subjekts- und Prädikatsauslassung) angenommenen Umschreibungen durch *Das ist ... / Produkt xy ist ... / Ein produktspezifischer Zusatznutzen ist ...* hier auch *Die Verwendung/Benutzung von Produkt bedeutet ...* oder *Das Produkt xy steht für/verkörpert ...* möglich, z.B.:

Ungetrübtes Reisevergnügen. – Das Fahren eines Dacia Logan bedeutet ungetrübtes Reisevergnügen.

oder

Souveräne Sportlichkeit. – Der 7erBMW in Saphirschwarz metallic lackiert verkörpert souveräne Sportlichkeit ...

Gerade die zuletzt genannte Möglichkeit einer Paraphrasierung macht deutlich, dass als vordergründige Denkoperation des kreativen Prozesses wiederum ein Assoziieren angenommen werden muss. Die Richtung dieser Assoziationen geht vor allem zu Themen wie ‚Hedonismus', ‚Exklusivität', ‚Tradition' oder ‚Komfort', die gerade im Falle von Premiummarken in der Regel eng mit dem Markenimage verbunden sind und somit ein zentrales Positionierungsmerkmal darstellen.
In formaler Hinsicht besteht der vierte Typ divergenter, stilistischer Handlungsmuster immer aus einem attributiv verwendetem Adjektiv[57] und einem dazugehörigen Nomen. Die Mehrzahl dieser Nomina sind Abstrakta, die zu-

[57] In seltenen Fällen dienen dazu auch adjektivisch gebrauchte Partizipialformen.

gleich als Hochwertwörter (mitunter auch Plastikwörter) mit einer spezifisch aufwertenden, anpreisenden Komponente interpretiert werden können. In semantischer Hinsicht ist zudem auffällig, dass Attribut und Bezugssubjekt inhaltsseitig nicht unbedingt immer vollständig kompatibel sind (z.B. *Präzise Eleganz.* und *Souveräne Sportlichkeit.*). Dies ist wohl damit zu begründen, dass hier auch das attributive Element einen Hochwertbereich repräsentiert (vgl. z.B. verwandte Substantive wie *Souveränität*, *Präzision*) und die Verbindung beider Wörter lediglich der Assoziation von zwei sehr positiv besetzten Konzepten dienen soll. Hier zeigen sich erneut Ähnlichkeiten zu anderen divergenten Strukturen, die ebenfalls ausschließlich das assoziative Potential einzelner Wörter nutzen (z.B. *Sicherheit aus Leidenschaft*).
Auch die Relation zum kohärenten Bezugskontext kann in diese Richtung weisen, z.B.:

> ***Grenzenloses Fahrvergnügen.***
>
> *In seiner Vielseitigkeit macht der neue Volvo XC60 jede Fahrt zu einem Genuss. Egal, ob Sie sich für den Boulevard, die Autobahn, unbefestigte Pisten oder eine Strecke irgendwo dazwischen entscheiden – Sie werden Fahrspaß pur erleben.*

oder

> ***Präzise Eleganz.***
>
> *In Titansilber metallic lackiert zeigt sich der neue BMW7er zeitlos elegant. Vollendet von BMW Leichtmetallrädern Doppelspeiche 253 mit Mischbereifung. Im Innerraum erwartet Sie – perfekt darauf abgestimmt – elegante Modernität: mit der Kombination aus Leder Dakota Schwarz und der Interieurleiste in Edelholzausführung Fineline natur.*

oder

> ***Ungetrübtes Reisevergnügen.***
>
> *Die umfassende Ausstattung des Dacia Logan und sein hohes Komfortniveau rücken Fahrspaß und Reisevergnügen in den Mittelpunkt. Fahrersitz und Lenkrad sind hö-*

henverstellbar und ermöglichen so dem Fahrer eine ergonomische und ermüdungsfreie Sitzposition. Diverse durchdachte Ablagen nehmen Ihre Reiseutensilien auf, für das Innenraumklima sorgt die leistungsfähige Klimaanlage.

In allen drei Fällen erfolgt eine pointierte, bewertende Zusammenfassung der im kohärenten Bezugstext thematisierten Inhalte, die mit verschiedenen Techniken des Assoziierens und Umdeutens einhergeht. Im ersten Beispiel wird das Fahren auf verschiedenen Fahrbahnen mit ‚Grenzenlosigkeit' verbunden, im dritten *ergonomische Sitze* und *diverse Ablagen* in Verbindung mit einem *hohen Komfortniveau* als *ungetrübtes Reisevergnügen* deklariert, was im ersten Satz des Bezugstextes noch einmal auf ausführlichere Weise wiederholt wird. Im Falle des zweiten Beispiels wird innerhalb des kohärenten Bezugskontextes versucht, den Aspekt der Eleganz zu begründen, während es für die Konzeption von ‚Präzision' nur äußerste vage Anhaltspunkte gibt (evtl. perfekte Abstimmung von Innenraum und Außenlackierung).
Die sich in den Hochwertbegriffen spiegelnden Bewertungen benennen zwar nur zum Teil Emotionales, sind jedoch fast immer subjektiv und in der Regel nicht (vollständig) verifizierbar. Sie stellen gelegentlich auch Schlüsselwörter dar, die das sprachliche Grundmotiv bzw. den begrifflichen Kern der Positionierungsbotschaft bilden. Die wesentlichen Eigenschaften des vierten Typs, des binaren Satzfragments, zeigt die tabellarische Übersicht:

DIVERGENTES MUSTER	FORMALES MERKMAL	KREATIVE DENKOPERATION	FUNKTION/ WIRKUNG
Typ 4	Satzfragment zweiteilig Adjektiv+Nomen Einsatz von Hochwert- wörtern	Assoziieren	Bewerten/ Meinung äußern

3.7.4.3 Lexikalische Stilisiertheit im Sinne klassischer Figurierung

Wie eingangs dargestellt, werden die Typen divergenter stilistischer Handlungsmuster zunächst danach differenziert, ob sie primär auf syntaktischer

oder lexikalischer Ebene von konvergenten Strukturen, wie sie für kohärente Texte typisch sind, abweichen.
Im Folgenden geht es demzufolge um die Beschreibung solcher Muster, die sich prinzipiell auch bei syntaktischer Vollständigkeit als Figur vom jeweiligen Kontext bzw. Hintergrund abheben, weil sie sich auf lexikalischer Ebene von einer stilneutralen sprachlichen Gestaltung unterscheiden. Das heißt, bei diesen Typen stilistischer Handlungsmuster geht es primär um die besondere lexikalische Ausfüllung, an die zugleich die Erzielung eines bestimmten Stilwertes gebunden ist. Ein solches lexikalisches Abweichen im Sinne einer Stilisierung kann wiederum ergänzt werden durch bestimmte Formen syntaktischer Unvollständigkeit oder Abweichungen von der normalen Wortstellung wie sie etwa rhetorische Figuren der Umstellung (z.B. Chiasmus und Antithese) verlangen können, die jedoch vor allem einer besonderen lexikalischen Ausfüllung – wie beispielsweise einem antonymischen Bedeutungsverhältnis einzelner Wörter oder Wortbestandteile bedürfen[58], z.B.:

Offroad fahren, onroad fühlen.
Ästhetisch im Auftritt. Athletisch im Antritt.

Derartige Beispiele vereinen zugleich Merkmale syntaktisch abweichender Strukturtypen – hier als Satzfragmente – mit Besonderheiten der lexikalischen Gestaltung, wobei letzteres als dominantes Merkmal des Strukturtyps zu betrachten ist, weil es bei allen Varianten solcher divergenten Strukturen notwendig ist, während die deutliche Minderheit der Exemplare lexikalischer Strukturtypen syntaktische Unvollständigkeit oder Besonderheiten in der Wortstellung aufweist.
In funktionaler Hinsicht haben alle divergenten Strukturen, die auf lexikalischer Ebene als besonders figuriert bzw. stilisiert angesehen werden können, gemeinsam, dass sie als stilistische Formen von Bewertungen angesehen werden können. Solche Bewertungsformen, die über den Stil, über die textstruk-

58 Die folgenden Beispiele enthalten als spezifische lexikalische Ausfüllung etwa Bestandteile von Wortbildungsprodukten, die durch die semantische Relation des Bedeutungsgegensatzes (z.B. *off-* und *on-*) oder des Kontrasts (z.B. Präfixe *auf-* und *an-*, Stämme *Ästh-* und *Athl-*) gekennzeichnet sind.

turelle Gestaltung erfolgen, fasst RAMGE (vgl. 1994, S. 111ff.) als ‚sekundäres Bewerten'. Sekundäres Bewerten geschieht im Gegensatz zum expliziten Bewerten, das durch das Kommentieren selbst mit seinen Bestandteilen ‚Thematisieren', ‚Bewerten' oder ‚Deuten' erfolgt, durch eine anspruchsvolle Textgestaltung, „Eloquenz" und eine „möglichst gute Präsentation" (Ramge 1994, S. 112f.). In diesem Zusammenhang scheint es notwendig, noch einmal auf den Umstand hinzuweisen, dass Stilwirkungen – ebenso wie perlokutionäre Effekte – nicht den Stilintentionen der Produzentenseite entsprechen müssen, sie sind vielmehr „abhängig von der stilistischen Kompetenz (und der generellen kommunikativen und interaktiven Handlungskompetenz), aber auch von den vorhandenen Überzeugungen und Dispositionen der Rezipierenden" (Sandig 2006, S. 533). Gerade der spielerische Umgang mit Sprache erfordert ja zunächst, dass die Rezipienten die Struktur als intendierte Abweichung erkennen und sie als solche positiv bewerten, weil sie sie als Ausdruck der hohen sprachlichen Kompetenz des Textproduzenten ansehen. Die positive Bewertung der sprachlichen Kompetenz soll sich dann über die Gestaltung des Werbemittels auf die Einstellung zu beworbenen Produkt bzw. zur beworbenen Marke übertragen.

Typ 5: assoziativ-ästhetisch

Als Beispiele für divergente Strukturen des fünften Typs sollen zunächst die folgenden genannt werden, z.B.:

Höchstleistung ist ganz leicht.
Sparsames Fahren beginnt beim Bremsen.
Weniger Auto ist mehr.
Ideale formt man aus Ideen.
Alles dreht sich um Freude. Mehrere tausend mal pro Minute.[59]
Sie treffen die Entscheidung. Wir ihren Geschmack.

---

[59] Ebenso wie o.g. Beispiel (vgl. **tausend mal* vs. *tausendmal*) wird im untersuchten Material hin und wieder von der derzeit verbindlichen Orthographieregelung abgewichen. Die Gründe dafür liegen vor allem in der Einzelstellung wichtiger thematischer Aspekte zur Hervorhebung und der Sichtbarmachung von rhythmischen Übereinstimmungen (beispielsweise im Hinblick auf eine parallele Gestaltung: z.B. *Hier möchten wir Ihnen Technologien nahebringen, die vieles von ihnen fernhalten.*).

Das fünfte stilistische Handlungsmuster ist gekennzeichnet durch einen spielerischen Umgang mit dem semantischen Gehalt oder der Formativstruktur (morphologisches, graphisches oder lautliches Abweichen) einzelner Wort- oder auch Wortgruppenlexeme[60]. Es zählt in zahlreichen kommunikationspolitischen Textsorten (vgl. Kap. 4) zu jenen textstilistischen Strukturtypen, die von den Mitgliedern der Kommunikationsgemeinschaft erwartet werden. Dabei geht es um eine „Normalformerwartung" (Sandig 2006, S. 157), die sich bei den Kommunizierenden „im Laufe ihrer kommunikativen Sozialisation" (Selting 2001, S. 5) über die Erwartbarkeit bestimmter Stile in bestimmten Kommunikationskontexten herausbildet. Zu diesen Kommunikationserwartungen gehört für den Bereich des Marketings häufig die Vorstellung einer besonders unterhaltsamen und ästhetischen sprachlichen Darbietung der Informationsvermittlung und Meinungsäußerung.

Für die Produktion von divergenten Strukturen des fünften Typs scheinen verschiedene der im zweiten Kapitel dargestellten offenen Denkprinzipien in Frage zu kommen. Dazu gehören auf jeden Fall kreative Operationen wie das Verfremden oder das Zerlegen und Umkehren, die aus spontanen Einfällen resultieren können. SANDIG (vgl. 2006, S. 159) bewertet ebenso wie DITTGEN auch Verfahren, die zu diesem Strukturtyp führen, als „Verdichten" im Sinne eines komprimierten, nicht-expliziten Ausdrucks, der „viel Sinn durch wenig Ausgedrücktes möglich macht" (Sandig 2006, S. 157). DITTGEN unterscheidet im Rahmen ihrer Untersuchung von Zeitungsüberschriften, Titeln, Werbeslogans usw. zwischen „semantisch-lexikalischen Verdichtungen" (z.B. *Null Bock auf Ziegen*), „semantisch-thematischen Verdichtungen" (z.B. *Löwenbräu nimmt kräftigen Schluck*) und „semantisch-grafischen Verdichtungen" (z.B. *FALLOBST*), bei denen mit Hilfe der Typografie oder der Schriftart die Bedeutung unterstrichen wird. Auch Mehrdeutigkeiten, Phraseologismus-Abwandlungen, Inkompatibilitäten und Zusammenziehungen gelten bei DITTGEN als mögliche Teilverfahren des Verdichtens (vgl. Dittgen 1989).

---

[60] In den Beispielen finden wiederum bestimmte morpho-lexikalische Techniken wie z.B. das Gegenüberstellen semantischer Gegensätze (z.B. *-leistung* und *-leicht, weniger* und *mehr*) oder das Spiel mit Elementen einer Wortfamilie (z.B. *Ideale, Ideen*) oder Polysemie (z.B. *sich drehen um*) Verwendung.

Ein stilistisches Verfahren wie ‚Verdichten' für die Bildungen des fünften Typs anzunehmen, kann wiederum durch den Versuch einer Paraphrasierung begründet werden, mit der es in der Regel nicht möglich ist, den jeweiligen Mehrwert, das sekundäre Bewerten zu transportieren. In diesem Sinne können die Exemplare dieses Strukturtyps – ebenso wie viele klassische Stilfiguren – als verdichtete, komprimierte Aussagen verstanden werden. Jedoch geht auch mit allen anderen Typen divergenter stilistischer Handlungsmuster eine Operation wie ‚Verdichten' einher (beim Verkürzen durch Auslassung oder mit Hilfe bestimmter Interpunktionszeichen: z.B. *Brille: Fielmann*), womit dieses Verfahren nicht als distinktives Merkmal angesehen werden kann.
Als Gemeinsamkeit aller Exemplare des fünften Strukturtyps ist ein Abweichen zu betrachten, wie es für Stilfiguren charakteristisch ist. Denn Stilfiguren können im weitesten Sinne immer als Abweichung von der einfachen Stellung und Ordnung der Worte (vgl. Kap. 3.6) angesehen werden, die etabliert und konventionalisiert, sozusagen eingeübte Divergenzen sind. Die Exemplare des assoziativ-ästhetischen Typs heben sich entweder durch den Einsatz von Stilfiguren oder anderer Verfremdungen, Mehrdeutigkeiten etc. von der neutralen Ausdrucksweise ab. Sie sollen den Text wirkungsvoller gestalten und sind als besonders stilisiert im Sinne einer ansprechenden, geschmackvollen, also ‚ästhetischen' sprachlichen Formgebung anzusehen. Diese Form von Stilisiertheit ist untrennbar mit dem funktionalen Aspekt der Unterhaltung, dem Spaß an ästhetischen Sprachformen verbunden.
Wie die o.g. Beispiele zeigen, scheinen sich bestimmte Arten von Stilfiguren besonders gut für die Ausfüllung dieser divergenten Strukturen zu eignen. Dazu gehört etwa die Antithese, der Chiasmus, die Synekdoche oder die Alliteration, z.B.:

Höchstleistung ist ganz leicht

Der Intelligente Leichtbau von BMW.
BMW Ingenieuren gelang es erstmals, ein Motorengehäuse aus einer Magnesium-Aluminium-Verbindung zu bauen. Das Ergebnis: Das BMW Triebwerk ist der leichteste Sechszylinder seiner Klasse – und bringt trotzdem mehr Leistung ...

Neben dem Merkmal der ästhetischen Gestaltung ist dieser Typ divergenter Handlungsmuster wiederum durch die Verwendung von Hochwertwörtern (z.B. *Ideale*, *Kraft*) sowie anderen Wörtern oder Phraseologismen mit einer positiven Inhaltsseite gekennzeichnet (z.B. *Wenn es hart auf hart kommt, fängt Sie ein Mercedes-Benz weich auf. / Selten hat sich Kraft so sanft angefühlt.*), die positive Assoziationen an das beworbene Produkt oder die Marke vermitteln sollen.

Die Exemplare des fünften Strukturtyps sind hinsichtlich ihrer Verständlichkeit in unterschiedlichem Grad vom kohärenten Bezugstext abhängig. Mitunter geht es auch um ein enges Zusammenwirken verbaler und visueller Komponenten, denn Bilder sind zwar nicht obligatorisch, aber doch prototypisch für zahlreiche kommunikationspolitische Textsorten. Obwohl die verbalvisuelle Relationen ein notwendiger Bestandteil einer umfassenden Textanalyse sind, stehen sie hier nicht im Zentrum des Interesses. Es soll daher an dieser Stelle lediglich auf den Umstand hingewiesen werden, dass sich die Bedeutung mancher divergenter Aussagen erst durch das Zusammenwirken verbaler und visueller Komponenten konstituiert[61], z.B.:

> *Alles dreht sich um Freude. Mehrere tausend mal pro Minute.*

Die Aussage steht über der Abbildung eines Motorblocks, die zudem ergänzt wird durch einen Fließtext:

> *Die Benzinmotoren. Leistungsstärke, Laufruhe und Drehfreudigkeit zeichnen einen BMW Motor aus. Natürlich folgen sämtliche für das neue BMW3er Coupé angebotenen Motorisierungen der Philosophie von BMW EfficientDynamics ...*

Abschließend ist zu den Bildungen des fünften Typs zu bemerken, dass ihre Wirkung vor allem darauf beruht, dass die Rezipienten die Figuriertheit der Strukturen erkennen und als Merkmal ästhetischer Textgestaltung interpretieren. Dabei scheint es irrelevant, ob die ästhetische Gestaltung aus der Ver-

---

61 Zu verbal-visuellen Beziehungen und ihre Bedeutung für die Textanalyse vgl. z.B. Stöckl (1997) und (2004), Androutsopoulos (2000b).

wendung von Stilfiguren, als etablierten, konventionalisierten Formen mit Wiedererkennungseffekt oder aus okkasionellen Wortspielen resultiert.
In funktionaler Hinsicht können die Strukturen als meinungsäußernd und primär bewertend charakterisiert werden (durch inhaltsseitig positive Lexik), als sekundär bewertend aufgrund der ästhetischen, unterhaltenden Gestaltung.

DIVERGENTES MUSTER	FORMALES MERKMAL	KREATIVE DENKOPERATION	FUNKTION/ WIRKUNG
Typ 5	Spiel mit semantischem Gehalt oder Formativ, z.B. +Stilfigur +morpholexikalische Techniken	Verfremden, Zerlegen, Umkehren, Verdichten	Unterhalten/ sekundäres Bewerten Meinungsäußerung/ primäres Bewerten

Typ 6: affektiv-ästhetisch

Die Strukturen des sechsten Typs haben mit Typ 5 das Merkmal der Figuriertheit gemeinsam. Sie unterscheiden sich hinsichtlich der Art der verwendeten Figuren. Im Vergleich zum fünften Typ können diese divergenten Strukturen aus der Verwendung bestimmter Gedankenfiguren, wie beispielsweise der Ironie, der rhetorischen Frage oder der Vergrößerung, resultieren, z.B.:

Wir regeln alles. Wenn es sein muss, sogar den Luftstrom.

Aerodynamik, die mitdenkt: Öffnungen in der Karosserie sind dazu da, um dem Motor Kühl- oder Ansaugluft zuzuführen. Aber nicht immer ist das notwendig. Deshalb hat BMW die Luftklappensteuerung entwickelt. Wenn der Motor Kühlung benötigt, wird Luft zugeführt. Andernfalls bleiben die Klappen geschlossen ...

oder

Was sind schon Sekunden?
Für einen Mercedes der Unterschied zwischen einem Unfall und hervorragendem Schutz.

Als Mercedes-Benz im Jahr 2002 PRE-SAFE® vorstellte, stand ein Gedanke im Vordergrund: Vom Erkennen der Unfallgefahr bis zum Aufprall vergehen wertvolle Sekunden – meist ungenutzt. Diese Zeit kann PRE-SAFE® wirksam nutzen. Die Sensorik von ESP® und BAS erkennt kritische Fahrsituationen wie starkes Über- oder Untersteuern, kritische Lenkbewegungen, Panik- und Notbremsungen.

Die divergente Struktur des ersten Beispiels kann als Vergrößerung interpretiert werden, die die positiven Eigenschaften eines Gegenstandes oder Sachverhalts – hier eines Produkts – besonders hervorhebt. Dies geschieht nicht durch einen erhöhenden Vergleich oder eine Folge sich überbietender Gedanken, sondern durch das semantische Ausdehnen des zentralen Arguments. Der produktspezifische Zusatznutzen ‚Luftklappensteuerung', der die ‚Luftzufuhr bei einem Auto' regeln kann, wird mit der Regelung des Luftstroms im Allgemeinen gleichgesetzt und damit zugleich aus der Problematik der Beeinflussung klimabestimmter Witterungsbedingungen eine Begründung für die überhöhte Behauptung *Wir regeln alles.* abgeleitet. Im zweiten Beispiel geht es um ein fingiertes Frage- und Antwort-Spiel, bei dem der Textproduzent eine vorgebliche, selbst gestellte Frage auch selbst beantwortet. Die argumentative Kraft entfaltet sich dadurch, dass der Rezipient erst einmal herausfinden muss, was der Produzent schon weiß, wodurch die Kernaussagen auf besonders eindringliche und emotionale Weise transportiert werden können (vgl. Kap. 3.6.5).

Die Verwendung solcher Gedankenfiguren dient der emotionalen Stimulierung im Hinblick auf die Erläuterung und Detaillierung eines Themas. Sie haben häufig eine sehr gefühls- und affektbetonte Wirkung[62] und sind zudem aufgrund der Figuriertheit als besonders stilisiert anzusehen. Als kreative Operationen gehen solchen affektiv-ästhetischen Strukturen wiederum Denk-

---

[62] Mit der Bezeichnung ‚affektiv' wird auf ‚Affektivität' als die Gesamtheit des menschlichen Gefühls- oder Gemütslebens referiert.

methoden wie ‚Zerlegen', ‚Verfremden', ‚Herstellen ungewöhnlicher Verbindungen' oder auch ein ‚Visualisieren' voraus, das ein Problem oder einen Problemlösungsansatz in bildlich-anschaulicher Form darstellt, um dadurch eine stärkere kognitive Aktivierung auszulösen. Die Herstellung von Konvergenz erfolgt in diesen Fällen durch den Kontext, der die divergente Aussage thematisch einordnen, die zentralen Argumente ausführlicher darstellen und präzisieren, erläuternde Einschränkungen der Erhöhung vornehmen, die Inhalte versachlichen kann u.v.m.

Wie oben ausgeführt (vgl. Kap. 3.6) können den Gedankenfiguren auch geplante, gespielte, also künstliche Affekte und die figürlich amplifizierten Affekte zugeordnet werden. Infolgedessen werden auch divergente Aussagen, die direkt auf Affekte bezogen sind, weil sie diese benennen, hervorrufen oder suggerieren wollen, dem affektiv-ästhetischem Typ zugeordnet.[63]
Hinsichtlich der offenen Denkprinzipien als Voraussetzung für kreative Problemlösungen geht es dabei nicht um ein Visualisieren, nicht darum, eine Darstellung in ein Bild umzusetzen, eine Idee bildwirksam zu machen, sondern vielmehr um eine Art Kinästhesierung, bei der Aussagen in einer Form dargestellt werden, die kinästhetisch, d.h. im weitesten Sinne auf die Sinneswahrnehmung bezogen, wirken soll. Dabei werden die Aussagen in einer sprachlichen Form gestaltet, die die Sinneswahrnehmung im Allgemeinen, das Gefühl, ansprechen soll. Es geht darum, Inhalte und Ideen in ein Gefühl, etwas zu Fühlendes umzuwandeln und die emotionalen Aspekte derart herauszustellen, dass sie Aufmerksamkeit erregen. Als Beispiele für diesen Subtyp einer kinästhetischen, auf das Fühlen ausgerichteten sprachlichen Gestaltung sind etwa die folgenden anzusehen:

---

63 In der antiken Rhetorik wird mit der Affekterregung (affectus) im Allgemeinen beabsichtigt, den Redner, den Richter oder die Meinung des Publikums für sich zu gewinnen. Die Mittel zur Erregung der Affekte werden dabei vor allem für den Schlussteil einer Rede als geeignet angesehen. Sie umfassen die Gesamtskala der Gefühlsregungen von ihren Extrempunkten ‚pathos' und ‚ethos', ‚movere' (‚mitreißen/entsetzen') und ‚delectare' (‚erfreuen/unterhalten'), wobei ‚pathos' die wilden, mitreißenden und erschütternden Gefühlsregungen wie Leidenschaft und Zorn benennt, während als ‚ethos' die sanften, gelassenen und unterhaltenden Gemütsbewegungen bezeichnet werden, die gleichmäßiger und dauerhafter als heftige Emotionen sind (vgl. Ueding/Steinbrink 2005, S. 276).

Zuerst entdecken Sie: Design, das eine Form zu einem Erlebnis macht.
Dann entdecken Sie: Bauchkribbeln.

Zuerst spüren Sie: Dynamik, die schon vor der Bewegung entsteht.
Dann spüren Sie: Adrenalin.

Das, was dieses Design einzigartig macht, produzieren Sie selbst: Adrenalin. Sie spüren es sofort, wenn Ihre Augen den Passat entdecken: beim ersten Blick auf die pfeilförmige Motorhaube zum Beispiel, die in einen markanten chromglänzenden Kühlergrill mündet. Oder während Sie die Heckpartie betrachten, ihre sportlich geschwungene Abrisskante und die ausdrucksstarken Rückleuchten. Ganz besonders bemerkbar macht es sich auch bei der breiten Spur, dem langen Radstand und der kraftvollen, weit nach unten gezogenen Front. Auch die vielen Details, wie elegante Türgriffe, Außenspiegel mit eingelassenen Blinkleuchten und die geringen Spaltmaße, verfehlen ihre Wirkung nicht. Beim Passat ist eben schon der erste Anblick ein außergewöhnliches Erlebnis.

oder

Zuerst bemerken Sie: Formen, die neu und vertraut zugleich sind.
Dann bemerken Sie: Ihren Pulsschlag

Die erste Aufregung bei Ihrer Begegnung mit einem Passat legt sich, sobald Sie auf einem seiner Sitze Platz nehmen. Der großzügig gestaltete Innenraum aus vielen hochwertigen Materialien empfängt Sie mit funktionalem Komfort, der nur einem Zweck dient: Ihrer Entspannung. Dank der reduzierten Ästhetik der Instrumententafel und dem angenehm unaufdringlichen Design der Mittelkonsole strahlt der Passat in jeder Situation Ruhe und Eleganz aus ...

oder

Dass Sie gerade eine Serpentinenstrecke bewältigen, merken Sie nur am Einschlag des Lenkrads.

Für ein neues Sitzgefühl: der Multikontursitz

Der beheizte Multikontursitz ist für Fahrer und Beifahrer in den V8-Modellen serienmäßig. Im Sitz sind einzelne Luftkammern untergebracht, die Sie ganz nach

Wunsch regulieren können. Im Lendenbereich, in den Lendenseitenbacken und im vorderen Sitzkissen wird mehr Druck in den Kammern aufgebaut und so für mehr Stabilität gesorgt. Eine kurvige Strecke wird Ihnen nun fast wie eine lange Gerade vorkommen ...

Die ersten beiden Beispiele (insgesamt drei in sich geschlossene divergente Strukturexemplare) aus der externen Unternehmenskommunikation des VW-Konzerns enthalten jeweils die Umstellungsfigur ‚Parallelismus', die aus der parallelen syntaktischen Anordnung der Glieder resultiert. Parallelismen enthalten häufig eine Klimax, durch deren steigende Wirkung sie der Hervorhebung dienen können. Auch wenn in den o.g. Beispielen keine Klimax im engeren Sinne (Dreigliedrigkeit usw.) vorliegt, so wird durch die jeweils analoge Struktur *Zuerst... – Dann... (Zuerst entdecken Sie... Dann entdecken sie... / Zuerst spüren Sie... Dann spüren Sie...*[64]) die Aufmerksamkeit immer auf die Einheiten hinter dem Doppelpunkt gelenkt, wobei der Höhepunkt eindeutig auf dem letzten Teil des zweiten Satzes liegt. Zudem stellen sie eines der Muster dar, dass dem von SANDIG (vgl. 2006, S. 193ff.) genannten Prinzip ‚der Wahrnehmung des thematisierten Gegenstandes (im weitesten Sinne) folgend' entspricht, das Texte natürlich machen soll. Hierzu gehört die Darstellung der zeitlichen Abfolge entsprechend der natürlichen Ordnung (*Zuerst bemerken... – Dann bemerken...*). Dazu kann auch die Verwendung von Adverbien gezählt werden – hier der Temporaladverbien am Beginn, die das fiktive Geschehen in der Zeit situieren bzw. die temporale Beziehung bezeichnen.
Als weitere, ebenfalls dem ‚der Wahrnehmung des thematisierten Gegenstandes folgend' zuzuordnendem Prinzip kommen die Sequenzierungsmuster ‚von außen nach innen', ‚erst die Voraussetzung dann die Folgen' bzw. ‚erst die Ursache, dann die Wirkung' zum Tragen, da es zum einen – wie es auch für Präsentation von Automobilen in den Printmedien typisch ist – vom Außendesign zum Innendesign (z.B. *pfeilförmige Motorhaube, markanter chromglänzender Kühlergrill, ausdrucksstarke Rückleuchten – der großzügig gestaltete Innenraum aus vielen hochwertigen Materialien, die reduzierte Ästhetik der Instru-*

[64] Zur Bedeutung solcher Konstruktionen für die stilistische Geschlossenheit von Texten und Textsorten im Sinne von stilistischer Kohärenz und stilistischer Kohäsion vgl. Kap. 4.2.5.

mententafel, das angenehm unaufdringliche Design der Mittelkonsole) bzw. vom Außendesign nach „innen", zum Antrieb oder Fahrwerk geht.

Den beiden anderen Prinzipien ‚erst die Voraussetzung, dann die Folgen' und ‚erst die Ursache dann die Wirkung', die einander relativ ähnlich sind und sich zum Teil überlagern können, entsprechen jeweils die Aussagen nach dem Doppelpunkt, z.B.:

Voraussetzung/Ursache:	*Design, das eine Form zu einem Erlebnis macht*
Folge/Wirkung:	*Bauchkribbeln*
Voraussetzung/Ursache:	*Formen, die neu und vertraut zugleich sind*
Folge/Wirkung:	*(erhöhter) Pulsschlag*

Dabei wird durch das Setzen des Doppelpunkts innerhalb der divergenten Struktur die Aufmerksamkeit systematisch auf dieses Verhältnis von ‚Voraussetzung'/‚Ursache' und ‚Folge'/‚Wirkung' gelenkt, dass als Ergebnis oder Ziel des vorgestellten Geschehens angesehen werden kann. Die affektive Komponente dieses divergenten Strukturtyps äußert sich in den beiden VW-Beispielen zudem klar erkennbar an der Art der verwendeten Lexik. Es finden emotionsbezeichnende sprachliche Mittel Verwendung, wie die auf ein Gefühl, ein Erleben referierenden Verben *spüren* oder *bemerken,* die sich auf emotionale Prozesse beziehen können, jedoch hinsichtlich der Bewertung dieser Emotion als neutral einzustufen sind. Auffällig frequent sind auch die sog. Reizwörter, die zwar keine direkten Emotionsbezeichnungen sind, sich aber als figürliche Ausdrücke für Emotionen auffassen lassen (vgl. Stoeva-Holm 2005, S. 63ff. und Kap. 3.5.1.2.4). Als typische Reizwörter lassen sich hier vor allem Somatismen ausmachen, die Teile des menschlichen Körpers, Körperfunktionen oder bestimmte Körperflüssigkeiten bzw. andere Körperstoffe bezeichnen. So steht etwa das Lexem *Adrenalin,* als Halbterminus für ein Stresshormon, das auf einer im engeren Sinne fachsprachlichen Ebene „einen zu den Katecholaminen gehörenden Neurotransmitter und Hormon des Nebennierenmarks" (Pschyrembel 2007, S. 26) bezeichnet, der bei Stress stark erhöht ist. *Adrenalin* soll damit für die positive Anspannung stehen, die sich allein schon durch das Betrachten des Produkts ergeben soll. Im Rahmen dieser Behauptung ordnen sowohl das Hochwertwort *Dynamik* als auch der Somatismus *Adrenalin* dem emotionsbezeichnenden Verb *spüren* eine positive Bewertungsrichtung zu. Da der Stoff *Adrenalin* der raschen Bereitstellung von Energie dienen kann, was vor allem durch die Erhöhung des Herzminutenvolumens und der Pulsschlagfrequenz erfolgt, wird durch die Verwendung der Somatismen *Adrenalin* und *Pulsschlag* zugleich eine semantische Verbindung zwischen den einzelnen divergenten Strukturexemplaren des Textes aufgebaut, die der Kohärenzbildung dient. Natürlich kann auch die Bildung *Bauchkribbeln*, die inhaltlich ebenfalls der Referenz auf eine positive Form von Anspannung dient, diesem größeren Thema zugeordnet werden.

Im zuerst genannten divergenten Strukturexemplar lässt sich zudem die bereits in Zusammenhang mit Typ 3 beschriebene Technik des Umdeutens erkennen, die durch die bewusste und intendierte Verschiebung der sprachlichen Darstellung eines Gegenstandes oder Sachverhalts erfolgt, und das primäre Ziel einer emotionalen Bewertung hat. Hierbei erfolgt das Umdeuten über die den semantischen Gehalt einzelner Lexeme, vom Hochwertwort *Design*, über das als stilneutral einzustufende Lexem *Form* hin zum emotionalen, im aktuellen Kontext mit deutlich positiv besetzen Implikationen versehenem *Erlebnis*. Es erfolgt hier wiederum ein Wechsel der Abstraktionsebene mit dem Ziel der Benennung erlebbarer Dinge (vgl. Kap. 3.7.4.2), die zu einem emotionalen Bewerten führen soll. Durch den kohärenten Bezugskontext wird dieser Teil des divergenten Strukturexemplars (*Design, das eine Form zu einem Erlebnis macht.*)[65] inhaltlich näher ausgeführt und zugleich eine auch ausdrucksseitige Klammer zum zweiten, dem Bezugskontext ebenfalls zugeordnetem divergenten Strukturexemplar gebildet (*...Dann spüren Sie: Adrenalin.*):

> *Das, was dieses Design einzigartig macht, produzieren Sie selbst: Adrenalin. Sie spüren es sofort, wenn Ihre Augen den Passat entdecken: beim ersten Blick auf die pfeilförmige Motorhaube zum Beispiel ...*
> *Beim Passat ist eben schon der erste Anblick ein außergewöhnliches Erlebnis.*

65 Dieser Teil des Strukturexemplars entspricht – ebenso wie die beiden anderen genannten Beispiele (*Dynamik, die schon vor der Bewegung entsteht.* und *Formen, die neu und vertraut zugleich sind.*) – auch in formaler Hinsicht dem oben beschriebenen, dritten Strukturtyp.

Der zweite kohärente Bezugskontext steht nicht im selben Verhältnis zur divergenten Struktur wie der erste. Auffällig wirkt hier die inhaltliche Gestaltung, die sich vor allem durch das thematische Nebeneinander von ‚Aufregung' (z.B. durch das Fühlen des eigenen Pulsschlages) und ‚Entspannung' ergibt (z.B. *Design, das Ruhe und Eleganz ausstrahlt*). Die Verbindung dieser beiden Aspekte scheint für ein bestimmtes Automobilsegment, zu dem offenbar auch der VW Passat gezählt werden soll, als eine Art produktspezifischer Zusatznutzen zu gelten oder als solcher generiert zu werden. Dies zeigen auch Kommunikationsbeispiele anderer Hersteller, z.B.:

> ***Von der hohen Kunst, angespannt und entspannt zugleich zu sein.***
> ***Das Design der 911 Turbo Modelle.***
>
> *Die extremen Leistungswerte der 911 Turbo Modelle verlangen nach einem aggressiven Design – möchte man meinen. Aber nein. Trotz aller Turbo spezifischen Merkmale: der 911 Turbo ist und bleibt ein 911.*

Zu den drei VW-Beispielen ist abschließen zu bemerken, dass sie aufgrund ihres hohen Grades an Stilisiertheit natürlich einen ästhetischen Mehrwert enthalten, der in funktionaler Hinsicht als Unterhaltung interpretiert werden kann. Zudem ist der Aspekt des Emotionalisierens deutlich erkennbar, der primär über die Art der verwendeten Lexik, nämlich Gefühlsbezeichnungen und Somatismen, realisiert wird.

Im Vergleich dazu wird im zuletzt genannten Beispiel (*Dass Sie gerade eine Serpentinenstrecke bewältigen, merken Sie nur am Einschlag des Lenkrads.*) auf andere Weise emotionalisiert. Es handelt sich hier um eine spezielle Form des ‚Anschaulich Machens', die durch einen Vergleich mit einer bekannten und kinästhetisch wahrnehmbaren Situation entsteht. Durch diesen Vergleich wird die Argumentation gewissermaßen vom Rezipienten zum Produkt geführt. Dabei werden die potentiellen Wünsche des Konsumenten (hier ist die Nähe zum pragmatisch-ästhetischen Typ erkennbar) in den Fokus gerückt. Da es sich bei diesen Wünschen um etwas sinnlich Wahrnehmbares handelt, das als solches nachvollzogen werden soll, scheint die Zuordnung zum affektiv-ästhetischen Typ angemessen. Im Gegensatz zu den o.g. VW-Beispielen ist dieses Strukturexemplar weniger direkt und wirkt u.a. wegen des Aspekts der negativen Höflichkeit weniger offensiv und suggestiv. Als Aktivierungsauslöser fungieren hier neben dem sehr bildlichen Ausdruck *Serpentinenstrecke* und dem *Einschlag Ihres Lenkrades*, vor allem die Voranstellung des Nebensatzes, der den Rezipienten in die fiktive Situation lenkt. Dass die Zuordnung dieses divergenten Strukturexemplars zum affektiv-ästhetischen Typ berechtigt ist, verdeutlicht gerade auch der Bezug zum kohärenten Kontext. Während der Kontext vorwiegend rationale Argumente benennt, indem er über technische Details (z.B. *regulierbare Luftkammern in den Lendenseitenbacken und im vorderen Sitzkissen*) informiert, findet in der divergenten Struktur – etwa über offene Denkprinzipien wie ‚ungewöhnliche Verknüpfungen‘ oder ‚Visualisieren‘ bzw. ‚Kinästhesieren‘ – eine emotionale Form der Meinungsbildung statt, indem das positive Bewerten des Produkts / des produktspezifischen Zusatznutzens über die ansprechende, „sinnlich wahrnehmbare“ sprachliche Gestaltung erfolgen soll. Dieses Ziel der emotionalen Bewertung, als gesteigerter positiver Bewertung, findet auch in einer Subheadline seinen Ausdruck: *Für ein neues Sitzgefühl: der Multikontursitz.* Über die Verwendung emotionsbezeichnender Lexik wird hier wiederum klar von der rein rationalen Art der Argumentationsführung – wie sie für den Fließtext kennzeichnend ist – abgewichen.

DIVERGENTES MUSTER	FORMALES MERKMAL	KREATIVE DENKOPERATION	FUNKTION/ WIRKUNG
Typ 6 affektiv-ästhetisch	Einsatz von Gedanken -figuren, emotionsbezeichnende Lexik/Reizwörter wie z.B. Somatismen (+ästhetischer Mehrwert)	Zerlegen, Verfremden, Herstellen von ungewöhnlichen Verbindungen, Visualisieren/ Kinästhesieren	emotionale Stimulierung/ Aufmerksamkeit steuern Meinung äußern (emotionales Bewerten als gesteigertes positives Bewerten + Unterhaltung)

Schließlich sollen dem affektiv-ästhetischem Typ noch besondere, d.h. wiederum emotionale Formen direkter Aufforderungen zugeordnet werden[66]. Im untersuchten Material finden sich die Formen direkter Aufforderung (größtenteils Imperativsätze) relativ selten, was vor allem damit zu tun hat, dass ein Kommunikationsziel oder gar eine Textsortenfunktion ‚Aufforderung zum Kauf' – obwohl etwas in der Art in zahlreichen älteren und neueren, theoretischeren und angewandteren linguistischen Arbeiten oft den Ausgangspunkt der Analyse bildet – kaum noch vorkommt, sondern moderneren Formen des Beziehungsmarketings und Versuchen der Meinungsbildung, Kontaktherstellung und Informationsvermittlung gewichen ist (vgl. Kap. 4.2.2).
Begegnen dennoch Aufforderungen, so sind sie in der Regel durch das Ersetzen des Ausrufezeichens durch einen Punkt gekennzeichnet (vgl. auch Kap. 3.7.3.2), was wiederum auf den Aspekt der negativen Höflichkeit zurückzuführen ist, bei dem es vor allem darum geht, die Handlungsfreiheit des Kommunikationspartners möglichst nicht einzuschränken. Wegen der starken Ausdruckswirkung wird deshalb gerade im Falle von Imperativsätzen, die eben durch die Verwendung der Befehlsform des Verbs gekennzeichnet sind und dadurch per se dem Prinzip der Gesichtswahrung entgegenstehen, versucht, durch die Verwendung des Punktes als Beendigungszeichen den auffordernden Charakter abzuschwächen. Als Beispiele für diesen Untertyp der affektiv-ästhetischen Strukturen sind folgende zu nennen:

Ziehen Sie Blicke auf sich.
Genießen Sie.
Erlebe den CC Moment.

In allen drei Fällen geht es wiederum klar erkennbar, um keine rationale, sondern eine emotionale Form der Kommunikation, die primär dadurch zustande kommt, dass in der Imperativform Verben verwendet werden, die auf ein Gefühl, auf ein Erleben referieren (*genießen*, *erleben*) bzw. etwas emotional Wahrnehmbares bezeichnen (*Blicke auf sich ziehen*). Der Aspekt einer ästhetischen Gestaltung zeigt sich am deutlichsten im Falle des dritten Beispiels:

---

66 Im untersuchten Material treten direkte Aufforderungen ausschließlich in Form dieser emotionalen Strategien auf.

Erlebe den CC Moment.
Die CC-Modelle vom Erfinder des Coupé-Cabriolets.

... Im PEUGEOT 308CC und im PEUGEOT 207CC, Deutschlands meistgekauftem Cabriolet, erleben Sie nicht nur ein einzigartiges Fahrvergnügen, sondern auch die gesamte Erfahrung des Erfinders des weltweit ersten seriengefertigten Cabriolets mit Metallklappdach.
Ästhetisches Design ohne Kompromisse und ein unvergleichliches Fahrgefühl.

Ausgehend vom kohärenten Bezugskontext, der sowohl emotionale als auch rationale Argumente enthält (z.B. *das weltweit erste seriengefertigte Cabriolet mit Metallklappdach*), erfolgt hier mit der Aussage *Erlebe den CC Moment.* erneut die Konzentration auf einen emotionalen Aspekt (eben *das einzigartige Fahrvergnügen* bzw. *das unvergleichliche Fahrgefühl*), der durch ein weiteres Umdeuten nochmals verfremdet und somit stilisiert wird: *Auto – einzigartiges Fahrvergnügen / unvergleichliches Fahrgefühl – CC Moment.* Die äußerst aufwertende Bedeutung der Ad-hoc-Bildung *CC Moment* wird dabei inhaltsseitig durch die informationsbetonten Abschnitte des Fließtextes gestützt. In funktionaler Hinsicht geht es abermals um eine emotionale Form der Meinungsbildung. Der imperativische Charakter legt außerdem auch eine Kontaktorientierung nahe – etwa im Sinne einer Aufforderung zu einer Probefahrt o.ä., beispielsweise als Instrument innerhalb einer Zielgruppenerschließungsstrategie. In formaler Hinsicht zeigen die zuletzt genannten divergenten Strukturen auch Übereinstimmungen mit dem siebten Typ (Verwendung pragmatischer Techniken; z.B. *Erlebe den CC Moment.* >> Es gibt einen CC Moment, den man erleben kann.), weshalb sie am Übergang zu diesen platziert wurden.

Typ 7: pragmatisch-ästhetisch

Unter diesem siebten Typ werden schließlich Strukturen zusammengefasst, die sich dadurch von den anderen abheben, dass sie bestimmte Phänomene nutzen, die dem linguistischen Bereich ‚Pragmatik' zuzuordnen sind. Hierbei geht es vorwiegend um den Einsatz von konversationellen Implikaturen und

Präsuppositionen[67]. Konversationelle Implikaturen können sowohl durch das Befolgen als auch durch das gezielte Missachten der Konversationsmaximen von GRICE entstehen. Dabei stützt sich der Textproduzent auf die Annahme, dass es dem Rezipienten im Prinzip möglich ist, das Zustandekommen der Implikatur argumentativ zu rekonstruieren. Sie stellen damit eine besondere Form der pragmatischen Schlussfolgerung dar, die eng mit der Kooperation der Kommunikationspartner verbunden und in starkem Maße von den kontextuellen Faktoren abhängig ist. Unter dem Begriff ‚Präsupposition' werden bestimmte Voraussetzungen zusammengefasst, die eher den Bereich der logischen Folgerung betreffen. In diesem Zusammenhang werden bestimmte sprachliche Faktoren als Präsuppositions-Auslöser angesehen (etwa die Verwendung faktitiver Verben z.B. *bedauern, bereuen, erkennen, stolz sein* und implikativer Verben z.B. *Peter brachte es fertig / nicht fertig, das Problem zu lösen.* usw.).

LEVINSON (vgl. 2000, S. 197) differenziert gemäß seiner Aufzählung von Präsuppositions-Auslösern etwa zwischen 13 Präsuppositionstypen. MEIBAUER (vgl. 2001, S. 46ff.) beschränkt sich in Anlehnung an YULE (1996) auf lediglich sechs verschiedene Typen. Hierzu zählen die **Existenzpräsuppositionen** (auch „referentielle Präsuppositionen", vgl. Kap. 3.2.2), die regelmäßig mit definiten Kennzeichnungen verbunden sind, zudem die **faktiven** und die **nicht-faktiven Präsuppositionen**, die entweder an ein faktives oder eben ein nicht-faktives Verb gebunden sind. Als weiteren Präsuppositionstyp nennt er die **lexikalischen Präsuppositionen**, die ebenfalls an bestimmte Verben oder auch Adverbien geknüpft sind (vgl. auch „semantische Präsuppositionen" Kap. 3.2.2). Unter **strukturellen Präsuppositionen** fasst er diejenigen Präsuppositionen zusammen, die an bestimmte Satzstrukturen gebunden sind, wie den Ergänzungsfragesatz und den nicht-restriktiven Relativsatz. Auch die kontra-faktischen Präsuppositionen sind an besondere Satzstrukturen gebunden, nämlich an den irrealen Konditionalsatz (z.B. *Wenn du mein Freund wärst...* präsupponiert zugleich *Du bist nicht mein Freund.* vgl. Meibauer

[67] Die beiden Begriffe sind mitunter nur schwer voneinander abzugrenzen (vgl. z.B. Grewendorf et al. 1996, S. 441ff.).

2001, S. 48).[68] Ebenso wie die aufgeführten Präsuppositions-Auslöser repräsentieren die einzelnen Präsuppositionstypen sehr heterogene Elemente und Konstruktionen, bei denen es im Einzelfall mitunter fraglich ist, ob sich tatsächlich eine Präsuppositionsrelation auszeichnen lässt, die ausreichend scharf von Relationen wie der konversationellen bzw. konventionellen Implikatur, der logischen Folgerung oder den Glückensbedingungen für illokutionäre Akte[69] unterschieden werden kann (vgl. Grewendorf et al. 1996, S. 435). Auf die problematischen Eigenschaften der Präsuppositionen und die damit verbundene Abgrenzungsfrage soll hier jedoch nicht weiter eingegangen werden. Im Folgenden geht es vielmehr darum, aufzuzeigen, auf welche Weise pragmatische Phänomene wie Implikaturen, Präsuppositionen, Formen von Indirektheit usw. in bestimmten stilistischen Handlungsmustern enthalten sein können bzw. diese ausmachen.

Als Beispiele für divergente Strukturen des siebten Typs sollen zunächst die folgenden genannt werden:

Ein perfektes Cockpit zeichnet sich dadurch aus, dass man hinschauen möchte – aber nicht muss.
An der Spitze ist man oft allein. Das können Sie ändern.
Sich sicher fühlen ist die beste Unfallvorsorge.
Es müssen schon ganz besondere Gründe sein, einen BMW nicht selbst fahren zu wollen.

Den divergenten Strukturexemplaren ist zunächst gemeinsam, dass sie pragmatische Techniken nutzen, um bestimmte Produktinformationen zu vermit-

---

68 Die Aufstellung zeigt, dass hier nur zeichengebundene Präsuppositionstypen erfasst wurden. Sog. pragmatische Präsuppositionen, die auf der Basis eines gemeinsamen Hintergrundwissens funktionieren, dass den Kommunikationspartnern wechselseitig bekannt ist oder als gegeben akzeptiert wird, sollen – wie bereits in Kap. 3.2.2 ausgeführt – bei der Analyse nicht berücksichtigt werden.

69 Der wesentliche Unterschied zwischen der Implikaturentheorie und der Theorie der indirekten Sprechakte besteht darin, dass Grice keinen Begriff des illokutionären Akts definiert. Jedoch fasst er den Begriff der konversationellen Implikatur so weit, dass alle Arten von abgeleiteten Bedeutungen darunter zusammengefasst werden können. Für primäre illokutionäre Akte wird eine eigenständige Theorie der Sprechakte benötigt. Darüberhinaus bezieht Searle bei der Erklärung von Indirektheit sog. Glückensbedingungen ein (vgl. Meibauer 2001, S. 103).

teln. Sie legen etwa nahe, dass ein Fahrzeug über ein *perfektes Cockpit* verfügt, dass man sich in einem Fahrzeug *sicher fühlen* kann oder dass es eben *Gründe gibt, einen BMW nicht selbst fahren zu wollen.* Dabei handelt es sich oft um die Äußerung einer speziellen Form von Behauptung, innerhalb derer weitere Interpretationen rekonstruierbar sind, wenn etwa davon ausgegangen wird, dass der Kommunikationspartner kooperativ ist und seine Äußerung relevant sein soll (Prinzipien der konversationellen Kooperation), z.B.:

Sich sicher fühlen ist die beste Unfallvorsorge.

Entspannt fahren, um Gefahren schon im Ansatz zu vermeiden.

Die meisten Unfälle beginnen lange vor einem Aufprall. Mit einer Unaufmerksamkeit, schlechter Sicht oder einer unvorhersehbaren Gefahr. Deswegen ist die S-Klasse mit einer Sicherheitsausstattung versehen, die im Alltag zu einer entspannten Fahrt beiträgt und Ihnen hilft, kritische Fahrsituationen zu meistern ...
Zu den jüngsten Neuzugängen im Bereich Sicherheit hat sich inzwischen der optionale Nachtsichtassistent gesellt. Damit können Sie nachts Hindernisse früher erkennen. Auch er entspricht also ganz dem Mercedes-Benz Sicherheitskonzept, Unfälle bereits im Vorfeld zu vermeiden.

Geht der Rezipient davon aus, dass der Textproduzent nicht gegen die Maxime der Relevanz verstoßen will und es eben nur um eine scheinbare Verletzung dieser Konversationsmaxime geht, kann er daraus konversationell implikatieren, dass *sich sicher fühlen* in Zusammenhang mit dem Thema des Textes, nämlich der Produktbeschreibung eines bestimmten Fahrzeuges stehen muss:

Sich sicher fühlen ist die beste Unfallvorsorge.
+> In der S-Klasse kann man sich sicher fühlen und das ist die beste Unfallvorsorge.

Nun wird in dem genannten Beispiel auch gegen die Maximen der Quantität (z.B. Make your contribution as informative as is required for the current purposes of exchange.) und der Modalität (z.B. Be orderly.) verstoßen. Diese Verstöße gehören ebenso wie die gegen die Maximen „Avoid ambiguity." und „Avoid oscurity of expression." zu typischen Gestaltungsmerkmalen der externen Unternehmenskommunikation, insbesondere der Mediawerbung (vgl. z.B. die Strategien ‚Verkürzung', ‚Verfremdung' und ‚Verdunklung' bei Wortneubildungsprozessen, Krieg 2005), sind somit für die Rezipienten erwartbar und stehen der Kooperativitätsannahme nicht entgegen. Hinsichtlich der direkt geäußerten Behauptung, dass „sich sicher fühlen die beste Unfallvorsorge ist", werden zunächst keine Beweise erbracht, so dass die kausale Relation vorerst offenbleibt, was wiederum das Interesse in Richtung Bezugskontext lenkt. Hier wird jedoch auch im Hinblick auf die Textrezeption bzw. die Textverständlichkeit ein „Sicherheitskonzept" eingefügt, indem bei hohen Graden an Divergenz (zu den verschiedenen Graden sprachlicher Divergenz vgl. Kap. 3.7.5) vielfach eine Substruktur hinzugefügt wird, die das Erschließen der Bedeutungsrelation und damit der Argumentationsführung verdeutlichen soll:

Sich sicher fühlen ist die beste Unfallvorsorge.
Entspannt fahren, um Gefahren schon im Ansatz zu vermeiden.
+> Wer sich sicher fühlt, fährt entspannt und das ist die beste Unfallvorsorge, weil so Gefahren schon im Ansatz vermieden werden.

Das divergente Strukturexemplar und die Substruktur (hier als Subheadline) sind wiederum als Ausdruck einer zunehmenden, crossmedialen Kommunikationsverdichtung anzusehen, die vor allem aus veränderten Rezeptionsbedingungen resultiert. Demgegenüber ist der kohärente Bezugstext sehr ausführlich. Es erfolgt die Verknüpfung der Aussagen und Sätze sehr explizit entlang der Argumentationsführung. So geht es nicht um abzuleitende Bedeutungen, sondern das deutliche Sichtbarmachen von Bedeutungen und Sinnzusammenhängen etwa durch die Verwendung zahlreicher Konnektoren.

Im Hinblick auf die den divergenten Strukturen zugrundeliegenden offenen Denkprinzipien scheint die Zuordnung zu Kreativitätstechniken wie ‚Umkehren' o.ä. berechtigt, denn es handelt sich – gerade im Vergleich zum kohärenten Bezugstext – gewissermaßen um ein Umkehren der Argumentation, indem ein Ergebnis bzw. ein Ziel der Kontextargumentation als Ausgangspunkt für die Behauptung innerhalb des ersten Satzes dient:

Sich sicher fühlen ist die beste Unfallvorsorge.
-> Aufgrund von COMAND, LINGUATRONIC, BAS PLUS, DISTRONIC PLUS etc. (dem Mercedes-Benz Sicherheitskonzept) können sie sich in einem Mercedes Benz sicher fühlen.

Ähnlich verhält es sich in einem anderen Beispiel:

Es müssen schon ganz besondere Gründe sein, einen BMW nicht selbst fahren zu wollen.

Kein Luxus kann die Freude hinter dem Steuer eines BMW ersetzen. Doch in der neuen BMW 7er Langversion wird sie perfekt ergänzt – um die Freude am Gefahrenwerden. Im Fond erwarten Sie noch mehr Raum und höchster Komfort, dank längerer Türen beginnt dieser sogar schon mit einem besonders bequemen Einstieg. Zudem verleiht die lang gestreckte Silhouette dem Fahrzeug außergewöhnliche Eleganz und einen überaus repräsentativen Charakter.

Wie bei der rhetorischen Frage geht es um eine Form von Indirektheit, bei der die eigentlich gemeinte Illokution, eine Behauptung, sekundär auf andere Weise transportiert wird:

Es müssen schon ganz besondere Gründe sein, einen BMW nicht selbst fahren zu wollen.
>> Es gibt Gründe, einen BMW nicht selbst fahren zu wollen.

Ebenso wie im Falle einer entsprechenden rhetorischen Frage entfaltet sich die argumentative Kraft hier dadurch, dass der Rezipient erst erschließen muss, was der Produzent schon weiß:

Gibt es Gründe, einen BMW nicht selbst fahren zu wollen?
-> Ja, ganz besondere (nämlich *Raum*, *Komfort*, *längere Türen*, *Eleganz* und einen *repräsentativen Charakter*).

Die divergente Struktur ähnelt auch darin einer rhetorischen Frage, dass sie dazu dient, eine Art fiktiven Dialog zu initiieren, der zur Belebung des Textes beiträgt und die Aussagen auf emotionalere und eindringlichere Weise transportiert. Die Aufmerksamkeit wird dadurch auf den kohärenten Bezugstext geleitet, der gewissermaßen eine Antwort gibt, indem er die Informationslücke schließt. Betrachtet man das Zusammenspiel von divergentem Strukturexemplar und kohärentem Kontext, so ist wiederum das kreative Denkprinzip des Umkehrens sichtbar, das oben bereits als typisch für den pragmatisch-ästhetischen Typ angenommen wurde.

Auch hier erfolgt innerhalb des kohärenten Bezugstextes eine explizite Verknüpfung der Aussagen entsprechend der Argumentationsführung, bei der die Sinnzusammenhänge deutlich gemacht werden. Auf das Einfügen einer im Vergleich zum Bezugskontext ökonomischeren Substrukturvariante wurde bei diesem Beispiel verzichtet. Dies kann als deutliches Indiz dafür angesehen werden, dass vor allem nicht beobachtbare Produkteigenschaften und somit Inhalte, die nicht oder nur schwer visualisierbar sind, in der externen Unternehmenskommunikation einer detaillierten sprachlichen Darstellung bedürfen. Hingegen genügt im o.g. BMW-Beispiel das Zusammenspiel von Bild (fotographische Abbildung des beworbenen Fahrzeuges) und Text, um eindeutige Hinweise auf die Bedeutung des divergenten Strukturexemplars zu geben.

Die divergenten Strukturen des siebten Typs unterscheiden sich zum Teil erheblich in Bezug auf die Länge einer möglichen Paraphrase, wobei die Paraphrase wiederum nicht geeignet ist, den ästhetischen Mehrwert zu transportieren, z.B.:

Es müssen schon ganz besondere Gründe sein, einen BMW nicht selbst fahren zu wollen. – Wenn man einen BMW nicht selbst fahren will, dann muss es dafür ganz besondere Gründe geben und diese Gründe liefern die Produkteigenschaften der BMW 7er Langversion.

An der Spitze ist man oft allein. Das können Sie ändern. –
Mit dem GL befinden Sie sich an der Spitze und in der Spitzenposition ist man oft allein. Das können Sie ändern, indem Sie Personen mitnehmen, denn im GL haben bis zu sieben Personen bequem Platz.

Das Heimweh beginnt nach der Probefahrt. –
In der neuen E-Klasse werden Sie sich sofort wie zu Hause fühlen und deshalb bereits nach einer Probefahrt Heimweh empfinden (vgl. auch den Produktslogan: *Willkommen zu Hause. Die neue E-Klasse.*).[70]

Deshalb kann beim pragmatisch-ästhetischen Typ (ebenso wie bei den verschiedenen zur Pragmatik gehörenden Techniken) von sehr unterschiedlichen Graden an Divergenz ausgegangen werden (vgl. Kap. 3.7.5).
In funktionaler Hinsicht handelt es sich auf jeden Fall um eine Form der Meinungsäußerung, wobei in Bezug auf die Inhaltsstruktur eine Untergruppe auszumachen ist, die potentielle, angenommene oder unterstellte Wünsche der jeweiligen Zielgruppen integriert, z.B.:

Am liebsten hätten Sie ihn für sich allein.
Sie wollten doch sowieso in die Natur.
Sie wollen Ihre Ziele ohne Umwege erreichen – in einem Augenblick.

In diesen Fällen wird eine Behauptung durch den Ausdruck einer Unterstellung bzw. Mutmaßung ergänzt, die hier entweder durch Modalverben in ihrer charakteristischen infinitregierenden Funktion, durch ihre Verwendung als Vollverben oder bestimmte Konjunktivformen ausgedrückt werden. Dabei wird etwa *wollen* intrasubjektiv-willensbezogen gebraucht, um die Annahme zu äußern, dass der Subjektaktant – hier die angesprochene Zielperson – eine bestimmte Absicht oder den Willen hat, etwas zu realisieren. Die in Zusammenhang damit geäußerte Behauptung lässt sich wiederum als ‚Umkehren' interpretieren, indem das Ziel bzw. Ergebnis der Kontextargumentation zum Ausgangspunkt genommen wird. Dies kann wie im folgenden Beispiel auch durch weitere (z.B. spielerische) Elemente ergänzt werden und so zu einem höheren Grad an Stilisierung führen, z.B.:

70 Bei diesem Beispiel ergibt sich durch die Verwendung des emotionalen Ausdrucks *Heimweh* eine Nähe zu den Strukturen des sechsten Typs, ebenso wie beim o.g. BMW-Beispiel aufgrund der argumentativen Ähnlichkeit mit einer rhetorischen Frage.

Sie wollten doch sowieso in die Natur.

Holz und Leder machen aus Ihrem GL einen ganz besonderen GL.

Zwei Materialien erinnern Sie bei jeder Fahrt daran, dass der GL ins Gelände gehört: Leder und Holz.
Die Sitze des GL 500 sind mit weichem Nappaleder bezogen. Nappaleder entsteht bei der Spaltung von verschieden dicken Lederhäuten in gleichmäßige Schichten. Das Nappaleder ist die obere hochwertige Schicht, die sich durch besondere Geschmeidigkeit und Glätte auszeichnet.
Auch die Holzzierteile sind etwas ganz Besonderes ... Die natürliche Porigkeit des Holzes wurde erhalten; Sie werden es merken, wenn Sie mit den Fingern darüberfahren.

Die nachfolgende Tabelle fasst die Merkmale des pragmatisch-ästhetischen Typs zusammen:

DIVERGENTES MUSTER	FORMALES MERKMAL	KREATIVE DENKOPERATION	FUNKTION/ WIRKUNG
Typ 7 pragmatisch-ästhetisch	Einsatz von Techniken der Pragmatik (+ ästhetischer Mehrwert)	Umkehren	Aufmerksamkeit steuern Meinung äußern (+ Unterhaltung)

3.7.5 Grade an Divergenz

Die beschriebenen divergenten stilistischen Handlungsmuster unterscheiden sich hinsichtlich ihres Grades an Divergenz, wobei wie eingangs erläutert hier davon ausgegangen wird, dass sich der jeweilige Grad an Divergenz prinzipiell durch die Länge einer entsprechenden Paraphrase darstellen lässt. In diesem Zusammenhang ist natürlich einzuräumen, dass sich sie einzelnen divergenten Strukturexemplare in Abhängigkeit vom jeweils vorliegenden Verfahren unterschiedlich gut zum Paraphrasieren eignen. Dies zeigen etwa die beiden folgenden Beispiele, die zentrale und in höchstem Maße integrative Bestandteile einer Volvo-Kampagne[71] darstellen:

Es gibt mehr im Leben als einen Volvo. Deshalb fahren Sie einen.
Es gibt mehr im Leben als einen Volvo. Deshalb haben wir den XC60 entwickelt.

Worauf sich die durch das kausale Adverb kodierte konsekutive Folgerung bezieht, lässt sich für den Rezipienten nicht unmittelbar und eindeutig erschließen. Diese Struktur wird in der Kampagne von Volvocars daher als Rahmen genutzt, in den ausgewählte Zielgruppenbeschreibungen und potentielle Zielgruppenwünsche und -vorstellungen eingefügt werden (vgl. Kap. 5).

Relativ hohe Grade an Divergenz manifestieren sich – wie einige der analysierten Beispiele bereits gezeigt haben – an dem Auftreten einer Substruktur, die in der Regel als Unterüberschrift oder Subheadline aufgefasst werden kann. Als besonders gut ausgearbeitet zeigt sich dieses Verfahren des partiellen oder vollständigen „Verständlich Machens“ der divergenten Struktur durch eine anschließende zweite, untergeordnete (divergente oder konvergente) Struktur in der externen Unternehmenskommunikation von Mercedes-Benz, weshalb es sinnvoll erscheint, die unterschiedlichen Grade an Divergenz an Beispielen dieses Unternehmens aufzuzeigen:

Stilvoll und durchdacht – bis ins letzte Detail.
Informieren, entspannen, genießen: Der Innenraum des GL lässt keine Wünsche offen.

Der beste Grund, sich auf Geschäftsreisen zu freuen.
Die Langversion der S-Klasse – Reisen und Arbeiten mit allen Annehmlichkeiten.

4MATIC: mehr Unabhängigkeit von der Wettervorhersage.
Das neu entwickelte Allradsystem sorgt für mehr Sicherheit bei Nässe, Glätte, Schnee und schlechten Straßen.

---

[71] Die Ausführung dieser Mediastrategie von Volvocars Deutschland bildet den Untersuchungsgegenstand des abschließenden Kapitels (vgl. Kap. 5).

Drei Buchstaben für 1.000 Newtonmeter.
Der S 65 AMG: die Spitze der S-Klasse.
... das stärkste Modell der S-Klasse ... erreicht ein maximales Drehmoment von 1.000 Nm.

Wie die Beispiele zeigen, lassen sich aus dem Zusammenwirken von divergenter Struktur und untergeordneter Aussage relativ eindeutig die Formen der möglichen Paraphrasen ermitteln:

Der Innenraum des GL ist stilvoll und durchdacht.

Der beste Grund, sich auf Geschäftsreisen zu freuen, ist die Langversion der S-Klasse, weil sie Reisen und Arbeiten mit allen Annehmlichkeiten ermöglicht.

4MATIC heißt ein neu entwickeltes Allradsystem. Es sorgt für mehr Sicherheit bei Nässe, Schnee und schlechten Straßen und somit für mehr Unabhängigkeit von der Wettervorhersage.

Die drei Buchstaben AMG verweisen auf die Spitze der S-Klasse. Das stärkste Modell der S-Klasse erreicht (ein maximales Drehmoment von) 1.000 Newtonmeter.

Die paraphrasierten Beispiele demonstrieren, dass die Subheadline im Einzelfall mehr Informationen transportiert als das divergente Strukturexemplar, mitunter auch Informationen vorenthält, die zur vollständigen Auflösung der Struktur notwendig wären (vgl. das zuletzt genannte Beispiel), wobei in diesem Zusammenhang davon ausgegangen werden kann, dass es sich dabei um solche Informationen handelt, die bei der anvisierten Zielgruppe als spezielles Weltwissen vorausgesetzt werden: z.B. *1.000 Newtonmeter* referieren auf ‚ein maximal zur erreichendes Drehmoment'. In den meisten Fällen liefert die Subheadline genau die Informationen, die zum ‚Verständlich Machen' der divergenten Struktur notwenig sind, so dass das Lesen des kompletten Bezugskontextes (zumindest das Verständnis der divergenten Struktur betreffend) nicht mehr notwendig ist.
In diesem Zusammenhang stellt sich jedoch die grundsätzliche Frage, inwieweit Verständlichkeit mit Divergenz gleichzusetzen ist. Während der Begriff ‚Verständlichkeit' zunächst in Relation zum antizipierten Wissen des inten-

dierten Adressaten zu sehen ist, bezieht sich der Begriff ‚Divergenz' auf eine freie Art des Denkens, die seitens des Produzenten zu willkürlichen sprachlichen Zuordnungen führt, die erst durch einen künstlich geschaffenen Bezugskontext konvergent erscheinen können. Nun machen die genannten Beispiele deutlich, dass in diesem Sinne von einer Divergenzzunahme von den ersten vier genannten Strukturtypen (allerdings ohne den Einsatz von Verfremdungstechniken) hin zu den als ‚lexikalisch stilisiert' beschriebenen Mustern auszugehen ist. Dies legen auch die eingangs als Klassifikationsparameter herangezogenen Paraphrasen nahe (z.B. *Das ist... / Das bedeutet...*). Jedoch kann bei diesen Typen das Maß an Divergenz erhöht werden durch intendierte Formen von Undeutlichkeit, die der Verständlichkeit der Struktur entgegenwirken. Das kann etwa aus der fehlenden Bekanntheit von Denotaten (z.B. *Anhänger und ESP – ein gutes Gespann.*) oder wie beim Typ der Subjektsauslassung aus der fehlenden semantischen Rolle, die in der Regel dann das Thema des Bezugskontextes bildet (z.B. *Schärft Ihren Schulterblick.*), resultieren. Hinzukommen spielerische, verfremdende Elemente, die den Grad an Divergenz erhöhen können (z.B. *Steht für Ihr Rückgrad gerade.* oder *Folgt keiner Strömung. Gibt Sie vor.*).

Alles in allem weisen die untersuchten Beispiele relativ niedrige bis höchstens mittlere Divergenzgrade auf. Dies scheint typisch für solche Texte zu sein, die – legt man die von LINNEWEH (vgl. 1984, S. 52f.) getroffene Einteilung zugrunde (vgl. Kap. 2.2) – dem ‚pragmatischen Denkstil' zuzuordnen sind. Beim pragmatischen Denken werden konvergente und divergente Denkoperationen miteinander verbunden, wobei die konvergenten jeweils deutlich überwiegen, um den Realitätsbezug zu sichern. Der pragmatische Denkstil wird von ZIELKE (vgl. 1991, S. 144) auch als eine Variante des logischen Denkstils beschrieben, die sich durch einzelne divergente Elemente als dessen kreative Verfremdung darstellt. Für die Zuordnung der hier untersuchten divergenten Strukturen zum pragmatischen Denkstil spricht vor allem der kohärente, auf konvergenten Denkoperationen basierende Bezugskontext. Dieser Bezugskontext, der etwa ein Bestandteil von Direkt-Marketing-Aktivitäten oder eines logisch konzipierten Anzeigenmotivs sein kann, wird mittels der o.g. divergenten Muster pragmatisch umstrukturiert bzw. kreativ verfremdet. Der Bezugskontext selbst fußt auf einem logischen Denkstil, wobei er in der

Regel als nüchtern und kommunikativ unspektakulär zu charakterisieren ist und hinsichtlich seines Umfangs gegenüber den divergenten Strukturen klar überwiegt (vgl. Kap. 4.2.5).

Anders verhält es sich bei dem von LINNEWEH als ‚kreativ' bezeichnetem Denkstil. Die auftretenden divergenten Strukturen können hier auch über ein erheblich größeres Maß an Divergenz verfügen. Der kreative Denkstil unterscheidet sich vom pragmatischen durch eine höhere Problemsensibilität, die dazu führt, dass der kreativ Denkende bei der Produktion von Texten willentlich eigene Akzente setzt, wodurch die Ergebnisse seiner sprachlichen „Problemlösungen" in der Regel überraschend und neuartig sind. Gegenüber dem pragmatischen Denkstil dominieren beim kreativen Denkstil deutlich die divergenten Denkoperationen gegenüber den konvergenten. Dabei ist es nur unter bestimmten Voraussetzungen möglich, die kreativen Zuordnungen nachzuvollziehen, z.B.:

(1) *Ist es nicht ungerecht, daß Ihr Müll immer Mercedes fährt und Sie nicht?*
(2) *Neid und Missgunst für € 99,-/Tag.*
(3) *Auch ein Mercedes kann Fahrfreude bringen.*

Besonders wichtig ist deshalb in Zusammenhang mit dem kreativen Denkstil, dass neben der eigentlichen Problemdurchdringung die Herstellung und Sicherung eben dieser Voraussetzungen erfolgt, die notwendig für das Verstehen der kreativen sprachlichen Aussagen sind. Das kann erreicht werden, indem die divergenten kreativen Zuordnungen in entsprechende Bezugskontexte, die künstlich geschaffen oder an Tatsachen gebunden sein können, integriert werden und vor diesem Hintergrund als konvergente Zuordnungen erscheinen und nachvollziehbar wirken.

Als Bezugskontext für solche divergenten Strukturen als Ausdruck eines kreativen Denkstils scheinen sich – das machen gerade auch die oben genannten Beispiele deutlich – prinzipiell Text-Bild-Zusammenhänge besser zu eignen, als zusätzliche konvergente sprachliche Botschaften, die der divergenten Struktur die Originalität und damit auch das Aktivierungspotential nehmen würden.

In auffälliger Weise zeigen dies die möglichen Paraphrasierungen, z.B.:

zu (2) *Wenn Sie für € 99,- pro Tag den Mercedes SL bei Sixt mieten, dann denken andere Menschen, dass dieses Auto Ihnen gehört und werden Sie sehr um dieses Auto beneiden bzw. es Ihnen missgönnen.*
oder
zu (3) *Wenn man einen Autotransporter der Marke Mercedes-Benz dazu benutzt, Fahrzeuge der Marke BMW (beispielsweise BMW 5er) zu den einzelnen Händlern zu bringen, die die Fahrzeuge an die Kunden weitergeben, so können diese dann die mit einem BMW verbundene Fahrfreude genießen und verdanken sie auch zu einem ganz geringen Teil der Firma Mercedes-Benz.*

Dient hingegen als Bezugskontext ausschließlich eine bildliche Darstellung, so ermöglicht diese einerseits die Nachvollziehbarkeit der divergenten Zuordnung und erlaubt andererseits auch Schlussfolgerungen, die weit über das wörtlich Gesagte hinausgehen etwa auch im Sinne von Ironie, Zweideutigkeit, Pointen o.ä. Dies ist auch in den oben genannten Kommunikationsbeispielen der Fall:

(1) *Ist es nicht ungerecht, daß Ihr Müll immer Mercedes fährt und Sie nicht?*
+> durch Abbildung eines Müllfahrzeuges der Marke Mercedes-Benz
(2) *Neid und Missgunst für € 99,-/Tag.*
+> durch Abbildung eines Mercedes SL (ergänzt durch unternehmenstypische Farben von Sixt Budget)
(3) *Auch ein Mercedes kann Fahrfreude bringen.*
+> durch Abbildung eines Transporters der Marke Mercedes-Benz, der mit sieben 5er BMWs beladen ist

Insgesamt kann in Bezug auf die Divergenzgrade der einzelnen stilistischen Handlungsmuster offenbar ein fehlender Bezugstext (produziert mit überwiegend konvergenten sprachlichen Mitteln) als kontextueller Hinweis auf ein hohes Maß an Divergenz angesehen werden (abgesehen von nicht i.e.S. dazugehörigen Texten wie Preisinformationen, Auszeichnungen usw.). Das hohe Maß an Divergenz und das Fehlen von konvergenten sprachlichen Zuordnungen führen dann zugleich zu einem im Ganzen hohen Anteil an divergenten Operationen, was wiederum kennzeichnend für den kreativen Denkstil ist.

Als weiteres Kennzeichen eines hohen Divergenzgrades wurde die im Vergleich zum divergenten Strukturexemplar erheblich längere Paraphrase angesehen. Auch dieses Kriterium spricht dafür, die Strukturexemplare mit einem hohen Grad an Divergenz im Bereich des kreativen Denkstils zu erwarten. Das heißt, kreativer Denkstil zeigt sich nicht nur an dem größeren Anteil an divergenten Operationen gegenüber konvergenten, sondern, was die sprachliche Gestaltung betrifft, auch an dem Grad an Divergenz, der für die einzelnen Strukturen charakteristisch ist.

Umgekehrt kann angenommen werden, dass ein konvergenter Bezugstext gewissermaßen die Entstehung von hochgradig divergenten Strukturexemplaren hemmt, weil er auf der Grundlage von logischen und nüchternen Operationen entsteht, die unerwartete Lösungswege nur bedingt zulassen. Die durch den Bezugstext vorgegebenen bzw. nachzuvollziehenden Denkoperationen lenken die Wege der kreativen Problemlösungen in eine bestimmte Richtung, weshalb der kreativ Denkende gar nicht mehr unbeschränkt in der Lage ist, bei der Wahrnehmung und geistigen Durchdringung eines zu lösenden kommunikationspolitischen Problems eigene Akzente zu setzen und zu überraschenden und ungewöhnlichen Ergebnissen zu kommen. Aus diesem Grund wurde der pragmatische Denkstil bereits oben (vgl. Kap. 2.2) nur als ‚pragmatische Umstrukturierung' bezeichnet, als einer auf dem logischen Denkstil basierender ‚Korrekturdenkstil'.

4. Stil als Textsortenmerkmal

Die folgenden Überlegungen setzen in gewisser Weise an dem Gegenstück einer Feststellung BACHTINS an: „Где стиль, там жанр“ („Wo Stil ist, da ist auch eine Textsorte“, Bachtin 1979, S. 244), indem hier davon ausgegangen wird, dass eine Textsorte untrennbar mit einer typischen Form von Stil verbunden ist. Das heißt, wo eine Textsorte ist, da ist auch Stil. Im Gegensatz zur Tradition der Funktionalstilistik hat BACHTIN seine Vorstellung von Stilforschung von Anfang an mit Textsorten (bei Bachtin sog. „Redegenres“, vgl. 1979, S. 240) verbunden und sieht Stil als ein immanentes Element der textsortengefügten Einheit des Textes an. Die Funktionalstile betrachtet er letztendlich als Textsortenstile bestimmter Sphären menschlicher Tätigkeit und Kommunikation (vgl. Krause 2000, S. 20).

Die stilistische Charakterisierung kommunikationspolitischer Texte soll ebenfalls von textsortenspezifischen Aspekten her erfolgen. Was zunächst bedeutet, die verschiedenen Determinanten von Textsorten offen zu legen sowie distinktive Merkmale für die Bestimmung und Abgrenzung von Textsorten zu ermitteln. Die Einbeziehung funktionalstilistischer Kategorien erweist sich in diesem Zusammenhang nur sehr bedingt als hilfreich, weil sie – wie oben bereits angedeutet (vgl. Kap. 3.1.2) – lediglich individuell und gesellschaftlich bewusste Funktionsbereiche von Sprache oder situative Kontexte voneinander abzugrenzen versucht, ohne in jedem Fall die genaue Funktion des einzelnen Textes / der Textsorte zu berücksichtigen. Besondere Probleme bereitet beispielsweise seit jeher der Funktionalstil der „Presse und Publizistik“, der in der Prager Schule als nicht homogen genug abgelehnt wird. EROMS weist der „Sprache der Medien“ zwar den Status eines eigenen Funktionalstils zu, erkennt bei Medientexten aber nur bestimmte gemeinsame Grundzüge wie zum einen „eine gewisse Aktualität“ und zum anderen, dass sie von allgemeinem Interesse sind. Hinsichtlich der stilistischen Gestaltung resultiere daraus zunächst einmal, dass Medientexte verständlich sein sollen und außerdem, dass bei ihnen aktuell gängige Formulierungen in besonderem Maße zu erwarten sind (vgl. Eroms 2008a, S. 125). Hier zeigt sich ebenso wie im oben diskutierten Fall des „Funktionalstils der Werbesprache“ (vgl. Kap. 3.2.1), dass es ohne die Zuweisung einer konkreten, für alle Texte verbindlichen gemeinsamen Funktion, möglicherweise auch einer textsortenabhängigen Hierarchisierung miteinander verwandter, sich evtl. überlappender Funktionen nicht sinnvoll ist, von einem Funktionalstil zu sprechen, sondern allenfalls von Bereichsstil. Außerdem ergeben sich aus dieser Charakterisierung kaum Anregungen und Impulse für die konkrete, stilistische Gestaltung einzelner Texte bzw. Textsorten. Völlig vernachlässigt wird beispielsweise die sowohl zahlreichen Textsorten des Bereichs Unternehmenskommunikation als auch einigen Textsorten des Bereichs Presse und Publizistik zugrundeliegende Funktion der Meinungsbildung, die ganz erheblichen Einfluss auf die stilistische Gestaltung hat.

Zielführender scheinen demgegenüber Ansätze wie der von REUMANN (vgl. 1994, S. 93f.), der journalistische Stilformen[72] in Anlehnung an die aus dem angelsächsischen Journalismus übernommene Differenzierung zwischen Information und Meinung in die drei Gruppen der tatsachenbetonten, der meinungsbetonten und der phantasiebetonten Formen einteilt. Dabei geht es um die Absicht des Journalisten, der mit einigen Formen vorwiegend informieren, mit anderen überzeugen und mit dritten unterhalten will, wobei die Grenzen fließend sind. Diese von REUMANN vorgeschlagene Dreiteilung wird bis heute als obligatorische Grundlage für die Behandlung journalistischer Textgattungen[73] angesehen (vgl. Renner 2007, S. 43). Einen anderen Zugang zu journalistischen Darstellungsformen wählt HALLER (vgl. 2006, S. 81), der die Darstellungsform als tragendes Verbindungsstück aus dem Thema, den Spezifika des Mediums, den journalistischen Intentionen und den Erwartungen der Leserschaft versteht.

Sowohl REUMANNS als auch HALLERS Ansatz ermöglichen nicht ohne erhebliche Probleme, die einzelnen Darstellungsformen voneinander abzugrenzen,

---

72 Reumann verwendet zunächst den Terminus ‚Journalistische Stilform‘ (vgl. Reumann 1971), später auch ‚Journalistische Darstellungsform‘.

73 Weinrich (vgl. 1972, S. 161) weist in Bezug auf die Terminologie daraufhin, dass der linguistische Begriff ‚Textsorte‘ vom historisch-literarischen Gattungsbegriff grundsätzlich zu unterscheiden ist, obwohl die beiden Begriffe jedoch der Extension nach partiell zur Deckung kommen können. Werden im Folgenden an einigen Stellen die Begriffe ‚Textsorte‘, ‚Textgattung‘ oder auch ‚Darstellungsform‘ synonym verwendet, betrifft es eben diese Überschneidungsbereiche.

weshalb Renner (vgl. 2007, S. 334f.) vorschlägt, für die Bestimmung der einzelnen Textgattungen Merkmale unterschiedlicher Kategorien miteinander zu kombinieren, da sich Textgattungen auf komplexe Gestaltungsmuster zurückführen lassen, die alle Ebenen der Textgestaltung umfassen.
Bevor nun in Anlehnung an derartige Modelle ein Vorschlag für eine Textsorteneinteilung für den Bereich der Unternehmenskommunikation entwickelt wird, sollen zunächst einige grundlegende Probleme im Umkreis des Textsortenbegriffs und der Textsortendifferenzierung diskutiert werden.

4.1 Aspekte der Textsortenbestimmung

4.1.1 Zum Textsortenbegriff

In der Forschungsliteratur findet sich bisher weder eine einheitliche Definition des Begriffs ‚Textsorte', noch besteht Übereinstimmung darüber, welche Merkmale für eine Einteilung von Textsorten herangezogen werden müssen. Die Notwendigkeit der Erfassung typologischer Textstrukturen wurde jedoch früh erkannt. Ihr lag die Überlegung zugrunde, dass die Kommunizierenden Texte immer als Vertreter einer bestimmten Textsorte produzieren und rezipieren. Das heißt, damit ein Sprecher in den verschiedenen Konstellationen nicht nur sprachlich korrekt, sondern im umfassenderen Sinn situationsadäquat kommunizieren kann, benötigt er ein Textsortenwissen, dass auf der Rekonstruktion globaler Textmuster und -strukturen beruht (vgl. Techtmeier 2007, S. 114).
Renner (vgl. 2007, S. 333) betont in Zusammenhang mit journalistischen Darstellungsformen, dass Textsorten das kommunikative Handeln der an der Kommunikation Beteiligten erheblich erleichtern. Sie dienen auf der Produzentenseite als Muster für Gestaltungsroutinen und können damit die Produktion der Texte vereinfachen. Für die Rezipienten bieten sie „einen entscheidenden Hinweis darauf, was sie vom jeweiligen Text erwarten dürfen und wie sie ihn zu rezipieren haben" (Renner 2007, S. 333).
Textsorten stellen eine Abstraktion über einer Vielzahl von Textsortenexemplaren dar, wobei jede Äußerung natürlich eine individuelle ist, aber jede Sphäre der Sprachverwendung ihre relativ festen Typen von Texten erzeugt, ohne

die sprachliche Kommunikation fast unmöglich wäre (vgl. Bachtin 1979, S. 237 und 257, übersetzt und zitiert nach Krause 2000, S. 18f.).
Textsorten sind folglich keine Systematisierungsleistungen von Wissenschaftlern, sondern über das individuelle Bewusstsein Bestandteil des gesellschaftlichen Bewusstseins und ein für die sprachliche Kommunikation wichtiges Teilsystem. Die Strukturen und Verwendungsweisen von Textsorten müssen von den Sprechern in einem gesellschaftlich gesteuerten Lernprozess erworben werden, sie können in diesem Sinne als sozial tradierte, modellhafte Formen betrachtet werden (vgl. Krause 2000, S. 19).
Dementsprechend definiert KRAUSE (vgl. 2000, S. 41) Textsorten als sozialhistorisch entstandene und überlieferte, in der gesellschaftlichen Praxis real existierende typische Formen der sprachlichen Kommunikation und leitet daraus die Schlussfolgerung ab, dass Textsorten „ontologisch im gesellschaftlichen und damit auch im individuellen Sprachbewusstsein angesiedelt sein müssen, weil ohne eine solche Fixierung eine Speicherung und Tradierung derartiger Formen sowie ihre Rekurrenz im sprachlich-kommunikativen Handeln nicht erklärbar wären" (Krause 2000, S. 41f.). Mit einer solchen kognitiven Sichtweise, die den ontologischen Status von Textsorten in den Vordergrund stellt, sind eine Reihe von Fragen verbunden, wie die nach dem Bewusstseinsgrad solcher Repräsentanz, der Textsortenkompetenz, der Lernbarkeit und Lehrbarmachung derartiger Formen etc.
Wird davon ausgegangen, dass Textsortenwissen im Sprachbewusstsein der Angehörigen einer Kommunikationsgemeinschaft fixiert ist, so ist u.a. zu beachten, dass Sprachbewusstsein als die Fähigkeit, über Sprache reflektieren zu können, sprachliche Ausdrucksmittel bewusst einzusetzen und zu bewerten, ein gradueller Begriff ist, der vom Sprachgefühl als dem relativ ungenauen, methodisch nicht kontrollierten Bewusstwerden einzelner Aspekte der Sprachfähigkeit bis zum wissenschaftlichen Sprachbewusstsein reicht, und diese Graduierung offenbar auch für den Bereich der Textsorten zutrifft (vgl. Krause 2000, S. 43). Dies spiegelt sich auch in den in selbständigen Benennungen von Textsorten fixierten Vorstellungen wider, die als Beleg für sprachliche Intuition angesehen werden können. So zeigt eine Untersuchung von TECHTMEIER, dass sich das Alltagswissen der Sprecher über situationsgebundene Differenzierungen in den Textsortenbezeichnungen niederschlägt

und diese eine ähnliche Indikatorfunktion für die Ermittlung des Textsortenwissens haben wie die Sprechaktverben für die Analyse illokutiver Phänomene (vgl. Techtmeier 2007, S. 121; in Bezug auf Stilgefühl vgl. auch Sandig 2006, S. 10).

Für den Bereich der externen Unternehmenskommunikation ist zu vermuten, dass die Graduierung von komplexen marketingtheoretischen und -praktischen Textsorten- und Kommunikationsmodellen bis hin zur pauschalen laienlinguistischen Klassifikation solcher Texte als ‚Werbung' reicht. Daran wird deutlich, dass Textsorten – offenbar in Abhängigkeit zum jeweiligen Kommunikationsbereich, in dem sie vorkommen – einerseits eine durch vielfältige intuitive Lernprozesse ausgebildete Existenz im Sprachbewusstsein der Kommunikationsteilnehmer haben und andererseits auch Klassenbildungen als Ausdruck der theoretisch-analytischen Tätigkeit von Linguisten oder (in Bezug auf die hier zu untersuchenden Texte) Wirtschaftswissenschaftlern darstellen können, die die kommunikative Realität mehr oder weniger detailliert abzubilden versuchen.

Das bewusste Reflektieren über Textsorten als Teil des Sprachbewusstseins hängt in hohem Maße von der Lebenserfahrung, der Bildung und den beruflichen Anforderungen des Sprechers ab. Aus dem Einfluss dieser Parameter entstehen unterschiedliche Grade an Textsortenkompetenz, worunter die Fähigkeit verstanden wird, auf der Grundlage eines mehr oder weniger bewussten Wissens über Textsortenqualitäten in der sprachlichen Kommunikation operieren zu können (vgl. Krause 2000, S. 44).

Grundsätzlich muss hierbei zwischen einer produktiven und einer rezeptiven Textsortenkompetenz unterschieden werden. Das bedeutet zum einen, dass Textsortenwissen oder Textsortenkompetenz sich auch im rezeptiven Kommunikationsverhalten äußern kann, weil die Kommunikationsteilnehmer auch die Befähigung haben, Texte, die sie rezipieren, nach bestimmten Kriterien zu ordnen, in dem sie sie beispielsweise mit bestimmten Mustern, die zu ihrem Wissen gehören, vergleichen (vgl. Techtmeier 2007, S. 116). Zum anderen weist diese Differenzierung darauf hin, dass es in Bezug auf die Lehrbarkeit von Textsorten – vor allem im Sinne von Lehrbarkeit mit dem Ziel der Befähigung zur Reproduktion – Unterschiede gibt. So hat zwar bereits Bachtin (vgl. 1979, S. 257, zitiert nach Krause 2000, S. 19) gefordert, die Textsorten als sprachliche Kategorien lehrbar zu machen, räumt jedoch von vornherein die Notwendigkeit der Berücksichtigung unterschiedlicher Kompetenzstufen (produktiv, rezeptiv und eventuell reproduktiv) ein.

Für zahlreiche Textexemplare des kommunikationspolitischen Bereichs gilt vermutlich, dass sie von der Mehrzahl der Kommunikationsteilnehmer intuitiv als mehr oder weniger guter oder gelungener Text eingestuft werden können, womit häufig die Zuteilung von bestimmten Attributen wie ‚humorvoll', ‚geistreich', ‚sprachgewandt', ‚raffiniert' oder ‚originell' verbunden ist, bei denen es sich um sog. „sprecherbezogene Unterstellungen" (Sandig 2006, S. 38) handeln kann, also Intentionen und Dispositionen, die die Rezipienten aufgrund des Stils und seiner Funktion für die Handlung den Schreibern/Produzenten unterstellen können (vgl. Kap. 3.1.2). In der Regel besitzt der Rezipient/Leser jedoch nicht die Fähigkeit, solche exzeptionellen, in hohem Maße ästhetischen Texte selbst zu produzieren.[74]

4.1.2 Bisherige Vorschläge zur Beschreibung und Klassifizierung von Textsorten

Seit den frühen 70er Jahren entstanden zahlreiche Ansätze zur Klassifizierung von Textsorten. Dabei lassen sich Entwicklungsschritte markieren, die in chronologischer Hinsicht durch eine bestimmte Schwerpunktsetzung fixiert werden können (vgl. Krause 2000, S. 25). Hierzu gehören die Suche nach distinktiven Merkmalen, die Ermittlung von Strukturmustern bzw. Strukturmodellen, die Einbeziehung sprachlich-formulativer Aspekte mit dem Ziel einer umfassenden Beschreibung von Textsorten (primär deskriptive Textsortenauffassung) sowie Vorschläge, die versuchen, Textsorten nach der unterschiedlichen Dominanz von Konstituenten der Kommunikationsaufgabe zu unterscheiden.

Im Folgenden sollen aus der Vielzahl der Deskriptions- und Klassifizierungsansätze nur einzelne ausgewählte Arbeiten vorgestellt werden, die zum einen die genannten Forschungsschwerpunkte im Wesentlichen repräsentieren. Zum

---

[74] Die Grundlage für eine Lehrbarmachung solcher Textsorten, beispielsweise im Sinne von wissenschaftlich fundierten Kursen für „Kreatives Schreiben", kann ebenfalls nur in einer detaillierten stilistischen Analyse der jeweiligen Textsortenexemplare und der daraus abzuleitenden Handlungsorientierung bestehen.

anderen handelt es sich um solche Ansätze, die auf unterschiedliche Weise relevant für die Untersuchung von Textensorten der Unternehmenskommunikation sind. Sie werden der Übersichtlichkeit halber entsprechend ihrer chronologischen Reihenfolge dargestellt.

Einer der ersten Vorschläge zur Distinktion und Deskription von Textsorten geht auf SANDIG zurück, die Textsortendifferenzierungsmerkmale mit Hilfe von binären Oppositionen zu beschreiben versucht (vgl. Sandig 1972, S. 114ff.). Um die Unterschiede zwischen 18 ausgewählten Textsorten (dazu werden beispielsweise auch Telefongespräche und Interviews gezählt) setzt sie Merkmalsoppositionen an, die zum Teil stilistischer Natur sind, zum Teil auf übergeordneten oder außersprachlichen Ebenen der Kommunikation liegen, z.B.: ‚+/- gesprochen', ‚+/- spontan', ‚+/- monologisch', ‚+/- dialogisch', ‚+/- räumlicher Kontakt bei der Kommunikation', ‚+/- zeitlicher Kontakt bei der Kommunikation', ‚+/- spezifische Formeln für den Textanfang', ‚+/- festgelegter Textaufbau', ‚+/- festgelegte Thematik', ‚+/- Gebrauch der 1. Person', ‚+/- Gebrauch der 2. Person', ‚+/- Gebrauch der 3. Person', ‚+/- Gebrauch von ökonomischen Sprachformen wie Verkürzungen' oder ‚+/- Gleichberechtigung der Kommunikationspartner'. Demnach teilt die Textform ‚Interview' beispielsweise die Merkmale [+ gesprochen], [- monologisch], [+ zeitlicher Kontakt], [+ akustischer Kontakt], [- festgelegter Textaufbau], [+ Gebrauch der 1. Person], [+ Gebrauch der 2. Person], [+ Gebrauch der 3. Person] mit einem Gespräch, unterscheidet sich aber in Bezug darauf, ob ein festgelegtes Thema bestimmend ist und die jeweiligen Partner gleichberechtigt fragen und antworten können.
Mit dem Vergleich einzelner ausgewählter Textsorten versucht SANDIG nachzuweisen, dass ähnliche Kommunikationsbedingungen die Anwendung derselben oder ähnlicher sprachlicher Mittel nach sich ziehen. Damit macht sie schon früh deutlich, dass die Stilfrage auf das Engste mit der Textsortenbeschreibung und der Textsortenklassifikation verbunden ist. Wie aber am Textsortenbeispiel ‚Reklame' besonders deutlich zu sehen ist, bei dem 18 der aufgelisteten Merkmale vorkommen können jedoch nicht müssen (z.B. [+/- anfa], [+/- 1per], [+/- ökon] und nur zwei, nämlich [- festgelegter Textaufbau] und [- Gleichberechtigung der Kommunikationspartner], feststehen, können

die wenigen, sehr heterogenen Merkmale nur eine grobe Differenzierung einzelner Textsorten leisten. Die verwendeten Merkmalsoppositionen eignen sich jedoch weder für eine einheitliche Charakteristik aller Textsorten, noch für eine Klassifikation von Textsorten eines bestimmten, abgegrenzten Kommunikationsbereichs.

Ein früher Klassifikationsvorschlag, der ebenfalls den stilistischen Aspekt der Textsortendifferenzierung hervorhebt, stammt von SOWINSKI. Er fasst Textsorten als Stilformen auf, als „textliche Einheiten, die außer durch ihre Funktion und ihren Inhalt durch die Art und Kombination der stilistischen Mittel bedingt sind" (Sowinski 1978, S. 280), und lehnt sich damit an Ansätze an, die bis in die antike Rhetorik zurückreichen. Auch die antiken Dichtungstheorien differenzieren die einzelnen Gattungen nach rhetorisch-stilistischen Kategorien wie Versmaßen, Monolog- oder Dialogformen und bis zum frühen 20. Jahrhundert finden sich in Stillehrbüchern vor allem für den Bereich der Prosa Textsortenbeschreibungen mit den Angaben zu den charakteristischen Stilmerkmalen. Diese deskriptive Tradition, die sich auch über lange Zeit in der Aufsatzlehre der Schulen (z.B. bei der Erörterung) im Sinne einer didaktischen Stillehre etabliert hatte, versucht SOWINSKI fortzusetzen und weiterzuentwickeln, indem er die Aufstellung einer deskriptiven Typologie von Stilformen anstrebt (vgl. Sowinski 1978, S. 280f.). Diese Typologie soll die wichtigsten Stilmittel und Stilzüge der Prosa-Textsorten aufführen. Ausgehend von der Annahme, dass sich die gängigen Prosaformen nach der Art und Absicht der Informationsdarbietung unterscheiden lassen, gruppiert SOWINSKI diese in: brieflich-mitteilende, berichtende, beschreibende, erläuternde, bindende, auffordernde und hervorhebende, erörternde und schildernde Texte.

Dabei verweist er selbst auf die Uneinheitlichkeit der Parameter, die zur Untergliederung der Textformen herangezogen werden: „Die Gruppierung brieflicher Formen erfolgt nach der charakteristischen Übermittlungsart bestimmter Nachrichten, zugleich aber auch aufgrund bestimmter Stilkomponenten. Alle anderen Gruppierungen sind durch die Mitteilungsweise oder -absicht geprägt." (Sowinski 1978, S. 281).

Als wichtigste schriftliche Gebrauchsform wird der Brief genannt, der sich aus vier notwendigen Textkonstituenten, 1. dem Datum, 2. der Anrede, 3. dem Brieftext und 4. dem Briefschluss mit Unterschrift, zusammensetzt. Hinzukommen in Verwaltungs- und Geschäftsbriefen noch die Anschrift, der Betreff (Briefthema) sowie mögliche Hinweise auf vorangegangene Briefe etc. In stilistischer Hinsicht sind Briefe laut SOWINSKI durch kurze bis mittellange Sätze, die häufige Verwendung des Personalpronomens der ersten und zweiten Person, eine gehobene bis normalsprachige Lexik, die Vermeidung unhöflich wirkender Ausdrucksweisen, eine möglichst klare Kennzeichnung des Gemeinten, die Darbietung des Korrespondenzvorganges im Präsens, des Voranliegenden im Perfekt und der Vorhaben im Präsens oder Futur gekennzeichnet. In behördlichen und geschäftlichen Briefen treten dazu häufig noch die Besonderheiten eines Funktionalstils.

Als Sonderformen für die Bewältigung bestimmter Aufgaben im Verwaltungs- und Geschäftsleben nennt er Werbebrief, Angebot, Reklamation und Beschwerde, Mahnung, Bewerbungsschreiben sowie Antrag bzw. Gesuch, die „nicht der üblichen Frage-Antwort-Korrespondenz entsprechen“ (Sowinski 1978, S. 282). Demnach treten Werbebriefe in verschiedenen stilistischen Ausführungen auf, je nachdem, welche Funktion sie zu erfüllen haben, ob sie etwa nur die Geschäftsbedingungen im Allgemeinen verbessern oder zum Kauf einer Ware anregen sollen. Zur ersten Gruppe werden regelmäßige Kundeninformationen wie Geschäftberichte, Nachrichten über neue Filialen, Jubiläen und Preisänderungen etc. und gezielte Kundeninformationen wie Hinweise auf Dienstleistungen oder besondere Sortimente gezählt. Zur zweiten Gruppe gehören Briefe an Wiederverkäufer, Kunden und Nichtkunden, bei denen es vor allem auf den Briefeingang, die sog. „Fangzeile“ ankommt, die auf die Vorzüge des beworbenen Produkts aufmerksam machen soll, „ohne zu ungewöhnlich zu sein und den Angesprochenen mißtrauisch zu machen oder zu verärgern“ (Sowinski 1978, S. 283). Die Werbebriefe der zweiten Gruppe unterscheiden sich in Bezug auf die sprachliche Gestaltung insofern, als solche an Wiederverkäufer sachlicher sein und sowohl die Vorteile und Qualität des Produktes als auch die entsprechenden Vorteile für den Wiederverkäufer hervorheben sollen, während es bei Werbebriefen an Kunden und vor allem an Nichtkunden eher um die Hervorhebung der Neuartigkeit, Un-

vergleichlichkeit, Anwenderfreundlichkeit etc. des Produktes geht, wobei „die Stilmittel der höflichen Ansprache und der einfachen Steigerung und Bildlichkeit (z.B. Vergleiche) Verwendung“ (Sowinski 1978, S. 283) finden. Demgegenüber verlangen Mahnschreiben, die dazu auffordern, ein ausstehendes Leistungsversprechen, meistens eine Schuldzahlung, einzulösen, je nach Dringlichkeit ihrer Forderung unterschiedliche stilistische Formen: „Will man einen säumigen Kunden weder verärgern noch verlieren, so wird man die erste Mahnung recht höflich abfassen und erst bei notwendigen weiteren Mahnungen nachdrücklich zur Zahlung auffordern“ (ebd.).
Die explizierten Beispiele zeigen, – und dies ließe sich an Vertretern anderer Gruppen (vgl. z.B. innerhalb der ansprechenden Texte Formen wie Gebrauchsanweisung, Werbeaufforderung, Lobrede, Gesetze und Verordnungen) beliebig fortsetzen – dass SOWINSKIS Textsorteneinteilung einerseits eine frühe, relativ umfangreiche Übersicht über seinerzeit gängige Gebrauchstextsorten darstellt, die mitunter (vgl. das Beispiel ‚Werbebrief‘) detaillierte und sinnvolle Funktionszuweisungen enthält. Andererseits bleibt das eigentliche Ziel der Darstellung, die relevanten Stilmittel und Stilzüge zu erfassen, unerreicht, indem der Einsatz von stilistischen Mitteln nahezu willkürlich und undifferenziert beschrieben wird, was zum Teil (vgl. Textsorte ‚Mahnung‘) an Beispiele aus der (älteren) laienlinguistischen Ratgeberliteratur erinnert. Für eine wissenschaftliche Textsortenklassifikation ist jedoch eine systematische, an festen Kriterien orientierte Klassifikation notwendig.

Die nachfolgenden Vorschläge zur Gruppierung und Beschreibung von Textsorten bemühen sich um eine stärkere theoretische Fundierung. Sie können u.a. danach unterschieden werden, ob sie eindimensional oder mehrdimensional angelegt sind oder ob textinterne oder textexterne Kriterien zur Textsortendifferenzierung herangezogen werden, wobei sich in der Regel die Klassifikationsvorschläge, die auf textinternen Kriterien basieren, als strukturell auffassen lassen, während die textextern orientierten Klassifikationsvorschläge – abgesehen von solchen, die andere Faktoren wie z.B. die o.g. Kommunikationsweise in den Vordergrund stellen (vgl. z.B. Steger et al. 1974) – als funktional einzuordnen sind (vgl. Rolf 1993, S. 57f.).

Unter den strukturell ausgerichteten Arbeiten ist vor allem die Position von VAN DIJK (vgl. 1980) hervorzuheben, die wohl am weitesten entwickelt und am einflussreichsten ist. Im Rahmen der Erzähltextanalyse entwickelt VAN DIJK ein Konzept der Makrostruktur von Texten, das er später noch um Superstrukturen erweitert. Unter Makrostruktur bzw. semantischer Tiefenstruktur versteht VAN DIJK die globale Bedeutung des Textes, die aus Verfahren der paraphrasierenden Reduktion gewonnen werden kann. Dabei werden aus den Propositionen des konkreten Textes, des Oberflächentextes, sog. Makropositionen abgeleitet, indem eine Reihe von Operationen Anwendung finden, d.h. im Wesentlichen Auslassen, Verallgemeinern und Konstruieren (vgl. Brinker 2005, S. 52). Makrostrukturen sollen die Möglichkeit eröffnen, sich an den Inhalt eines Textes zu erinnern, Texte zusammenzufassen und das Thema eines Textes zu benennen.

Im Unterschied dazu stellt eine Superstruktur ein abstraktes Schema dar, das „die globale Ordnung eines Textes festlegt“ (van Dijk 1980, S. 131). Es sind demnach Strukturen, die „den Typ eines Textes kennzeichnen“, und im Gegensatz zu den Makrostrukturen „unabhängig vom Inhalt“ (van Dijk 1980, S. 128). Die Superstruktur liegt den unterschiedlichen Textinhalten jeweils strukturbildend zu Grunde und wird als Ordnungsschema aufgefasst, das aus textsortentypischen Kategorien und Regeln besteht. Sie ist innerhalb der Diskussion um typologische Textstrukturen vor allem deshalb wichtig, weil VAN DIJK durch deren Einführung daraufhin weist, dass es zahlreiche Textsorten gibt, die sich „nicht nur aufgrund ihrer unterschiedlichen kommunikativen und daher auch sozialen Funktionen“ unterscheiden, sondern auch durch „verschiedene Arten des Aufbaus“ (van Dijk 1980, S. 128). Superstrukturen ermöglichen jedoch nicht nur, eine besondere auf den Text als ganzen bezogene und somit globale Struktur zu erkennen, sondern bestimmen zugleich auch die Ordnung von Textteilen. Damit ist die Superstruktur als eine Art Schema aufzufassen, auf das der Text zugeschnitten wird. Für die Produktion von Texten bedeutet dies, dass der Sprecher beispielsweise weiß, dass er eine Erzählung erzählen wird. Für die Rezeption oder Interpretation von Texten heißt das, dass der Hörer/Leser nicht nur erkennt, wovon ein Text handelt, sondern vor allem, dass er eine Erzählung ist (vgl. van Dijk 1980, S. 129), d.h., Superstrukturen besitzen Relevanz für die Text- und Informationsverarbeitung.

VAN DIJK entwirft jedoch kein umfassendes Schema für Superstrukturen, sondern beschreibt vor allem zwei solcher Superstrukturen genauer, die Erzählung und die Argumentation[75]. Nun können diese Superstrukturen einerseits – wie ROLF bereits bemerkt hat – deshalb nicht als Typologisierungsbasis für eine Textsortenklassifikation dienen, weil nicht jede Textsorte (z.B. Fahrplan) über so etwas wie eine narrative oder argumentative Superstruktur verfügt (vgl. Rolf 1993, S. 59). Andererseits enthalten zahlreiche Textsorten ähnliche narrative oder argumentative Strukturen, denen aber hinsichtlich einer Textsortendifferenzierung keine distinktive Funktion zukommt. Daher wird zwar die Idee einer Superstruktur, als die bestimmte Art einer Textform und des Aufbaus eines Textes unabhängig vom Textthema, ja möglicherweise sogar von der Funktion des Textes im Auge behalten, jedoch – wie später noch eingehend zu zeigen sein wird – eher die Annahme favorisiert, dass sich solche sprachlichen Strukturen, die eine Textsorte determinieren, auf der stilistischen Ebene (und dabei eben nicht zwingend im Bereich verschiedener Vertextungsstrategien) befinden. Hinzukommen in formaler Hinsicht auf jeden Fall auch Aspekte des Textaufbaus bzw. der Textgliederung/Gegliedertheit von Texten.

Eine Reihe von Arbeiten ist vor allem um die theoretische Einbeziehung textexterner, kommunikationslinguistischer Zusammenhänge wie der Textfunktion, dem Kommunikationsgegenstand oder der Kommunikationssituation bemüht.
Hier ist der Vorschlag von DIMTER zu nennen, der zunächst die Beliebigkeit bestehender Klassifikationsansätze kritisiert, denn „der Notwendigkeit einer umfassenden Textsortenklassifikation“ auf der einen Seite stehe „die Beliebigkeit von Klassifikationsmöglichkeiten“ (Dimter 1981, S. 28) auf der anderen Seite gegenüber. So könne jede Untersuchung von Textmerkmalen in einer „Klassifikation münden, deren ausschließliche Legitimation jeweils in der der speziellen Untersuchung zugrunde gelegten Theorie zu suchen ist“ (ebd.). Am Beispiel von Texten der Alltagsprache versucht DIMTER deshalb, aus einer alltagssprachlichen Textklassifikation die Kriterien für eine tragfähige

[75] Zu diesen Strukturen liegen auch zahlreiche andere Beschreibungsansätze vor. Vgl. auch Kap. 3.3.

wissenschaftliche Texttypologie zu eruieren, indem er zum Beispiel die alltagssprachlichen Namen für Textsorten näher betrachtet und davon ausgeht, dass Bezeichnungen wie Brief, Vertrag etc. Namen für Textklassenkonzepte sind (vgl. Dimter 1981, S. 29ff.). Aus den drei Ableitungskategorien Textfunktion, Kommunikationsgegenstand bzw. Textinhalt und Kommunikationssituation erstellt er ein relativ differenziertes Gefüge von Textsortendifferenzierungsmerkmalen, wobei für die Typologie der Textfunktionen auf der Basis von Sprecherzielen lediglich die Kategorien ‚Wissen', ‚Werten' und ‚Wollen' im Sinne der Änderung des mentalen Zustandes des Hörers angegeben werden. Bei den Kategorien Textinhalt und Kommunikationssituation wird im Unterschied dazu weiter differenziert. Demnach unterscheidet sich der Textinhalt durch die Aspekte ‚Zeitbezug', ‚Fallbezug' und ‚Wirklichkeitsbezug des Gegenstandes' zudem durch die Subkategorie ‚Thema festgelegt'. Die Kommunikationssituation wird nach den Dimensionen ‚Anzahl der Rezipienten', ‚Kontaktrelation', ‚Ortsrelation', ‚Zeitrelation', ‚Konserve', ‚Kanal', ‚Definitheit von Produzent und Rezipient', ‚bestimmter Textrezipient' und ‚bestimmter Textproduzent' beschrieben (vgl. Dimter 1981, S. 92ff.).
Ausgehend von diesen Klassifikationsbasen erstellt DIMTER (ebenso wie beispielsweise auch Sandig) ein Merkmalsraster in Form einer Matrix, mit dem er Beispiele für verschiedene Textklassenkonzepte (Befehl, Telegramm, Feuilleton) darzustellen versucht. Dabei zeigt sich hinsichtlich der Auswahl der Klassifikationskriterien, dass diese zum Teil kaum aussagekräftig sind (vgl. z.B. die Subkategorie ‚Anzahl der Rezipienten', innerhalb derer das Textklassenkonzept ‚Ausweis' den Eintrag ‚Menge' enthält, das Textklassenkonzept ‚Feuilleton' die Einträge ‚Menge' und ‚Masse'.). Obwohl DIMTER ausschließlich textexterne Kriterien für seine Untersuchung heranzieht und die Erforschung textinterner Merkmale nur auf der Grundlage der Analyse textexterner Merkmale für durchführbar hält, konstatiert er an einigen Stellen auch sprachliche Spezifika. So gilt beispielsweise für Textklassen wie Wetterbericht oder Kochrezept, in denen das Thema fixiert ist, indem das Erstglied solcher Komposita einen bestimmten Weltausschnitt vorgibt, generell eine relativ starke Beschränkung des verwendeten lexikalischen Materials (vgl. Dimter 1981, S. 95).

BRINKER (1985) nimmt die Textfunktion als „Basiskriterium" für die Bestimmung von Textsorten an und unterscheidet in Orientierung an SEARLES Klassifikationsvorschlag für Sprechakttypen (Searle 1975) zwischen fünf Textfunktionen und dementsprechend fünf „Textsortenklassen" (Brinker 1985, S. 125). Dazu modifiziert er die Illokutionstypologie Searles im Hinblick auf die Kategorien ‚Repräsentativ' und ‚Expressiv' und führt stattdessen eine ‚Informationsfunktion' und eine ‚Kontaktfunktion' ein. Somit kommt BRINKER „unter dem kommunikativ-funktionalen Aspekt der interpersonalen Beziehungen" (1985, S. 97) zu folgenden textuellen Grundfunktionen (vgl. Brinker 1985, S. 98ff.):

- ‚Informationsfunktion' („Ich (der Emittent) informiere dich (den Rezipienten) über den Sachverhalt X (Textinhalt).")
- ‚Appellfunktion' („Ich (der Emittent) fordere dich (den Rezipienten) auf, die Einstellung (Meinung) X zu übernehmen / die Handlung X zu vollziehen.")
- ‚Obligationsfunktion' („Ich (der Emittent) verpflichte mich (dem Rezipienten gegenüber), die Handlung X zu tun.")
- ‚Kontaktfunktion' (Hier gibt der Emittent dem Rezipienten zu verstehen, dass es ihm um die personale Beziehung zum Rezipienten geht, vor allem die Herstellung und Erhaltung des persönlichen Kontakts.)
- ‚Deklarationsfunktion' („Ich (der Emittent) bewirke hiermit, dass X als Y gilt.")

Dementsprechend führt er fünf Textklassen an: ‚Informationstexte' (z.B. Nachricht, Bericht, Rezension), ‚Appelltexte' (z.B. Werbeanzeige, Gesetzestext, Antrag), ‚Obligationstexte' (z.B. Vertrag, Garantieschein), ‚Kontakttexte' (z.B. Danksagung, Kondolenzschreiben, Ansichtskarte) und Deklarationstexte (z.B. Ernennungsurkunde, Testament).

Da diese durch das Kriterium der Textfunktion abgegrenzten Klassen von Texten noch sehr umfangreich und heterogen sind und somit als Textsortenklassen interpretiert werden können, erfolgt die Annäherung an Textsorten im engeren Sinne durch eine weitere Unterscheidung. Als Grundlage dieser Subklassifizierung dienen in BRINKERS Beschreibungsansatz zwei Kriteriengruppen, mit Hilfe derer beispielsweise zwei appellative Textsorten wie Werbean-

zeige und Rundfunkpredigt, die aufgrund ihrer kommunikativen Grundfunktion derselben Textsortenklasse zugeordnet sind, voneinander abgegrenzt werden können. Dies sind zum einen kontextuelle (situative), zum anderen strukturelle, insbesondere thematische Kriterien (vgl. Brinker 1985, S. 125f.).
Kontextuelle Kriterien nehmen darauf Bezug, dass Texte immer in abgrenzbare Kommunikationssituationen eingebettet sind und die situativen Faktoren die Ausprägung der Textstruktur erheblich beeinflussen. Auf der situativen Beschreibungsebene werden zwei Analysekriterien aufgestellt, das sind ‚Kommunikationsform' und ‚Handlungsbereich'. Der Begriff der ‚Kommunikationsform' bezieht sich auf das Medium, das zur Kommunikation eingesetzt wird und durch spezifische Konstellationen der Kommunikationssituation gekennzeichnet ist (z.B. monologisch/dialogisch, räumlich und/oder zeitlich unmittelbar/getrennt). Hier differenziert BRINKER zwischen den fünf Medien ‚Face-to-face-Kommunikation', ‚Telefon', ‚Rundfunk', ‚Fernsehen' und ‚Schrift'. Durch die besonderen situativen Merkmale der einzelnen Medien entstehen verschiedene Arten der Kommunikation. Besonders wichtig ist in diesem Zusammenhang die Annahme, dass eine Kommunikationsform – im Unterschied zu einer Textsorte – ausschließlich durch situative bzw. mediale Merkmale definiert und in kommunikativ-funktionaler Hinsicht nicht festgelegt ist. Als Beispiel nennt Brinker die Kommunikationsform ‚Brief', innerhalb derer zwischen appellativen Briefen (z.B. Mahnbrief), informativen Briefen (z.B. privater Mitteilungsbrief), Kontaktbriefen (z.B. Liebesbrief) etc. differenziert werden kann, wodurch deutlich wird, dass nach dieser Definition Kommunikationsformen multifunktional sind, während Textsorten „immer an eine bestimmte (dominierende) kommunikative Funktion (die Textfunktion) geknüpft sind" (Brinker 1985, S. 128).
Die Kommunikationssituationen sind bestimmten gesellschaftlichen Bereichen (Alltagswelt, Welt der Wissenschaft, der Wirtschaft, der Religion etc.) zugeordnet, die jeweils besonderen Handlungs- und Bewertungsnormen unterliegen. Nach der Art des Rollenverhältnisses zwischen den Kommunikationspartnern unterscheidet BRINKER (vgl. 1985, S. 128f.) bei diesen Bereichen zwischen privatem, offiziellem und öffentlichem Handlungsbereich. Dabei zeichnet sich der offizielle Bereich im Vergleich zum privaten insbesondere durch einen höheren Grad an Verbindlichkeit aus, während der öffentliche im

Gegensatz zum privaten steht und vorwiegend auf die Medien der Massenkommunikation bezogen wird.

Hinsichtlich der strukturellen Kriterien erachtet BRINKER „vor allem die thematischen Kategorien ‚Textthema' und ‚Form der Themenentfaltung' als grundlegend für die Textsortendifferenzierung" (Brinker 1985, S. 130), wobei er unter der Art des Textthemas das Anführen spezifischer thematischer Restriktionen versteht. Für die Formulierung solcher Restriktionen gibt er jedoch nur vage Hinweise, so verweist er (in Anlehnung an Ermert 1979) lediglich auf zwei Aspekte, nämlich die zeitliche Fixierung des Themas und die räumliche Orientierung. Letztere wird so verstanden, dass sich beispielsweise die beiden appellativen Textsorten ‚Werbeanzeige' und ‚Stellenanzeige' dadurch unterscheiden lassen, dass Werbeanzeigen ein Produkt des Emittenten anbieten, weshalb das Thema mit dem Emittenten gleichgesetzt werden kann, während bei Stellenanzeigen Personen gesucht werden, die zugleich Adressat der Anzeige sind. Dementsprechend sei der Rezipient identisch mit dem Thema. Da es sich bei beiden Beispielen um Textsorten handelt, die Bedeutung für die Unternehmenskommunikation haben, soll hierzu bereits kurz bemerkt werden, dass innerhalb der letzten Jahre zahlreiche Stellenanzeigen in Form von Werbeanzeigen erschienen sind, z.B.:

> ***Erlebnis Ausbildung***
> *Ihre Zukunftschancen bei dm-drogerie markt*
>
> ***Vielseitig, spannend, überraschend***
> *Lernen beim dm-drogerie markt ist ein Erlebnis. Sie interessieren sich für eine Ausbildung oder möchten ein duales Studium ergreifen? Entscheiden Sie sich für dm und eröffnen Sie sich eine Zukunftsperspektive.*
>
> ***JETZT BEWERBEN!***
> ***Erleben Sie die dm-Ausbildung***
>
> *Entdecken Sie während der Aktionswochen „Erlebnis Ausbildung" die zahlreichen Ausbildungs- und Studienmöglichkeiten bei dm und bewerben Sie sich für das Lehrjahr 2010/2011.*

Derartige Stellenanzeigen werden seitens der Rezipienten in der Regel als Werbung interpretiert, in dem Sinne, dass ein Unternehmen wirbt – und zwar nicht mit dem Ziel des Produktkaufs, sondern zum Zweck der Mitarbeiterakquise[76]. Daran wird – wie später noch genauer auszuführen sein wird – deutlich, dass in struktureller Hinsicht der Stil und die Form der Textsorte in wesentlich höherem Maße mit der spezifischen Textfunktion korreliert und letztlich die Textsorte prägt als beispielsweise die von BRINKER angeführte Art des Textthemas.

Dem zweiten strukturellen Kriterium für die Textsortendifferenzierung, der Form der thematischen Entfaltung, entspricht die Unterscheidung zwischen deskriptiver, narrativer, explikativer und argumentativer Themenentfaltung, die wie in Kaptitel 3.3 „Vertextungsstrategien“ erläutert, als textstilistisches Merkmal aufzufassen ist. Die einzelnen Formen können dabei durchaus in verschiedenen Textsortenklassen Anwendung finden, wenn auch in jeweils anderer Gewichtung. Wesentlich ist für die Beschreibung von Textsorten die dominierende Form der thematischen Entfaltung, sie „bestimmt primär die thematische Textstruktur“ (Brinker 1985, S. 131). Darüberhinaus ist für BRINKER ausschlaggebend, wie die Grundformen thematischer Entfaltung in den einzelnen Textsorten realisiert werden, wobei er von den thematischen Einstellungen der Emittenten ausgeht. Demnach unterscheidet er im Bereich der deskriptiven Themenentfaltung zwischen „sachbetonter“ und „meinungsbetonter“ Realisationsform (z.B. Zeitungsnachricht oder Buchbesprechung), im Bereich der argumentativen Themenentfaltung zwischen „persuasivüberredender“ und „rational-überzeugender“ Form der Musterrealisierung. Für die zuletzt genannte Differenzierung führt er die Beispiele Werbeanzeige und Zeitungskommentar an, erläutert sie jedoch an dieser Stelle nicht näher (vgl. Brinker 1985, S. 132).

Mit der Appellfunktion ist laut BRINKER (vgl. 1985, S. 105f.) neben der normativen Einstellung nicht nur die Einstellung, die die Interessen des Emittenten bezeichnen, verbunden (z.B. *Ich möchte, dass der Sachverhalt X realisiert wird; ich wünsche mir, dass...*), sondern auch die evaluative Einstellung, d.h.

---

[76] Auf die damit verbundene Funktion als Imagewerbung für das suchende/werbende Unternehmen soll an dieser Stelle nicht näher eingegangen werden.

die Intention, dass der Rezipient die Sichtweise des Emittenten, seine positive oder negative Bewertung des Sachverhalts übernimmt. Der persuasive Charakter von Werbeanzeigen resultiere dann daraus, dass der Appell des Emittenten an den Rezipienten, das Produkt positiv einzuschätzen, nicht direkt signalisiert, sondern indirekt ausgedrückt wird. Dies geschieht nach BRINKER nicht nur durch die Vorkommenshäufigkeit wertender Ausdrücke und rhetorischer Figuren, charakteristisch sei vielmehr, dass das argumentative Muster nur in einer äußerlichen, oberflächlichen Weise benutzt wird, weil die Aussagen zu unbestimmt und vage bleiben, als dass sie in einer rationalen Argumentation förderlich sein könnten, und die Rezipientenansprache auf emotionale Weise erfolgt, indem der Emittent beispielsweise Ausdrücke wählt, die aufgrund ihrer konnotativen Bedeutung geeignet sind, beim „Rezipienten ein Gefühl der Angst, zumindest aber der Unsicherheit auszulösen" (Brinker 1985, S. 107). Diese von BRINKER angeführten Merkmale sind insofern problematisch, als sie einerseits keinesfalls für alle Werbeanzeigen zutreffen, andererseits in zahlreichen Zeitungskommentaren zu finden sind. Wie oben bereits ausgeführt (vgl. Kap. 3.3) ist mit Ausnahme von mathematischen oder logischen Beweisen das Offenlegen der Argumentation in der Alltagssprache und so auch in Gebrauchstexten fakultativ. Besonders häufig wird die Argumentation über Bewertungen gesteuert, die – wie in Kap. 3.7 erläutert – implizit oder explizit sein können und dementsprechend in unterschiedlichem Maße persuasiv wirken. Grundsätzlich ist davon auszugehen, dass alle Texte, die der Meinungsbildung dienen sollen, persuasive und rationale Merkmale enthalten, wenngleich in unterschiedlicher Gewichtung.
Insgesamt ist festzuhalten, dass BRINKERS Ansatz neben kommunikativ-funktionalen Aspekten auch auf stilistischer/struktureller Ebene wichtige Beschreibungsaspekte enthält, dies sind vor allem die Grundformen der Themenentfaltung oder auch Aspekte der Kohärenz. Er führt für die Textsorten, die die von ihm vorgeschlagenen Funktionen und Merkmale aufweisen, jedoch nur eine Reihe von Beispielen an und entwickelt keine vollständige Klassifikation.

Mit dem Ziel möglichst alle wesentlichen Merkmalsaspekte in die Textsortenklassifikation einzubeziehen entwickeln HEINEMANN/VIEHWEGER den Vorschlag einer Mehrebenenklassifikation (vgl. Heinemann/Viehweger 1991, S. 147). Sie schlagen vor, Textsorten nach den Dimensionen der Funktionalität, der Situationalität, der Verfahrenstypen, der Strukturiertheit sowie der prototypischen Formulierungsmuster zu beschreiben.

Auf der Ebene der Funktionstypen unterscheiden sie zwischen vier „Primärfunktionen des Kommunizierens", nämlich ‚Sich Ausdrücken' mit der beabsichtigten Wirkung „sich psychisch entlasten", ‚Kontaktieren' mit dem Ziel „Kontakt mit Partnern aufnehmen oder erhalten", ‚Informieren' zu dem Zweck „Informationen von Partnern ermitteln oder an sie vermitteln" sowie ‚Steuern' im Sinne von „Partner veranlassen, etwas zu tun". Als weitere mögliche Hauptfunktion von Texten – wenn auch in einer Sonderstellung – wird ‚Ästhetisch Wirken' genannt, das vor allem dadurch erfolgt, dass der Textproduzent mit Hilfe des Textes eine fiktive Welt erschafft, womit er dem Rezipienten pragmatische Informationen vermittelt und emotionale Bewusstseinsprozesse auslöst (vgl. Heinemann/Viehweger 1991, S. 149). Dazu wird bemerkt, dass die spezifische Funktion ‚Ästhetisch Wirken', die primär literarischen Texten zugewiesen wird, andere Grundfunktionen von Texten überlagern kann. So können literarische Texte (insbesondere lyrische) auch die Funktion ‚Sich ausdrücken' bzw. ‚Selbst darstellen', des ‚Informierens' (Erzählungen, Novellen, Dramen etc.) und des ‚Steuerns' (alle literarischen Gattungen) haben und u.a. deshalb als polyprag angesehen werden.

HEINEMANN/VIEHWEGER (vgl. 1991, S. 154ff.) gehen davon aus, dass die Kommunizierenden ein Situationswissen gespeichert haben und bei der Lösung kommunikativer Aufgaben bestimmte Situationsmuster aktivieren. Auf der Grundlage eines weiten Situationsbegriffs, der Kenntnisse über Kommunikationsbereiche, Institutionen und Gesellschaftsformen einschließt, versuchen sie deshalb, bestimmte Situationstypen voneinander abzuheben. Als Kriterium für die Abgrenzung von Situationsklassen wird zunächst die jeweils grundlegende interaktionale Tätigkeit angesetzt, wobei grundsätzlich zwischen eigenständig kommunikativen Tätigkeiten und Tätigkeiten im Dienste übergeordneter nichtverbaler Tätigkeiten differenziert wird, die hinsichtlich ihrer thematischen Einbindung in übergeordnete Tätigkeitsbereiche weiter unterschieden werden (z.B. geistig-theoretische Tätigkeit, gegenständlich-praktische Tätigkeit). Als weiteres Kriterium für die Differenzierung der Situation wird die soziale Organisation der Tätigkeiten angenommen. Dabei geht es um den spezifischen Vollzug kommunikativer Tätigkeiten im Rahmen bestimmter Kommunikationsbereiche und die mehr oder weniger institutionelle Prägung von Interaktionsereignissen (z.B. Kommunizieren nach mehr oder weniger fest interiorisierten Handlungsmustern).

Zu den situativen Aspekten gehören zudem die Anzahl der Kommunikationspartner, wobei zwischen dyadischer Kommunikation, Kleingruppenkommunikation und Massenkommunikation unterschieden wird, und die soziale Rolle der Kommunikationspartner, die auf das soziale Verhältnis der Interagierenden während des Kommunikationsaktes referiert. Hier wird zwischen symmetrischer Kommunikation, d.h. sozialer Gleichberechtigung der Kommunikationspartner, und asymmetrischer Kommunikation mit der Dominanz eines Interaktionspartners unterschieden. Schließlich zählen zu den situativen Kriterien noch Grundtypen der Umgebungssituation, abhängig „davon, ob die Wahrnehmungssituation/Umgebungssituation mit den Hauptkomponenten LOC und TEMP für beide Interaktionspartner gemeinsam, partiell gemeinsam oder verschieden ist“ (Heinemann/Viehweger 1991, S. 157).[77]

Besonders hervorzuheben ist die im Modell von HEINEMANN/VIEHWEGER angeführte Subkategorie ‚Verfahrenstypen‘, die sich auf die jeweils spezifischen Verfahren bezieht, die Textproduzenten und -rezipienten einsetzen, um erfolgreich zu kommunizieren. „Verfahren“ werden demnach als Vorgehensweisen von Handelnden zur effektiven Lösung vorgegebener oder aus bestimmten Situationen resultierender Ziele verstanden. Solche Textherstellungs- oder Textverstehensverfahren werden dabei als zielgerichtete, meist bewusst ablaufende Verarbeitungsoperationen bei der Textproduktion und -rezeption begriffen. Sie sind spezielle Realisierungen strategischer Konzepte des Texterzeugens und Textverstehens. HEINEMANN/VIEHWEGER (vgl. 1991, S. 158) gehen davon aus, dass die Kommunikationsbeteiligten auch über ein spezielles Strategiewissen verfügen und Erfahrungen darüber besitzen, welche Verfahren sich in Verbindung mit globalen Mustern als erfolgreich erwiesen haben. Sie integrieren in diesen übergreifenden Strategiebegriff die von

[77] In späteren Darstellungen werden die situativen Kriterien noch durch die Situationsklasse ‚Kanal/Medium‘ ergänzt (vgl. Heinemann/Heinemann 2002, S. 147).

ENKVIST (vgl. 1987, S. 19ff.) genannten textstrategischen Grundkonzepte „im Sinne eines Mit- bzw. Nacheinanders strategischer Aspekte: die Musteradaption, die Adressatenorientierung und die Prädikationslinearisierung" (Heinemann/Viehweger 1991, S. 158f.). Als spezielle Verfahrenstypen stellen sie jedoch nur die Prozeduren heraus, die für das methodische Vorgehen des Textproduzenten bei der Textstrukturierung wichtig sind. Hierzu zählen sie vor allem Text-Thema-Entfaltungen, strategische Verfahrensschritte und taktisch-spezifizierende Einzelverfahren (vgl. Heinemann/Viehweger 1991, S. 159f.).

Textentfaltungsprozesse beziehen sich darauf, ob ein Textthema entfaltet werden soll und durch welche Stützungskomponenten solch eine Ausbreitung des Textthemas am besten realisiert werden kann (z.B. durch eine Spezifizierung, Begründung oder Erklärung des Sachverhalts). Strategische Verfahrensschritte umfassen Entscheidungen, die die Art der Informationsvermittlung bzw. der Steuerung betreffen. Dabei geht es vor allem um die Frage, ob einfache oder komplexe Strukturierungsmuster (narrative, deskriptive und argumentative Muster) für die Zielrealisierung geeignet sind. Taktisch-spezifizierende Einzelverfahren dienen vor allem der zusätzlichen Spezifizierung oder Verstärkung der genannten Verfahrenstypen, indem sie das Anliegen emotional verstärken, den Partner aufwerten oder den Sachverhalt bewusst komplizieren oder vereinfachen.

Die Gesamtheit dieser Entscheidungsprozesse bildet nach HEINEMANN/VIEHWEGER (vgl. 1991, S. 161f.) den Rahmen für die eigentliche Textstrukturierung, innerhalb derer es ihnen nicht darum geht, feste Strukturierungsmuster für jede einzelne Textklasse[78] aufzustellen, sondern darum, die grundlegenden Strukturierungstypen zu kennzeichnen. Dazu gehören vor allem kompositorisch-architektonische Entscheidungen auf der Makroebene wie die Entscheidung über die Platzierung der thematischen und intentionalen Kerninformation oder die Verwendung bestimmter Sequenzierungs- und Konnexi-

78 Heinemann/Viehweger beziehen die Begriffe ‚Textklasse' und ‚Textsorte' auf empirisch nachgewiesene Klassifizierungen von Texten und Gesprächen, die auf Alltagsklassifikationen referieren und das Wissen über eine Textsorte bündeln (vgl. auch Dimter 1981). Im Gegensatz dazu wird der Terminus ‚Texttyp' als theoriebezogene Kategorie zur wissenschaftlichen Klassifikation von Texten verstanden.

onstypen (z.B. additiv, additiv-chronologisch, implikativ), die für die interne Strukturierung von Teiltextkomplexen relevant sind.

Auf der Ebene der Formulierungsmuster geht es HEINEMANN/VIEHWEGER (vgl. 1991, S. 165ff.) um das Erfassen von Gemeinsamkeiten und Unterschieden des Formulierens bei den einzelnen Textsorten. Sie heben damit auf den stilistischen Aspekt der Textklassifikation ab, durch den sich neben Aspekten der Textkomposition etc. das Telegramm deutlich vom Bewerbungsschreiben oder der Erzählung unterscheidet. Um solche Unterscheide für die Textklassifikation nutzbar zu machen, unterscheiden sie auf der übergeordneten Ebene zwischen generellen Ordnungs- und Formulierungsprinzipien, sog. „textklassenspezifischen Klassifikationsmaximen“, darunter zwischen bestimmten Formulierungsmustern.

Textklassenspezifische Kommunikationsmaximen reflektieren bestimmte gesellschaftlich etablierte Aspekte kommunikativer Aufgabenstellungen. Sie nehmen darauf Bezug, dass ein Textproduzent zwar bei jeder Textgestaltung einen mehr oder weniger großen Spielraum für die individuelle Ausgestaltung des Textes zur Verfügung hat, aber dieses Feld der Formulierungsalternativen durch textklassenspezifische Gestaltungsprinzipien eingeschränkt wird. Textklassenspezifische Kommunikationsmaximen grenzen somit „den Spielraum potentieller Formulierungsalternativen entsprechend den Besonderheiten einer bestimmten Textklasse ein und bilden so den Rahmen für charakteristische Textformulierungen“ (Heinemann/Viehweger 1991, S. 166). Hierzu werden Merkmale wie ‚institutionell geprägt‘, ‚sachlich-informativ‘, ‚sachorientiert‘, ‚knapp‘, ‚prägnant‘ und ‚höflich‘ angeführt, wobei Hinweise für deren konkrete sprachliche Realisierung ähnlich vage bleiben wie die verschiedenen Versuche, einzelne Stilzüge zu erfassen (vgl. Kap. 3.1.3).

Mit ‚Formulierungsmuster‘ sind Wörter und Konstruktionen gemeint, die sich bei standardisierten Kommunikationsaufgaben bewährt haben und damit zum „Formulierungswissen“ der Kommunikationsteilnehmer gehören. Das heißt, als Formulierungsmuster gelten alle sprachlichen Einheiten, die als „vorgegeben“, „vorformuliert“ oder „beispielhaft“ betrachtet werden können (vgl. Heinemann/Viehweger 1991, S. 166). Dazu werden einerseits Einzellexeme wie z.B. *Plädoyer*, *Staubbekämpfung* gezählt, die als Indikatoren für bestimmte

Kommunikationsbereiche gelten können[79], andererseits charakteristische Verbindungen von lexikalischen Einheiten und typische syntaktische Konstruktionen, die sich auf ein spezielles Kollokationswissen der Kommunizierenden, ein Wissen über häufig wiederkehrende Verknüpfungen und Verknüpfungsmöglichkeiten lexikalischer Einheiten, zurückführen lassen. Ebenso wie die Einzellexeme werden viele dieser Kollokationen (z.B. *unbefugte Benutzung, leistungsschwache Schüler fördern*) wiederum als typisch für bestimmte Kommunikationsbereiche angesehen, andere fungieren als Indikatoren für bestimmte Textsorten (z.B. Märchen: *Es war einmal...*; Gerichtsverhandlung: *Im Namen des Volkes...*) und stehen der Klasse der „stereotypen Textkonstitutive" (Heinemann 1984, S. 38) nahe, die immer in ihrer Ganzheit aktiviert werden und typischerweise an bestimmte Phasen der Textkonstruktion gebunden sind. Dazu gehören beispielsweise Formeln für die Kontaktaufnahme und den Textanfang (z.B. *Bezug nehmend auf ihr Schreiben...)* oder unterschiedliche Wendungen für den Text- und Kontaktabschluss (z.B. *Tschüss!, Viele Grüße!, Mit vorzüglicher Hochachtung!* als Grußformeln). Dass die genannten Formulierungsbeschränkungen und -muster nicht ausreichen, um deutlich voneinander unterscheidbare „Formulierungstypen" zu konstituieren, räumen die Autoren selbst ein (vgl. Heinemann/Viehweger 1991, S. 168). Im Hinblick auf die Untersuchung kommunikationspolitischer Texte ist an den Beispielen ‚Geschäftsbrief' und ‚Werbebrief' besonders deutlich zu erkennen, dass die von HEINEMANN/VIEHWEGER dargelegten Kommunikationsmaximen und Formulierungsmuster kaum zur Differenzierung dieser beiden Textsorten geeignet sind und sich eher auf eine Textsortenklassenbeschreibung auf der Ebene der von BRINKER (s.u.) angeführten Kommunikationsformen anwenden lassen.

In Bezug auf die Integration der Text-Typologisierungsebenen betonen HEINEMANN/VIEHWEGER (vgl. 1991, S. 170ff.), dass zur Konstitution der einzelnen Textklassen prinzipiell ein Miteinander von bestimmten Typen dieser Ebenen notwendig ist, wobei den Ebenen unterschiedliches Gewicht zukommen kann. So dominiere beispielsweise bei einer Textsorte ‚Antrag' der funk-

[79] Diese Lexeme stimmen zum Teil mit den erläuterten stilistischen Markierungen im Bereich des Wortschatzes überein; vgl. Kap. 3.5.1.

tionale, bei der Textsorte ‚Brief' primär der situative Aspekt, wobei die Typisierungen auf anderen Ebenen immer mitgeführt werden. Sie betrachten globale Textmuster deshalb als Bündelung von Merkmaltypen verschiedener Ebenen mit unterschiedlicher Prominenz.
Schließlich ist zu bemerken, dass durch die von HEINEMANN/VIEHWEGER apostrophierten Typologisierungsebenen ‚Verfahrensmuster' und ‚Formulierungsmuster' klar die Notwendigkeit der Einbeziehung strategischer Konzepte und stilistischer Parameter in die Textsortenklassifikation herausgestellt wird. Die Analysekriterien scheinen jedoch nicht differenziert genug, vielleicht wird auch ihr Potential an den wenigen aufgezeigten Beispielen nicht deutlich genug demonstriert. So zeigt sich beispielsweise an der Gegenüberstellung der Textsorten ‚Telegramm' und ‚Kochrezept' bzw. der jeweiligen damit verbundenen globalen Textmuster, dass die Subtypen zum Teil auf unterschiedlichen Ebenen ansetzen. Zudem ist festzustellen, dass die genannten taktisch-spezifizierenden Einzelverfahren (Aufwerten des Partners etc.) gerade im Falle persuasiver Textformen den gesamten Textaufbau dominieren können und deshalb genauer ausgearbeitet werden müssen.

Einige Autoren legen ihrer Textsortenklassifikation zunächst nur eine Größe zugrunde und das ist in der Regel die Textfunktion[80]. Die umfassendste Arbeit unter diesem Aspekt hat ROLF vorgelegt, der unter Anwendung des „sprechakttheoretischen Paradigmas" eine Untergliederung der etablierten Gebrauchstextsortenklassen in assertive, direktive, kommissive, expressive und deklarative Textsorten vornimmt (vgl. Rolf 1993, S. 170ff.).
ROLF orientiert sich damit vor allem an BRINKER (1985), der in Anlehnung an SEARLES Sprechakttypentaxonomie zwischen den fünf Textfunktionen ‚Informationsfunktion', ‚Appellfunktion', ‚Obligationsfunktion', ‚Kontaktfunktion' und ‚Deklarationsfunktion' unterscheidet (s.o.). Er versucht, diese funktionale Ausgangsbasis zu erweitern und zu präzisieren, um seinen Vorschlag einer Klassifikation von Gebrauchstextsorten konsequent funktional ausrich-

80 Vgl. zum Beispiel die Darstellung von Schmidt (1980), der die Textfunktion mit den Kommunikationsabsichten des Produzenten gleichsetzt und somit auf der obersten Ebene zwischen ‚informierenden', ‚aktivierenden' und ‚klärenden' Texten unterscheidet.

ten zu können und auch bei der Subklassifizierung auf kontextuelle, strukturelle usw. Kriterien zu verzichten. Hierzu ersetzt er zum Teil die von BRINKER verwendeten Textfunktionsbegriffe durch die wortgetreuen Bezeichnungen aus SEARLES Vorschlag zur Sprechaktklassifikation (1975) und bestimmt den Begriff ‚illocutionary point' neu, dessen Bestimmung von SEARLE/VANDERVEKEN[81] er für vergleichsweise uninformativ und in handlungstheoretischer Hinsicht inadäquat hält. So gehe – abgesehen von der dritten und evtl. auch vierten Bestimmung – aus den Angaben zum illocutionary point „nicht hervor, was ein Sprecher, der z.B. einen assertiven, kommissiven oder expressiven Sprechakt vollzieht, wirklich *erreichen* will, d.h., welche Art von *Veränderung* er herbeizuführen beabsichtigt" (Rolf 1993, S. 72).

Da Realisierungen von Sprechakten sprachliche Handlungen sind und Sprechakte dementsprechend einen Zweck haben bzw. mit ihrer Realisierung ein bestimmtes Ziel verfolgt wird, geht ROLF (vgl. 1993, S. 73f.) zunächst von den beim Sprecher vorhandenen oder von ihm als vorhanden unterstellten Problemen aus, auf die mit einer sprachlichen Handlung reagiert werden soll und in Verbindung damit auf die Art der mentalen Veränderung, die mit Hilfe einer kommunikativen Handlung herbeigeführt werden soll. So besteht beispielsweise beim assertiven Sprechakt das „Problem" darin, dass ‚ein Adressat wissen möchte oder wissen soll, was der Fall ist (gewesen ist oder sein könnte)'. Als Art der Veränderung gibt ROLF für assertive Sprechakte die „epistemische (kognitive) Repräsentation der (sog.) außersprachlichen Wirklichkeit" (Rolf 1993, S. 73) an. Ausgehend von der Annahme, dass der Vollzug eines Sprechaktes eine Handlung, also die Realisierung einer zielgerichteten Verhaltensweise ist, formuliert er auf der Basis der jeweiligen Probleme und Veränderungsarten Handlungsziele wie: ‚H soll die Gelegenheit erhalten, p zum propositionalen Gehalt einer eigenen epistemischen (doxastischen oder kognitiven) Einstellung zu machen' (assertiver Sprechakttyp), ‚Die bei H anzunehmende emotionale Gesamtlage soll regulativ beeinflusst werden' (ex-

---

[81] Searle/Vanderveken (1985, S. 37f.) bestimmten wie folgt:
„The *assertive* point is to say how things are."
„The *commissive* point is to commit the speaker to do something."
„The *directive* point is to try to get other people to do things."
„The *declarative* point is to change the world by saying so."
„The *expressive* point is to express feelings and attitudes."

pressiver Sprechakttyp) oder ‚H soll orientiert sein über ein bestimmtes, in seinem eigenen Interesse liegendes zukünftiges Verhalten von S‘ (kommissiver Sprechakttyp; vgl. Rolf 1993, S. 76).

ROLF (vgl. 1993, S. 170) betrachtet in Analogie zu den Bezeichnungen der Sprechakttypen auch die Textsortenbezeichnungen als primär „funktionsbenennende“ Ausdrücke, die Aufschluss über den Sinn verfertigter Texte bzw. der Verfertigung von Texten geben sollen. Durch diese funktionale Ausrichtung und die Anwendung des sprechakttheoretischen Paradigmas kommt er zu einer Untergliederung der genannten Textsortenklassen, die so gestaltet ist, dass sie Bedingungen benennt, die erfüllt sein müssen, damit der Einsatz eines entsprechenden Textsortenexemplars erfolgreich ist. Bei diesen Erfolgs- oder Erfüllungsbedingungen, durch deren Benennung eine Taxonomisierung der Gebrauchstextsorten vorgenommen wird, unterscheidet er drei Arten, nämlich zum einen den ‚illocutionary point‘, also den Handlungszweck bzw. das Handlungsziel, zum zweiten ‚mode of achievement‘, d.h. den Durchsetzungsmodus bzw. die Zielerreichungsweise und schließlich ‚preparatory conditions‘, vorbereitende bzw. bereits als gegeben vorliegende oder als erfüllt hingestellte Bedingungen.

Die Bezeichnungen für die drei Arten von Erfolgs- bzw. Erfüllungsbedingungen sind in den fünf Teiltaxonomien der Klasse der Gebrauchstextsorten auf vier Ebenen angeordnet: Auf der obersten Ebene ist die Bezeichnung für den Handlungszweck angesiedelt, das heißt, auf dieser Ebene ist von assertiven, direktiven usw. Textsorten die Rede. Auf der darunter folgenden Ebene finden sich Bezeichnungen wie ‚darstellend‘, ‚bindend‘, ‚stabilisierend‘ oder ‚destabilisierend‘, die den ‚mode of achievement‘, die Art der Erreichung des Handlungszwecks benennen sollen. Lässt sich die Art und Weise der Zielerreichung noch genauer spezifizieren wie beispielsweise bei den assertiven Textsorten, so werden auf der dritten Ebene der Taxonomie weitere Bezeichnungen zu Spezifikation wie ‚emittierend‘, ‚judizierend‘, ‚disputierend‘ oder ‚orientierend‘ angesetzt. In anderen Fällen werden auf der dritten Ebene der Taxonomien bereits Bezeichnungen für charakteristische vorbereitende Bedingungen genannt. Dies sind in der Regel umfassendere Ausdrücke wie ‚Option‘, ‚bei Kontrollgewalt auf seiten des Textproduzenten P‘, ‚bei Bezugnahme auf innerstaatliche Beziehungen‘, ‚transaktionsbezogen‘ oder ‚reputati-

onsbezogen‘. Die vierte Ebene ist nicht gleichmäßig ausdifferenziert, sie enthält u.a. Benennungen für spezielle vorbereitende Bedingungen, die als Spezifizierungen der auf der dritten Ebene genannten vorbereitenden Bedingungen dienen, aber auch Bezeichnungen wie ‚speziell‘, ‚reaktiv‘ und ‚insistent‘. Unterhalb dieser vierten Ebene werden Textsortenbezeichnungen wie ‚Geburtsanzeige‘, ‚Bankbürgschaft‘, ‚Nachruf‘ oder ‚Beitrittserklärung‘ aufgelistet.
Auf welche Weise ROLF nun genau die Menge der Gebrauchstextsorten unterhalb der seiner Hauptthese entsprechenden, obersten Klassifikationsebene systematisiert und beschreibt soll hier lediglich am Bespiel von assertiven Gebrauchstexten demonstriert werden: Assertive Textsorten dienen demnach der Informationsvermittlung und werden zunächst in drei Untergruppen unterteilt, die die Bezeichnungen ‚transmittierend‘, ‚darstellend‘ und ‚indizierend‘ tragen. Dabei werden die transmittierenden Gebrauchstextsorten von den darstellenden dadurch abgegrenzt, dass bei ersteren das Dass der Informationsvermittlung im Vordergrund steht, während es bei letzteren nicht primär um das Dass der Informationsvermittlung geht, sondern immer auch um das Wie. Als Beispiele für transmittierende Textsorten werden u.a. ‚Todesanzeige‘ und ‚Kurzmitteilung‘ genannt, für die zudem charakteristisch ist, dass sich der zu übermittelnde Inhalt meistens „auf einen eher eindimensionalen, auf einen ohne großen sprachlichen Aufwand zu kennzeichnenden Sachverhalt“ (Rolf 1993, S. 173) bezieht. Im Vergleich dazu sind die darstellenden Textsorten inhaltlich wesentlich komplexer und prinzipiell mehrdimensional. Ihre Aufnahme und Verarbeitung seitens des Adressaten hängt von ihrer Darstellung mehr oder weniger stark ab. Zu diesen darstellenden Gebrauchstextsorten zählt ROLF beispielsweise ‚Reisebeschreibung‘, ‚Forschungsbericht‘, ‚Erlebnisaufsatz‘ und ‚Dissertation‘, wobei zum einen auffällt, dass Textsorten wie ‚Erlebnisaufsatz‘ und ‚Reisebeschreibung‘ eher hinsichtlich ihrer textinternen Merkmale (z.B. Vertextungsstrategien) Gemeinsamkeiten aufweisen, weniger aufgrund textexterner, einschließlich funktionaler Übereinstimmungen. Zum anderen lässt sich zum Beispiel an den Textsorten ‚Todesanzeige‘ und ‚Dissertation‘ erkennen, dass das als übergeordnet angenommene Kriterium der Informationsvermittlung unterschiedlich stark ausgeprägt ist.
Inwieweit bei indizierenden Textsorten auf den Gesichtspunkt des ‚mode of achievement‘ referiert wird, bleibt unklar. Ebenso wie bei den transmittieren-

den Textsorten scheint es um das Dass der Informationsvermittlung, das Vermitteln von Kenntnissen, Informationen usw. zu gehen, wobei diese aber „zumeist unmittelbar entscheidungs- und/oder handlungsrelevant in dem Sinne sind, daß sie vornehmlich in Handlungszusammenhängen, d.h. vor oder während der Ausführung bestimmter Unternehmungen, vor oder bei der Realisierung bestimmter Aktivitäten herangezogen werden“ (Rolf 1993, 173). Als Beispiele für solche indizierenden Textsorten, die wie ein Index im Peirceschen Sinne auf etwas Anderes verweisen sollen (vgl. Rolf 1993, S. 203), werden u.a. ‚Kinoprogramm‘, ‚Diätplan‘, ‚Kurstabelle‘ genannt.

Unterhalb der Zielerreichungsweise-Ebene werden weitere Differenzierungen vorgenommen, d.h. innerhalb der transmittierenden Textsorten wird auf der dritten Ebene zwischen emittierenden und admittierenden Textsorten unterschieden, je nachdem, ob der Anstoß zur Informationsübermittlung vom Textproduzenten selbst kommt bzw. das „Problem“, auf das mit der emittierenden Textsorte reagiert wird, auf seiten des Textproduzenten liegt oder es primär eine den Textadressaten betreffende Überlegung ist, die den Anlass zur Informationsübermittlung gibt, indem der Textproduzent annimmt, dass der Adressat wissen möchte, wissen sollte oder wissen muss, was ihm übermittelt werden soll. Nach der Spezifizierung der Zielerreichungsweise geht es auf der vierten Ebene um die Differenzierung nach vorbereitenden Bedingungen, wobei die emittierenden Textsorten in diejenigen unterteilt werden, die aufgrund einer ‚Option‘ verfertigt wurden, und solche, die aufgrund einer zumindest angenommenen bzw. empfundenen Obligation entstanden sind. Ihnen werden jeweils zwei Textsortengruppen zugeordnet, den optionalen ASS 1 und ASS 2. Zu ASS 1 werden Textsorten wie ‚Bekenntnis‘, ‚Bekenntnisbuch‘, ‚Konfession‘, ‚Lippenbekenntnis‘, ‚Geständnis‘, ‚Schuldgeständnis‘ oder ‚Glaubensartikel‘ gezählt, die prinzipiell freiwillig sind, aber durch die Institutionalisierung ihrer Möglichkeit gefördert werden können (z.B. Beichte, Psychoanalyse). Derartige Selbstthematisierungen lassen zudem „ein bestimmtes Bild von einem selbst entstehen, das für die beständige Neukonstitution der eigenen Identität“ (Rolf 1993, S. 175) relevant ist. Bei den Textsorten der Gruppe ASS 2 geht es dem Textproduzenten im Gegensatz dazu nicht um die Übermittlung von Informationen, die er „in der Regel lange geheim gehalten und vielleicht sogar als gar nicht mitteilbar betrachtet hat“ (Rolf 1993,

S. 176), sondern hauptsächlich um die Weitergabe von bestimmten Informationen über das, was er bemerkt, gemacht, erlebt, wahrgenommen oder im Anschluss daran gedacht hat. Viele dieser Texte sind an ein „späteres Ich" gerichtet, als Beispiele führt ROLF (vgl. 1993, S. 176) u.a. die Textsorten ‚Tagebuch', ‚Tagebuchaufzeichnung', ‚Tagebucheintrag', ‚Aufzeichnung' und ‚Aktennotiz' an.

Alles in allem unterscheidet ROLF zwischen 44 assertiven Textsorten, bei der Gesamtklassifikation kommt er auf 109 verschiedene Gebrauchstextsorten. Obwohl die assertiven Textsorten bei weitem die größte Anzahl von Textsortengruppen aufweisen, lässt sich das, was hier exemplarisch an Teilen der assertiven Gebrauchstextsortengruppierung gezeigt wurde, auch auf alle anderen Bereiche des von ROLF erarbeiteten Systems übertragen:

Bemerkenswert ist am Klassifikationsvorschlag von ROLF u.a., dass er im Gegensatz zu zahlreichen anderen Vorschlägen zur Klassifikation, die nur eine deutlich geringere Anzahl von Textsorten berücksichtigen und nicht exhaustiv sind, versucht, eine umfassende Klassifikation von Gebrauchstextsorten zu erstellen, indem er ca. 2100 Gebrauchstextsortenbezeichnungen, vor allem diejenigen, die im großen Duden-Wörterbuch lexikalisiert sind, einbezieht (vgl. Rolf 1993, S. 311). Als Nachteil einer solchen Vorgehensweise erweist sich deutlich die dadurch entstehende große Anzahl an Mehrfachnennungen durch synonyme, hyponyme usw. Bezeichnungen (z.B. Wettervorhersage vs. Wettervoraussage). Problematisch ist dabei auch die Anwendung eines sehr weiten Textsortenbegriffs, der es erlaubt, von Gebrauchstextsorten wie Werbeslogan, Friedensangebot, Benimmregel, Liebesgeständnis usw. auszugehen und sie in die Darstellung zu integrieren, sowie die fehlende Differenzierung zwischen übergeordneten und spezifizierenden Textbezeichnungen (z.B. Meldung vs. Pressemeldung, Wasserstandsmeldung, Siegesmeldung, Schreckensmeldung).

Was die verwendeten Klassifikationsmerkmale anbelangt, so ist in der Regel ab der vierten, zum Teil auch schon auf der dritten Ebene eine Art Beliebigkeit festzustellen. Offensichtlich zwingt die völlige Vernachlässigung formaler, sprachlicher oder stilistischer Aspekte und die ausschließliche Konzentration auf den funktionalen Bereich zu einer Wahl von Klassifikationskriterien, die – wie bereits oben gezeigt wurde – sehr heterogen und nicht immer auf einer tatsächlich vergleichbaren Ebene angesiedelt sind. Zudem wirken die Charakterisierungen zum Teil tautologisch bzw. bestehen in Benennungen oder Umschreibungen des Themas bzw. des Inhalts (z.B. ASS 30 „besonderer, außergewöhnlicher, feierlicher Anlass" z.B. Festvortrag, Neujahrsansprache, Eröffnungsrede; ASS 32 „Allgemeine, zumeist politische Zustände, die schon lange bestehen, bilden den Anlaß zur Realisierung..." z.B. Friedensmanifest, Kampfschrift, Propagandaschrift; vgl. Rolf 1993, S. 201f.). Darüber hinaus enthält der Klassifikationsvorschlag zahlreiche Mehrfachzuordnungen. So finden sich unter den als „emittierend" gekennzeichneten Gebrauchstextsorten der Textsortengruppe ASS 4 etwa Textsorten wie ‚Wetteransage' und ‚Wetterwarnung', unter den „orientierenden" Textsorten der Gruppe ASS 34 wiederum die Textsorten ‚Wetterprognose', ‚Wettervorhersage' und ‚Wettervoraussage'. Erstaunlich ist ebenfalls, dass im Rahmen einer konsequent funktional ausgerichteten Klassifikation der Aspekt der Persuasion – beispielsweise in Zusammenhang mit der Textsortengruppe DIR 13 und den dazugehörigen Textsorten ‚Werbeanzeige' und ‚Werbebrief', die ebenso wie ‚Heiratsannonce', ‚Kaufgesuch' und ‚Stellenausschreibung' lediglich als „nicht-bindend" und „personenbezogen" gekennzeichnet werden – keine Berücksichtigung findet.

4.2 Determinanten von Textsorten

Wie in Kap. 4.1.2 ausgeführt, ziehen eine Reihe von Arbeiten zur Textsortenproblematik ein komplexes System von Parametern für die Textsortenbestimmung heran, um eine breite Basis für die Ableitung von Differenzierungs- und Beschreibungskriterien herzustellen und der Spezifik dieser texttypologischen Stufe so umfassend wie möglich gerecht werden zu können (vgl. Krause 2000, S. 34). Als extratextuelle Determinanten werden dabei vor allem der funktionale, der situative und der thematische bzw. inhaltliche Aspekt genannt. Bevor nun der Frage nachgegangen wird, ob und in welchem Umfang diese drei Grundkomponenten notwendigerweise Teil einer Textsorte und somit auch Bestandteil einer Textsortentypologie des Bereichs der Unternehmenskommunikation sind, sollen diese drei textexternen Dimensionen jeweils detaillierter betrachtet werden.

In diesem Zusammenhang ist zunächst noch auf das Problem der Abgrenzung von textinternen und textexternen Merkmalen hinzuweisen. Während Textfunktion und Situation in den einzelnen Vorschlägen zur Klassifikation von Textsorten vorwiegend zu den textexternen Beschreibungsmerkmalen gezählt werden, scheint die Eingliederung der Dimension ‚Thema' problematischer. VATER bemerkt dazu in Verbindung mit Kohärenz-Beziehungen, dass das Thema zuerst eine nichtsprachliche Größe ist, die in einen Wissenszusammenhang eingebettet ist, der sowohl für den Textproduzenten hinsichtlich der Entfaltung des Textes als auch für den Rezipienten bei dessen Interpretation unerlässlich ist, und dann durch den Text versprachlicht wird (vgl. Vater 1994, S. 66). Eine solche Herangehensweise erlaubt es, das Thema ebenso wie die Funktion und die Situation als der sprachlichen Gestaltung vorausgehende Faktoren zu bestimmen, von denen diese bekanntermaßen abhängig ist und determiniert wird. Deshalb werden im Folgenden funktionale, situative und thematische Aspekte den textexternen Merkmalen zugeordnet und als textinterne Eigenschaften – natürlich auch im Sinne einer Fokussierung auf stilistische Aspekte – ausschließlich diejenigen aufgefasst, die sich auf die konkrete sprachliche Form, auf das „Wie?" der sprachlichen Äußerung beziehen.

4.2.1 Situative Aspekte

In ihrer einführenden Darstellung zur Textlinguistik macht ADAMZIK (vgl. 2004, S. 58ff.) den Versuch, ein Raster für die Dimensionen der Textbeschreibung zu entwickeln und die wesentlichen Gesichtspunkte zu erläutern, die bei der konkreten Textanalyse zu berücksichtigen sind. Ihr Katalog umfasst ebenfalls vier Grunddimensionen, die sich in den Fragen ‚Was?' (Thema), ‚Wozu?' (Funktion), ‚In welchem Kontext' (Situation) und ‚Wie?' (sprachliche Gestalt) widerspiegeln. Dabei räumt sie der situativen Dimension ein besonderes Gewicht ein, da sie innerhalb eines pragmatisch orientierten Ansatzes einen ganz entscheidenden Faktor darstelle. Bemerkenswert ist in diesem Zusammenhang, dass ADAMZIKS Vorschlag für die Dimension „situativer Kontext" nicht nur zeitliche und räumliche Konstellationen und die Charakterisierung der Interaktionsteilnehmer umfasst, sondern sich die situative

Dimension auch auf die Typisierungen bezieht, die Sprachteilnehmer bei der Beschäftigung mit Texten vornehmen, was u.a. bestimmte Erwartungshaltungen einschließt (vgl. Adamzik 2004, S. 61). Im Hinblick auf eine derartige Situationsdefinition nimmt sie neben der sog. „Weltspezifik“, einem abstrakten und kaum auf die Klassifikation von Texten anwendbaren Entwurf, verschiedene Welten (Standardwelt, Welt des Spiels / der Fantasie, Welt der Sinnfindung usw.) als Bezugssysteme für Texte voneinander abzugrenzen, zunächst die Unterscheidung von Kommunikationsbereichen als notwendig für Textbeschreibung und Klassifikation an. Dies stimmt u.a. mit der Vorgehensweise von BRINKER ET AL. (vgl. 2000, S. XIXf.) überein, die den Begriff des ‚Kommunikationsbereichs‘ auf bestimmte gesellschaftliche Bereiche beziehen, für die jeweils besondere Handlungs- und Bewertungsnormen konstitutiv sind. Kommunikationsbereiche sollen dabei einerseits der „Verankerung der Textsorten in übergeordneten Handlungsbereichen“ Rechnung tragen, andererseits werden sie „als situativ und sozial definierte ‚Ensembles‘ von Textsorten beschrieben“ (vgl. Brinker et al. 2000, S. XIX, Hervorhebung im Original).

In den HSK-Bänden zur Text- und Gesprächslinguistik (vgl. Brinker et al. 2000, S. 604–761) wird für schriftliche Texte eine Unterscheidung zwischen den Kommunikationsbereichen Alltag, Massenmedien, Hochschule und Wissenschaft, religiöser und kirchlicher Bereich, Verwaltung, Wirtschaft und Handel, Rechtswesen und Justiz, Schule, Medizin und Gesundheit, Sport, politische Institutionen sowie Militärwesen vorgenommen. Bereits auf den ersten Blick weisen diese eine Ähnlichkeit mit Katalogen der Funktionalstilistik auf, die oben bereits vorgestellt und als nicht geeignet für die Textsortenbeschreibung und -klassifikation von kommunikationspolitischen Texten eingestuft worden sind (vgl. Kap. 3.1.2 und Kap. 4). Bei genauer Betrachtung zeigt sich lediglich eine stärkere Auffächerung des Funktionalstils ‚Öffentliche Kommunikation‘ und das Fehlen eines Kommunikationsbereichs, der literarische Texte erfasst.

Die Frage, ob sich nun die genannten, eher nach gesellschaftlichen Institutionen differenzierten Kommunikationsbereiche besser als sie Funktionalstile gegeneinander abgrenzen lassen und somit für die Textsortenklassifikation nutzbar gemacht werden können, weil sie tatsächlich nahezu trennscharfe

Gruppen von Textsorten ergeben, beantwortet bereits ADAMZIK (vgl. 2004, S. 73) eindeutig negativ. Dies wird vor allem damit begründet, dass bei der weiteren Differenzierung der genannten Kommunikationsbereiche deutlich wird, dass diese „in mannigfacher Weise ineinandergreifen und der Versuch, ihnen zumindest einen bedeutenden Teil der Textsorten klassifikatorisch zuzuordnen, völlig aussichtslos ist" (Adamzik 2004, S. 73). So könne man die Massenmedien ebenso gut als einen eigenen Kommunikationsbereich betrachten, wie sie auch als eine Schnittstelle zwischen den verschiedenen Kommunikationsbereichen interpretiert werden können.

Hier liegt genau die Ursache des Problems: Die in den HSK-Bänden unterschiedenen Kommunikationsbereiche liegen nicht auf derselben Ebene, weil sie unterschiedliche Kriterien für die Abgrenzung der einzelnen Bereiche heranziehen. Zum einen wird eine Differenzierung zwischen einzelnen gesellschaftlichen Institutionen vorgenommen, zum anderen geht es um den medialen Aspekt, im Falle von Alltagstexten wird schließlich vorrangig von Kriterien wie ‚gesprochen' und ‚dialogisch' ausgegangen, während die Existenz von schriftlichen Textsorten, die als prototypisch für den Bereich ‚Alltag' gelten können, vollständig negiert wird (vgl. Heinemann 2000, S. 612). Dies führt nun für den hier zu untersuchenden Bereich der externen Unternehmenskommunikation dazu, dass viele der dazu gehörenden Textsorten im Beitrag von HUNDT, der sich den „Textsorten des Bereichs Wirtschaft und Handel" (vgl. Hundt 2000, S. 642ff.) widmet, vernachlässigt werden zugunsten der Textsorten institutioneller Wirtschaftsfachsprachen. Für diese institutionellen Textsorten ist in erster Linie ihre Stabilität charakteristisch, die sich sowohl auf formale als auch auf inhaltliche Faktoren bezieht. Dabei geht es einerseits um Schematisierung, also um die Tatsache, dass Textsorten wie ‚Rechnung', ‚Kontoauszug' oder ‚Lieferschein' nur sehr geringe Variation aufweisen, weil für ihre Produktion in der Regel Formulare bzw. relativ stark vorgeprägte Textmuster verwendet werden. Andererseits geht es um Standardisierung, beispielsweise die Angleichung einzelner Textexemplare der Textsorte ‚Überweisung' durch verschiedene Geldinstitute, die eine optimale, schnelle und sichere Kommunikation ermöglichen soll. Alle anderen Textsorten des Kommunikationsbereichs ‚Wirtschaft und Handel', eben gerade diejenigen, die in geringerem Maße schematisiert und standardisiert sind, für die zahlreiche Entscheidungsalternativen und ein großer Handlungsspielraum zur Verfügung stehen, fehlen in der Beschreibung der Textsorten des Kommunikationsbereichs ‚Wirtschaft und Handel'. Hier verweist HUNDT (vgl. 2000, S. 644) lediglich auf die mit dem Konzept der Corporate Identity verbundene Tendenz, auch auf der Textebene ein spezifisches Unternehmensprofil zu präsentieren, die einer Standardisierung natürlich nicht entgegenstehe. Dazu ist zu bemerken, dass es bei Konzepten wie dem der Corporate Identity oder auch dem oben näher beschriebenen Konzept der integrierten Kommunikation (vgl. Kap. 1.3) um eine unternehmensinterne „Standardisierung" von Textexemplaren geht, die für eine Textsortenklassifikation nicht relevant sein kann.

Hinsichtlich der verschiedenen Formen von Werbetexten nimmt HUNDT (vgl. 2000, S. 654) an, dass sie einen Sonderfall wirtschaftsbezogener Textsorten darstellen, die durch ihre Stellung zwischen den Institutionen (Unternehmen/Organisationen, die für sich und ihre Produkte werben) und dem institutionell geprägten Alltag nicht als typische Vertreter institutioneller Wirtschaftstextsorten anzusehen sind. Sie werden bei HUNDT darüber hinaus zu den „vermittlungssprachlichen" Textsorten (vgl. Hundt 2000, S. 654) gezählt, die der Vermittlung zwischen den verschiedenen kommunikativen Bezugsbereichen dienen, und sich beispielsweise im Falle von Alltagsprodukten am Kommunikationsbereich ‚Alltagswelt' orientieren. Sie werden außerdem in Anlehnung an ROLF (vgl. 1993, S. 250f.) als direktive Textsorten klassifiziert, deren wesentlicher Unterschied zu den anderen Textsorten dieser Gruppe darin besteht, dass „in ihnen die direktive Textfunktion meist nicht mit den sonst typischen Sprechakten (Bitte, Aufforderung, Wunsch etc.) versprachlicht wird" (Hundt 2000, S. 655), sie überwiegend assertiv formuliert sind und eher wie Informationstexte wirken. Diese Form von Indirektheit trifft sicherlich auf unzählige Exemplare von Werbetexten zu, auf viele jedoch auch nicht. Auch die Frage nach dem Adressatenbezug und damit der Vermittlungsrichtung (z.B. Alltagsorientierung, gewerbliche oder institutionelle Orientierung) scheint weniger relevant für die Textsortenklassifikation, sondern vielmehr für die konkrete stilistische Gestaltung eines Textsortenexemplars (vgl. z.B. Konsumgütersegment und Investitionsgütersegment).

Problematisch ist jedoch vor allem, dass die Textsorten des kommunikationspolitischen Bereichs, die einen sehr großen Teil der Textsorten des Kommunikationsbereichs „Wirtschaft und Handel" ausmachen, weder genau beschrieben und systematisiert, noch konkret benannt werden. Mit Ausnahme von ganz wenigen einzeln genannten Textsorten (z.B. Geschäftsbericht, Gutschein) werden die Textsorten des Marketings durch populärwissenschaftliche oder laienlinguistische Bezeichnungen wie „Werbung" oder „Werbetext" repräsentiert, die offenbar alle Textsorten, die der Kommunikationspolitik von Unternehmen und Institutionen zuzuordnen sind – von der Printanzeige, über Prospekte, Kataloge, Werbebriefe bis hin zu Marketingaktivitäten im Sport etc. –, umfassen sollen.

Im Beitrag von BURGER, der sich mit den „Textsorten in den Massenmedien" beschäftigt und versucht, den Bereich von Medien-Texten und -Textsorten abzugrenzen sowie Kriterien einer medienspezifischen Textsortenklassifikation aufzustellen, wird darauf hingewiesen, dass dieser Objektbereich nicht mehr ausschließlich auf journalistische Texte beschränkt werden kann, sondern gerade im Falle von Werbung[82] die Grenzziehung zum journalistischen Bereich sehr schwierig ist. So ist Werbung einerseits in das Programm des Fernsehens eingedrungen, andererseits ist zu beobachten (z.B. in der Phraseologie), wie „journalistische Texte sich Praktiken der Werbung aneignen, ganz zu schweigen von der Tatsache, daß das Fernsehen in zunehmendem Maße für die eigenen Produkte Werbung macht" (Burger 2000, S. 614).

Zu diesen zuletzt genannten Aspekten der Abgrenzungsproblematik ist zu bemerken, dass diese ebenfalls aus dem Umstand resultiert, dass sowohl der Bereich der journalistischen Textsorten, als auch der der kommunikationspolitischen Textsorten – wenn auch in jeweils anderer Gewichtung – verschiedene Arten von informationsbetonten, meinungsbetonten etc. Texten (vgl. z.B. Lüger 1995) umfasst. Hier müsste dann zum Beispiel nach dem Zweck der Meinungsäußerung, letztlich dem persuasiven Ziel differenziert werden, denn auch wenn es – gerade im Fernsehen – Vermengungen zwischen beiden Bereichen gibt, können doch zunächst Textsorten mit primär journalistischer

---

82 Auch hier soll Begriff ‚Werbung' offenbar sämtliche Textsorten des Marketings umfassen.

Funktion von denen abgegrenzt werden, die primär auf einer unternehmerischen Zielsetzung basieren (z.B. auch monetäre Ziele in Verbindung mit der Erreichung von Einschaltquoten), bevor denen Aufmerksamkeit geschenkt wird, die sich eher an der Peripherie eines Kommunikationsbereichs befinden und damit prinzipiell eine größere Nähe bzw. stärkere Ähnlichkeiten bzw. Überschneidungen mit anderen Kommunikationsbereichen aufweisen.

Das bedeutet für den Faktor Kommunikationsbereich, dass er im Hinblick auf eine Textsortenklassifikation zum einen notwendig, zum anderen nur dann hilfreich ist, wenn die Bereiche adäquat voneinander unterschieden werden. Deshalb wird hier davon ausgegangen, dass eine Typologie von Kommunikationsbereichen in Analogie zu den gesellschaftlichen Institutionsbereichen und Lebensbereichen sinnvoll für die Textsortenklassifikation sein kann. Geht man von solchen Kommunikationsbereichen wie ‚Wirtschaft und Handel', ‚Rechtswesen und Justiz', ‚Presse und Publizistik', ‚Schule', ‚Wissenschaft', ‚Medizin', ‚politische Institutionen', ‚Alltag/Privatsphäre'[83] usw. aus, so kann es sich einerseits als vorteilhaft erweisen, dass gerade im institutionellen Bereich zahlreiche Textsortenbezeichnungen vorliegen, die für die Kommunikationsteilnehmer schon eine gewisse Orientierung hinsichtlich des Zwecks oder auch Gültigkeitsbereichs einer Textsorte geben und so auch die (text-)linguistische Typologisierung erleichtern können, die sich ja an der kommunikativen Praxis ausrichten muss und keine Systematisierungsleistung des Wissenschaftlers sein soll (vgl. Krause 2000, S. 19). Andererseits ermöglicht eine Berücksichtigung der Kommunikationsbereiche in dieser Form ein „sauberes" interdisziplinäres Arbeiten dahingehend, dass nicht nur Teile des Bezeichnungssystems, sondern vor allem auch zentrale Aspekte des Funktions- und Aufgabensystems des jeweiligen Bezugsbereichs in die linguistische Klassifikation einbezogen werden könnten.

Dass die Unterscheidung solcher Kommunikationsbereiche für die stilistische Charakterisierung von Texten nicht ausreicht, zeigen die besprochenen Versuche der Funktionalstilistik. Sie sind jedoch nützlich und sinnvoll für die Beschreibung und Klassifikation von Textsorten, die hier als konstitutiv für die

---

83 Für den Bereich des Alltags würde das bedeuten, dass diesem Textsorten zugeordnet werden, die im engeren Sinne „privat" sind und nicht nur aufgrund ihrer Adressierung bis in das private Umfeld reichen.

Ausbildung und Beschaffenheit von Sprachstilen angesehen werden (vgl. Michel 2001, S. 21), und das betrifft vorwiegend die funktionale Ebene, die sich vielfach auch in den originären, bereichstypischen Textsortenbenennungen spiegelt (z.B. Kommentar, Bericht, Gebührenordnung, Kreditantrag). Deshalb ist der Kommunikationsbereich als Faktor zu betrachten, der auf verschiedene Weise grundlegend für die funktionale Unterscheidungsdimension sein kann. Damit wird der Kommunikationsbereich, im Sinne der Unterscheidung verschiedener gesellschaftlicher Institutionsbereiche, zu den funktionalen Aspekten gezählt, die für die Textsortenklassifikation von Bedeutung sind, wobei er natürlich nur dann distinktiv wirken kann, wenn eine generellere Textsortenklassifikation angestrebt wird und es nicht wie hier, um die Untersuchung einer bestimmten Teilmenge von Textsorten und Textsortenexemplaren aus demselben Bereich geht, bei denen gemeinsame sprachliche und nichtsprachliche Routinen zum Tragen kommen, die sie von Textsortenmengen anderer Bezugsbereiche unterscheiden.

Zur situativen Dimension der Textanalyse gehört bei ADAMZIK auch der **mediale Aspekt**, der zunächst in der traditionellen Gegenüberstellung zwischen mündlicher und schriftlicher Kommunikation besteht. Darüber hinaus betrifft er die Frage nach den Massenmedien und den anderen Formen der technisch vermittelten Kommunikation (vgl. Adamzik 2004, S. 75ff.).
Die grundlegende Unterscheidung zwischen mündlichem und schriftlichem Sprachgebrauch scheint auf den ersten Blick unproblematisch. Schriftlichkeit wurde im Allgemeinen komplementär zur Mündlichkeit wahrgenommen und daher im Vergleich mit dieser und in Abgrenzung von dieser definiert und charakterisiert. Der Begriff der Schriftlichkeit umfasst neben den gesellschaftlichen Traditionen und Funktionen des Schreibens vor allem „die Merkmale und Charakteristik geschriebener Texte, ihre Textkonstitution und die Bindung an die Schriftsprache unter dem Gesichtspunkt des sprachlichen Systems ebenso wie die individuellen Schreibprozesse“ (Häcki Buhofer 2000, S. 251). Zunächst ist dabei von elementarer Bedeutung, ob eine Äußerung aufgeschrieben ist oder nicht. Eine Unterscheidung, die terminologisch vielfach durch den Begriff des Mediums gefasst wird, womit die graphische oder

phonische Form der Realisierung sprachlicher Äußerungen gemeint ist (vgl. Häcki Buhofer 2000, S. 252f.).

Die kognitiven Produktions- und Verarbeitungsprozesse unterscheiden sich beim Schreiben und Lesen deutlich vom Sprechen und Zuhören, was zum Teil an den Eigenschaften des Mediums liegt. So gilt das Schreiben in der Regel als langsamer und als stärker geplanter Prozess, worauf besser strukturierte und kohärentere Texte zurückgeführt werden, die komplexer aufgebaut und in mehreren Arbeitsgängen konzipiert, überarbeitet und korrigiert werden können. Einerseits ist die Ausdrucksvielfalt der geschriebenen Sprache gegenüber der gesprochenen Sprache eingeschränkt, weil sie nicht über paraverbale Ausdrucksformen verfügt (z.B. Lautstärke, Stimmqualität, Rhythmus usw.) oder mit nonverbalen Ausdrucksformen verbunden ist (Mimik, Gestik, Körperhaltung, Blickverhalten usw.), die im Übrigen nicht immer eindeutig voneinander abgegrenzt werden können. Andererseits verfügt sie über Ausdrucksmittel, die die gesprochene Sprache nicht hat und die bei einer sekundären Betrachtungsweise von Schriftlichkeit im Allgemeinen als Kompensationsformen interpretiert werden (vgl. Häcki Buhofer 2000, S. 255) Dabei entsprechen in der geschriebenen Sprache dem Parasprachlichen im engeren Sinne weniger die häufig genannten Satzzeichen, sondern eher die sehr stark differenzierbaren Schrifttypen und Schriftgrößen sowie die besonderen Eigenschaften der Trägermedien (vgl. Adamzik 2004, S. 76).

Unter der Perspektive des Mediums ist Schriftlichkeit also generell gekennzeichnet durch Einwegigkeit (deshalb Monologizität), durch die Reduktion der para- und nonverbalen Kommunikationsmöglichkeiten, die auf der syntaktischen, lexikalischen und textlinguistischen Ebene kompensiert werden müssen, durch fehlende Synchronie von Produktion und Rezeption sowie durch das Fehlen des unmittelbaren pragmatischen Kontextes, wodurch weitere verbale Kompensationen notwendig sind. Alle drei Punkte werden häufig als pragmatische Defizite von Schriftlichkeit zusammengefasst, d.h., aus der Perspektive des Mediums gelten die Spezifika der schriftlichen Kommunikation in der Regel als Mängel, die „durch größere sprachliche Anstrengungen kompensiert werden müssen, dafür aber auch die größere kulturgeschichtliche Leistung darstellen“ (Häcki Buhofer 2000, S. 257).

Eine neuere Bestimmung des Konzepts der Schriftlichkeit findet sich beispielsweise bei KOCH/OESTERREICHER (vgl. 1994, S. 587ff.), die neben der medialen Umsetzung vom phonischen ins graphische Medium eine konzeptionelle Schriftlichkeit annehmen, die auf die Kommunikationssituation zurückgeführt wird, wozu auch Parameter der raum-zeitlichen Distanz der Kommunikationsteilnehmer gezählt werden. Der Schriftlichkeit entsprechen dann die Parameterwerte ‚situations- und handlungsentbunden', ‚wenig Referenz auf origo', ‚keine Kooperationsmöglichkeit seitens des Rezipienten', ‚monologisch', ‚reflektiert-geplant', ‚fixes Thema', ‚raum-zeitliche Distanz', ‚öffentlich', ‚fremde Partner' und ‚emotionslos' (vgl. Häcki Buhofer 2000, S. 259).

In Bezug auf die Erfassung von Textsorten bestimmter Kommunikationsbereiche macht ADAMZIK (2004, S. 75) auf den Umstand aufmerksam, dass bei vielen Textsorten eine enge Verschränkung von schriftlichen und mündlichen Bestandteilen vorliegt und es nicht ausreicht, dass man diesem Problem dadurch begegnet, dass anstelle der im engeren Sinne medialen Unterscheidung zwischen mündlich und schriftlich eine Differenzierung zwischen konzeptioneller Mündlichkeit bzw. konzeptioneller Schriftlichkeit[84] durchgeführt wird, da in der kommunikativen Praxis „nicht nur medial, sondern auch konzeptionell mündliche und schriftliche Bestandteile miteinander kombiniert" (Adamzik 2004, S. 75) werden. Dies gilt natürlich auch für die Textsorten der Wirtschaft und des Handels, hier insbesondere im Bereich des Marketings (z.B. Werbespot). Jedoch können gerade die mit den Begriffen der ‚konzeptionellen Schriftlichkeit' bzw. ‚konzeptionellen Mündlichkeit' verbundenen Vorstellungen als Phänomene betrachtet werden, die die Ebene der Formulierung, somit auch die stilistische Ebene betreffen und zwar bedingt werden durch gewisse situative Faktoren wie das Verhältnis von Produzent und Rezipient oder Produktionsbedingungen (z.B. ‚reflektiert-geplant', ‚fixes Thema'), aber eben nicht durch im engeren Sinne mediale.

[84] Damit ist weniger die von Koch/Oesterreicher vorgenommene, eher graduelle Unterscheidung gemeint, sondern vielmehr die den HSK-Bänden zugrunde gelegte Differenzierung innerhalb der Text- und Gesprächslinguistik.

Für eine linguistische Untersuchung von Textsorten der Unternehmenskommunikation scheint es sinnvoller, diese Bereiche konsequent voneinander zu trennen. Deshalb soll der mediale Aspekt auf die Frage beschränkt werden, wie die mediale Verfasstheit eines Produkts/Kommunikats aussieht (Anteil Laut- und Schriftsprache, Musik, Bilder usw.), um diese als Kriterium für die Textsortenklassifikation heranziehen zu können. Da sich die vorliegende Untersuchung auf gedruckte Kommunikationsinstrumente beschränken soll, geht es in Bezug auf sprachliche Äußerungen ausschließlich um Schriftsprache, hinzukommen Grafiken, Bilder, bestimmte Eigenschaften der Trägermedien wie Papierqualität, Farben usw.[85]

Aufgrund der räumlichen Organisation von Texten stellt die graphische Gliederung der beschrifteten Fläche, das Layout, ein entscheidendes Gestaltungsmittel dar (vgl. auch Untersuchungen zu Leseverhalten, Blickverhaltensmuster, Fixationen etc., z.B. Vögele 2005), das durch alle möglichen Arten von graphischen Elementen, Illustrationen usw. ergänzt werden kann. Die verschiedenen nicht-sprachlichen Elemente eines Kommunikats werden hier nicht als nicht-sprachliche ‚Texte', aber als Bestandteile einer multimedialen Textsorte aufgefasst, die in unterschiedlicher Beziehung zum eigentlichen Text stehen. Diese nicht-sprachlichen Elemente müssen im Rahmen einer stilistisch-pragmatischen Sichtweise in die Textanalyse einbezogen werden, vor allem dann, wenn sie ein entscheidendes Gewicht für den praktischen Umgang mit dem Kommunikat haben und somit die Gestaltung der sprachlichen Elemente bzw. (Teil-)Texte erheblich beeinflussen.

Als weitere Faktoren der situativen Dimension der Textanalyse nennt ADAMZIK (vgl. 2004, S. 78) die ‚**raum-zeitliche Situierung**' und die ‚Objektgebundenheit'. Dabei geht es zum einen vordergründig um die unterschiedliche Behandlung von prototypischen Ausprägungen mündlicher und schriftlicher Äußerungen, d.h. die fundamentale Differenzierung zwischen Kommunikaten, bei denen Produzent und Rezipient räumlich und/oder zeitlich kopräsent sein müssen (z.B. Face-to-Face-Interaktion), und solchen, bei denen das nicht der

[85] Es soll hier vor allem eine Konzentration auf diejenigen Dinge erfolgen, die visuell wahrnehmbar sind, d.h., auf eine Einbeziehung etwa des Geruchssinns (z.B. parfümiertes Papier) usw. verzichtet werden.

Fall ist. In Bezug auf Gebrauchstexte wird in Zusammenhang mit der raum-zeitlichen Situierung besonders auf den Aspekt der ‚Gültigkeitsdauer' bzw. des ‚Verfallsdatums' hingewiesen (vgl. Adamzik 2004, S. 78ff.).

Nun zeichnen sich gerade die hier zu beschreibenden Textsorten der Unternehmenskommunikation – etwa im Vergleich zu literarischen Textsorten (Gattungen) – dadurch aus, dass sie eine begrenzte Gültigkeitsdauer haben, die entweder zum Beispiel bei Produktkatalogen und Produktprospekten daraus resultiert, dass sie sich auf den Zeitraum beziehen, in denen ein bestimmtes Produktsortiment vorliegt oder ein Produkt hergestellt und zum Kauf angeboten wird. Dieser Zeitraum der Gültigkeitsdauer kann in den einzelnen Textsortenexemplaren natürlich explizit geäußert werden, in der Regel ist jedoch in Zusammenhang mit derartigen Textsorten anzunehmen, dass die Kommunikationsteilnehmer aufgrund ihres Welt- und Handlungswissens von der Begrenztheit der Gültigkeitsdauer (auch aufgrund der klaren Bindung an eine bestimmte Gebrauchssituation) ausgehen.

Für alle Textsorten des hier zu untersuchenden Bereichs gilt außerdem, dass anders als bei zeitlich-räumlicher Kopräsenz Ort und Zeit der Produktion, der Distribution und der Rezeption nicht zusammenfallen, so dass Angaben über die raum-zeitliche Situierung entweder dreifach gemacht (vgl. Adamzik 2004, S. 80) oder eben auf eine dieser Situationen beschränkt werden müssten. Aus stilistisch-pragmatischer Sicht wäre dabei natürlich die Darstellung der Rezeptionssituation, für die ein Text konzipiert wurde, am interessantesten. Bei genauerer Betrachtung der Kriterien, die für eine solche Beschreibung üblicherweise herangezogen werden, d.h. die Frage nach dem Wann und Wo, zeigt sich jedoch, dass sie für die Textsortenklassifikation entweder unwichtig sind (wie die kalendarische Angabe) oder nur sehr abstrakt erfasst werden können. So ist in Bezug auf die räumliche Charakterisierung hauptsächlich der Kulturraum und der soziale Ort relevant, bei dem zwischen ‚Privatraum', ‚halböffentlichem Raum', ‚öffentlichem Raum' unterschieden wird (vgl. Adamzik 2004, S. 80). Die Abgrenzung von Kriterien wie ‚öffentlich' und ‚halböffentlich', gestaltet sich jedoch eher problematisch und unscharf. Auch aus der von BRINKER vorgeschlagenen Differenzierung der Kommunikationssituation mithilfe der Merkmale ‚offiziell' und ‚öffentlich' lässt sich nur ableiten, dass ein großer Teil der Textsorten der Unternehmenskommunikation in

diesem Sinne ‚öffentlich' ist (z.B. Werbung in den Massenmedien). Andere, insbesondere diejenigen, die privat adressiert sind, müssten als ‚individuell'/‚privat' klassifiziert werden, und dies trifft auf Textsorten wie Werbebriefe, Angebote usw. in der Regel nicht zu.
Hilfreicher wären im Hinblick auf die Rezeptionssituation sehr viel konkretere Angaben, die beispielsweise auch in Bezug auf Aspekte der Aufmerksamkeitssteuerung und Aktivierung relevant sein können (wie z.B. Privatwohnung, Büro, Empfangsbereich einer Firma, Warteraum etc.). Ihre Erfassung ist jedoch kaum möglich bzw. nur mit Hilfe von sehr komplexen Marktanalysen durchführbar. Auch eine an wirtschaftswissenschaftlichen Kategorien orientierte Unterscheidung beispielsweise nach den „Rezeptionsräumen" ‚intern' und ‚extern' (innerhalb/außerhalb des „Hauses", des Unternehmens), bei letzteren weiter nach ‚privat' (Privatkunden), ‚geschäftlich' (anderes Unternehmen), ‚institutionell' (z.B. Presse) usw. scheinen für eine Klassifikation nicht sinnvoll, weil sich erstens große Überschneidungen zur Rezipientenklassifikation bzw. Zielgruppenbestimmung allgemein ergeben und zweitens Merkmale aufgelistet werden, deren Potential für die Textsortendifferenzierung im Rahmen einer funktionalen Perspektive wesentlich größer ist. Auf die Einbeziehung des Faktors ‚raum-zeitliche Situierung' in Form eines eigenständigen Kriteriums soll daher bei der Analyse verzichtet werden.

Mit dem Begriff der ‚**Objektgebundenheit**', des Objektbezugs, verweist ADAMZIK auf verschiedene Merkmale von Texten bzw. Textsorten. Hierzu gehört einerseits, dass Textexemplare fest an bestimmte Orte gebunden oder frei beweglich sein können. Zu ‚fixierten Texten' gehören demnach alle Arten von Aufschriften, Inschriften, Aushängen etc. an Gebäuden oder Objekten, die nur ortsgebunden rezipiert werden können (mit Ausnahme von Möglichkeiten des sekundären Reproduzierens, z.B. Fotografierens) und damit häufig auch funktional an den Ort oder Gegenstand, an dem sie fixiert sind, gebunden sind, wobei sie zum Beispiel der Orientierung oder Identifizierung dienen können (vgl. Adamzik 2004, S. 81).
Ein Orts- oder Objektbezug kann andererseits auch dann vorliegen, wenn Kommunikate zwar rein materiell gesehen selbständig auftreten, jedoch eng an bestimmte Objekte der Umgebungssituation gebunden sind. Dies gilt laut

ADAMZIK (vgl. 2004, S. 81) zum Beispiel für Gebrauchsanweisungen für technische Geräte oder Montageanleitungen, die im Allgemeinen voraussetzen, dass der Rezipient Zugang zum betreffenden Objekt hat, an dem die entsprechenden Operationen auszuführen sind. Zudem können aber auch „Objekte und Räumlichkeiten bzw. (beschriftete) Modelle von ihnen in den Text ‚hineingeholt‘ werden“ (Adamzik 2004, S. 81), was gerade für zahlreiche deskriptive Texte charakteristisch und notwendig ist. Hinsichtlich dieses zuletzt genannten Punktes zeigt sich noch deutlicher als beim zuerst beschriebenen Aspekt der Orts- bzw. Objektfixiertheit, dass es hier zu starken Überschneidungen mit dem medialen Aspekt kommt.
Demgegenüber ist für einen Orts- oder Objektbezug wie er im Falle der genannten Gebrauchsanweisung, Montageanleitung oder auch beim Reiseführer vorliegt, anzunehmen, dass dieser nicht gesondert herausgestellt werden muss, weil ihn die Funktion eines Textes klar impliziert.

Unbestritten ist natürlich die Relevanz der Frage, von wem Texte stammen und für wen sie produziert worden sind bzw. wer sie rezipiert, also nach **Produzent und Rezipient**. Dieser Faktor ist auch in der Praxis des Umgangs mit Texten ganz zentral. So stellt bei allen Anleitungen zur Textproduktion die adressatengerechte Gestaltung eine Hauptforderung dar. Seitens der Rezipienten ist umgekehrt von entscheidender Bedeutung für den Umgang mit einem Text, wer als Produzent, Autor oder Sender identifiziert werden kann. Davon ist vielfach abhängig, mit welcher Einstellung und Vorerwartung sich der Rezipient ihm nähert, ob er ihn evtl. gar nicht erst zur Kenntnis nimmt bzw. gleich wegwirft (vgl. Adamzik 2004, S. 83). Obwohl das Verhältnis von Produzent und Rezipient von zentraler Bedeutung für die Textproduktion und -rezeption ist, wird diese Dimension in textlinguistischen und stilistischen Arbeiten selten differenziert dargestellt. HEINEMANN/HEINEMANN (vgl. 2002, S. 127) nennen als ein wesentliches Situationsmerkmal die kommunikativ Handelnden mit ihren Intentionen, Erwartungen, Einstellungen zu Gegenständen/Sachverhalten und vor allem zum jeweiligen Partner. Solche Einstellungen oder Orientierungen werden durch die Erfahrungswerte des situativen Vorwissens mitbegründet, zu denen Typisierungen nach der Anzahl der Partner (dyadische, Gruppen- oder Massenkommunikation), nach ihrer Präsenz (face-to-face, Distanz-Kommunikation), nach der sozialen Rolle der Interagierenden (symmetrisch, asymmetrisch) und nach Kontakttypen, d.h. nach dem Grade der Bekanntheit/Vertrautheit des Partners (vgl. auch Heinemann/Viehweger 1991, S. 153ff. bzw. Kap. 4.1.2) gehören. Differenziertere Kategorieninventare gibt es für den Bereich der Gesprächsanalyse (vgl. Henne/Rehbock 1982, S. 32ff.; Schank/Schoenthal 1983, 29ff.). Als Beschreibungskriterien für Kommunikationsteilnehmer werden dort u.a. das Alter, der Ausbildungsgrad, der Bekanntschaftsgrad, die Häufigkeit vorausgehender Kommunikationsakte, die räumliche Konstellation (z.B. Sitzordnung), der soziale Rang und die Rollenzuteilung, die Situationsvertrautheit, das Vorwissen, das Interesse und natürlich die Erwartungen und Intentionen der Gesprächspartner genannt.

Geht es um die Erfassung und Analyse rezipientenabhängiger Aspekte der Textgestaltung im Bereich der Unternehmenskommunikation[86] scheint es demgegenüber notwendig, die sich auf der Folie des jeweiligen „Unternehmenssprachstils“ abbildenden Unterschiede bei der Zielgruppenansprache zu betrachten. Dies muss in Zusammenhang mit detaillierten Beschreibungen des Marktes und des Wettbewerbsumfeldes erfolgen bzw. auf der Grundlage konkreter Zielgruppenbeschreibungen, wie zum Beispiel dieser aus dem Fahrzeugbereich:

> *Die ████ Zielgruppe teilt sich grundsätzlich in zwei Bereiche auf, dies ist zum einen der Privatkundenmarkt, mit einem Anteil von ca. 55%, zum anderen das Großkunden-/Flottengeschäft, das einen Anteil von ca. 45% ausmacht [...].*
> *Eines der wesentlichen Merkmale der Zielgruppe im Privatkundenmarkt ist neben der Alterstruktur von durchschnittlich 55 Jahren der hohe Anteil männlicher Fahrer (95%.). 30% der Zielgruppe sind unter 45 Jahre alt, die meisten befinden sich im so genannten „postfamiliären“ Status, d.h., man befindet sich in einer Lebensphase, in der die Kinder das Haus bereits verlassen haben.*

[86] Für den Bereich der Unternehmenskommunikation gibt es zahlreiche populärwissenschaftliche Ratgeber und Anleitungen, innerhalb derer Vorschläge zur Differenzierung der Rezipientenseite (oft nach sog. Zielgruppen) bzw. deren gerechter Ansprache gemacht werden (z.B. Reins 2006).

Hauptkaufgründe im Privatkundenmarkt sind das Design, das Markenimage, der gebotene Fahrzeugkomfort, intelligente Komfort- und Sicherheitsfeatures sowie ein ausgewogenes Preis-Leistungs-Verhältnis.
Sind Käufer deutscher Premiumlimousinen vor allen Dingen statusorientiert, um besonders den sozialen Aufstieg und die daraus resultierende Anerkennung zu genießen, oft auch aus dem Antrieb heraus zu zeigen, dass man im Leben „angekommen ist", so zielt der neue ████ vor allen Dingen auf Menschen, die ihr neues Fahrzeug als Belohnung sich selbst gegenüber empfinden und selbstbewusst die intelligente Wahl einer Limousine außerhalb der klassischen Stereotypen in diesem Segment genießen.
So agiert der ████ Kunde statusneutral und außerhalb jeder Form von Sozialneid, was gerade im aktuellen wirtschaftlichen Umfeld ein wesentliches Argument für die Wahl eines Fahrzeugs im Premiumlimousinen-Segment ist [...].[87]

Diese sich vor dem Hintergrund eines Unternehmenssprachstils abzeichnenden Unterschiede bei der Zielgruppenansprache stehen jedoch – unter Einbeziehung des Abstraktionsebenenmodells von KRAUSE (vgl. 2000, S. 48) – den individuellen Textmerkmalen[88] am nächsten.
Mit dem Begriff der ‚individuellen' Textmerkmale wird natürlich vordergründig darauf Bezug genommen, dass der Text in der kommunikativen Praxis immer als konkrete, einmalige und unverwechselbare Größe auftritt, in dem sich die allgemeinen und besonderen Merkmale von Texten in Form von individuellen Merkmalen wie konkreter Referenz oder charakteristischer Wortwahl realisieren (vgl. Krause 2000, S. 49). Solche einmaligen, unverwechselbaren Resultate kommunikativer Tätigkeit sind in jedem Fall Textexemplare. Können sie darüber hinaus als Vertreter einer bestimmten Textsorte identifiziert werden, stellen sie Textsortenexemplare dar. Die unterschiedlichen Formen der Zielgruppenorientierung im engeren Sinne (vgl. auch Kap. 1.4.2.2) betreffen – ebenso wie die Wahl einer Unternehmensspra-

---

87 Der Marken- und der Produktname wurden aus rechtlichen Gründen verdeckt.

88 Ausgehend von dem Verhältnis ‚Allgemeines'– ‚Besonderes'– ‚Einzelnes' unterscheidet Krause zwischen drei verschiedenen Abstraktionsebenen von Textmerkmalen: (1) ‚allgemeinen' Textmerkmalen, die „als specificae differentiae das Wesen der zu untersuchenden Objektklasse ausmachen" (Krause 2000, S. 48), (2) ‚typologischen' Textmerkmalen, d.h. spezifischen Merkmalen, über die nicht alle Texte, sondern nur bestimmte Teilmengen verfügen, und (3) ‚individuellen' Merkmalen, die nur einem speziellen Text eigen sind und seine unverwechselbare Identität ausmachen.

che zur Imagebildung –, auch wenn zahlreiche Gemeinsamkeiten, bis hin zu typischen Stilen nachgewiesen werden können, die Ebene der Textsortenexemplare, sie sind keine typologischen Textmerkmale. Als typologische Textmerkmale werden hier nur diejenigen verstanden, mit Hilfe derer es möglich ist, im Hinblick auf eine Textsortenunterscheidung, bestimmte Mengen von Texten auszusondern bzw. voneinander abzugrenzen. Gerade auf der Ebene der Textgestaltung spiegelt sich darin der Aspekt des Besonderen wider, das als Vermittlungsinstanz zwischen Allgemeinem und Individuellem „eine Beziehung haben muß, in der es Einzelnes ist (Typ von Texten als Erscheinungsform des allgemeinen Textbegriffs), sowie eine Beziehung, in der es Allgemeines ist (Typ von Texten als Verallgemeinerung konkreter Texte mit gleichen Eigenschaften)“ (Krause 2000, S. 48f.)[89].

Obwohl sich nun die mit der Zielgruppenklassifikation gängigerweise verbundenen Angaben zur Personenidentifikation – wie zum Beispiel das Alter, das Geschlecht, Bildungsstand, Herkunft – bei der Textproduktion nicht als typologische Textmerkmale niederschlagen, ist die Frage nach Produzent und Rezipient keineswegs irrelevant für die Textsortenklassifikation. Zentral für die Textsortendifferenzierung im Bereich der Unternehmenskommunikation scheint gerade eine Kategorie wie die von ADAMZIK (vgl. 2004, S. 84ff.) erwähnte ‚Berufs- bzw. Funktionsrolle‘ zu sein. Dies kann im Rahmen einer interdisziplinären Vorgehensweise (ebenso wie in Bezug auf den Faktor des Kommunikationsbereichs) dadurch gestützt werden, dass innerhalb der Wirtschaftswissenschaften zuerst prinzipiell zwischen interner und externer Unternehmenskommunikation unterschieden wird. Das heißt, hinsichtlich der Frage, für wen ein Text produziert wird bzw. wer ihn rezipiert, sind auf der

---

89 Der Begriff des ‚Texttyps‘ wird an dieser Stelle mit dem der ‚Textsorte‘ gleichgesetzt, obwohl ihn Krause zunächst völlig unspezifisch gebraucht und auf alle möglichen Formen und Stufen sprachlicher Abstraktionen bezieht. Adamzik (1995) bemerkt zum terminologischen Dissens im Zusammenhang mit ‚Textsorten‘, ‚Texttypen‘, ‚Textklassen‘ u.a., dass der Ausdruck ‚Textsorte‘ häufig nicht synonym, sondern oft in terminologischer Abgrenzung zu ‚Texttyp‘, ‚Textart‘, ‚Textklasse‘ verwendet wird, die dann für Klassen von Texten höherer Abstraktionsebene reserviert werden, beispielsweise für solche, die nur in Bezug auf die Funktion oder in Bezug auf die Funktion und den Kommunikationsbereich bestimmt sind. Demgegenüber ist von Textsorten nur in Bezug auf Klassen zu sprechen, bei denen mehrere Merkmale spezifiziert sind (vgl. Adamzik 1995, S. 14ff.).

obersten Ebene Textsorten, die für den internen Gebrauch bestimmt sind und sich an Angehörige/Mitarbeiter des Unternehmens richten, von denen zu unterscheiden, die für den externen Gebrauch bestimmt sind und primär von Personen rezipiert werden sollen, die nicht zum Unternehmen gehören. Zu den Textsorten der internen Unternehmenskommunikation gehören beispielsweise Produktargumenter, die die Verkaufsarbeit unterstützen sollen, indem sie u.a. gezielte Informationen zum Produkt, seiner Rolle im Portfolio, zum Wettbewerbsumfeld bereitstellen, oder Mitarbeiter-, Händler- oder Firmenzeitungen, die der Kommunikation des Managements mit den Mitarbeitenden dienen, wie beispielsweise team:online (RWE) oder VOLVO INSIDE. Zur externen Kommunikation zählen vor allem die Textsorten des Direct Marketings, der Mediawerbung, der Kommunikationsinstrumente Messen und Ausstellungen, Multimediakommunikation, Public Relations und Product Publicity, die sich an sämtliche Gruppierungen wenden können, deren Personen (Consumer-Markt) oder Organisationen (Business-to-Business-Markt oder Non-Profit-Markt) in einer in der Regel nur temporären vertraglichen Beziehung zum Unternehmen stehen.

In Zusammenhang mit der Entwicklung von Textsorten und der Textsortengebundenheit von Einzeltexten wird seitens der Textlinguistik häufig der Begriff der **Intertextualität** in den Vordergrund gerückt, den DE BEAUGRANDE/DRESSLER einführen, „um die Abhängigkeiten zwischen Produktion bzw. Rezeption eines gegebenen Textes und dem Wissen der Kommunikationsteilnehmer über andere Texte zu bezeichnen" (de Beaugrande/Dressler 1981, S. 188). Der Begriff der Intertextualität hat in der Linguistik eine weit jüngere Geschichte als in der Literaturwissenschaft, wo er seit KRISTEVA (1967) die Diskussion nachhaltig beeinflusst hat. Im Wesentlichen können zwei grundlegende Arten von Intertextualität gegenübergestellt werden: Bei der einen geht es um die Textsortenproblematik[90], die als ‚allgemeine', ‚paradigmatische', ‚globale', ‚textklassifizierende', ‚texttypologisierende', ‚typologische' oder auch ‚generische Intertextualität' bezeichnet wird. Die andere betrifft die

90 Im Falle von literarischen Texten spricht man natürlich in der Regel von ‚Gattungen' und somit einer ‚Gattungs-Problematik'.

konkreten Beziehungen zwischen Einzeltexten oder auch Teiltexten und wird als ‚spezielle', ‚syntagmatische', ‚lineare', ‚engere', ‚textbezogene' oder ‚referentielle Intertextualität' bezeichnet (vgl. Adamzik 2004, S. 98).

Spezielle (aktuelle) intertextuelle Bezüge in Gebrauchstexten sind „textsortenspezifisch geprägt und lassen sich konkret an einzelnen Textsortenexemplaren nachweisen" (Krause 2000, S. 63). Sie können etwa danach unterschieden werden, ob es nur um einen punktuellen Bezug zwischen Texten geht, der durch Referenz auf einzelne Wörter, Sätze, Passagen hergestellt wird, oder um einen Dialog von ganzen Texten oder um die Abwandlung von Texten, den Einschub von Texten in andere Texte etc. (vgl. Krause 2000, S. 63). Gegenüber der speziellen Intertextualität ist die allgemeine Intertextualität als Eigenschaft anzusehen, die „auf der Rekurrenz als typisch anerkannter Textexemplare beruht und damit auch die Grundlage für Texttypologien, für klassifikatorische Ordnungen von Texten wird" (Krause 2000, S. 66). Dieser Aspekt der Intertextualität wird in der literaturwissenschaftlichen Diskussion vor allem in Bezug auf literarische Schreibweisen und Gattungen thematisiert (vgl. Pfister 1985, S. 13ff.).

In einigen linguistischen Arbeiten wird auch versucht, Intertextualität auf diese texttypologischen Phänomene zu beschränken. So plädiert HEINEMANN dafür, „den Terminus Intertextualität nur noch auf die grundsätzliche Textsortengeprägtheit aller Texte einzugrenzen" (Heinemann 1997, S. 35). Auch KRAUSE betont den Aspekt der intertextuellen Prägung von Texten, vor allem, weil er „seitens der Textlinguistik einen Erklärungsansatz für die mentale Repräsentation von Textmustern/Textsorten bietet" (Krause 2000, S. 67). Dabei wird davon ausgegangen, dass die Kommunikationsbeteiligten bei der Textproduktion und Textrezeption ihre im Bewusstsein gespeicherte kommunikative Erfahrung und das entsprechende Wissen über andere Texte, die das Ergebnis einer Verallgemeinerung bestimmter Qualitäten von Texten sind, intuitiv oder bewusst einsetzen. In diesem Zusammenhang wird Intertextualität als integrale Komponente vorgängiger Kommunikationserfahrung betrachtet, die darauf beruht, dass sich durch das Hören und Lesen von Textexemplaren gleiche oder ähnliche Texte in Richtung auf Invarianten und Varianten im Sprachbewusstsein miteinander verbinden, verallgemeinert abgebildet werden und somit Prototypen, Strukturmodelle, Muster von Textsorten herausbilden können (vgl. Krause 2000, S. 67 und Wilske/Krause 1987, S. 892).

Aus dem Umstand, dass bei der Textproduktion zwangsläufig auf überlieferte Vorgaben, Einheiten und Muster zurückgegriffen wird, resultiert jedoch nicht, dass jeder Text unbedingt ein vorgegebenes Muster realisiert. Vielmehr können gerade auf der Basis von allgemeiner Intertextualität als Bestandteil des Kenntnissystems relativ freie Kompositionen, im Sinne von untypischen Kombinationen von Mustern, Einzelmerkmalen und anderen Textsortenschemata, hergestellt werden, um eine Kommunikationsaufgabe optimal/adäquat zu lösen.

In diesem Zusammenhang scheint im Hinblick auf eine Textsortenklassifikation vor allem die Frage relevant, wie deutlich eine bestimmte Menge von Texten spezifiziert ist bzw. wie standardisiert eine Textsorte ist. Dabei ist eine Skala anzunehmen (vgl. Adamzik 2004, S. 102f.), an deren einem Ende Texte in Formularform stehen, die zum Teil auch maschinell erstellt werden können, wie z.B. Steuerbescheide, Bankauszüge, Versicherungspolicen etc. Bereits eine etwas größere Varianz weisen Textsorten wie Kochrezept, Wetterbericht, Lebenslauf o.ä. auf, die ebenfalls stark standardisiert sind und von ADAMZIK (vgl. 1995, S. 28) als „kommunikative Routinen" oder „Routineformeln auf der Textebene" bezeichnet werden, weil sie einander sehr stark ähneln.

Bei einer Vielzahl von Textsorten spielt jedoch die individuelle Aussage- und Gestaltungsabsicht des Textproduzenten eine weit größere Rolle. Hierzu gehören etwa literarische Texte, auf dem Gebiet der Gebrauchstexte u.a. populärwissenschaftliche Artikel und natürlich zum Teil auch Textsorten der externen Unternehmenskommunikation, für die nur noch bestimmte Eckdaten angegeben werden können. Gerade bei derartigen Textsorten äußert sich die Berücksichtigung des Kriteriums der Textsorten-Bezogenheit häufig nicht in der Frage, um welche Textsorte es sich handelt, sondern darin, dass gefragt werden muss, in welchem Ausmaß ein Text eine Textsorte repräsentiert und wie er mit den entsprechenden Vorgaben umgeht (vgl. Adamzik 2004, S. 103).

4.2.2 Funktionale Aspekte

Spätestens seit der sog. „pragmatischen Wende" besteht Übereinstimmung darüber, dass für die Beschreibung sprachlicher Äußerungen nicht nur ihre Struktur relevant ist, sondern auch ihr kommunikativer Wert. Allerdings sind die Vorstellungen darüber, auf welche Weise dieser Aspekt in eine Textsortenklassifikation zu integrieren ist, nicht einheitlich (vgl. Kap. 4.1.2). ADAMZIK fasst im Rahmen ihres Versuchs, eine möglichst breite Übersicht über untersuchenswerte Texteigenschaften zu geben, die Begriffe ‚Funktion' und ‚funktional' entsprechend weit, indem sie darunter alles subsumiert, „was eine sinnvolle Antwort auf die Frage ist, wozu Texte produziert und rezipiert werden oder was Sprachbenutzer mit Texten machen" (Adamzik 2004, S. 111). Damit orientiert sie sich am Pragmatikbegriff von MORRIS und grenzt sich deutlich gegenüber der sprechakttheoretisch inspirierten Kategorie der Textfunktion im Sinne von BRINKER ab, der in Anlehnung an GROßE (1976) die Textfunktion von der „wahren Absicht" des Emittenten zu unterscheiden versucht:

> *„Die wahre Absicht, die ‚geheime Intention' […] kann zwar der Textfunktion entsprechen; sie muß aber nicht mit ihr übereinstimmen. So ist z.B. für eine Zeitungsnachricht die informative Textfunktion kennzeichnend, auch wenn der Emittent insgeheim noch eine persuasive Absicht verfolgt. Für die Bestimmung der Textfunktion ist allein entscheidend, was der Emittent zu erkennen geben will, indem er sich auf bestimmte Regeln (Konventionen) sprachlicher und kommunikativer Art bezieht." (Brinker 2005, S. 101)*

Die Kategorie ‚Intention' wird bei ADAMZIK (vgl. 2004, S. 116f.) durch eine übergeordnete

Kategorie ‚Ertrag' ersetzt, innerhalb derer sie acht potentielle Funktionen von Texten unterscheidet, die miteinander kombiniert auftreten können und dies in der Regel tun, wobei einzelne besonders dominant sein können und andere eher unterdrückt werden. Dazu gehören:

1. intellektuelle (man erfährt, lernt oder begreift etwas, entwickelt seine Gedanken oder lässt sie sich entfalten),

2. praktische (man ändert etwas in der Welt, ernennt z.B. jemanden in einer Funktion, erwirbt einen Gegenstand, setzt einen Vertrag auf usw.),

3. handlungsorientierende (man wird sich darüber klar, wie man sich in der Zukunft (gemeinsam mit anderen) verhalten will),

4. emotional-psychische (man tritt in Kontakt mit seinen Gefühlen, macht sie sich klar, empfindet und drückt Freude, Ärger, Lust oder Langeweile aus; entlastet sich psychisch etc.),

5. soziale (man tritt mit anderen in Kontakt, lernt sie kennen, kommt einander näher oder entfremdet sich),

6. geistig-moralische (man wird sich über die Welt und sich selbst klarer, gelangt zu einer bestimmten ethischen Haltung oder einer philosophisch-religiösen Einstellung usw.),

7. formbezogene (man realisiert bzw. nimmt wahr ästhetische Qualitäten und Mängel von Texten, führt ein Muster formvollendet oder abweichend durch usw.),

8. metakommunikative (man erweitert sein Sprach- und Text(muster)-wissen und seine kommunikative Handlungsfähigkeit).

Im Hinblick auf eine Textsortenklassifikation scheint dabei nicht nur problematisch, dass dieser Systematisierungsvorschlag, der zwar im Vergleich zu anderen Modellen von Funktionskategorien sehr weit gefasst ist, doch sehr allgemeine Kategorien enthält, sondern vor allem, dass der „Ertrag“ als etwas verstanden wird, was sowohl die Produzenten als auch die Rezipienten aus dem Text gewinnen können, wobei er auch die selbstbezogenen Funktionen einschließt, die sich erstens von Individuum zu Individuum unterscheiden, sich zweitens mit der Zeit, etwa bei wiederholter Rezeption durch ein und dasselbe Individuum verändern können (vgl. Adamzik 2004, S. 116). Dies resultiert natürlich hauptsächlich daraus, dass die „nicht-kommunikative“ Sprachverwendung, die nicht-partnerbezogen ist und nicht nach einem Handlungsplan durchgeführt wird, in die Systematik einbezogen wird. Das heißt, die acht aufgelisteten „Ertragsformen“ beziehen sich auf Dinge, die Produzent und Rezipient je für sich, miteinander oder auch (antizipierend) füreinander tun können, wobei im letzten Fall ein angezielter Ertrag für den Rezipienten mit der kommunikativen Intention des Produzenten zusammenfällt und in diesem Sinne die kommunikative Absicht als ein intendierter Unterfall eines Ertrages zu interpretieren ist. Der Vorteil eines derartigen Ansatzes bestehe laut ADAMZIK darin, dass zum einen mit konventionellen Mitteln ausgedrückte Absichten erfasst werden können, es aber gleichzeitig möglich ist, „ein eventuelles Scheitern kommunikativer Interaktionen zu beschreiben und insgesamt der Vielfalt möglichen Umgangs mit Texten und unterschiedlichen Perspektiven der Beteiligten gerecht zu werden“ (Adamzik 2004, S. 117). Diese Erweiterung des funktionalen Faktors in Richtung Rezipientenseite scheint für die Textsorten der Unternehmenskommunikation wenig Erfolg versprechend, weil – wie ADAMZIK selbst an anderer Stelle ausführt – „der Sinn, den der Autor mit seinem Text verbindet und den er vielleicht auch einem anderen gegenüber auszudrücken beabsichtigt [...] bei den Lesern verschiedenartig ankommen kann, insbesondere natürlich, wenn er von vornherein mehrfach adressiert ist [...]“ (Adamzik 2004, S. 116), was für die meisten kommunikationspolitischen Textsorten charakteristisch ist.

Hier soll sich eher der Ansicht von BRINKER angeschlossen werden, der wiederum in Anlehnung an GROßE (1976) die Textfunktion von der Wirkung abgrenzt, die der Text auf den Rezipienten ausübt, weil die Textwirkung im Unterschied zur Textfunktion nicht konventionalisiert ist, egal ob sie beabsichtigt ist oder nicht (vgl. Brinker 2005, S. 101). Dies bedeutet jedoch nicht, dass bei der Beschreibung der Textfunktion als Ausdruck der Kommunikationsabsicht des Produzenten auf die „wahre Absicht“, die „geheime Intention“ verzichtet werden kann, zumal diese für den Bereich der Unternehmenskommunikation zunehmend konventionalisiert wird und somit die Texte selbst bestimmte Indizien für eine solche Absicht liefern.

HEINEMANN/VIEHWEGER (1991, vgl. Kap. 4.1.2) begegnen dem Problem damit, dass sie die funktionalen Aspekte ausgehend von der Frage differenzie-

ren, was Texte in Interaktionsakten generell bewirken können (oder sollen). Beim Versuch, die von HEINEMANN/VIEHWEGER genannten Primärfunktionen und die entsprechenden Wirkungstypen auf kommunikationspolitische Texte zu beziehen, zeigt sich, dass die Typen ‚Kontaktieren' mit dem Ziel Kontakt zum Partner aufzunehmen oder zu erhalten, ‚Informieren' mit dem Ziel der Informationsvermittlung an den Partner oder ‚Steuern' mit der beabsichtigten Wirkung, den Partner zu einer Handlung zu veranlassen, natürlich überaus relevant sind. Der Funktionstyp ‚Sich ausdrücken' im Sinne von „sich psychisch entlasten" scheint eher für andere Bereiche bestimmt und wird in der Unternehmenskommunikation eher durch eine Funktion wie ‚Ästhetisch wirken' mit dem Ziel der Selbstdarstellung repräsentiert. Im Gegensatz zu ROLF, der für Gebrauchstexte annimmt, dass sie ihren Handlungszweck betreffend unifunktional sind, d.h. der Textproduzent normalerweise nur ein Anliegen hat (vgl. Rolf 2000, S. 423), gehen HEINEMANN/HEINEMANN davon aus, dass die Funktionstypen in einem Inklusionsverhältnis zueinanderstehen, weil zum Beispiel das Informieren in der Regel den Kontakt zwischen Partnern voraussetzt und steuernde Texte zumindest mittelbar auch Informationen vermitteln. Außerdem nehmen sie zahlreiche Übergänge zwischen den Funktionstypen an und halten auch das gleichzeitige Realisieren von verschiedenen Grundfunktionen für üblich, wobei sie grundsätzlich an der Sonderstellung der ästhetischen Funktion (vgl. Kap. 4.1.2) festhalten: „nicht nur, weil hier die Formulierungsebene im Zentrum steht, mit deren Hilfe eine fiktive Welt geschaffen wird, sondern auch, weil diese Grundfunktion alle anderen Basisfunktionen überlagern kann" (Heinemann/Heinemann 2002, S. 224).
In Bezug auf das von HEINEMANN/VIEHWEGER bzw. HEINEMANN/HEINEMANN angenommene Inklusionsverhältnis ist zu bemerken, dass zwar ein Funktionstyp wie Informieren den Kontakt zum Partner voraussetzt, dieser aber nicht zwingend durch einen Text zustande kommen muss. Natürlich spielen bei zahlreichen Texten mit Informations- oder Steuerungsfunktion Kontaktformeln (z.B. Begrüßungen) oder kontaktierende Textteile eine wichtige Rolle, bei anderen, wie beispielsweise Prospekten, kann zum überwiegenden Teil auf kontaktierende Elemente verzichtet werden, weil der Kontakt etwa persönlich im Rahmen eines Messe- oder Verkaufsgesprächs hergestellt wurde.

Wie die einzelnen Grundfunktionen bzw. die tatsächlich beabsichtigten Wirkungen auf der Textebene nachgewiesen werden können, d.h. sichtbar sind, bleibt – abgesehen von der Nennung explizit performativer Formeln o.ä. – in den Ausführungen von HEINEMANN/VIEHWEGER (vgl. 1991, S. 148ff.) unbeantwortet. Da dies aber gerade für den Bereich der kommunikationspolitischen Textsorten eine wichtige Frage ist, ist hier zunächst noch einmal auf GROßE (1976) zurückzukommen, der einen Kriterienkatalog für die Bestimmung der Textfunktion entwickelt hat, mittels dessen er die Textfunktion zunächst durch den im Text „rekurrierenden Typ semantischer Sätze" (Große 1976, S. 116) ermitteln will. Dabei besteht ein „semantischer Satz" aus einer Proposition und einer „metapropositionalen Basis", durch deren Ausdruck der Emittent dem Rezipienten gewissermaßen zu verstehen gibt, wie dieser die Proposition auffassen soll. Da die Häufigkeit eines bestimmten Typs „semantischer Sätze" jedoch nicht immer ein eindeutiger Indikator für eine bestimmte Textfunktion ist, führt er als weitere Kriterien den „Appellfaktor", das „Präsignal" und die „Handlungsregeln" ein. Während mit den „Handlungsregeln" auf soziale Regeln Bezug genommen wird, die intersubjektiv in einer Gesellschaft gelten und sich mehr oder weniger aus der konkreten Realisierung eines schriftlichen Textes ergeben, und unter „Präsignalen" vorangehende Titel oder Gattungsbezeichnungen wie ‚Gesetz', ‚Satzung' oder ‚Kochbuch' verstanden werden, die dem Empfänger bereits eine Orientierung hinsichtlich der Funktion des Textes geben, bezieht sich der „Appellfaktor" stärker auf die Ebene der sprachlichen Formulierung und damit auf stilistisch Nachweisbares. So drückt sich der Appellfaktor zum einen in der besonderen Häufigkeit wertender Wörter und Wendungen aus, zum anderen im häufigen Auftreten rhetorischer Figuren. Dadurch verleiht er laut GROßE (vgl. 1976, S. 18ff.) dem Text eine persuasive Bedeutung und ermöglicht es somit, „dominant werbende (persuasive) Texte von dominant sachinformierenden Texten" (Große 1976, S. 18f.) zu unterscheiden.

BRINKER sieht die „bloße Häufigkeit sprachlicher Einheiten und Strukturen" (2005, S. 104) nicht als geeignetes Kriterium für die Bestimmung der Textfunktion an. Er spricht Texten, die sich durch eine besondere Häufigkeit (positiv) wertender Wörter und Wendungen sowie zahlreicher rhetorischer Figuren auszeichnen, nicht zwangsläufig eine appellative Funktion zu, sondern geht davon aus, dass derartige Texte auch mit dominant informierender oder kontaktspezifischer Funktion auftreten können (vgl. Brinker 2005, S. 103f.). Dies sei etwa bei Rezensionen der Fall, mit denen der Emittent seine Bewertung eines Ereignisses mitteilt (sog. Einstellungsinformation). Auf der Ebene der Formulierung, insbesondere der lexikalischen Wahl, nimmt BRINKER demnach keine Differenzierung zwischen Information und Meinung vor, was für die Klassifikation von Textsorten der Unternehmenskommunikation – wie später noch dargestellt wird – problematisch ist.

BRINKER knüpft an das sprechakttheoretische Konzept der Illokutionsindikatoren an und geht davon aus, dass die Funktion eines Textes „durch bestimmte innertextliche (vor allem sprachliche) und außertextliche (kontextuelle) Mittel angezeigt wird" (Brinker 2005, S. 104), die er – in Analogie zu den Illokutionsindikatoren – „Indikatoren der Textfunktion" nennt. Dabei unterscheidet er zwischen drei Grundtypen solcher Indikatoren: Zum einen sprachlichen Formen und Strukturen, mit denen der Produzent „die Art des intendierten kommunikativen Kontakts dem Rezipienten gegenüber explizit zum Ausdruck bringt" (Brinker 2005, S. 105). Hierzu gehören etwa sog. explizit performative Formeln (Phrasen mit einem performativen, also sprechaktindizierenden Verb wie z.B. *Ich verspreche dir hiermit, dass...; Ich rate dir...*) und entsprechende Satzmuster, die als „direkte" Formen für die Signalisierung der Textfunktion aufgefasst werden. Zweitens zählen dazu sprachliche Formen und Strukturen, mit denen der Produzent auf explizite oder implizite Weise seine Einstellung zum Textinhalt, vor allem zum Textthema ausdrückt. Dazu gehören neben Äußerungen über die Wahrheit oder Wahrscheinlichkeit des Textinhalts (z.B. *wissen, glauben*), der Grad seines Interesses (z.B. *wünschen, wollen*) oder seiner psychischen Haltung (z.B. *bedauern*) auch die Wertung gegenüber dem Textinhalt (z.B. *gut oder schlecht finden*). Solche „thematischen Einstellungen" lassen sich laut BRINKER insofern auf die Textfunktion beziehen, als „sich bestimmte Einstellungen mit bestimmten Textfunktionen leichter (oder schwerer) verbinden lassen als mit anderen" (Brinker 2005, S. 105). Als dritter Grundtyp werden kontextuelle Indikatoren genannt, wie der situative oder der institutionelle Rahmen des Textes bzw. der gesellschaftliche Handlungsbereich, dem der Text zugeordnet ist. Dem Kontext kommt somit eine fundamentale Bedeutung für die kommunikativ-

funktionale Interpretation von Texten zu, gerade dann, wenn sie keine expliziten sprachlichen Indikatoren aufweisen oder konkurrierende sprachliche Indikatoren enthalten, die auf verschiedene kommunikative Funktionen hinweisen (vgl. Brinker 2005, S. 105f.). Demnach „ergibt sich aus dem Kontext bzw. der Textsorte, der der entsprechende Text angehört" beispielsweise, ob „eine wertende Aussage neben ihrer informativen Funktion auch noch (oder primär) eine appellative Funktion hat" (Brinker 2005, S. 116).
Im Bereich der Unternehmenskommunikation zeigt sich die Funktion einer Textsorte jedoch nicht allein durch den Kontext bzw. die Textsorte per se, weshalb eine genauere Betrachtung der sprachlichen Kriterien notwendig ist, was u.a. bedeutet, neben illokutiven auch perlokutive Aspekte in den Funktionsbegriff zu integrieren bzw. ihm zugrunde zu legen. Unter Perlokution wird im Rahmen der Sprechakttheorie die Wirkung eines illokutionären Aktes verstanden, womit gemeint ist, dass ein Produzent zum Beispiel durch die Äußerung einer Behauptung den Rezipienten überreden oder auch überzeugen, ihn durch eine Warnung auch erschrecken oder ängstigen kann. Außerdem kann ein Textproduzent, der seine Rezipienten überzeugen, erschrecken, ängstigen usw. will, seine sprachlichen Äußerungen so planen, dass er dieses Ziel möglichst sicher erreicht. Der Aspekt der Wirkung ist natürlich nicht nur für die Gestaltung der sprachlichen Botschaften zentral, sondern bildet auch einen Schwerpunkt bei der kommunikationswissenschaftlichen Beschäftigung mit der Rezeption und Nutzung von Bildern (vgl. Renner 2007, S. 201). Der perlokutive Akt kann vom Textproduzenten jedoch nicht dadurch vollzogen werden, dass er eine sprachliche Äußerung explizit als Perlokution ankündigt. Hierin besteht ein wichtiger Unterschied zu den illokutionären Handlungen, die nach dem Vorbild explizit performativer Äußerungen immer explizit ausgeführt werden können (vgl. Renner 2007, S. 152f.). So kann der Textproduzent eines Marketingtextes zwar seine Meinung dadurch ausdrücken, dass er sagt: *Ich behaupte, dass das Produkt X besser ist als die der Wettbewerber.* Es ist hingegen nicht zielführend zu äußern: *Ich überzeuge sie hiermit davon, dass das Produkt X besser ist als die der Wettbewerber.* In solchen Fällen kann nur versucht werden, die Behauptung so zu formulieren, dass der Rezipient davon überzeugt wird. Während der propositionale Akt den semantisch-thematischen Bezug der gesamten Sprecherhandlung sichert, beziehen sich

sowohl der illokutionäre als auch der perlokutionäre Akt auf den pragmatischen Zusammenhang zwischen Zeichenkörper und Zeichenbenutzer (vgl. Brinker/Sager 2006, S. 61). Diese Beziehung zwischen Zeichen und Zeichenbenutzer ist im Bereich des Marketings grundsätzlich dadurch gekennzeichnet, dass sie interessengebunden ist, d.h. der Produzent bei seiner kommunikativen Handlung in der Regel fremden Interessen verpflichtet ist. Davon ausgehend ist die Frage zu stellen, welche illokutiven und perlokutiven Handlungen im Rahmen der einzelnen Textsorten möglich sind und vor allem, wie sie realisiert werden. Wichtig ist in diesem Zusammenhang, dass die kommunikationspolitischen Textsorten – im Unterschied zu vielen anderen, beispielsweise den journalistischen (z.B. Nachrichten; vgl. Renner 2007, S. 339 und 391) – nicht immer auf eine Funktion festgelegt sind.

Prinzipiell sind die Textsorten der Unternehmenskommunikation hinsichtlich ihrer Funktion als informierend, kontaktorientiert oder meinungsbildend zu kennzeichnen, wobei sich die damit verbundenen Charakterisierungen natürlich (s.o.) nur auf die vom Produzenten intendierten Wirkungsabsichten beziehen, nicht auf die tatsächlichen Wirkungen beim Rezipienten. Unter **informierenden** Textsorten werden ähnlich wie im Falle der tatsachenbetonten Textsorten im Bereich des Journalismus solche Texte subsumiert, bei denen die illokutionäre Textfunktion des Informierens vorliegt. Diese Informationsfunktion kann in sprachlicher Hinsicht durch Paraphrasen wie *Wir setzen sie über den Sachverhalt XY in Kenntnis…* nachgewiesen werden und dient im Allgemeinen dem Wissenstransfer. Die informative Funktion eines Textes kann darüber hinaus in direkter Weise durch explizit performative Formeln mit den Verben *informieren, mitteilen, melden, eröffnen, benachrichtigen, berichten, unterrichten* etc. indiziert werden (vgl. Brinker 2005, S. 113). Derartige Formulierungen sind zunächst einmal sichere Indikatoren für die illokutionäre Textfunktion des Informierens, die nicht notwendigerweise mit der perlokutionären Textfunktion übereinstimmen muss. Im Unterschied zu BRINKER (vgl. 2005, S. 115), der die informative Textfunktion als sowohl mit einer sachbetonten als auch mit einer meinungsbetonten sprachlichen Darstellung kompatibel kennzeichnet, oder HEINEMANN/VIEHWEGER (vgl. 1991, S. 151f.), die zur Klasse der informationsvermittelnden Texte explizit „Einstellungen des Textproduzenten zu bestimmten Sachverhaltskomplexen der Wirklichkeit“ oder „Einstellungen des Textproduzenten zu geplanten Handlungen“ (Heinemann/Viehweger 1991, S. 152) zählen, schlägt RENNER im Hinblick auf journalistische Darstellungsformen vor, Information und Meinung voneinander zu trennen, wobei er zugleich einräumt, dass eine scharfe Grenzziehung nicht möglich sei (vgl. Renner 2007, S. 155). Als Kriterium für eine Differenzierung zwischen den beiden Funktionen gibt er an, dass die informierenden Texte Begriffe verwenden, die „man nach allgemeiner Auffassung problemlos für die bezeichneten Sachverhalte verwenden kann“, während es bei den meinungsbildenden Texten strittig ist, „mit welchen Begriffen ein bestimmter Sachverhalt zu bezeichnen ist“ (Renner 2007, S. 337). Diese Differenzierung basiert auf dem Zusammenhang von propositionalem Akt und dem Wahrheitsproblem. Der propositionale Akt stellt den semantisch-thematischen Gegenstandsbezug einer sprachlichen Äußerung her, der sich bei Substantiven, Adjektiven und Verben durch den jeweiligen Begriff, bei Sätzen durch ihre Proposition ergibt (vgl. Renner 2007, S. 153). Unter diesem Gesichtspunkt stellt der Satz einen Zeichenkörper dar, während die Proposition „die Aussage eines Satzes, also ein mentales Konstrukt ist“ (Renner 2007, S. 154). Ebenso wie ein bestimmter Begriff in der jeweiligen Verwendungssituation die jeweilige Extension eines sprachlichen Ausdrucks festlegt, legt eine Proposition die Extension eines Satzes fest. Von der Proposition hängt es ab, ob ein Satz in der jeweiligen Äußerungssituation wahr oder falsch ist. Das bedeutet, dass „die Wahrheit eines Satzes etwas anderes ist als seine Bewahrheitung, d.h. als die Überprüfung, ob dieser Satz denn auch wahr ist“ (Renner 2007, S. 154). Mit dem Problem der Bewahrheitung sind nun im Falle der Unternehmenskommunikation zum einen Fragen der Überprüfbarkeit, der Geltungsdauer usw. verbunden. Ein Textproduzent kann den Satz äußern: *Das Cabrio XY ist das sicherste seiner Klasse.* Wenn dieser Umstand zutrifft, dann ist der Satz wahr. Wenn jedoch einen Tag nach der Äußerung ein anderes entsprechendes Fahrzeug mit höheren Sicherheitseigenschaften auf den Markt kommt, ist der Satz zu diesem späteren Zeitpunkt (obwohl er möglicherweise im Prospekt bereits abgedruckt bzw. enthalten ist) falsch. Andere Beispiele sind kommunikationspolitische Äußerungen wie *Actimel aktiviert Abwehrkräfte*: Gerade in solchen Fällen scheint es für den Rezipienten nahezu un-

möglich, die Wahrheit von Sätzen zu überprüfen, denn aufgrund der zur Zeit geltenden rechtlichen Bestimmungen muss die wissenschaftliche Validität derartiger Aussagen nicht nachgewiesen werden. Das bedeutet, dass der Rezipient über den Wahrheitsgehalt dieser Äußerungen nur Vermutungen anstellen kann und sie eben entweder glaubt oder nicht[91].
Ein weiteres Problem der Bewahrheitung betrifft die Unschärfe der verwendeten Begriffe. Dieses Problem der divergierenden Begriffe erachtet RENNER im Hinblick auf die Klassifizierung journalistischer Darstellungsformen als besonders virulent bei Auseinandersetzungen über komplexe Sachverhalte, da in die Begriffe, die innerhalb solcher Diskussionen verwendet werden, häufig Bewertungen mit eingehen, „die unterschiedlichen Wertmaßstäben verpflichtet sind". Dies führe „geradezu zwangsläufig zu divergierenden Urteilen über anscheinend gleiche Gegenstände" (Renner 2007, S. 155). Eine klare Unterscheidung zwischen Information und Meinung scheint dabei eben nicht immer möglich, denn „nicht nur die meinungsbildenden, auch die informierenden journalistischen Beiträge müssen bei ihrer Berichterstattung Begriffe verwenden" (Renner 2007, S. 156). Dadurch ordnen sie allein schon durch die verwendeten Begriffe „die Sachverhalte, über die sie berichten, in bestimmte kulturelle Interpretationsmuster ein und bestätigen so öffentliche Meinungen" (Renner 2007, S. 156). Das ist immer dann unproblematisch, wenn über den Gegenstand der Berichterstattung in einer sozialen Gemeinschaft Konsens herrscht (vgl. Renner 2007, S. 156). Ist dies nicht der Fall, so muss der Textproduzent den Rezipienten auffordern, seiner Begriffsverwendung zu folgen, was moralische Bewertungen und Handlungskonsequenzen impliziert (vgl. Renner 2007, S. 337).

Wie oben bereits ausgeführt, ist es für den Bereich der Unternehmenskommunikation ebenfalls sinnvoll, von einer Unterscheidung zwischen Information und Meinung auszugehen. Hier ist jedoch mit der Zuweisung von Textsorten oder Textsortenexemplaren zu illokutionären Textfunktionen allein nicht viel Konkretes gewonnen, denn aufgrund der kontextuellen Einbettung bzw.

[91] Natürlich gibt es gerade im Bereich von Werbetexten auch viele Fälle, bei denen die Klassifikation von Aussagen als wahr oder falsch deutlich leichter ist (vgl. z.B. Aussagen über Haarpflegeprodukte, die *Diamant-Splitter* enthalten sollen).

des Kommunikationsbereichs und der damit verbundenen Kennzeichnung der Produzentenrolle als interessengebunden ist davon auszugehen, dass auch ein informierender Text letztlich hinsichtlich seiner perlokutionären Textfunktion der Meinungsbildung dienen kann bzw. dienen soll, indem er u.a. über das Einordnen dieser Informationen im günstigsten Falle zum positivem Bewerten des Sachverhalts führt. Wichtig ist demnach eine strikte Trennung von illokutionärer und perlokutionärer Textfunktion, die wie RENNER am Beispiel der Unterhaltung deutlich macht, in eine andere Kategorie fällt (vgl. Renner 2007, S. 338). Für den Bereich der Unternehmenskommunikation bedeutet das, dass bei Texten mit Informationsfunktion auf der illokutionären Ebene unterschieden werden muss zwischen solchen, deren perlokutionäre Textfunktion ebenfalls im engeren Sinne im Informieren, d.h., wie Renner hinsichtlich der Terminologie vorschlägt, im „auf dem Laufen halten“ oder „Überblick erhalten“ (vgl. Renner 2007, S. 339) besteht, und denen, deren perlokutionäre Funktion vordergründig in der Meinungsbildung besteht. Letzteres impliziert, dass Informationstransfer, Meinungsäußerung (z.B. *Otto find ich gut*), Unterhaltung usw. als unterschiedliche Strategien von Meinungsbildung angesehen werden können.

Bei der Meinungsbildung geht es im Sinne von BRINKER vor allem darum, dass der Produzent den Rezipienten dazu bewegen will, dass er eine bestimmte Einstellung gegenüber einer Sache einnimmt (Meinungsbeeinflussung), seltener darum, dass er eine bestimmte Handlung vollziehen soll (Verhaltensbeeinflussung, z.B. im Falle von Gebrauchsanweisungen oder dem Vollziehen von Kaufakten), wobei der Textproduzent beides in den meisten Fällen dem Rezipienten nicht direkt im Sinne einer „wahren Absicht“ (vgl. Brinker 2005, S. 101) zu verstehen gibt.

Wie bereits aufgezeigt, ist die Zuordnung von sprachlicher/formaler Textstruktur und Textfunktion ein schwieriges Problem der Textlinguistik, da es in der Regel keine allgemeingültigen und eindeutigen Zuordnungsregeln gibt und eine bestimmte Funktion in sprachlicher Hinsicht vielgestaltig realisiert werden kann (vgl. Burger 2005, S. 209). Hinsichtlich der verschiedenen **meinungsbildenden** Strategien lassen sich jedoch aufgrund der sprachlichen Merkmale von kommunikationspolitischen Texten grundsätzlich erstens sol-

che voneinander unterscheiden, die primär durch eine Informationsvermittlung zur Bewertung eines Sachverhaltes und damit zur Meinungsbildung beitragen, und zweitens diejenigen, die auf eine phantasiebetont-kreative Form zur Meinungsbildung führen sollen.
Die erste Gruppe von Texten wird deshalb als ‚informationsbetont' bezeichnet – eine Benennung, die trotz der aufgrund des Gesamtzusammenhanges unterstellten Wirkungsabsicht der Meinungsbeeinflussung, insoweit berechtigt ist, als sie auch die in den Marketingzielen bzw. im Zielsystem des Direct-Marketings angelegte Strategiegruppe der Informationsstrategie widerspiegelt. Bei anderen Strategiegruppen wie den Bekanntmachungsstrategien, Imagestrategien und Konkurrenzabgrenzungsstrategien kann prinzipiell davon ausgegangen werden, dass zwischen einer informationsbetonten und einer phantasiebetont-kreativen Form der Rezipientenansprache gewählt werden kann. Eine dritte Strategieform der Meinungsbildung besteht – wie oben genannt – in der Äußerung von Meinungen bzw. Behauptungen, die ebenfalls zur Einstellungsänderung führen können. Wichtig ist in Zusammenhang mit der Strategieform ‚Meinung äußern' vor allem, dass es vorrangig um ein primäres (explizites) Bewerten geht, das – wie die einzelnen divergenten Handlungsmuster zeigen – vielfach durch ein sekundäres (implizites) Bewerten gesteigert werden kann (vgl. das Merkmal [+unterhalten], Kap. 3.7).

Wird für die drei unterschiedenen meinungsbildenden Strategien (z.B. in Analogie zu Renner 2007, S. 339) eine Klassifikation nach den Kriterien ‚illokutionäre Funktion' und ‚perlokutionäre Funktion' versucht, so scheint zunächst offensichtlich, dass die von BRINKER (vgl. 2005, S. 117) genannte Appellfunktion in Bezug auf den Aspekt ‚Einstellung/Meinung' auf illokutionärer Ebene gar nicht vollzogen werden kann, weshalb die von RENNER für die Textsorte ‚Kommentar' angeführte illokutionäre Textfunktion ‚appellieren' (vgl. 2007, S. 339) nicht in Frage kommt. Zudem ist für die phantasiebetont-kreative Form, die letztlich ein implizites, ein sekundäres Bewerten zum Ziel hat, innerhalb der Sprechakttheorie keine illokutionäre Funktion vorgesehen. Deshalb stellen sich die meinungsbildenden Strategien innerhalb der einzelnen Textsortenarten zunächst folgendermaßen dar:

Textart	Illokutionäre Textfunktion	Perlokutionäre Textfunktion
informationsbetont	informieren	Meinung bilden
phantasiebetont-kreativ		Meinung bilden
meinungsäußernd	behaupten/bewerten	Meinung bilden

Als linguistisch operationalisierbare Kriterien, die die Formen der Textfunktion im Hinblick auf eine Textsortendifferenzierung anzeigen, können neben Vertextungsstrategien bzw. Arten der thematischen Entfaltung (z.B. deskriptiv, argumentativ), Fragen der inhaltlichen Detailliertheit und Aspekten der formalen Struktur des Textes (z.B. konventionalisiertes Schema; vgl. Burger 2005, S. 210f.) vor allem der Einsatz der auf den unterschiedlichen kreativen Denkoperationen bzw. verschiedenen Denkstilen basierenden stilistischen Handlungsmuster (vgl. Kap. 3.7) angesehen werden.
Als sprachliche Indizien, die zur Unterscheidung von informierenden und informationsbetonten, d.h. also meinungsbildenden Texten, herangezogen werden können, sind zum einen die fehlende Verifizierbarkeit des propositionalen Gehalts zu nennen, hinzukommen in der Regel höhere Grade an Stilisiertheit, die wie im o.g. Beispiel *Actimel aktiviert Abwehrkräfte* beispielsweise aus der Verwendung rhetorischer Figuren (Alliteration, Dreierfigur etc.) oder einer charakteristischen phonostilistischen und rhythmischen Gestaltung resultieren können und über ein erhöhtes persuasives Potential verfügen. Als ganz zentral ist auch der von RENNER zur Unterscheidung von informierenden und meinungsbildenden journalistischen Textsorten herangezogene Aspekt der divergierenden Begriffsverwendung anzusehen. Dieser steht in Zusammenhang mit dem oben bereits näher ausgeführten Problem der Neutralität und vielfältigen Markiertheit von Autosemantika bzw. dem sich daraus ergebenden stilistischen Potential von Wörtern und ist auch innerhalb der Unternehmenskommunikation für eine Unterscheidung zwischen informierenden und meinungsbildenden Texten von grundlegender Bedeutung. Hinsichtlich des stilistischen Potentials einzelner Wortarten wurde bereits darauf hingewiesen, dass mit dem Gebrauch von Adjektiven prinzipiell ein bewertender Aspekt einhergeht (vgl. Kap. 3.5.1.3), wobei natürlich dahingehend zu unterscheiden ist, ob mittels eines Adjektivs eine objektive Bewertung etwa im Sinne einer Beschrei-

bung vorgenommen wird oder eben eine eher subjektive, relative Bewertung. Die wesentlichen Aspekte der Differenzierung zwischen informierenden und informationsbetonten Texten zeigt folgende Übersicht:

Textart	Illokutionäre Textfunktion	Perlokutionäre Textfunktion	prop. Gehalt verifizierbar	Stilisiert-heit	Lexik
informie-rend	informieren	informieren/ Wissenstransfer	eher ja	nein	neutrale Begriffe
informa-tions-betont	informieren	Meinung bilden	eher nein	ja	divergente Begriffe

Innerhalb der Unternehmens- und Marketingkommunikation lässt sich die Mehrheit der informierenden Texte in größere Handlungskomplexe eingliedern. Solche Transfertexte sind in vielen Fällen gesetzlich verordnet und bilden außerdem – zumindest im Zuge des Kaufaktes – einen Bestandteil eines des Produktes. Beispiele dafür sind Textsorten wie ‚Bedienungsanleitung', ‚Gebrauchsanweisung' oder ‚Beipackzettel', die im Sinne des Konzepts der integrierten Kommunikation weniger den inhaltlichen und sprachlichen Dimensionen der Integration zuordnen lassen, sondern vielmehr formalen Integrationselementen (Farben, Formen, Größen) der Unternehmenskommunikation.

Hinsichtlich der dritten Funktion, die kommunikationspolitische Texte haben können, der **Kontaktorientierung**, ist zu bemerken, dass sie u.a. auf die in Zusammenhang mit den Zielen des Direct Marketings genannte Zielsetzung der Kontaktanbahnung abhebt (vgl. Kap. 1.4.2). Sie ist damit nicht mit der bei LÜGER (1995) genannten Textklasse der „kontaktorientierten Texte" gleichzusetzen, die er neben „informationsbetonten", „meinungsbetonten", „auffordernden" und „instruierend-anweisenden Texten" in seiner Typologie von Pressetexten nach deren „Intentionalität" unterscheidet. LÜGER fasst als kontaktorientierte Texte diejenigen, die auf dem Bestreben gründen, „die Aufmerksamkeit und das Interesse der Leser zu gewinnen" (Lüger 1995, S. 79). Hierzu zählen auch bestimmte Elemente von Pressetexten wie Fotos, Schlagzeilen, graphische Mittel des Layouts etc., die in der Abonnementpresse vor allem auf der Frontseite Anwendung finden, bei Boulevardblättern allgegenwärtig sind und bei denen es fraglich ist, ob sie als eigene Textklasse zu betrachten sind (vgl. Burger 2005, S. 209). Im Unterschied zu derartigen Formen der Kontaktorientierung wird die kontaktorientierte Funktion von Texten der Unternehmenskommunikation im Sinne von reaktionsorientierten Formen verstanden, wie sie u.a. im Rahmen von Direct Marketing-Aktivitäten vorkommen (z.B. Mailing). Es geht dabei vor allem um die Erreichung von konativ-orientierten Zielen, daneben auch um kognitiv-orientierte. Gemäß der Einteilung von BRUHN (2005, S. 689) betrifft das in erster Linie die Zielgruppenerschließungsstrategie und die Kontaktanbahnungsstrategie (vgl. Kap. 1.4.2.3) wie sie etwa im folgenden Textbeispiel (als unadressierte Werbesendung in Form einer Postkarte) zum Ausdruck gebracht wird, z.B.:

> *Der erste Einstieg... Lernen Sie Sankt Johann und sein Alpendorf kennen. Als ersten Einstieg in die „Ski amadé" – ein Skipass für 270 Lifte und 860 Pistenkilometer [...]. Karte einfach per Post oder Fax retournieren. Gerne senden wir Ihnen dann unverbindlich und kostenlos unseren 100 Seiten starken Ferienkatalog mit Preisangaben und den günstigen Pauschalangeboten zu.*
> *Name:………………*
> *Adresse:……………*
> *PLZ/Ort:……………*

Wie das Beispiel zeigt, kann bei den Texten mit Kontaktorientierung vielfach von einer appellativen Textfunktion im Sinne einer Handlungsaufforderung ausgegangen werden („Ich (der Emittent) fordere dich (den Rezipienten) auf, [...] die Handlung X zu vollziehen." Vgl. Brinker 2005, S. 117), die sich im vorliegenden Fall u.a. durch die Wahl der Imperativform ausdrückt.

Damit ergeben sich im Hinblick auf das Kriterium ‚Funktion' insgesamt drei grundlegende Textformen für den Bereich der Unternehmens- und Marketingkommunikation, die in der folgenden Tabelle noch einmal als Überblick dargestellt werden. Darüberhinaus werden sie typischen wirtschaftwissenschaftlichen Zielsetzungen zugeordnet, wie sie etwa ausführlich für den Bereich des Direct Marketing[92] dargestellt wurden (vgl. Kap. 1.4.2.2):

Textform	perlokutionäre Funktion	wirtschaftwissenschaftliche Zielsetzung/Strategie (Bsp. DM)
Informierend	Wissenstransfer	Formale Integration
Meinungsbildend	Meinungsbildung/ Einstellungsänderung	Informationsstrategie Imageprofilierungsstrategie Bekanntmachungsstrategie Konkurrenzabgrenzungsstrategie
Kontaktorientiert	Konation	Zielgruppen- erschließungsstrategie Kontaktanbahnungsstrategie

4.2.3 Zur Themenspezifik

Innerhalb der Diskussion um die Textsortenklassifizierung gibt es über den inhaltlichen Aspekt unterschiedliche Meinungen, meistens wird er gerade gegenüber dem funktionalen weniger intensiv behandelt oder sogar ausgeklammert. Aufschlussreicher scheint der Aspekt des Themas unter der Perspektive der allgemeinen Textmerkmale Kohäsion und Kohärenz, wobei es weniger um die Frage geht, wovon ein Text handelt, sondern vielmehr um die Möglichkeiten, thematische Geschlossenheit herzustellen (durch Wiederaufnahme-Relationen usw.; vgl. Kap. 3.2.1 und Kap. 3.2.2). Bei dieser Art der Themenfixierung steht also nicht die Frage im Mittelpunkt, ob für eine Textsorte der behandelte Weltausschnitt festgelegt ist (z.B. Wetterbericht), sondern der inhaltliche Zusammenhang der Bestandteile des Gesamttextes. Dabei wird in der Regel unterstellt, dass dieser bei nahezu allen Textsorten vorauszusetzen ist. Im Hinblick auf eine Textsortentypologie für einen bestimmten Bereich von Gebrauchstexten ist in diesem Zusammenhang relevant, dass die Rezipienten zum einen „eine gewisse Toleranz gegenüber inhaltlich nur schwach (oder auch gar nicht) verknüpften Teiltexten“ (Adamzik 2004, S. 127) auf-

[92] Der Begriff ‚Direct Marketing‘ wird hier vor allem in tabellarischen Darstellungen mit ‚DM‘ abgekürzt.

bringen und zum anderen auch bei Gebrauchstexten mit unterschiedlich ausgeprägter Kohäsion und Kohärenz rechnen. Für den praktischen Umgang mit Texten ist beides normalerweise nicht weiter problematisch, weil Kohärenzherstellung zum Teil auch als eine vom Rezipienten zu leistende Aufgabe anzusehen ist, indem er Zusammenhänge sucht und selbst stiftet (vgl. Adamzik 2004, S. 127f.). Für einige Textsorten der Unternehmenskommunikation wie z.B. Werbeanzeigen, die sich durch eine prinzipielle Offenheit im Hinblick auf eine enge oder niedrige Kohärenz auszeichnen, bedeutet das außerdem, dass das intendierte Suchen und Stiften von Kohärenz durch den Rezipienten einen besonderen stilistischen Faktor darstellen kann, der zu positiven Motivationseffekten oder zur Unterhaltung beitragen soll (vgl. Kap. 2.2).

Ein anderer Themenbegriff bezieht sich darauf, dass sich Texte auf einen bestimmten Weltausschnitt beziehen, einen bestimmten Gegenstand bzw. Inhalt haben. Die Tatsache, dass Texte in diesem Sinne „Themen" haben, soll hier als gegeben unterstellt werden, zu klären ist jedoch erstens, inwieweit dieser Aspekt des Themas abzugrenzen ist und erfasst werden kann. Daraufhin ist zweitens die Frage zu stellen, ob Thementypen relevant für eine Textsortenklassifikation des kommunikationspolitischen Bereichs sind. ADAMZIK (vgl. 2004, S. 118ff.) geht in ihren Überlegungen zu Thementypen und zur Themenspezifik von Textsorten u.a. von der von LÖTSCHER (1987, S. 77f.) aufgestellten Differenzierung aus, bei der das Thema eines Textes als zentrales Referenzobjekt bzw. fokussierter Gegenstand, als Informationskern und als Problemstellung bzw. als das Fragliche betrachtet wird. Mit diesen drei unterschiedlichen Themabegriffen bezieht sich LÖTSCHER zum einen auf die in der Forschungsliteratur geläufigen Auffassungen, dass das Thema eines Textes eben einfach der Gegenstand bzw. Sachverhalt ist, über den etwas geschrieben wird, oder auch die Basisaussage, der Informationskern, im Sinne der Komprimierung des Textinhalts. Mit dem dritten Themabegriff der „Fragestellung" oder „Problemstellung" versucht LÖTSCHER (vgl. 1987, S. 90) speziellen Texttypen, den argumentativen Texten, gerecht zu werden, womit er zugleich deutlich macht, dass unterschiedliche Texttypen zu entsprechend verschiedenen Themadefinitionen führen müssen.

Ausgehend von den drei o.g. Themabegriffen schlägt ADAMZIK (vgl. 2004, S. 123) eine Grobklassifikation von Themen vor, die zudem Kategorien der Satzsemantik und der Theorie semantischer Rollen (vgl. Beaugrande/Dressler 1981; von Polenz 1988) einbezieht. Dabei unterscheidet sie ebenfalls zwischen drei Gruppen: Die erste Gruppe bilden „statische Objekte", wozu unbelebte Dinge bzw. Gegenstände, Zustände/Situationen sowie Lebewesen gehören. Diesen stellt sie „dynamische Objekte", also Ereignisse, gegenüber, wobei sie nach POLENZ zwischen Vorgängen und Handlungen unterscheidet. Als dritte Gruppe setzt sie „kognitive Objekte" an, um Begriffe bzw. Kategorien, Propositionen, (strittige) Thesen und Theorien als mögliche Themen einbeziehen zu können. Auf der Grundlage dieser Grobeinteilung nach Thementypen leitet sie Aussagen darüber ab, was über ein Thema mitgeteilt werden kann, da sich die möglichen Subthemen aus dem logisch-ontologischen Status der Themen ergeben. So haben statische Objekte Eigenschaften, bestehen aus Einzelteilen oder sind selbst Bestandteile eines größeren Ganzen. Zudem befinden sie sich zu einer bestimmten Zeit an einem bestimmten Ort, d.h., sie lassen sich situieren. Daraus resultiert laut ADAMZIK, dass Teile eines Textes, der nur statische Objekte zum Thema hat, der Beantwortung entsprechender Fragen (Welche Eigenschaften hat das Objekt? Wo befindet es sich? usw.) gewidmet werden, wofür als Prädikatsklassen die für Eigenschaften, Zustände und Gattungen in Frage kommen. Darüberhinaus treten statische Objekte auch als Bestandteile von dynamischen Objekten auf, bei denen dann Vorgangs- und Handlungsverben eingesetzt werden. Dabei vollziehen sich nach ADAMZIK (vgl. 2004, S. 125) an statischen Objekten Vorgänge, die häufig einer Bewertung unterliegen, Lebewesen vollziehen als Agenten Handlungen und dies zum Teil an Gegenständen. Dazu benutzen sie wiederum unter bestimmten Bedingungen andere Gegenstände als Instrumente, handeln aus bestimmten Motiven und verfolgen dabei Zwecke etc. Ein weiteres ebenfalls sehr abstraktes Kriterium, das von ADAMZIK zur Unterscheidung von Thementypen herangezogen wird, betrifft eine andere Ebene. Es geht um den diskursiven Status des Themas bzw. das Verhältnis der Kommunikanten zum Thema. So gibt es beispielsweise brisante Themen, die in der Gesellschaft sehr umstrittene Weltausschnitte betreffen, die prädestiniert sind für Streitinteraktionen. Hierzu räumt sie jedoch selbst ein, dass auch wenn man bestimmte Sachverhalte leicht als brisant oder tabuisiert identifizieren kann, „eine allgemeine und vorgängige Klassifizierung von Themen unter diesem Kriterium natürlich nicht möglich“ ist. Die Ursache dafür liegt in „der kultur-, gruppen-, und individuenspezifischen Variation in diesem Bereich“ (Adamzik 2004, S. 125). Schließlich versucht ADAMZIK, Thementypen mit Hilfe von Einheiten niedrigerer Abstraktionsstufe, nämlich den Textsorten, zu differenzieren, wobei sie ausschließlich die Themenspezifik von Textsorten behandelt, also der Frage nachgeht, „inwieweit bei einer gegebenen Textsorte (orientiert an den durchaus vagen sprachlichen Bezeichnungen) Thema und Inhalt vorhersehbar sind“ (Adamzik 2004, S. 126). Aus den Untersuchungsergebnissen von DIMTER (vgl. Kap. 4.1.2), der von alltagssprachlichen Bezeichnungen für Textsorten ausgeht und feststellt, dass über das Thema im engeren Sinne (gemeint ist der zu behandelnde Weltausschnitt) nur 26,3 % der Ausdrücke Aufschluss geben, nämlich vor allem die Komposita, die als Erstglied einen Ausdruck zur Bezeichnung eben dieses Weltausschnitts haben (z.B. Geburtsanzeige, Wetterbericht, Kochrezept), demgegenüber aber ein viel größerer Teil der Ausdrücke (über 70%) eine Vororientierung hinsichtlich des Textinhalts ermöglicht, leitet ADAMZIK ab, dass die Vororientierung, die durch die abstrakten Merkmale für Texttypen gewonnen wird, beim Umgang mit Texten eine erhebliche Rolle spielt:

> „Zusammenfassend sei festgehalten, dass die aus dem Alltag bekannten Textsorten(bezeichnungen) großen Aufschluss nicht nur über den situativen Kontext und die Funktion, sondern auch über die behandelten Themen geben. Dabei ist nicht nur an diejenigen Konzepte zu denken, die explizit auf einen bestimmten Weltausschnitt referieren, denn das gilt tatsächlich nur für relativ wenige. Die Vororientierung über den Inhalt besteht vielmehr darin, dass 1. aus dem Gesamtbereich möglicher Themen nur ein enger Ausschnitt behandelbar ist bzw. ein großer Teil ausgeschlossen ist; 2. in der Mehrheit der Fälle Aussagen über abstrakte Merkmale des Thementyps möglich sind. 3. minimale Kenntnisse über den Thementyp und den behandelten Weltausschnitt ausreichen, um voraussehen zu können, welche Teilthemen abgearbeitet werden können“ (Adamzik 2004, S. 128).

Demnach sei es beispielsweise keineswegs unmöglich, die Folge verschiedener Rundfunknachrichten als kohärent zu deuten, indem sie etwa unter einem

Thema wie ‚für die Öffentlichkeit relevante aktuelle Ereignisse' subsumiert werden. Mit einem derartigen Globalthema sei zudem die Skala der thematisierten Weltausschnitte erheblich eingeschränkt, weshalb ADAMZIK annimmt, dass „dieser Paradefall informativer Texte gar nicht zu denen mit einem besonders hohen Informationswert (im Sinne einer ausgeprägten Unvorhersehbarkeit oder Unwahrscheinlichkeit)" (Adamzik 2004, S. 128) gehört. Abgesehen davon, dass es im Hinblick auf einheitliche und stringente Terminologie hier nicht zielführend erscheint, Begriffe wie ‚Informationswert' und ‚Unvorhersehbarkeit' miteinander gleichzusetzen, zeigt gerade der zuletzt angeführte Aspekt, dass Textsorten der Unternehmenskommunikation (z.B. Printanzeigen) in thematischer Hinsicht verhältnismäßig unvorhersehbar sind. Dies bringt ADAMZIK in einem anderen Zusammenhang auch selbst zum Ausdruck: „Umgekehrt könnte man die besondere Beliebtheit der Beschäftigung mit Werbetexten damit zu erklären suchen, dass deren Verfasser bevorzugt mit unerwarteten Themen aufwarten [...]" (Adamzik 2004, S. 128).

Soll nun schließlich aufgrund der hier zum Begriff des Themas angeführten Aspekte die Frage beantwortet werden, ob die Berücksichtigung eines Faktors ‚Thema' für eine Textsortenklassifikation des Bereichs Unternehmenskommunikation sinnvoll ist, so ist dies aus drei Gründen zu verneinen: Und das erstens deshalb, weil die Textsortenbezeichnungen (z.B. Werbeprospekt, Werbebrief, Mitarbeiterzeitschrift, Pressemitteilung) vergleichsweise wenig Aufschluss über die thematische Ausgestaltung geben, vielmehr enthalten sie eher funktionale Hinweise. Zweitens erweist sich auch ein abstraktes Inventar von Kategorien, wie ADAMZIK es in Anlehnung an andere Vorschläge erarbeitet, weder für eine vollständige Thementypologie ausreichend, noch hilfreich für eine Textsortendifferenzierung des genannten Bereichs. Denn wie sie selbst ausführt, „soll daraus nun nicht eine Taxonomie abgeleitet werden, entsprechend der Merkmalskonfigurationen definiert werden und jeder Text so einer bestimmten Klasse zugeordnet würde. Es geht lediglich darum, ein Set von Beschreibungskategorien zur Verfügung zu haben" (Adamzik 2004, S. 125). Für die Textsorten des hier zu untersuchenden Bereichs kann außerdem grundsätzlich davon ausgegangen werden, dass jeweils alle drei Gruppen von Thementypen (statische, dynamische und kognitive Objekte) als Gegenstand, Kerninformation oder eben Fragestellung der einzelnen Textsortenexemplare vorkommen können. So kann das Thema bei Kommunikationsaktivitäten für bestimmte Produkte/Unternehmen ein Gegenstand sein (z.B. Möbel), in anderen Fällen (z.B. Dienstleistungen) ein Beschreiben von Vorgängen und Handlungen, häufig auch ein Erklären oder Begründen (strittiger) Thesen und Propositionen (z.B. Krisen-PR bei Stromversorgungsunternehmen), so dass anhand der Textsorte in der Regel weder etwas über den Typ des Themas, noch über mögliche Subthemen, die diesen Thementyp inhaltlich ausführen, gesagt werden kann.

Ähnlich verhält es sich mit dem eingangs genannten, auf die Kohärenz bezogenen Aspekt des Themas. Hier ist innerhalb der einzelnen kommunikationspolitischen Textsorten oft mit unterschiedlich ausgeprägter Kohärenz zu rechnen. Dieser Umstand resultiert in der Regel auch aus funktionalen Überlegungen und geht mit einer charakteristischen stilistischen Gestaltung einher. Deshalb ist dieser kohärenzbezogene Thema-Begriff einerseits den stilistischen Eigenschaften von Textsorten oder bestimmten Textsorten-exemplaren zuzuordnen. Andererseits steht das Thema unter diesem Aspekt in Zusammenhang mit der äußeren Gestalt sowie der Strukturiertheit und Ganzheitlichkeit von Textsorten.

4.2.4 Äußere Form und Strukturiertheit

Texte sind an bestimmte Kommunikationssituationen gebunden, die die Ausprägung ihrer äußeren Gestalt und ihrer Struktur maßgeblich bestimmen. Brinker (vgl. 2005, S. 147) trägt diesem Umstand insofern Rechnung, als dass er vor allem im Hinblick auf mediale Besonderheiten von Textsorten den Faktor der ‚Kommunikationsform' einführt. Kommunikationsformen entstehen demnach aus den besonderen Gegebenheiten der Kommunikationssituation und äußern sich in Merkmalen, die die Kommunikationsrichtung und den Kommunikationskontakt zwischen den Kommunizierenden betreffen. So ist die Kommunikationsform ‚direktes Gespräch' in der Regel als dialogisch, akustisch und optisch sowie zeitlich und räumlich unmittelbar zu charakterisieren, während eine Rundfunksendung monologisch sein kann und hinsichtlich des Kontakts als zeitlich unmittelbar oder getrennt sowie als räumlich getrennt beschrieben werden kann. Im Vergleich zu diesen Beispielen für Kommunikationsformen, die mittels gesprochener Sprache realisiert werden, ist für viele andere Formen der Kommunikation das Medium ‚Schrift' festgelegt. Hierzu gehören beispielsweise die Kommunikationsformen ‚Brief', ‚Buch' oder ‚Zeitungsartikel', die laut BRINKER (2005, S. 148) alle durch eine monologische Kommunikationsrichtung sowie einen zeitlich und räumlich getrennten Kommunikationskontakt gekennzeichnet sind. Abgesehen von der Frage, ob für die Kommunikationsform ‚Brief' tatsächlich eine ausschließlich monologische oder eine dialogische Kommunikationsrichtung anzunehmen ist oder evtl. nach Art der kommunikativen Funktion bei den dazugehörigen Textsorten dahingehend stärker zu differenzieren ist, sind die von BRINKER herangezogenen Kriterien natürlich grundsätzlich relevant, für die detaillierte Beschreibung der äußeren Form von Textsorten sowie für deren Abgrenzung scheinen sie jedoch nicht ausreichend.

Innerhalb von medienwissenschaftlichen Zugängen werden im Hinblick auf den Umgang mit journalistischen Textsorten (Textgattungen, Darstellungsformen) zum Teil sehr pragmatische Vorschläge gemacht. So integriert RENNER (vgl. 2007, S. 338ff.) in seine systematische Darstellung journalistischer Textgattungen als Kriterien auch Merkmale wie ‚Textumfang' und ‚Stil', die sich auf den quantitativen und qualitativen Aspekt der einzelnen Textgattung beziehen. Innerhalb des Faktors ‚Umfang' unterscheidet er zwischen Merkmalen wie ‚kurz', ‚mittel', ‚lang' oder ‚kurz/mittel', wobei er insgesamt einräumt, dass der Überblick „weder eine endgültige Bestimmung der einzelnen Merkmale noch die vollständige Erfassung aller journalistischen Gattungen" beansprucht (Renner 2007, S. 340). Es gehe vielmehr darum, die strukturellen und funktionalen Zusammenhänge zwischen den verschiedenen journalistischen Textgattungen sichtbar zu machen: „So gibt es einen klaren Zusammenhang zwischen der Länge des Beitrags und der Art des Wissens, das mit diesem Beitrag vermittelt wird" (ebd.). Dies zeige exemplarisch die unterschiedliche Wissensvermittlung der drei berichtenden Darstellungsformen ‚Meldung', ‚Bericht' und ‚Dokumentation', die in allen Parametern übereinstimmen (sprecherlos, informierend, deskriptiv), außer in ihrem Umfang. Dabei können längere Formate natürlich ausführlicher und genauer informieren als kurze, die sich auf punktuelle Informationen beschränken müssen: „die

Meldung auf das Neue, das Erklärstück auf das Wesentliche“ (ebd.). Auf der anderen Seite erforderten längere Formate eine attraktivere Gestaltung als kürzere, um die Aktivierung der Rezipienten aufrecht zu erhalten, weshalb RENNER die „attraktive Gestaltung“ als Stilmerkmal der Textgattungen ‚Dokumentation‘, ‚Feature‘ und ‚Reportage‘ auffasst, „auch wenn diese drei Gattungen zum Teil unterschiedliche Mittel zur Attraktivitätsgestaltung verwenden“ (Renner 2007, S. 340). Obwohl eine solche Klassifikation schon aufgrund des unterschiedlichen Kommunikationsbereichs und der daraus resultierenden differierenden Textfunktionen nicht ohne weiteres auf kommunikationspolitische Textsorten übertragen werden kann, verdeutlicht sie jedoch die Bedeutung eines scheinbar banalen und offensichtlichen Merkmals wie ‚Umfang‘. Im Zusammenhang damit ist auch daran zu erinnern, dass Textsorten ein wichtiger Bestandteil des gesellschaftlichen Bewusstseins sind und sich Textsortenbeschreibung an der Sprachwahrnehmung der Mitglieder einer Kommunikationsgemeinschaft orientieren muss und nicht nur das theoretische Konstrukt von Linguisten sein darf.

Das Kriterium der ‚äußeren Form‘ findet sich auch in der von HAUSENDORF/KESSELHEIM erarbeiteten Suchheuristik zum Auffinden von Textualitätshinweisen (vgl. 2008, S. 36f.), eine Systematik, die im Hinblick auf allgemeine Textualitätsmerkmale neben den Parametern ‚Begrenzbarkeit‘, ‚Intratextuelle Verknüpfbarkeit‘, ‚Thematische Zusammengehörigkeit‘, ‚Pragmatische Nützlichkeit‘ (Funktionshinweise) und ‚Intertextuelle Beziehbarkeit‘ (Intertextualitätshinweise) auch das Merkmal ‚Musterhaftigkeit‘ als speziellen Hinweis auf die Textsortenzugehörigkeit enthält. Hinweise für die Musterhaftigkeit von Textsorten ergeben sich demzufolge durch die Merkmale ‚Textabgrenzung und Textgliederung‘, ‚Textverknüpfung‘, ‚Musterhaftigkeit des Textthemas‘, ‚Musterhaftigkeit der Textfunktion‘ und ‚Musterhaftigkeit der Intertextualitätshinweise‘ (vgl. Hausendorf/Kesselheim 2008, S. 176ff.).

Die Musterhaftigkeit der Textabgrenzung kann in solchen Fällen als Textsorten bildend angesehen werden, in denen sich die Textnützlichkeit im Sinne der Steuerung ausgeprägt hat (z.B. Verkehrsschild). Ebenso können bestimmte materiale Hinweise wie etwa ein „kleines Stück Karton, auf der einen Seite liniert (je nach Anzahl der Einzelfahrkarten), oft perforiert […]“ (Hausendorf/Kesselheim 2008, S. 178) auf die Musterhaftigkeit einer speziellen

Textsorte, hier einer ‚Fahrkarte', hinweisen. Diese musterhaften Abgrenzungshinweise finden sich zum Teil auch in den die Textsorte bezeichnenden Begriffen wieder. So referieren Begriffe wie ‚Aufkleber', ‚Ordner', ‚Prospekt' oder ‚Broschüre' auf eine materiale Abgrenzung, mit der ab und zu auch eine jeweils eigene Art von Schriftlichkeit einhergeht (z.B. Aktennotiz).
Musterhafte Gliederungshinweise beziehen sich auf die spezielle Art, wie eine textuelle Obereinheit in Untereinheiten aufgeteilt wird. Hierzu gehören beispielsweise die typographischen Gliederungshinweise auf einem Geschäftsbrief, die durch ein spezifisches Layout (z.B. Freiräume, Zeilenumbrüche, links- und rechtsbündiger Druck), Gliederungssignale wie die Adresse des Absenders, die Anschrift des Empfängers, die Orts- und Datumsangabe, die Betreffzeile, Anrede und Mitteilung sowie Grußformel und Unterschrift von einander abgegrenzt werden. In diesem Zusammenhang muss natürlich dem Umstand Rechnung getragen werden, dass in Bezug auf das Kriterium der Gegliedertheit bzw. der Gliederungshinweise die einzelnen Textsorten unterschiedlich festgelegt sind (vgl. auch unten zu verschiedenen Graden an Strukturiertheit, beispielsweise im Falle der Textsorten ‚Überweisung', ‚Steuererklärung' und ‚Privatbrief'). So können z.B. bei der ersten Seite einer Tageszeitung ebenso Gliederungssignale vielfältiger Art festgestellt werden. Hierzu gehört etwa die Aufteilung der verschiedenen Meldungen in kleinere Textblöcke, die Schlagzeilen, Untertitel, Spalten, Kolumnen, Rubriken und Bildunterschriften. Diese sind jedoch hinsichtlich ihrer Position und Struktur längst nicht so fix wie im o.g. Beispiel ‚Geschäftbrief' oder gar in den formulargebundenen Textsorten.
Hinsichtlich der Fälle, in denen die Textverknüpfung als starker Musterhinweis anzusehen ist, verweisen HAUSENDORF/KESSELHEIM (vgl. 2008, S. 179f.) vor allem in die Welt der literarischen Gattungen, innerhalb derer Textnützlichkeit im Sinne von ästhetischer Unterhaltung zu verstehen ist. Als besonders gut geeignet, um die Aufmerksamkeit der Rezipienten auf die Formen des Textes zu lenken, halten sie in diesem Zusammenhang ostentativ künstliche Verknüpfungen, aus der sich beispielsweise im Falle eines Gedichts wissensabhängig auf die Textsortenzugehörigkeit zu lyrischen Gattungen schließen lässt. Als weiteren Beleg für die Musterhaftigkeit der Textverknüpfung nennen HAUSENDORF/KESSELHEIM Fälle, „in denen Verknüfungshinweise im

Sinne der Aufzählung Textsorten bildend geworden sind" (Hausendorf/Kesselheim 2008). Dazu gehören beispielsweise Alphabetische Register, Listen und Verzeichnisse, die entweder als textuelle Untereinheiten (z.B. Register am Schluss eines Buches) oder auch als textuelle Ganzheiten, etwa in Form eines Telefonbuchs, auftreten können.
Mit dem Aspekt ‚Musterhaftigkeit des Textthemas' nehmen HAUSENDORF/KESSELHEIM (ebd.) einerseits auf Belege Bezug, in denen eine Textnützlichkeit im Sinne der Darstellung besonders ausgeprägt ist (z.B. Textsorte ‚Kurznachricht' oder ‚Kurzmeldung'), andererseits auf Textsorten mit musterhaft ausgeprägten Rahmenhinweisen, wie etwa Urlaubsansichtskarten „in ihrer charakteristischen Orientierung an dem, was es aus dem Urlaub zu berichten gilt" (Hausendorf/Kesselheim 2008, S. 181). Dabei machen gerade die als Übungsbeispiele angegebenen Texte deutlich, dass die Elemente, die für die Musterhaftigkeit der Urlaubskarte sprechen, auch ganz offensichtlich als stilistische Kategorie angesehen werden können[93], z.B.:

> *Wir zelten in der Nähe von Ajaccio. Das Wetter ist sehr schön. Das Essen ist gut. Ich habe mir einen Sonnenbrand geholt. Liebe Grüße und Küsse.*
>
> *Wir sind endlich in Nizza gelandet. Farniente und Heia Heia. Wir fühlen uns unheimlich wohl (trotz der Sonnenbrände). Grüße und Küsse.*
>
> *Wir haben unsere Zelte in der Nähe von Fécamp aufgeschlagen. Wir sind ein ganzer Haufen Kumpels, die sich im Sande sonnen. Wir denken an Euch.*

Als weitere Hinweise auf die Textsortenzugehörigkeit nennen HAUSENDORF/KESSELMANN zudem die Musterhaftigkeit der Textfunktion, weil sie eine erhebliche Wirkung auf den Umgang mit einer Kommunikationsaufgabe hat, und die Musterhaftigkeit von Intertextualitätshinweisen, die sie als

---

[93] Auf die Tatsache, dass das Thema unter bestimmten Umständen in Zusammenhang mit der Strukturiertheit und äußeren Gestalt von Textsorten zu sehen ist, ist oben bereits hingewiesen worden (vgl. Kap. 4.2.3). Ebenso wurde schon bemerkt, dass ein kohärenzbezogener Thema-Begriff sich zumindest zum Teil den stilistischen Eigenschaften von Textsorten zuordnen lässt.

„grundsätzlich textsortenspezifisch" bewerten (Hausendorf/Kesselheim 2008, S. 184).

KRAUSE ET AL. operieren bei der Klassifikation von Textsorten mit dem Begriff der ‚Strukturiertheit'. Strukturiertheit gilt zunächst als eine allgemeine Eigenschaft von Texten, die insofern auch auf den Textsortenbegriff übertragen werden kann. Strukturiertheit stellt nach KRAUSE ET AL. eine Eigenschaft von Textsorten dar, die mit anderen Texteigenschaften in Beziehung steht, vor allem in Beziehung zur Ganzheitlichkeit und zum modularen Aufbau des Textes (vgl. Krause et al. 2000, S. 68). Dabei gehen sie davon aus, dass die Ganzheitlichkeit einer Textsorte prinzipiell durch mehrere Faktoren erzeugt werden kann, also nicht zwangsläufig überwiegend durch strukturelle Eigenschaften entsteht. Gewinnt eine Textsorte durch strukturelle Eigenschaften an Ganzheitlichkeit, so liegt strukturelle Ganzheitlichkeit vor, „die allerdings offenbar nie allein in der Lage ist, Ganzheitlichkeit zu erzeugen" (Krause et al. 2000, S. 70). So basiert beispielsweise die Ganzheitlichkeit der Textsorte *Wetterbericht* auf strukturellen und thematischen Faktoren, während die Textsorte *Privatbrief* in Form eines strukturell verbindlichen Einleitungsteils und Schlussteils eine Rahmenstruktur besitzt, wobei das, was sich innerhalb dieser Rahmenstruktur befindet, vorwiegend seitens des Senders intentional oder funktional bestimmt ist und keine festen Strukturmuster aufweist. Stabilere Rahmenstrukturen haben formulargebundene Textsorten wie *Überweisung*, *Fragebogen* oder *Steuererklärung*, die zugleich an bestimmte Gegenstandsklassen gebunden sind (vgl. Krause et al. 2000, S. 70). Gerade an dem genannten Textsortenbeispiel *Privatbrief* wird deutlich, dass die Aussagen zum strukturellen Aspekt bei zahlreichen Textsorten naturgemäß recht vage und unscharf ausfallen. Das liegt u.a. daran, dass für große Bereiche keine hinreichenden textanalytischen Belege vorhanden sind und eine genaue analytische Erfassung vielfach auch nicht möglich ist.

Das Kriterium der Strukturiertheit oder der strukturellen Ganzheitlichkeit von Textsorten setzt natürlich voraus, dass Textsorten prinzipiell in mehr oder weniger umfangreiche, in sich wiederum strukturierbare Bestandteile zerlegbar sind. Hierzu finden sich in der Textlinguistik verschiedene Bezeichnungen wie *Absatz*, *Teiltext* etc. Häufig wird auch versucht, solche Aspekte unter dem Begriff der Makrostruktur zusammenzufassen und so gegenüber kleinräumigeren, nicht satzübergreifenden, mikrostrukturellen Merkmalen abzugrenzen. Für einzelne Textsorten, denen seitens der angewandten Linguistik besonderes Interesse entgegengebracht wurde, liegen differenzierte Versuche zur Beschreibung ihrer Strukturelemente vor (z.B. die Untergliederung klassischer Werbeanzeigen in erste Schlagzeile, zweite Schlagzeile, Fließtext, Bilder, Slogan, Logo etc.; vgl. z.B. Zielke 1991, S. 65ff.; Janich 2003, S. 40ff.). In allen genannten Fällen stellt sich jedoch auch bei diesem, auf die Struktur bezogenen Faktor der Textsortenbeschreibung immer das Problem der Unschärfe bei der Abgrenzung der einzelnen Strukturkomponenten.

KRAUSE ET AL. erstellen ein Modell für die Erfassung der Strukturebenen von Textsorten, dem die Annahme einer Mehrebenenstruktur zugrunde liegt. Demnach lassen sich bei Textsorten hinsichtlich ihrer funktionalen Charakteristik die folgenden drei Strukturebenen als Analyse- und/oder Beschreibungsebenen annehmen (vgl. Krause et al. 2000, S. 74f.):

- die makrostrukturelle kompositorisch-architektonische Strukturebene
- die Ebene der propositional-kognitiven Aktualisierung
- die Ebene der funktional-kommunikativen Aktualisierung

Die makrostrukturelle kompositorisch-architektonische Strukturebene setzt sich aus Einheiten wie Teiltexten, Absätzen, Paragraphen etc. zusammen. Auf dieser Ebene werden die Grobstrukturen von textlichen Ganzheiten abgebildet, aber auch globale Bedeutungsstrukturen im Sinne VAN DIJKS (vgl. Kap. 4.1.2). Analyse- und Beschreibungsgegenstand der Ebene der propositional-kognitiven Aktualisierung sind die lexikalischen Nominationen (eingliedrige oder mehrgliedrige Benennungen von Gegenständen usw.) und die syntaktisch-semantischen Prädikationsstrukturen (z.B. semantische Satztypen, bestimmte Satzsequenzen). Sie können nach KRAUSE ET AL. zum einen als Topik- oder Nominationsketten, als Vernetzungen solcher Ketten, Textwortnetze o.Ä. beschrieben werden, zum anderen als Sequenzierung oder globaler Struktur von semantischen Satztypen, als Temporalstruktur, als Pronominalisierungs-struktur usw. Die Ebene der funktional-kommunikativen Aktualisierung bezieht sich schließlich auf die kommunikativ-pragmatische Einbettung, deren Einheiten thematisch-rhematische Aktualisierungen, deiktische Einheiten, inferentielle oder assoziative Informationen sind, die auf diese sprachlichen Einheiten bezogen werden. Sie können unter globalem Aspekt (mit Bezug auf die Ganzheitlichkeit des Textes) als thematische Linien, als thematische Progressionen, Themenentfaltung usw. skizziert werden.

Dieses von KRAUSE ET AL. vorgeschlagene Modell zur Erfassung von Textsortenstrukturen geht natürlich weit über die Beschreibung der äußeren Form oder einer bestimmten Rahmenstruktur von Textsorten hinaus, indem es semantische, grammatische und stilistische[94] Eigenschaften integriert. So geht es bereits auf der ersten Ebene um eine semantische Grobgliederung von Textteilen, die in Beziehung zur Ganzheitlichkeit des Textes gesetzt werden. Die zweite und dritte Ebene dokumentieren auf unterschiedliche Weise die Art der sprachlichen Realisierung, wobei gerade die dritte Ebene, in der sprachliche Semantik und textextern gegebene (aktualisierte), an die sprachliche Semantik gebundene (assoziierte, präsupposionierte) Informationen unmittelbar zusammenwirken, in Bezug auf die Bestimmung fassbarer bzw. definierbarer Einheiten problematisch erscheint. Dies räumen die Autoren u.a. wegen der individuellen Divergenzen dahingehend, welches Vorwissen präsupponiert, welche Ausschnitte von Wissenssystemen aktualisiert werden müssen usw., selbst ein (vgl. Krause 2000, S. 76). Bestimmte Aspekte der von KRAUSE ET AL. mikrostrukturellen Analyse scheinen jedoch hilfreich für die hier vorgesehene stilistische Analyse und Typisierung und sollen daher, soweit es möglich ist, in selbige integriert werden. Dazu gehören etwa die von KRAUSE ET AL. vorgenommene Einteilung der Textwörter in „Personen und Sachbenennungen“, die entweder als aktualisierte Monoseme oder monosemierte Polyseme oder Pro-Formen auftreten, in „Benennungen von Ereignissen“, „Wertungsbenennungen“ sowie „Einstel-

[94] Unter stilistischen Eigenschaften wird dabei die charakteristische Art der sprachlichen Gestaltung im Sinne der hier zugrunde gelegten Vorstellung von Stil als Phänomen der Wahl verstanden. Es geht nicht in erster Linie um den von Krause et al. angeführten Aspekt der stilistischen und/oder rhetorischen Struktur, die sich u.a. in verschiedenen Reimformen und Versmaßen manifestiert (vgl. Krause et al. 2000, S. 77).

lungs- bzw. Modalitätsausdrücke", die zur Konstituierung von mehr oder weniger umfangreichen Topikketten dienen können. Dabei sind der Umfang und die innere Struktur solcher Topikketten natürlich von den Kriterien abhängig, die zur Kettenbildung eingesetzt werden. Als Beispiele für derartige Topikketten werden die „handlungstypische Kette", „betroffene Personen und Objekte", „ausgedrückte Einstellungen und Modalitäten" oder „ausgedrückte Werte" genannt (vgl. Krause et al. 2000, S. 82f.). Obwohl solche Einteilungen alles andere als unproblematisch sind, weil sie u.a. Kategorien integrieren, für die es bisher keine allgemein verbindliche Abgrenzung und Klassifikation gibt, stellt die Konstituierung derartiger Topikketten nicht nur einen wichtigen Teil einer induktiven Annäherung an die Bedeutung und den Sinn eines Textes dar, sondern eignet sich darüber hinaus besonders für die differenzierte stilistische Beschreibung und Beurteilung der lexikalischen Komponenten eines Textes. So lässt sich aus der Darstellung solcher Wortketten etwa erkennen, inwiefern die Wörter eines Textes über bestimmte Markierungen verfügen, ein besonderes stilistisches Potential aufweisen und somit das Entstehen von Stilwerten und vor allem Stileffekten verursachen.

Die Inhalte der von KRAUSE ET AL. zur Beschreibung von Textsortenstrukturen angenommenen ersten Ebene, der Makroebene, werden in Zusammenhang mit dem Kriterium der äußeren Form behandelt. In ihnen spiegeln sich vielfach auch die für die einzelnen Textsorten charakteristischen Merkmale wider, die jeweils auf spezifische Weise zur Entstehung von Kohärenz, im Sinne einer inhaltlich-semantischen bzw. kognitiven Strukturiertheit, beitragen (vgl. Funktion des Postskriptums innerhalb der Argumentationsführung von Direct Mailings, z.B. seitens einer Non-Profit-Organisation: *P.S.: Es wäre schön, wenn Sie durch einen Beitrag in beliebiger Höhe einem weiteren Kind die Chance geben, Ihr stiller Gast zu sein.*).

Die Darstellung der unterschiedlichen Herangehensweisen und Differenzierungsversuche zum Kriterium ‚Äußere Form und Strukturiertheit' innerhalb der einzelnen Systematisierungsvorschläge zur Textlinguistik und Textsortenproblematik hat folgendes deutlich gemacht: Im Gegensatz zu den Vorschlägen von BRINKER und RENNER integrieren sowohl der Ansatz von HAUSENDORF/KESSELHEIM (z.B. Musterhinweis Textthema) als auch der von KRAUSE ET AL. (Ebene der propositional-kognitiven Aktivierung bzw. Ebene der Nominations- und Prädikationsstruktur ebenso wie Ebene der funktional-kommunikativen Aktivierung) Aspekte stilistischer Eigenschaften von Textsorten. Darüberhinaus werden auch Parameter genannt, die für den hier zu beschreibenden Bereich von Textsorten kaum Relevanz besitzen (vgl. z.B. das für die Kennzeichnung von bestimmten wissenschaftlichen oder journalistischen Textsorten durchaus signifikante Merkmal der Intertextualitätshinweise, z.B. Fußnoten, Leserbrief).

Wie HEINEMANN/VIEHWEGER betonen, sollte das Ziel von Textsortenklassifikationen nicht in der Aufstellung eines verbindlichen, abgeschlossenen und unveränderlichen Systems bestehen, sondern darin, „eine bestimmte Teilmenge von Texten – immer mit dem Blick auf bestimmte Zwecke und die Bezogenheit auf andere Textmengen – überschaubarer zu machen, weil dann bestimmte sprachliche und nichtsprachliche Routinen zum Tragen kommen, die die Handelnden bei ihren kommunikativen Aktivitäten entlasten" (Heinemann/Viehweger 2002, S. 159). So geht es auch hier – gerade im Hinblick die Frage, mit welchen Mitteln sich angemessene, wirkungsvolle ästhetische Texte herstellen lassen, – nicht um die Beschreibung des gesamten Textuniversums, sondern um eine exemplarische Analyse einzelner, ausgewählter Textsorten des Bereichs der Unternehmens- und Marketingkommunikation. Wie bereits im ersten Kapitel ausgeführt wurde, erfolgt eine Konzentration auf die Kommunikationsinstrumente Direct Marketing, Public Relations und Mediawerbung, wobei im Zentrum der Analyse die Textsorten ‚Mailing'[95], ‚Prospekt', ‚Printanzeige' und ‚Pressemitteilung' stehen.

Im Folgenden werden deshalb nur diejenigen Kriterien für die Beschreibung der ausgewählten Textsorten der externen Unternehmenskommunikation her-

95 In Analogie zum wirtschaftwissenschaftlichen Terminus wird der Textsortenbegriff ‚Mailing' hier gleichbedeutend zur Bezeichnung ‚Werbebrief' verwendet.

ausgefiltert, die dazu beitragen können, i.e.S. die ‚äußere Form und Strukturiertheit' solcher Textsorten zu beschreiben[96]:
Als wichtiges Merkmal zur Differenzierung kommunikationspolitischer Textsorten ist zunächst der Umfang anzusehen. Hinsichtlich dieses Kriteriums muss jedoch weiter differenziert werden, denn es geht einerseits um den materiellen Umfang, den die jeweilige Textsorte einnimmt bzw. einnehmen kann, andererseits um den Textumfang bzw. dessen Variationsspielraum. So kann beispielsweise eine Printanzeige außer einer Schlagzeile, die auch aus einem Wort bestehen kann (vgl. Krieg 2005), kaum Text enthalten, jedoch trotzdem zwei DIN-A4-Seiten umfassen. Ein weiteres Merkmal, das hier zur formalen und strukturellen Kennzeichnung von Textsorten herangezogen werden soll, wird aus den oben dargestellten Situationsaspekten (vgl. Kap. 4.2.1) übernommen und als Kriterium modifiziert. Es handelt sich um die ‚Objektgebundenheit' von Texten, die sich darauf bezieht, dass Texte entweder fixiert und untrennbar an bestimmte Gegenstände oder Orte gekoppelt sind (z.B. Inschriften) oder materiell gesehen selbständig sind. Im Hinblick auf die Klassifikation der vorliegenden Textsorten soll hier weiter differenziert werden, nämlich erstens zwischen materiell gesehen selbständigen Texten (z.B. Brief), zweitens fixierten Texten, die an bestimmte (bewegliche) Objekte gebunden sind (z.B. Printanzeige an Zeitschrift), und drittens fixierten Texten, die an bestimmte Orte oder nicht-bewegliche Objekte gebunden sind. Die zuletzt getroffene Unterscheidung soll sich in den Begriffen ‚dynamisch fixiert' und ‚statisch fixiert' widerspiegeln. Sie hat vor allem Konsequenzen für die Rezeptionsbedingungen von Textsorten. Ein weiteres wichtiges Beschreibungskriterium besteht in der Art der Grobstruktur bzw. Makrostruktur, wobei als besondere Form einer Makrostruktur auch ein Rahmen aufgefasst wird. Natürlich betrifft dies im Falle der hier zu klassifizierenden Textsorten – im Vergleich zu den formulargebundenen – weichere, d.h. weniger stabile Rahmenstrukturen (z.B. in der Form der o.g. Betreffzeile – Anrede – Mitteilung – Grußformel). Andere Formen von Makrostrukturen betreffen die graphische Gliederung der beschriften Fläche (beispielsweise in erste Schlagzeile, zweite

[96] Dabei geht es natürlich (ungeachtet der damit verbundenen theoretischen Probleme) – ebenso wie im Hinblick auf die funktionalen Aspekte – um die Beschreibung bestimmter Prototypen, also besonders typischer Vertreter einer Textsorte.

Schlagzeile, Fließtext, Slogan) und der nicht-sprachlichen Elemente (Bilder, Abbildungen, Logos). Dabei ist gerade in Hinblick auf die stilistische Gestaltung wichtig, dass es innerhalb der Makrostruktur auch hierarchische Beziehungen geben kann (z.B. zwischen Schlagzeile und Bild oder zwischen Schlagzeile und Fließtext), die sich als Abhängigkeiten äußern, von denen die Wirkung der einzelnen Elemente abhängig ist.

	DM Mailing	DM Prospekt	MW Printanzeige	PR Premit[97]
Materialumfang	1 Seite (max. 2)	mehrere Seiten	1 Seite (max. 2)	1–3 Seiten
Textumfang	1 Seite (max. 2)	geringer	deutlich geringer	1–3 Seiten
Objekt -gebundenheit	Materiell selbständig	Materiell Selbständig	dynamisch fixiert	materiell selbständig
Makrostruktur/ Rahmen	Rahmen ‚Geschäftsbrief'	1. (evtl. 2.) Überschrift, Fließtext, nichtsprachliche Elemente	1. (evtl. 2.) Schlagzeile, Fließtext, Slogan, nichtsprachliche Elemente	Fließtext
Hierarchische Strukturen	optional	ja	Ja	nein

Aufgrund der Art der ausgewählten Textsorten werden weitere Parameter, die im Hinblick auf eine vollständige Klassifikation der kommunikationspolitischen Textsorten notwendig wären, nicht berücksichtigt. Hierzu gehören neben dem medialen Aspekt, wie der Unterscheidung zwischen Mündlichkeit und Schriftlichkeit oder den einzelnen Formen der technisch vermittelten Kommunikation (z.B. computervermittelt), vor allem das Merkmal ‚Intertextualität'. In diesem Zusammenhang ist einerseits vor allem die ‚kooperierende' Intertextualität relevant, die letztlich in der Unterscheidung von ‚einseiti-

[97] ‚Premit' steht für ‚Pressemitteilung'.

gen‘ und ‚zweiseitigen‘ Kommunikationsformen ihren Ausdruck finden kann (vgl. Kap. 4.2.1), woraus wiederum beträchtliche Konsequenzen für die sprachliche Gestaltung resultieren können. Andererseits nimmt gerade in Zusammenhang mit der Tendenz zur Crossmedialität die Bedeutung der ‚transformierenden‘ Intertextualität zu, die auf die Umformung eines Ausgangstextes referiert und gerade dann stilistisch bedeutsam wird, wenn verschiedene Textsorten (in verschiedenen Medien) zu einem Thema produziert und rezipiert werden. Hierbei ist zudem auf den Situationsaspekt zu verweisen, der insofern zu den Determinanten von Textsorten gezählt werden muss, als die Rezeptionsbedingungen in Abhängigkeit vom jeweiligen Trägermedium erheblich variieren können.

4.2.5 Sprachlicher Stil

BRINKER nimmt an, dass es ist sinnvoll wäre, „die Unterscheidung von Textsorten im Rahmen von Kommunikationsformen vorzunehmen“ (2005, S. 148), was für den hier zu untersuchenden Bereich bedeuten würde, beispielsweise Mailings ausschließlich mit anderen Briefen, wie z.B. Geschäftsbriefen, privaten Briefen (etwa in Bezug auf Grußformeln, Höflichkeitsfloskeln oder die Art der Themenentfaltung) zu vergleichen. BRINKERS Vorschlag basiert auf der Vorstellung, dass Kommunikationsformen allein durch situative bzw. mediale Merkmale definiert sind, d.h. in kommunikativ-funktionaler Hinsicht also nicht festgelegt sind, während Textsorten immer an eine bestimmte kommunikative Textfunktion geknüpft sind (vgl. Brinker 2005, S. 148). Wie die detaillierte Betrachtung des Parameters ‚Textfunktion‘ für den Bereich der Unternehmenskommunikation gezeigt hat, ist hier innerhalb der einzelnen Textsorten stärker zu differenzieren. So können zwar für einzelne Textsorten bestimmte Funktionen mehr oder weniger typisch sein (z.B. die Kontaktfunktion für die Textsorte ‚Mailing‘), jedoch kann ganz prinzipiell davon ausgegangen werden, dass die ausgewählten Textsorten auch mit den anderen kommunikativen Textfunktionen verbunden werden können (z.B. das Mailing mit einer Informationsfunktion innerhalb des Industriegütermarketings). Hinweise auf die Textfunktion werden dabei hauptsächlich durch die sprachliche Gestaltung gegeben bzw. durch die Wahl der sprachlichen Mittel. Deshalb wird hier dem stilistischen Aspekt bei Textsortenbeschreibung ein besonders großer Stellenwert zugewiesen.

Ein bedeutender Aspekt stilistischer Gestaltung besteht – so wurde es von Anfang an postuliert – in der Verwendung konvergenter und divergenter Elemente. Im Hinblick auf dieses Klassifikationskriterium verhalten sich die ausgewählten Textsorten grundsätzlich unterschiedlich, was einen entscheidenden Einfluss auf die Textsortenerwartung seitens des Rezipienten und die Handlungsorientierung für den Produzenten hat. So ist etwa hinsichtlich der unterschiedlichen Grade an Divergenz (vgl. Kap. 3.7.5), die für Texte typisch sind, davon auszugehen, dass innerhalb der Mediawerbung der höchste Grad an Divergenz erwartbar und auch tolerierbar ist. Das heißt, für Exemplare der Textsorte ‚Printanzeige' kann es durchaus als typisch angesehen werden, dass sie auf der Basis eines kreativen Denkstils entstehen, der überwiegend divergente Denkoperationen enthält und dessen Ergebnisse in der Regel überraschend und neuartig sind. Als sprachliche Indikatoren eines solchen kreativen Denkstils wurden (vgl. Kap. 3.7.5) besonders hohe Grade an Divergenz in den einzelnen divergenten Strukturen, die große Bedeutung nichtsprachlicher Elemente (insbesondere Bilder) sowie ein insgesamt geringer Textumfang (vor allem in Bezug auf konvergente Strukturen) herausgestellt. Exemplare der Textsorte ‚Printanzeige' können ebenso durch einen pragmatischen Denkstil gekennzeichnet sein, der zwar konvergente und divergente Zuordnungen miteinander verbindet, bei dem jedoch die konvergenten deutlich in der Überzahl sind. Die durch die divergenten Strukturanteile geschaffene ‚kreative Verfremdung' ist dabei ein wichtiger Aspekt ästhetischer Gestaltung, der relativ fest mit der Textsortenerwartung verbunden ist. Dies ist auch der Grund, weshalb eine Anzeigengestaltung auf der Basis des logischen Denkstils, der durch eine systematische Abfolge von hierarchisierten aufeinander bezogenen gedanklichen Zuordnungen entsteht, zwar unter Umständen möglich, jedoch nicht typisch und erwartbar ist.

Der Einsatz divergenter Strukturen ist generell auch als erwartbar und typisch für den Bereich des Direct Marketings anzusehen. Gerade bei Direct-Marketing-Prospekten hat die Korpusanalyse klargemacht, dass im untersuchten Prospektmaterial immer divergente Strukturexemplare auftreten, während nicht in jedem Fall ein kohärenter Bezugstext vorgefunden werden kann. In der deutlich überwiegenden Zahl der Fälle ist jedoch ein relativ umfangreicher kohärenter Bezugstext vorhanden, weshalb hier die divergenten Strukturen als kreative Verfremdung oder Ästhetisierung der kohärenten Textabschnitte angesehen werden müssen, was eindeutig für die Zuordnung zum pragmatischen Denkstil spricht. Die Prospektgestaltung auf der Grundlage eines konsequent logischen Denkstils ist unter bestimmten Voraussetzungen möglich (z.B. Investitionsgüter), ebenso wie die Verwendung überwiegend divergenter Zuordnungen (z.B. extrem emotionale Strategien), d.h. ein kreativer Stil. An diesem Punkt wird noch einmal deutlich, dass für die Art der stilistischen Gestaltung und den jeweils vorherrschenden Anteil an divergenten und konvergenten Zuordnungen auch die außersprachlichen Bedingungen bedeutend sind. Hinsichtlich dieser außersprachlichen Gegebenheiten ist im Allgemeinen davon auszugehen, dass je größer die Erklärungsbedürftigkeit eines Produktes ist, desto größer ist in der Regel auch das Erklärungsbedürfnis anzunehmen. Dabei muss unter High-Involvement-Bedingungen die Aufmerksamkeit der Rezipienten gegenüber dem Kommunikationsmittel bzw. der inhärenten Botschaft nicht erst durch reizintensive Codierungen geschaffen oder erhört werden; vielmehr ist der Konsument auf die Kenntnisnahme umfangreicher und komplex strukturierter Informationen eingestellt. Dementsprechend bestimmen Kommunikationsstrategien unter High-Involvement-Bedingungen häufig den Text zum primär kommunizierenden Teilcode, dem die nicht-sprachlichen Elemente als sekundäre Gestaltungsmittel untergeordnet werden. Dabei kommt ihnen häufig die Funktion zu, zum Zweck der Bekräftigung der Textaussage für deren Richtigkeit einen visuellen Anscheinsbeweis zu erbringen.

Die Differenzierung zwischen High- und Low-Involvement-Bedingungen besitzt auch erhebliche Relevanz für die Textsortenklassifikation bzw. die Frage nach einem textsortentypischen Stil, denn aufgrund der Rezeptionsbedingungen kann grundsätzlich von einem unterschiedlichen Grad an Interesse ausgegangen werden. Deshalb scheint es berechtigt, für die Rezeption der Textsorte ‚Printanzeige' im Normalfall von Low-Involvement-Bedingungen auszugehen, für die eine Gestaltung auf der Basis des kreativen Denkstils als besonders wirkungsvoll gilt (vgl. Kap. 2.2). Hingegen sind während der Rezeption von Prospekten, gerade im Falle von langlebigen, in der Regel hochpreisigen

Konsumgütern, vor allem in der Wunschphase und der Entscheidungsphase High-Involvement-Bedingungen anzunehmen, die keine reizintensiven Stimulierungen zur Aufmerksamkeitssteuerung benötigen, vielmehr dienen die Techniken kreativer Verfremdung bzw. Stilisierung hier eher einer ästhetischen Gestaltung, die als eine Form des sekundären Bewertens die Botschaft unterstützt. Dies spricht wiederum dafür, die Textsorte ‚Prospekt' hauptsächlich dem pragmatischen Denkstil zuzuordnen.

Besonders für das Mailing, eine weitere Textsorte des Direct Marketings, ist in Bezug auf die außersprachlichen Faktoren von einem starken Einfluss der Produktkategorie auf den Grad an Involviertheit auszugehen. So sind nach ZIELKE (vgl. 1991, S. 131) beispielsweise Dienstleistungen für „jedermann" in der Regel Low-Involvement-Produkte (z.B. Kreditangebote von Banken). Hierzu gehören im Business-to-Business-Bereich etwa auch Mailings pharmazeutischer Unternehmen an Krankenhäuser und niedergelassene Ärzte. Auch hier gilt gerade im Hinblick auf eine Handlungsorientierung bzw. eine Rezeptionserwartung, dass im Low-Involvement-Segment eine reizintensivere und zugleich textärmere Gestaltung gefordert ist als unter High-Involvement-Bedingungen, womit zugleich der Anteil an divergenten Operationen bzw. Strukturen steigt oder sinkt. Aufgrund des Parameters ‚äußere Form' und der damit einhergehenden Rahmenstruktur ‚Geschäftsbrief' ist eine Realisierung der Textsorte vor dem Hintergrund eines kreativen Denkstils schwierig[98]. Deshalb soll das Mailing hier als Textsorte bestimmt werden, die vorzugsweise auf pragmatischen Denkoperationen, oft aber auch auf rein logischen Zuordnungen basiert.

Gegenüber den genannten Textsorten zeichnet sich die Pressemitteilung in der Regel durch eine deutliche Dominanz konvergenter Strukturelemente aus, was vor allem aus der Funktion, den Zielen und den Zielgruppen des Kommunikationsinstruments Public Relations resultiert. Pressemitteilungen enthalten – gemessen am Verhältnis Textumfang – Umfang der divergenten Strukturen – ein sehr geringes Maß an Divergenz, also mit Abstand den größten Anteil an konvergenten Zuordnungen.

[98] Die Versuche, eine Werbesendung besonders reizintensiv, bildlastig und mit einem hohen Anteil an Divergenz zu gestalten, konzentrieren sich in der Regel auf bestimmte Beilagen, die zusammen mit den Mailings verschickt werden.

Das heißt, bezogen auf die Frage nach einem textsortentypischen Stil ist ZIELKE (vgl. 1991, S. 180) insofern zuzustimmen, als sich Einzellexeme (Hochwertwörter etc.), bestimmte grammatische Formen (z.B. Komparative), Phraseologismen oder rhetorische Figuren nicht per se als stiltypische Indikatoren für kommunikationspolitische Textsorten extrapolieren lassen. Dennoch können textsortenspezifische Stilunterschiede abgeleitet werden und diese befinden sich eben genau auf der Ebene der Kreativitäts-/Denkstile bzw. des jeweiligen Anteils an divergenten und konvergenten Zuordnungen. Das zeigt natürlich auch die unterschiedliche Länge der Texte. Die kreativen Denkoperationen als stiltypische Indikatoren für kommunikationspolitische Textsorten bzw. als textsortenspezifisches Merkmal manifestieren sich auch an den relativ festen Positionen, an denen üblicherweise Divergentes platziert wird. Bei den Printanzeigen sind dies die Schlagzeilen, die mitunter auch die einzigen Textelemente darstellen und die etwa mit Hilfe eines starken Bezugs zum Bild besonders hohe Grade an Divergenz erzielen können. Im Falle von Direct-Marketing-Prospekten treten divergente Strukturen typischerweise in den Überschriften zu den einzelnen Textabschnitten auf, in Pressemitteilungen – wenn überhaupt – ebenfalls in der Textüberschrift. Innerhalb von Mailings werden divergente Strukturen in die sog. „Betreffzeile“ integriert und können dann im Bezugstext auf besondere Weise wieder aufgenommen werden[99].

Schließlich soll versucht werden, die in Kap. 3.7 unterschiedenen stilistischen Handlungsmuster einzelnen Textfunktionen zuzuordnen:
Im Hinblick auf eine Funktionszuordnung haben bereits die generelle Beschreibung komplexer stilistischer Strukturen und vor allem die Versuche ei-

[99] In den Mailings erfolgt häufig eine besondere Form der Stilisierung, die bestimmten Arten der Gedankenführung in der klassischen Rhetorik ähnelt. Es geht dabei um komplexe Argumentationsstrukturen, wie sie beispielsweise in dem Sprichwort „*Wenn du möchtest, dass die Menschen Schiffe bauen, dann erkläre ihnen nicht gleich, wie man Schiffe baut, sondern wecke in Ihnen zuerst die Sehnsucht nach dem gegenüberliegenden Ufer.*“ zum Ausdruck kommen. Hier besteht die Kommunikationsstrategie also darin, zunächst eine Zieldiskussion und Zielübereinstimmung herbeizuführen, daraufhin eine Maßnahmendiskussion einzuleiten und schließlich eine Maßnahmenübereinstimmung zu erreichen. Die Beschreibung solcher Überzeugungsstrategien als Teil der Grobstruktur von Texten soll jedoch nicht Gegenstand der vorliegenden Arbeit sein.

ner Funktionszuweisung der einzelnen stilistischen Handlungsmuster deutlich gemacht, dass eindeutige Funktionszuweisung im Sinne einer Eins-zu-Eins-Beziehung nicht möglich sein kann. Zudem ist darauf hinzuweisen, dass sich die Stil-Funktion-Relation nicht ausschließlich an der Wahl des divergenten Strukturtyps und dessen konkreter sprachlicher Ausgestaltung festmachen lässt, sondern auch an der stilistischen Gestaltung des Bezugstextes. In Bezug auf diese Kontexthinweise stilistischer Art bietet sich die von KRAUSE ET AL. eher auf der Mikroebene angesiedelte Darstellung von Topikketten an (vgl. die abschließende Analyse in Kap. 5.2).

Jedoch scheint es plausibel und berechtigt, die einzelnen divergenten Strukturtypen vor allem den Texten mit meinungsbildender und kontaktorientierter Funktion zuzuordnen. Eine Funktionszuweisung in Richtung ‚Unterhalten' scheint immer dann berechtigt, wenn die Komponente ‚+ästhetischer Mehrwert' mehr oder minder stark enthalten ist bzw. den Strukturtyp in funktionaler Hinsicht dominiert (z.B. Typ 5). Ebenso ist die Funktion ‚Meinungsbildung über Meinungsäußerung' gerade für diejenigen stilistischen Strukturen anzunehmen, die explizit (etwa durch den Einsatz von Hochwertwörtern und attributiv verwendeten Adjektiven) bewerten, was gerade für den vierten Mustertyp charakteristisch ist, aber – in jeweils unterschiedlicher Gewichtung – auch in der überwiegenden Zahl der anderen Strukturtypen enthalten sein kann. Einer Meinungsbildung durch die Strategie der Informationsbetonung können insbesondere die Strukturexemplare des ersten Typs dienen, die durch die kreative Denkoperation ‚Vereinfachen' und die Wirkung ‚Aufmerksamkeitssteuerung' gekennzeichnet wurden. Im Hinblick auf eine kontaktorientierte Funktion (z.B. Position der Betreffzeile in Mailings) scheinen wiederum vor allem Strukturexemplare geeignet, die eine starke Aufmerksamkeitswirkung haben, indem sie beispielsweise emotional stimulieren (z.B. Typ 6).

5. Zum Anwendungsbezug am Beispiel von VOLVO

Im Folgenden sollen die theoretischen Überlegungen zur Beschreibung und Klassifizierung stilistischer Eigenschaften und Textsortenmerkmale an verschiedenen Textsorten bzw. Textsortenexemplaren des Markenauftritts des weltweit agierenden Unternehmens VOLVO gezeigt und nachgewiesen werden. Die untersuchten Texte gehören zum Unternehmensbereich Volvocars Deutschland und betreffen vor allem externe Kommunikationsformen (Direct Marketing, Public Relations und Mediawerbung). Nur vereinzelt werden interne Kommunikationsmittel wie Produktargumenter oder Auszüge aus der Mitarbeiterzeitschrift „Volvo Inside“ vergleichend hinzugezogenen. Vor allem die Produktargumenter, die sich hinsichtlich ihrer sprachlichen Gestaltung zum Teil kaum von externen Kommunikationsformen unterscheiden, sollen jedoch hauptsächlich dazu dienen, die funktionale Ausrichtung der einzelnen Texte bzw. die Kommunikationsziele und insbesondere auch die Art der anvisierten Zielgruppen zu verifizieren.
Zunächst werden jedoch grundsätzliche Positionierungsaspekte des Unternehmens, die produktübergreifend sind und im Sinne der kommunikativen Leitidee innerhalb von integrierten Kommunikationsformen verstanden werden können, dargelegt. Die Grundlage dafür stellt eine Mediastrategie von Volvo-Deutschland dar, von der bei der Beschreibung funktionaler Aspekte der einzelnen Textsorten unbedingt auszugehen ist, weshalb sie im Folgenden kurz vorgestellt wird.

5.1 Zur allgemeinen Positionierung und Mediastrategie von Volvo (Deutschland)

Der Anteil von Volvocars am Händlermarketing der Automobilhersteller des Premiumbereichs betrug im Jahre 2009 ca. 17, 4 Prozent. Die anderen Wettbewerber innerhalb des Premiumsegments der Automobilhersteller lagen bei

30, 1 Prozent (Audi), 22,0 Prozent (BMW), 16, 7 Prozent (Mercedes-Benz) und 13, 7 Prozent (Lexus)[100].

Die Kommunikationsstrategie von Volvocars für die Jahre 2009–2011 beinhaltete vor allem eine kurzfristige Ausrichtung der kommunikationspolitischen Maßnahmen. Sie zielte darauf ab, die Marke ‚Volvo' als emotionale Premiummarke aufzubauen. Dabei sollten die Produkte Volvo XC60, Volvo C70, Volvo C30, das Thema ‚R-Design' sowie der neue Volvo S60 gewissermaßen als „Zugpferde" eingesetzt werden, um die Wahrnehmung der Marke zu steigern. Das kurzfristige Kommunikationsziel bestand in der Erhöhung der Markenwahrnehmung, der Kaufbetrachtung und des akuten Kaufwunsches.

Die Kommunikationsstrategie umfasste im Wesentlichen drei Säulen. Dies sind zum einen die Volvo Automotive Consumer Segments, zweitens eine neue Mediastrategie und schließlich die Volvo Kampagne.

Der Kommunikationsansatz **Volvo Automotive Consumer Segments** (VACS) betrifft den Bereich der Zielgruppenauswahl. Diese zeigte eine geringere Affinität zu traditionellen Segmentierungskriterien wie ‚Wohlstand', ‚Automobilbegeisterung' und ‚Lebensabschnitt', sondern stellte eher psychologische bzw. mentalitätsbedingte Eigenschaften in den Vordergrund. Dementsprechend wurde beim Kommunikationsansatz der Kundensegmentierung zwischen den Typen ‚Pragmatiker' und ‚Enthusiasten' differenziert. Der Typ ‚Pragmatiker' zeichnete sich vor allem durch Ratio und das Streben nach Effizienz aus. Zu ihm wurden in erster Linie „pragmatisch sensible Eltern", das „pragmatisch qualitätsbewusste Pre-family"-Segment und „pragmatisch bedachtvolle Empty nesters" gezählt. Der Kommunikationsansatz für den Typ ‚Pragmatiker' umfasste die Produkte Volvo S40, V50, V70, XC70, S80 und XC90 und hatte einen taktischen und produktbezogenen Fokus. Als zentraler Punkt für den Typ ‚Enthusiasten' wurde die „persönliche Freude" angesehen. Diesem Typ wurden die Kundensegmente „enthusiastisch expressive Pre-family", „enthusiastisch nicht kompromissbereite Eltern" und „enthusiastisch sich selbst belohnende Empty nesters" zugeordnet. Der Fokus lag hier auf der

[100] Diese Ergebnisse beziehen sich auf den Zeitraum Januar – Oktober 2009 und wurden von Nielsen Media Research (100% Total Premium Competition) ermittelt.

Vermittlung von Markenwerten, im Vordergrund sollten dabei die Produkte Volvo C30, XC60, C70, Y283 und Y352 stehen. Ein solcher Kommunikationsansatz sah beispielsweise vor, den Kaufwunsch beim Typ ‚Enthusiasten' über die Aspekte ‚Design', ‚Innovation' und ‚Leistung' zu entwickeln. Dabei wurden als sog. Qualifiers „Premium Quality", „Customer Experience" und „Driving Dynamics" angesehen, als Abgrenzungskriterien gegenüber den Wettbewerbern („Where we differentiate from others") „Modern Scandinavian Design" und „Environmental Care", als wichtigster Positionierungsinhalt im Sinne von „Where we lead" blieb nach wie vor „Safety" bestehen. Allerdings sollte im Kommunikationsansatz für den Typ ‚Enthusiasten' das Positionierungsmerkmal ‚Sicherheit' eben nicht als rationaler Wert, sondern als technologische Innovation kommuniziert werden.

Im Rahmen der **Mediastrategie** ging es einerseits darum, neue enthusiastische Kunden zu gewinnen, und andererseits natürlich bisherige Volvo-Kunden weiterhin an die Marke zu binden. Das bedeutet, das die Marke Volvo für ‚Enthusiasten' aufgebaut werden musste, während sie gleichzeitig für bestehende Kunden vertraut und weiterhin vertrauenswürdig erscheinen sollte. Das Ziel der Mediastrategie bestand zum einen in der Erhöhung der Bekanntheit der Marke, der Markenwahrnehmung und Kaufbetrachtung. Dieses Ziel sollte durch eine kontinuierliche Markenpräsenz im Fernsehen und im Internet gewährleistet werden. Die Kundenansprache (Zielgruppe der ‚Enthusiasten') erfolgte dabei über die Kommunikationsinstrumente TV-Werbung, Printanzeigen, digitale Banner, Webanzeigen usw. Als sog. Markenantreiber sollten sowohl Marken- als auch Produktbotschaften eingesetzt werden. Das zweite Ziel der Mediastrategie von Volvo bestand in der Reaktion der Interessenten bzw. Kunden und der Kaufintention. Angesprochen wurden dabei sowohl die „Enthusiasten" als auch die „Pragmatiker". Es ging um eine Aktivierung durch taktische Botschaften, die über digitale Banner in online Kaufumfeldern, bei der Stichwortsuche usw. und über Printmedien vermittelt werden sollte.

Die dritte Säule der Kommunikationsstrategie von Volvocars Deutschland bestand in einer neuen **Volvo Kampagne**. Diese Kampagne hatte folgende Ziele:

- Emotionen und neuer Antrieb für die Marke
- Begehren für die Marke und die Produkte wecken
- die Marke als Premiummarke weiter etablieren
- die Wir-Premium-Positionierung weiter herausstellen
- Zunahme der Interessentenzahl

Die Tonalität der Kampagne wurde als „mutig", „leidenschaftlich" und „hochwertig" beschrieben und geplant. Als „erwünschte Resonanz" gab Volvo die Steuerung bzw. Veränderung bestimmter Einstellungen und Überzeugungen an. Entsprechende wünschenswerte Zielgruppeneinstellungen bzw. -überzeugungen verkörperten dabei etwa folgende Äußerungen:
„Ich bin stolz darauf, mich für einen Volvo zu entscheiden!",
„Volvo ist die einzige Marke, die für mich in Frage kommt!" und
„Volvo hat sich verändert!"
Am Anfang der neuen Kampagne sollte die Aussage stehen:

> *THERE'S MORE TO LIFE THAN A VOLVO. THAT'S WHY YOU DRIVE ON.*
> bzw.
> *ES GIBT MEHR IM LEBEN ALS EINEN VOLVO. DESHALB FAHREN SIE EINEN.*

5.2 Die einzelnen Textsorten

5.2.1 Die Textsorte ‚Printanzeige'

Nun wurden oben erstens (vgl. Kap. 1.2.1) bestimmte Produktbereiche unterschieden, für die in der Regel High- oder Low-Involvement-Bedingungen charakteristisch sind (z.B. kurzlebige vs. langlebige Konsumgüter). Zum anderen wurde konstatiert, dass für die Rezeption bestimmter Textsorten mitunter eher High- oder Low-Involvement-Bedingungen typisch sind. Dabei sind für die Textsorte ‚Printanzeige' üblicherweise Low-Involvement-Bedingungen anzunehmen, denn die durchschnittliche Betrachtungszeit für Anzeigen in

Publikumszeitschriften beträgt 1,9 Sekunden und ist sogar bei Fachzeitschriften nicht deutlich höher (vgl. Kroeber-Riel/Weinberg 1999, S. 76). Folglich muss das Werbemittel auch dann wirksam werden, wenn es nur flüchtig oder bruchstückhaft wahrgenommen wird (vgl. Krieg 2005, S. 6). Daraus resultiert eine deutliche Tendenz zur Bildlichkeit und zur Reduktion des Textumfangs. Mit Ausnahme des Firmenslogans und einem unternehmensinternen Kommentar bezüglich des Verwendungszwecks, der kein Bestandteil der externen Präsentation ist, besteht der Anzeigentext in den untersuchten Printanzeigen (vgl. Anlage 1) jeweils ausschließlich aus einem divergenten Strukturexemplar:

ES GIBT MEHR IM LEBEN ALS EINEN VOLVO. DESHALB FAHREN SIE EINEN.

ES GIBT MEHR IM LEBEN ALS EINEN VOLVO. DESHALB BIETEN WIR IHNEN ALLES, WAS SIE FÜR DEN SOMMER BRAUCHEN.

ES GIBT MEHR IM LEBEN ALS EINEN VOLVO. DARUM PRÜFEN WIR GRATIS IHRE KLIMAANLAGE.

Die zuerst genannte Printanzeige bildete – dies zeigt auch der interne Kommentar – einen wichtigen Bestandteil der Einführung der Volvo-Kampagne. Diese ist maßgeblich durch die Verwendung bestimmter sprachlicher Strukturen geprägt, nämlich vor allem des ersten o.g. divergenten Strukturexemplars. Hinsichtlich des Strukturtyps liegt hier zunächst eine „unechte" Satzverkürzung vor, die durch ein von syntaktischen Regeln abweichendes Interpungieren, das rein ausdrucksseitige Zerschneiden kompletter Sätze entsteht. In diesem Fall geht es um das ausdrucksseitige Abspalten des Nebensatzes vom Hauptsatz durch das Setzen eines Punkts. Darüberhinaus lässt sich das divergente Strukturexemplar dem siebten, dem pragmatisch-ästhetischen Typ divergenter stilistischer Handlungsmuster zuordnen, denn auch hier handelt es sich um die Äußerung einer speziellen Form von Behauptung, innerhalb derer weitere Interpretationen rekonstruierbar sind, wenn davon ausgegangen wird, dass der Kommunikationspartner kooperativ ist und seine Äußerung relevant sein soll. Dabei erfolgt zugleich ein Verstoß gegen mehrere Prinzipien der konversationellen Kooperation. In Bezug auf eine mögliche konvergente Paraphrase kann etwa folgende Argumentationsführung angenommen werden:

Weil ihre Interessen vielfältig sind und sich nicht auf den Automobilbereich beschränken, wissen Sie, dass es das Beste und/oder Vernünftigste ist, einen Volvo zu fahren.

Ein derartiges argumentatives Vorgehen entspricht genau dem im Kommunikationsansatz **Volvo Automotive Consumer Segments** (VACS) festgelegten Aspekt der Zielgruppenauswahl. Deutlich weniger als bei deutschen Premiummarken sollte es hier um Inhalte wie ‚Automobilbegeisterung' oder ‚Wohlstand' gehen, sondern vielmehr um psychologische bzw. mentalitätsbedingte Eigenschaften der Zielgruppe. Hinsichtlich des Grades an Divergenz ist davon auszugehen, dass dieser als relativ hoch einzuschätzen ist. So erscheinen die sprachlichen Zuordnungen nicht einmal mit Hilfe des künstlich geschaffenen Bezugskontextes vollständig konvergent. Als Bezugskontext kann dabei nur das Bildelement angesehen werden, dass auf mögliche Interessensgebiete der Zielgruppe referiert. Aus dem Text-Bildzusammenhang und dem jeweiligen Anteil von divergenten und konvergenten Zuordnungen ergibt sich dabei eine eindeutige Zuordnung zum kreativen Denkstil, bei dem divergente Denkoperationen deutlich überwiegen. Bezüglich einer möglichen Funktionszuweisung ist aufgrund der Anzeigenplatzierung ganz am Anfang der Kampagne zunächst von einer Kontaktorientierung (z.B. Verlangen, sich stärker mit der Marke auseinanderzusetzen) auszugehen, zudem von Zielen der Meinungs- und Einstellungsbeeinflussung (z.B. Erhöhung der Markenbekanntheit, emotionale Markenwahrnehmung).

Weitere Printanzeigen stellten Modifikationen des sprachlichen Grundmotivs dar, die sich in Bezug auf die Typenzuordnung, den vorhandenen Grad an Divergenz und Zuordnung zu einem der beschriebenen Denkstile gleich verhielten. Unterschiede ergaben sich bei dem Versuch einer Funktionszuweisung, denn sie waren mitunter als spezielle Produkt- bzw. Servicebotschaften anzusehen, die zur kontinuierlichen Markenpräsenz von Volvo beitragen sollten. Als Bildmotive erschienen wiederum bestimmte Merkmale oder Interessen der potentiellen Zielgruppe (Schwimmen bzw. Sport treiben, Kinder und Familie).

5.2.2 Die Textsorte ‚Prospekt'

Die Analyse dieser Textsorte konzentriert sich vor allem auf ein Prospekt für den Volvo V50, welches ebenso wie alle anderen Prospekte dieser Marke bei den einzelnen Händlern zur kostenlosen Mitnahme auslag. Das Prospekt umfasste 64 Seiten im DIN-A4-Format (quer).
Bei allen Produktprospekten dieser Kampagne findet sich entweder auf der Innenseite des Klappendeckels oder der ersten Seite die divergente Struktur der Printanzeigen in modifizierter Form wieder (vgl. Anlage 2). Im Falle der Produktprospekte erfolgt hier die Variation jedoch nicht innerhalb der nichtsprachlichen Elemente, sondern unmittelbar am divergenten Strukturexemplar, z.B.:

> ***ES GIBT MEHR IM LEBEN ALS EINEN VOLVO.*** *IHRE FREUNDE RUFEN AN. IHRE PLÄNE ÄNDERN SICH. IHR TAG IST SPONTAN UND ABWECHSLUNGSREICH. IHRE TRÄUME TREIBEN SIE AN. SIE STEHEN MITTEN IM LEBEN. SIE BRAUCHEN EINEN SPORTKOMBI, DER IHREN TRÄUMEN NICHT IM WEG STEHT.* ***DESHALB FAHREN SIE DEN VOLVO V50.***

oder

> ***ES GIBT MEHR IM LEBEN ALS EINEN VOLVO.*** *EINEN JOB MACHEN. SPASS HABEN. SICH ERHOLEN. DIE PERSÖNLICHE BESTZEIT STEIGERN. DAS LANGE WOCHENENDE GENIEßEN. NEUE ORTE ENTDECKEN. FÜR DIE KINDER DASEIN. FREUNDE BESUCHEN. ENDLICH DAS BUCH ZU ENDE LESEN. ZU LIEBLINGSSONGS TANZEN. HEUTE ABEND EIN KONZERT BESUCHEN. MORGEN DAS SPIEL ANSEHEN. DEN HORIZONT ERWEITERN. SICH GROSSE ZIELE SETZEN. GUT AUSSEHEN. GUTES TUN, UND NOCH VIELES MEHR.* ***DESHALB FAHREN SIE EINEN.***[101]

[101] In neueren Produktprospekten wird der Strukturexemplarteil *DESHALB FAHREN SIE EINEN* wiederum produktspezifisch modifiziert (z.B. *DESHALB FAHREN SIE DEN VOLVO V50.* oder *DESHALB FAHREN SIE DEN VOLVO XC60.*).

Wie die Beispiele zeigen, wurde das (modifizierte) divergente Strukturexemplar der Printanzeige zu einer immer wiederkehrenden verbalen Aussage und somit zu einem zentralen Bestandteil der inhaltlichen Integration der Kommunikationsmaßnahmen. Dieses inhaltliche Integrationselement sollte der langfristigen, strategischen Positionierung des Unternehmens dienen, es stellte das kommunikative Leitmotiv bzw. die konkrete Umsetzung der kommunikativen Leitidee dar. Im Rahmen von inhaltlichen Integrationsbemühungen geht es um die Vermittlung eines klaren Images für ein Angebot, dabei hat das Element ‚Sprache' in der Regel besonders großes integratives Potential. Dies entspricht auch dem Stellenwert der innerhalb der untersuchten Volvo-Kampagne immer wiederkehrenden Aussage. Sie kann als wichtigstes inhaltliches Integrationsmittel angesehen werden, als sprachliche Integrationsklammer, die zur besseren Erkennbarkeit jeweils im Fettdruck erscheint.

In formaler Hinsicht geht es im Falle der Prospekte tatsächlich um die Bildung einer Klammerstruktur (*ES GIBT MEHR IM LEBEN ALS EINEN VOLVO...* [produktspezifischer Text] ... *DESHALB FAHREN SIE EINEN.*), deren inhaltliche Füllung deutlich zum Abbau der Divergenz beiträgt. Es geht um eine Aufzählung dessen, was außerhalb des Themas ‚Auto' für die angesprochene Zielgruppe relevant sein könnte (z.B. Freunde, Kinder, Sport, Konzert) und wozu das beworbene Produkt gleichzeitig hilfreich wäre. Damit wird zum einen der divergenten Struktur ein großer Teil ihrer inhaltlichen Vagheit genommen (geringerer Grad an Divergenz durch größeren Textumfang), zum anderen ergibt sich eine besondere Möglichkeit der Zielgruppenansprache. Letzteres erfolgt über die Äußerung von Interessen, Einstellungen usw., indem – etwa wie beim Modell V70 durch Infinitivverbindungen oder beim Modell V50 durch kurze Sätze – die psychologischen und mentalitätsbedingten Merkmale der potentiellen Zielgruppe dargestellt werden. Dabei wird die Zielgruppenansprache beispielsweise intensiviert durch die Verwendung bestimmter Pronomina (oder Artikelwörter), wie Possessivpronomina und Personalpronomina (z.B. *IHRE FREUNDE RUFEN AN.*; *SIE STEHEN MITTEN IM LEBEN.*), die Beschreibung bestimmter Interessen und Eigenschaften etwa mit Hilfe von bestimmten Temporaladverbien (z.B. *ENDLICH DAS BUCH ZU ENDE LESEN.; HEUTE ABEND DAS SPIEL ANSEHEN.*), die durch das

Herstellen einen temporalen Beziehung bzw. das zeitliche Situieren des fiktiven Geschehens den Wirklichkeitsbezug verstärken.
In Bezug auf die innerhalb der Mediastrategie grundsätzlich getroffene Unterscheidung zwischen den Typen ‚Pragmatiker' und ‚Enthusiasten' ist festzustellen, dass sich auf sprachlicher Ebene die differenzierte Ansprache der beiden Typen vorrangig auf die Aussagen innerhalb des kommunikativen Leitmotivs konzentriert, d.h. nahezu auf diese beschränkt. Deshalb soll – nachdem sich die bisherige Darstellung auf die Produkte V50 und V70, also auf solche, die zum Kommunikationsansatz für den pragmatischen Typ zählen, konzentriert hat – an dieser Stelle noch das modifizierte Strukturexemplar eines Produkts aus dem Kommunikationsansatz für Enthusiasten vergleichend herangezogen werden (vgl. Anlage 3), z.B.:

> ***ES GIBT MEHR IM LEBEN ALS EINEN VOLVO.*** *DIE ENERGIE, WENN MENSCHEN ZUSAMMENKOMMEN. DIE ENERGIE, GRENZEN ZU ÜBERWINDEN UND HERKÖMMLICHE LÖSUNGEN ZU HINTERFRAGEN. DIE ENERGIE, DIE SCHÖNHEIT VON GEGENSÄTZEN ZU ENTDECKEN. DIE ENERGIE, ANSTRENGUNGEN AUF SICH ZU NEHMEN, UM ETWAS NEUES ZU ERLEBEN. DIE ENERGIE, ZU SICH SELBST ZU FINDEN.* ***DESHALB HABEN WIR DEN VOLVO XC60 ENTWICKELT.***

Während die Entscheidungsfindung des pragmatischen Typs gekennzeichnet ist durch Rationalität und das Streben nach Effizienz, sollte für den enthusiastischen Typ, den begeisterten Bewunderer, die persönliche Freude, die Leidenschaft im Vordergrund stehen. Im Hinblick auf eine derartige Zielsetzung ist es natürlich sinnvoll, eine emotionale Art der Gestaltung zu wählen. Dies drückt sich im o.g. Beispiel in einen emotionalen sprachlichen Stil aus. Dabei ist das zentrale Element das Reizwort *Energie*, das auf eine positive emotionale Befindlichkeit bzw. ein positives Körpergefühl referiert. *Energie* ist zugleich eine Reaktion des menschlichen Körpers als Ausdruck eines bestimmten Gemütszustandes. Darüber hinaus werden auch weitere Emotions- und Erlebensbezeichnungen eingesetzt (z.B. *NEUES ZU ERLEBEN*; *SICH SELBST ZU FINDEN*).
Der Vergleich mit den beiden zuerst genannten Beispielen zeigt, dass der XC60-Text als Bestandteil des Kommunikationsansatzes für Enthusiasten

prinzipiell emotionaler gestaltet ist als die beiden anderen. Jedoch enthalten auch die beiden anderen Texte Emotionales, was sich wiederum vor allem in der Verwendung von Emotionsbezeichnungen und anderen Reizwörtern manifestiert (z.B. *SPASS, TRÄUME*).

Die weitere Prospektgestaltung für die drei angeführten Produkte zeigt darüber hinaus in sprachlicher Hinsicht kaum nennenswerte Unterschiede. Es wechseln in absolut vergleichbarem Abstand jeweils divergente und konvergente Strukturen, wobei auch der konvergente Textumfang nahezu identisch ist. Die Länge des kohärenten Bezugstextes variiert dabei zwischen ca. 25 und 210 Wörtern. Dies ist abhängig vom jeweiligen Thema des Textes (z.B. Design, Umwelt) und der dominierenden Textfunktion (z.B. meinungsäußernd oder informationsbetont). Auch hinsichtlich der behandelten Einzelthemen gibt es – obwohl dies nicht i.e.S. Gegenstand der sprachlichen Analyse ist – kaum nennenswerte Unterschiede (v.a. Design, Innovation, Sicherheit, Umwelt), weshalb zum einen die Beschränkung auf das V50-Prospekt zulässig wirkt, zum anderen der strategische Ansatz (‚Pragmatiker' vs. ‚Enthusiasten') für den Bereich der Kommunikationspolitik (etwa im Vergleich zur Produktpolitik) zu wenig entwickelt scheint.

Auf die Seite mit dem modifizierten kommunikativen Leitmotiv, der inhaltlichen Integrationsklammer, folgen im Produktprospekt zum V50 32 Seiten, von denen 14 ein divergentes Strukturexemplar und einen dazu gehörigen konvergenten Bezugstext enthalten[102]. Auf den anderen Seiten sind vor allem nicht-sprachliche Elemente abgebildet (in der Regel Fotos vom Beworbenen), nur 5 Seiten weisen zudem Textelemente auf, die als informationsbetonte Aufzählungen charakterisiert werden können (in einem Fall Integration im nicht-sprachlichen Element).
Die Zuordnung der divergenten Strukturen zu den oben unterschiedenen Typen zeigt, dass die deutliche Mehrheit der Strukturexemplare dem dritten Typ, dem Satzfragment, zuzuordnen ist, nur jeweils einmal begegnen Exemplare

[102] In einem einzigen Fall findet sich dabei das divergente Exemplar und der konvergente Text quasi als Bildunterschrift über zwei Textseiten verteilt.

des vierten, fünften und siebten Typs. In funktionaler Hinsicht erfolgt damit eine Schwerpunktbildung in Richtung ‚Bewerten' und somit zur ‚Meinungsbildung über Meinungsäußerung'. Die kohärenten Bezugstexte neigen in funktionaler Hinsicht deutlich stärker zur Informationsbetonung, was beispielsweise über eine Topikkette ‚betroffene Objekte und Sachverhalte' nachgewiesen werden kann. So zeigt sich auf lexikalischer Ebene zum Beispiel die selektive Verwendung von Fachtermini, die geeignet sind, eine Situation fachinterner Kommunikation zwischen Werbetreibenden und Adressaten zu indizieren. Dies kann zudem als Kennzeichen für einen High-Involvement-Text angesehen werden, um den es sich hier zweifelsfrei handelt.
Alles in allem kann das regelmäßige Auftreten divergenter Strukturexemplare als ein wichtiger Bestandteil stilistischer Kohärenzherstellung betrachtet werden. Zudem können die divergenten Strukturexemplare in erster Linie als kreative Verfremdung oder Ästhetisierung der kohärenten Textabschnitte aufgefasst werden, was eindeutig für eine Zuordnung zum pragmatischen Denkstil spricht.

5.2.3 Die Textsorte ‚Mailing'

Dem pragmatischen Denkstil können zum Teil auch die analysierten Exemplare der Textsorte ‚Mailing' zugeordnet werden, bei denen jeweils ein relativ großer konvergenter Textanteil vorliegt und natürlich die textsortenspezifische (der Kommunikationsform geschuldete) Rahmenstruktur.
Wie oben bereits dargestellt, hat die Produktkategorie auf die Gestaltung dieser Textsorte besonderen Einfluss. Zudem sind hier, gerade weil es sich um High-Involvement-Produkte handelt, die spezifischen Kommunikationsbedingungen im Rahmen des Beziehungsmarketings zu berücksichtigen. Innerhalb des Beziehungsmarketings geht es darum, die einzelnen Kommunikationsinstrumente in Abhängigkeit der verschiedenen Phasen des Kundenbeziehungslebenszyklus zu gestalten, d.h. abhängig davon, ob etwa primär neue Kunden gewonnen werden sollen oder versucht wird, die Kundenzufriedenheit zu steigern bzw. zufriedene Kunden an sich zu binden. In diesem Zusammenhang ist im Allgemeinen davon auszugehen, dass die Neukundengewinnung

eine reizintensivere Gestaltung erfordert als die Kundenbindung, die auf einer bereits bestehenden Kommunikationsbeziehung aufbauen kann.
Die untersuchten Mailings dienten ausschließlich der Zielsetzung, die Kundenzufriedenheit zu steigern und zufriedene Kunden an das Unternehmen zu binden. Gerade in Hinblick auf die Realisierung des Konzepts der integrierten Kommunikation ist dabei wichtig, dass die detaillierte Ausarbeitung der Mailings nicht in jedem Fall zentral (seitens der Konzernzentrale) erfolgte – wie etwa im Falle der Sommeraktion 2010 (vgl. Anlage 4) –, sondern häufig durch die einzelnen Händler bzw. deren Mitarbeiter. Dies betrifft vor allem die konvergenten Textteile, die divergenten Strukturen stellen in der Regel einen Bestandteil händlerübergreifenden Handelns dar.
Das „Räderwechsel-Mailing", das „RTI-Update-Mailing" und das Mailing „Servicetermin" enthalten jeweils ein divergentes Strukturexemplar in der Betreffzeile, dem typischen Element für die Integration derartiger Strukturen. Darüber hinaus beinhaltet das Mailing „Servicetermin" eine divergente Struktur am Textende, gewissermaßen an der Position eines Postskriptums, dass hier jedoch nicht als solches gekennzeichnet ist.
Sowohl das „Räderwechsel-Mailing" als auch das „RTI-Update-Mailing" (betrifft RTI-Navigationssystem) waren wichtige Bestandteile des Basis-Pakets der Sommeraktion 2010. Das modulare System der Sommeraktion 2010 enthält insgesamt 5 Vorschläge für Mailingthemen, d.h. für die Monate März bis Juli jeweils einen Vorschlag (vgl. Übersicht „Die Sommermailings für mehr Kundenkontakte" in Anlage 4). Wie aus der Darstellung „Das Basis-Paket" zu entnehmen ist (vgl. Anlage 5), enthielten die Mailingvorschläge jeweils einen Coupon, d.h., es handelt sich um Direct-Responce-Maßnahmen, die den Rezipienten durch einen integrierten Antwortmechanismus zu einer Reaktion veranlassen sollten (Kontaktorientierung). So wurden etwa mit dem ersten Mailing die Kunden ins Autohaus eingeladen und der Wechsel von Winter- zu Sommerrädern zu besonders günstigen Konditionen angeboten.
Im Hinblick auf das Konzept der integrierten Kommunikation kommt der Gestaltung des Briefumschlags besondere Bedeutung zu, weil dieser jeweils eine modifizierte Variante der sprachlichen Integrationsklammer (*ES GIBT MEHR IM LEBEN ALS...*) enthält, mitunter sogar das Bildmotiv der parallel geschalteten Printanzeige, des Posters, des Infomastbanners und der POS Broschüre

abbildet (zur zeitlichen Integration der Kommunikationsmaßnahmen vgl. Kap. 1.3.2). Mit den Mailings wurde das vorrangige Ziel verfolgt, Kundenkontakte zu aktivieren, indem die Kunden ein passendes Angebot zur jeweiligen Jahreszeit erhalten. Die Beilagen wurden dabei auf die jeweilige Fahrzeuglinie abgestimmt, sie enthielten Coupons für Preisvorteile und besondere Angebote. Die Zielgruppeneinteilung (und entsprechend auch die Auflagengröße) wurde – da es sich um besondere Serviceleistungen handelte – nach dem Alter der Fahrzeuge vorgenommen (z.B. alle Fahrzeuge jünger als 12 Monate, Auflage 10.000).

5.2.4 Die Textsorte ‚Pressemitteilung'

Pressemitteilungen bilden eine spezielle Textsorte des Marketingbereichs Public Relations, die sich an bestimmte Primärzielgruppen, d.h. Vertreter der Medien wendet, die als Meinungsführer bzw. Multiplikatoren auf Sekundärzielgruppen Einfluss nehmen sollen, indem sie diese etwa durch Zeitschriftenartikel oder Zeitungsmeldungen aufklären. Pressemitteilungen, als wichtiger Teil des PR-Aktivitätsbereichs ‚Pressearbeit', werden in der Regel an Journalisten verschickt, mit ihnen kündigen Unternehmen neue Produkte oder aktuelle Ereignisse an (vgl. Schulz-Bruhdoel/Fürstenau 2008, S. 262). Im vorliegenden Fall ging es vor allem um Nachrichten über neue Produkte und die umfassende Abgabe von Produktinformationen, weshalb als relevanter Strategietyp vor allem die Bekanntmachungsstrategie anzunehmen ist. Innerhalb des Kommunikationsmix eignen sich Pressemitteilungen beispielsweise zum parallelen Einsatz zur Mediawerbung, weil sie letztlich dazu dienen können, die Glaubwürdigkeit der Mediawerbung zu erhöhen. Darüber hinaus bestehen auch Integrationsmöglichkeiten zwischen derartigen PR-Aktivitäten und Direct-Marketing-Maßnahmen. So können z.B. im Anschluss an eine Pressemitteilung vor Einführung eines neuen Produktes gezielte Direct-Marketing-Aktivitäten erfolgen. Die Grundlage für die kurze Textsortenbeschreibung bildet darum die Pressemitteilung zur Einführung des Volvo V50 (vgl. Anlage 6), die gleichzeitig einen Vergleich mit dem entsprechenden (zu einem späteren Zeitpunkt eingesetzten) Prospekt ermöglicht. Dadurch soll vor allem gezeigt werden, wie auch die konvergenten Texte/Textabschnitte auf der Mikroebene die Makrostruktur im Sinne der jeweils angewendeten Denkstile widerspiegeln. Für eine derartige Fragestellung können u.a. Texteigenschaften auf der topikal-thematischen Ebene relevant sein, wie die von KRAUSE ET AL. vorgenommene Einteilung der Textwörter (vgl. Kap. 4.2.4). KRAUSE ET AL. (vgl. 2000, S. 86ff.) gehen davon aus, dass die sprachlich manifeste Struktur der Verarbeitung des Kommunikationsgegenstandes vor allem in der topikalen Strukturierung des Textes zum Ausdruck kommt, die sich in kommunikativen paradigmatischen Reihen von Lexemen und deren Verflechtung äußert. Solche Reihen, in der Regel ‚Topikketten' oder ‚nominative Reihen' genannt, beruhen auf bestimmten Äquivalenzbeziehungen, die sich zum einen aus ihrer Semantik und zum anderen aus dem Funktionieren ihrer Konstituenten (Topiks) in der Kommunikation ergeben. Als grundlegende Beziehungen semantischer Äquivalenz und Koreferenz gelten dabei etwa Primärnomination, Renomination (Wiederholung eines Lexems in gleicher oder paradigmatisch variierter Form), Proformation (Ersetzung durch Proformen) und Substitution (Variieren eines Lexems durch Synonyme, Hyperonyme, Kohyponyme, Paraphrasen etc.). Eine noch höhere Stufe der Aktualisierung des propositionalen Gehalts kann nach KRAUSE ET AL. dadurch erreicht werden, dass das topikale Gerüst eines Textes auf die thematisch-rhematische Strukturierung projiziert wird. Dies führt zur komplexen Abbildung der topikal-thematischen Struktur eines Textes (vgl. Krause et al. 2000, S. 88).

Topikketten werden durch die inhaltlich-thematischen Grundelemente getragen und ermöglichen somit, das Thema eines Textes, d.h. die Verarbeitung des Kommunikationsgegenstandes zu einer Hauptgedankenlinie, zu rekonstruieren (vgl. Krause et al. 2000, S. 95). Dabei ist für die stilistische Bewertung von Texten von großer Bedeutung, mit welchen Elementen solche Topikketten gefüllt sind. In Anlehnung an die Konstituierung derartiger Topikketten sollen deshalb im Folgenden jeweils zwei thematisch mehr oder weniger übereinstimmende bzw. vergleichbare Textausschnitte (nur konvergente Teile) aus den Textsorten ‚Prospekt' und ‚Pressemitteilung' auf der Ebene der inhaltlich thematischen Grundelemente miteinander verglichen werden (vgl. Anlage 7):

Ein charismatischer Begleiter.

Der Volvo V50 ist von der Front bis zum Heck auf Individualität programmiert, für Leistung gebaut und zum Schutz seiner Insassen konstruiert. Der Innerraum lädt ein zu langen, komfortablen Reisen oder vergnüglichen Kurztrips. Die Auswahl an Außenfarben und Ausstattungsdetails bietet Ihnen alles, was Sie zum Ausdruck Ihrer Persönlichkeit benötigen. Wer kann da noch sagen, Kombi fahren sei langweilig?

Erfrischend dynamisch.

Der Volvo V50 ist ein Verbündeter der Straße und passt sich durch die Ausstattung mit Systemen
wie der DSTC-Fahrdynamikregelung, elektrohydraulischer Servolenkung und verwindungssteifer Karosserie mit beispielhafter Dynamik geschmeidig jedem Straßenverlauf an. Steigen Sie ein und erleben Sie einen Sportkombi, der schon jetzt eine Legende ist.

Bei diesen Textausschnitten der Textsorte „Prospekt" bestehen die zwei zentralen Bereiche der inhaltlich-thematischen Grundelemente in der Nennung

1. ‚betroffener Objekte': *Volvo V50*, *Innenraum*, *Auswahl an Außenfarben und Ausstattungsdetails*, *Sportkombi*
2. ‚ausgedrückter Eigenschaften': *von der Front bis zum Heck auf Individualität programmiert*, *für Leistung gebaut*, *zum Schutz seiner Insassen konstruiert*, *zu langen, komfortablen Reisen einladend*, *alles zum Ausdruck Ihrer Persönlichkeit bietend*, *Verbündeter der Straße*, *sich dem Straßenverlauf geschmeidig anpassend durch...*, *Legende*.

Die folgenden Beispiele stellen Textausschnitte aus der Pressmitteilung zum entsprechenden Produkt dar:

Innovativer Innenraum
Das steile Heck, die Innenraum-Abmessungen und die im Cab-Forward-Stil weit vorn angesetzte Windschutzscheibe verhelfen dem Kombi zu einem großzügigem Fahrgastraum sowie entsprechenden Staukapazitäten im Gepäckteil. So bietet der Innenraum des Volvo V50 hohen Reisekomfort für bis zu fünf Insassen. Das Gepäck-

raumvolumen lässt sich dank der geteilt umklappbaren Rückbank auf bis zu 1.307 Liter erweitern.
Das Platzangebot für Passagiere und Gepäck sowie die bequemen Sitze machen den Volvo V50 zu einem idealen Langstreckenfahrzeug für die ganze Familie. Kopf- und Beinfreiheit sind auch auf den hinteren Sitzplätzen großzügig bemessen. Der Innenraum überzeugt durch hochwertige Materialien und eine überzeugende Verarbeitungsqualität.

Allradantrieb mit elektronischer Haldex-Kupplung
Unabhängig von der Motorvariante wird die Antriebskraft beim Volvo V50 auf die Vorderräder übertragen. Darüber hinaus ist mit dem Volvo V50 T5 AWD auch eine allradgetriebene Version erhältlich. Bei dieser Variante wird die Motorleistung variabel auf die Vorder- und Hinterräder verteilt. Dafür sorgt eine elektronische Haldex-Kupplung in Verbindung mit der Fahrdynamikregelung DSTC. Auf trockener Fahrbahn und in normalen Verkehrssituationen gelangen 95 Prozent der Kraft an die Vorderräder. Sobald Nässe oder Glätte die Haftung der Vorderräder verringert, werden bis zu 65 Prozent der Antriebsleistung über die Haldex-Kupplung an die Hinterräder umgeleitet. Je nach Straßenzustand und Fahrsituation wird so die jeweils bestmögliche Traktion erzielt. Auch ein Traktionsverlust auf einer Fahrzeugseite wird vom AWD-System und der DSTC ausgeglichen. Beim Durchdrehen eines einzelnen Vorder- und Hinterrades wird die Kraft innerhalb weniger Millisekunden reduziert und auf die anderen Räder mit besserer Traktion verteilt.

Wird hier ebenso wie bei den Textausschnitten der Textsorte ‚Prospekt‘ eine Aufstellung der inhaltlich-thematischen Grundelemente ‚betroffene Objekte‘ und ‚ausgedrückte Eigenschaften‘ versucht, so ergeben sich etwa die folgenden Nennungen:

1. ‚betroffene Objekte‘: z.B. *Kombi, Innenraum des Volvo V50, Gepäckraumvolumen, Volvo V50 T5 AWD*
2. ‚ausgedrückte Eigenschaften‘: z.B. *großzügiger Fahrgastraum sowie entsprechende Staukapazitäten im Gepäckteil, hoher Reisekomfort für fünf Insassen, erweiterbar auf 1.307 Liter, ideales Langstreckenfahrzeug, allradgetrieben, variable Verteilung der Motorleistung.*

Die genannten inhaltlich-thematischen Grundelemente machen deutlich, dass im Falle des Textsortenbeispiels ‚Prospekt‘ versucht wird, das emotionalisierende Bewerten, das als charakteristisch für die verwendeten divergenten

Strukturen angesehen wurde (vgl. Kap. 3.7.4.2), zum Teil im konvergenten Bezugstext fortzuführen. Dies belegen beispielsweise Formulierungen wie *auf Individualität programmiert* oder *Verbündeter der Straße,* mit denen eben etwa durch das Umdeuten von *Auto* zu *Verbündeter* (‚Partner', ‚menschlich' usw.) oder durch Verbindungen von Intertextuellem und expressiver Lexik auf emotionale Weise bewertet wird. Demgegenüber begegnen in den Beispieltexten der Textsorte ‚Pressemiteilung' vorwiegend neutrale Bezeichnungen, mitunter auch fachsprachlich und/oder fremdsprachlich markierte Wörter (z.B. *Traktionsverlust*).
Bezogen auf die in Zusammenhang mit dem Kriterium der Textfunktion getroffene Unterscheidung zwischen informierenden und informationsbetonten Texten zeichnen sich die Elemente der Textsorte ‚Prospekt' zudem teilweise durch die fehlende Verifizierbarkeit des propositionalen Gehalts und den Gebrauch von subjektiv bewertenden Adjektiven aus (z.B. *lädt ein zu langen, komfortablen Reisen oder vergnüglichen Kurztrips*), weshalb die Texte klar als informationsbetont, im Sinne des strategischen Ziels ‚Meinungsbildung', eingestuft werden können. Die Beispiele der Textsorte ‚Pressemitteilung' tendieren hingegen zum Funktionstyp ‚Informieren'. Dies zeigen gerade auch die Elemente weiterer möglicher Ketten wie beispielsweise ‚ausgedrückte Eigenschaftsbegründungen': z.B. *elektronische Haldex-Kupplung in Verbindung mit der Fahrdynamikregelung DSTC, bis zu 65 Prozent der Antriebsleistung wird an die Hinterräder umgeleitet, geteilt umklappbare Rückbank.* Für eine funktionale Zuordnung zu den informationsbetonten Texten spricht lediglich die Verwendung subjektiv bzw. relativ bewertender Adjektive, die Teil eines expliziten Bewertens sind (z.B. *hoher Reisekomfort*).

Wie auch an den Beispielen deutlich wird, ist der Textumfang der Pressemitteilung erheblich größer. Die als Kurzfassung herausgegebenen 12,5 eng beschriebenen DIN-A4-Textseiten enthalten 12 divergente Strukturexemplare, deren Grad an Divergenz durchgehend als sehr gering einzustufen ist (Bsp. *Konsequent umweltbewusst. Von der Entwicklung bis zum Recycling*). Dies bestätigt die Annahme, dass in Pressemitteilungen der geringste Anteil an divergenten Zuordnungen vorliegt. Die divergenten Strukturexemplare dienen in der Pressemitteilung vorwiegend der inhaltlichen Gliederung des relativ langen Textes. Sie sind nicht als invariante (obligatorische) Merkmale prototypischer Pressemitteilungen anzusehen, sondern als frei variierbare strukturelle Merkmale.

langen Textes. Sie sind nicht als invariante (obligatorische) Merkmale prototypischer Pressemitteilungen anzusehen, sondern als frei variierbare strukturelle Merkmale.

Literaturverzeichnis

ADAMZIK, Kirsten (1995): Textsorten – Texttypologie. Eine kommentierte Bibliographie. Münster: Nodus-Publikationen.

ADAMZIK, Kirsten (2004): Textlinguistik. Eine einführende Darstellung. Tübingen: Niemeyer.

ANDROUTSOPOULOS, Jannis K. (2000): Zur Beschreibung verbal konstituierter und visuell strukturierter Textsorten: Das Beispiel Flyer. In: Fix, U./Wellmann, H. (Hrsg.) (2000): Bild im Text – Text im Bild. Heidelberg: Winter. S. 343–366.

ANTOS, Gerd (1982): Grundlagen einer Theorie des Formulierens. Textherstellung in geschriebener und gesprochener Sprache. Tübingen: Niemeyer.

ANTOS, Gerd (1996): Laien-Linguistik. Studien zu Sprach- und Kommunikationsproblemen im Alltag. Am Beispiel von Sprachratgebern und Kommunikationstrainings. Tübingen: Niemeyer.

ARISTOTELES: Rhetorik. Übersetzung von Franz Sieveke. München 1980.

AUER, Peter (1989): Natürlichkeit im Stil. In: Hinnenkamp, V./Selting, M. (Hrsg.) (1989): Stil und Stilisierung. Tübingen: Niemeyer, S. 27–59.

BACHTIN, Michail Michailowitsch (1979): Бахтин, М. М.: Эстетика словесного творчества. Москва.

BARZ, Irmhild (1998): Neologie und Wortbildung. Zum Neuheitseffekt von Wortneubildungen. In: Teubert, W. (Hrsg.) (1998): Neologie und Korpus. Tübingen: Narr. S. 11–30.

BARZ, Irmhild (2006): Die Wortbildung. In: Duden. Bd. 4 Die Grammatik. Mannheim, S. 641–772.

BEAUGRANDE, Robert-Alain de/**DRESSLER**, Wolfgang U. (1981): Einführung in die Textlinguistik. Tübingen: Niemeyer.

BLUMENTHAL, Peter (1983): Semantische Dichte. Assoziativität in Poesie und Werbesprache. Tübingen: Niemeyer.

BOETTCHER, Wolfgang (2009a): Grammatik verstehen. Band 1: Wort. Tübingen: Niemeyer.

BOETTCHER, Wolfgang (2009b): Grammatik verstehen. Band 2: Einfacher Satz. Tübingen: Niemeyer.

BOETTCHER, Wolfgang (2009c): Grammatik verstehen. Band 3: Komplexer Satz. Tübingen: Niemeyer.

BOHMANN, Stephanie (1996): Englische Elemente im Gegenwartsdeutsch der Werbebranche. Marburg: Tectum.

BORNSTEIN, Matthias/**BUTT**, Matthias (1987): Zum Status des *s*-Plural im gegenwärtigen Deutsch. In: Abraham, W./Arhammar, R. (Hrsg.) (1987): Linguistik in Deutschland. Akten des 21. Linguistischen Kolloquiums in Groningen. Tübingen. S. 135–153.

BRINKER, Klaus (1985): Linguistische Textanalyse. Eine Einführung in Grundbegriffe und Methoden. Berlin: Erich Schmidt.

BRINKER, Klaus/**ANTOS**, Gerd/**Heinemann**, Wolfgang/**Sager**, Sven F. (Hrsg.) (2000): Text- und Gesprächslinguistik: Ein internationales Handbuch zeitgenössischer Forschung. Berlin/New York: de Gruyter (Handbücher zur Sprach- und Kommunikationswissenschaft. Bd.16. Halbband 1).

BRINKER, Klaus (2000): Textfunktionale Analyse. In: Brinker, K. et al. (Hrsg.) (2000): Text- und Gesprächslinguistik. Berlin/New York: de Gruyter, S. 175–186.

BRINKER, Klaus (2005): Linguistische Textanalyse. Eine Einführung in Grundbegriffe und Methoden. Berlin: Erich Schmidt.

BRINKER, Klaus/**SAGER**, Sven F. (2006): Linguistische Gesprächsanalyse. Eine Einführung. Berlin: Erich Schmidt.

BROSCHE, Oliver/**WIßMEIER**, Urban K. (1993): Kommunikationspolitik bei kurzlebigen Konsumgütern. In: Berndt, R./Hermanns, A. (Hrsg.) (1993): Handbuch Marketingkommunikation. Wiesbaden: Gabler. S. 813–829.

BROWN, Penelope/**LEVINSON**, Stephen C. (1987): Politeness: Some universals in language usage. Cambridge: Cambridge University Press.

BRÜNNER, Gisela/**GÜLICH**, Elisabeth (2002): Verfahren der Veranschaulichung in der Experten-Laien-Kommunikation. In: Brünner, G./Gülich, E. (Hrsg.) (2002): Krankheit verstehen. Interdisziplinäre Beiträge zur Sprache in Krankheitsdarstellungen. Bielefeld: Aisthesis. S. 17–93.

BRUHN, Manfred (2001): Relationship Marketing. Das Management von Kundenbeziehungen. München: Vahlen.

BRUHN, Manfred (2003): Kommunikationspolitik. Systematischer Einsatz der Kommunikation für Unternehmen. München: Vahlen.

BRUHN, Manfred (2005): Unternehmens- und Marketingkommunikation. Handbuch für ein integriertes Kommunikationsmanagement. München: Vahlen.

BRUHN, Manfred (2015): Kommunikationspolitik. Systematischer Einsatz der Kommunikation für Unternehmen. München: Vahlen.

BÜHLER, Karl (1934): Sprachtheorie. Die Darstellungsfunktion der Sprache. Jena: Fischer.

BURGER, Harald (2000): Textsorten in den Massenmedien. In: Brinker, K. et al. (Hrsg.) (2000): Text- und Gesprächslinguistik. Berlin/New York: de Gruyter. S. 614–628.

BURGER, Harald (2005): Mediensprache. Berlin/New York: de Gruyter.

BUßMANN, Hadumod (1990): Lexikon der Sprachwissenschaft. Stuttgart: Kröner.

CHRISTL, Astrid (2004): Scharniere, Schalter, Brücken. Widerspruchstechniken mit syntaktisch hervorgehobenen Konnektoren. Berlin: Logos.

DALLMER, Heinz (Hrsg.) (1991): Handbuch Direct Marketing. Wiesbaden: Gabler.

DALLMER, Heinz (1991): System des Direct Marketing – Entwicklung und Zukunftsperspektive. In: Dallmer, H. (Hrsg.) (1991): Handbuch Direct Marketing. Wiesbaden: Gabler. S. 4–49.

DETGES, Ulrich (1996): Nominalprädikate. Eine valenztheoretische Untersuchung der französischen Funktionsverbgefüge des Paradigmas „être Präposition Nomen“ und verwandter Konstruktionen. Tübingen: Niemeyer.

DIJK, Teun A. van (1977): Text and Context. Explorations in the Semantics and Pragmatics of Discourse. London: Longman.

DIJK, Teun A. van (1980): Textwissenschaft. Eine interdisziplinäre Einführung. München: DTV.

DILLER, Hermann (1992): Vahlens großes Marketinglexikon. München: Beck.

DIMTER, Matthias (1981): Textklassenkonzepte heutiger Alltagssprache. Kommunikationssituation, Textfunktion und Textinhalt als Kategorien alltagssprachlicher Textklassifikation. Tübingen: Niemeyer.

DITTGEN, Andrea Maria (1989): Regeln für Abweichungen. Funktionale sprachspielerische Abweichungen in Zeitungsüberschriften, Werbeschlagzeilen, Werbeslogans, Wandsprüchen und Titeln. Frankfurt am Main: Lang.

DRESSLER, Wolfgang U. (1980): A semiotic model of diachronic process phonology. Wiener Linguistische Gazette 22/23. S. 31–94.

Duden. Das Fremdwörterbuch. = Duden Band 5 (2007). Mannheim: Dudenverlag.

Duden. Der Deutsch-Knigge. (2008). Mannheim: Dudenverlag.

EGGERS, Hans (1961): Wandlungen im deutschen Satzbau. In: Der Deutschunterricht 13. Heft 5. S. 47–61.

EGGS, Ekkehard (2000): Vertextungsmuster Argumentation. Logische Grundlangen. In: Brinker, K. et al. (Hrsg.) (2000): Text- und Gesprächslinguistik. Ein internationales Handbuch zeitgenössischer Forschung. Band 1. Berlin/New York: de Gruyter. S. 397–413.

EICHINGER, Ludwig M. (2008a): Anglizismen im Deutschen meiden – warum das nicht so leicht ist. In: Moraldo, S.M. (Hrsg.) (2008): Sprachkontakt und Mehrsprachigkeit. Zur Anglizismendiskussion in Deutschland, Österreich, der Schweiz und Italien. Heidelberg: Winter. S. 69–93.

EICHINGER, Ludwig M. (2008b): Verwirrende Orientierungshilfen. Zum Stil von Botho Strauß' Erzählung „Mikado". In: Fritz, T. et al. (Hrsg.) (2008): Literaturstil – sprachwissenschaftlich. Festschrift für Hans-Werner Eroms zum 70. Geburtstag.

EISENBERG, Peter (2001): Die grammatikalische Integration von Fremdwörtern. Was fängt das Deutsche mit seinen Latinismen und Anglizismen an? In: Stickel, G. (Hrsg.) (2001): Neues und Fremdes im deutschen Wortschatz. Berlin: de Gruyter. S. 183–209.

ELSEN, Hilke (2004): Neologismen. Formen und Funktionen neuer Wörter in verschiedenen Varietäten des Deutschen. Tübingen: Narr.

ENGEL, Ulrich (1994): Syntax der deutschen Gegenwartssprache. Berlin: Erich Schmidt.

ENKVIST, Nils Erik (1987): A Note Towards the Definition of Text Strategy. In: Zeitschrift für Phonetik, Sprachwissenschaft und Kommunikationsforschung. Band 40. S. 19–27.

ERMERT, Karl (1979): Briefsorten. Untersuchungen zu Theorie und Empirie der Textklassifikation. Tübingen: Niemeyer.

EROMS, Hans-Werner (2000): Syntax der deutschen Sprache. Berlin/New York: de Gruyter.

EROMS, Hans-Werner (2008a): Stil und Stilistik. Eine Einführung. Berlin: Erich Schmidt.

EROMS, Hans-Werner (2008b): Stilistische Phänomene der Syntax. In: Fix, U. et al. (Hrsg.) (2008): Rhetorik und Stilistik. Berlin/New York: de Gruyter. S. 1594–1610.

ESCH, Franz-Rudolf (1998): Wirkung intergrierter Kommunikation. Wiesbaden: Deutscher-UniversitätsVerlag.

FABRICIUS-HANSEN, Cathrine (2006): Das Verb. In: Duden. Bd. 4 Die Grammatik. Mannheim, S. 395–572.

FACAOARU, Cornelia (1985): Kreativität in Wissenschaft und Technik. Bern: Huber.

FIEHLER, Reinhard (1990): Kommunikation und Emotion. Theoretische und empirische Untersuchungen zur Rolle von Emotionen in der verbalen Interaktion. Berlin/New York: de Gruyter.

FIEHLER, Reinhard (2001): Emotionalität im Gespräch. In: Brinker, K. et al. (Hrsg.) (2001): Text- und Gesprächslinguistik. 2. Halbband. Berlin/New York: de Gruyter, S. 1425–1438.

FIX, Ulla (2002): An-schauliche Wörter? Wörter im Dienste der ‚Bildhaftigkeit', ‚Bildkräftigkeit', ‚Sinnlichkeit', ‚Lebendigkeit', ‚Gegenständlichkeit' von Texten. In: Barz, I. et al. (Hrsg.) (2002): Das Wort in Text und Wörterbuch. Leipzig: Verlag der Sächsischen Akademie der Wissenschaften, S. 9–22.

FIX, Ulla/**POETHE**, Hannelore/**YOS**, Gabriele (2003): Textlinguistik und Stilistik für Einsteiger. Ein Lehr- und Arbeitsbuch. Frankfurt am Main: Lang.

FLEISCHER, Wolfgang/**MICHEL**, Georg (1977): Stilistik der deutschen Gegenwartssprache. Leipzig: Bibliographisches Institut.

FLEISCHER, Wolfgang (1983): Phraseologie. In: Fleischer, W. et al. (Hrsg.) (1983): Deutsche Sprache. Leipzig: Bibliographisches Institut. S. 307–323.

FLEISCHER, Wolfgang/**MICHEL**, Georg/**STARKE**, Günter (1993): Stilistik der deutschen Gegenwartssprache. Frankfurt a.M. u.a.: Lang.

FLUCK, Hans-Rüdiger (1985): Fachdeutsch in Naturwissenschaft und Technik. Heidelberg: Groos.

FÖRSTER, Hans Peter (1999): Neue Briefkultur mit Corporate Wording. Vom Geschäftsbrief zum lebendigen Kundendialog. Frankfurt a. M., New York: Campus.

FRANKE, Wilhelm (1997): Massenmediale Aufklärung. Frankfurt a.M.: Lang.

FRITZ, Thomas (2006): Der Text. In: Duden. Bd. 4 Die Grammatik. Mannheim, S. 1067–1174.

GALLMANN, Peter (2006): Die flektierbaren Wortarten (außer: Das Verb). In: Duden. Bd. 4 Die Grammatik. Mannheim, S. 146–394.

GELHAUS, Hermann (1984): Die Wortarten. In: Duden. Bd. 4 Die Grammatik. Mannheim: Dudenverlag, S. 88–385.

GLÜCK, Helmut (Hrsg.)(2000): Metzler-Lexikon Sprache. Stuttgart: Metzler.

GREWENDORF, Günther/**HAMM**, Fritz/**STERNEFELD**, Wolfgang (1996): Sprachliches Wissen. Eine Einführung in moderne Theorien der sprachlichen Beschreibung. Frankfurt am Main: Suhrkamp.

GRICE, Paul (1989): Logic and Conversation. In: Grice, P. (1989): Studies in the Way of Words. Harvard University Press. Cambridge, Mass. S. 22–40.

GROßE, Ernst Ulrich (1976): Text und Kommunikation. Eine linguistische Einführung in die Funktionen der Texte. Stuttgart: Kohlhammer.

GUTENBERG, Erich (1976): Grundlagen der Betriebswirtschaftslehre. Band II. Der Absatz. Berlin: Springer.

GÜLICH, Elisabeth/**HAUSENDORF**, Heiko (2000): Vertextungsmuster Narration. In: Brinker, K. et al. (Hrsg.) (2000): Text- und Gesprächslinguistik. Ein internationales Handbuch zeitgenössischer Forschung. Band 1. Berlin/New York: de Gruyter. S. 369–385.

HÄCKI BUHOFER, Annelies (2000): Mediale Vorraussetzungen: Bedingungen von Schriftlichkeit allgemein. In: Brinker, K. et al. (Hrsg.) (2000): Text- und Gesprächslinguistik. Ein internationales Handbuch zeitgenössischer Forschung. Band 1. Berlin/New York: de Gruyter. S. 251–261.

HAHN, Walther von (1983): Fachkommunikation: Entwicklung, linguistische Konzepte, betriebliche Beispiele. Berlin/New York: de Gruyter.

HALLER, Michael (2006): Die Reportage. München: UVK.

HANSEN, Ursula/**JESCHKE**, K. (1991): Beschwerdemanagement für Dienstleistungsunternehmen. Beispiel des Kfz-Handels. In: Bruhn, M. (Hrsg.) (1991): Dienstleistungsqualität. Konzepte – Methoden – Erfahrungen. Wiesbaden: Gabler. S. 199–227.

HARNISCH, Rüdiger (1994): Stammerweiterung im Singular – Stammflexion im Plural. Zum Bautyp der deutschen Substantivdeklination. In: Köpcke, K.-M. (Hrsg.) (1994): Funktionale Untersuchungen zur deutschen Nominal- und Verbalmorphologie. Tübingen: Niemeyer. S. 97–114.

HARNISCH, Rüdiger (2002): Tendenzen der morphologischen Integration von Fremdwörtern ins Deutsche. In: Wiesinger, P. (Hrsg.) (2002): Akten des X. Internationalen Germanistenkongresses Wien 2000 „Zeitenwende – Die Germanistik auf dem Weg vom 20. ins 21. Jahrhundert". Band 2. Bern: Peter Lang.

HARNISCH, Rüdiger (2004): Verstärkungsprozesse. Zu einer Theorie der „Sekretion" und des „Re-konstruktionellen Ikonismus". In: Zeitschrift für germanistische Linguistik 32. S .210–232.

HAUSENDORF, Heiko/**KESSELHEIM**, Wolfgang (2008): Textlinguistik fürs Examen. Göttingen: Vandenhoeck&Ruprecht.

HEINEMANN, Margot (2000): Textsorten des Alltags. In: Brinker, K. et al. (Hrsg.) (2000): Text- und Gesprächslinguistik. Berlin/New York: de Gruyter. S. 604–614.

HEINEMANN, Wolfgang (1984): Stereotype Textkonstitutive, Textkommentare, pragmatische Formeln. In: Linguistische Arbeitsberichte. Leipzig. S. 35–48.

HEINEMANN, Wolfgang (1997): Zur Eingrenzung des Intertextualitätsbegriffs aus textlinguistischer Sicht. In: Klein, J./Fix, U. (Hrsg.) (1997): Textbeziehungen. Linguistische und literaturwissenschaftliche Beiträge zur Intertextualität. Tübingen: Stauffenburg.

HEINEMANN, Wolfgang (2000): Vertextungsmuster Deskription. In: Brinker, K. et al. (Hrsg.) (2000): Text- und Gesprächslinguistik. Berlin/New York: de Gruyter. S. 256–369.

HEINEMANN, Margot/**HEINEMANN**, Wolfgang (2002): Grundlagen der Textlinguistik. Interaktion – Text – Diskurs. Tübingen: Niemeyer.

HEINEMANN, Wolfgang/**VIEHWEGER**, Dieter (1991): Textlinguistik. Eine Einführung. Tübingen: Niemeyer.

HELLWIG, Peter (1984): Titulus oder über den Zusammenhang von Titeln und Texten. Titel sind ein Schlüssel zur Textkonstitution. In: Zeitschrift für germanistische Linguistik. Heft 12. S. 1–20.

HENNE, Helmut/**REHBOCK**, Helmut (1982): Einführung in die Gesprächsanalyse. Berlin/New York: de Gruyter.

HENTSCHEL, Elke/**WEYDT**. Harald (2003): Handbuch der deutschen Grammatik. Berlin: de Gruyter.

HEUSINGER, Siegfried (2004): Die Lexik der deutschen Gegenwartssprache. München: Fink.

HOHENHAUS, Peter (1996): Ad-hoc-Wortbildung. Terminologie, Typologie und Theorie kreativer Wortbildung im Englischen. Frankfurt a. M.: Lang.

HOLLAND, Heinrich (2004): Direktmarketing. München: Vahlen.

HOLLY, Werner (2001): „Gehobener Stil" als sozialer Stil. „Das neue Notizbuch" von Johannes Gross als Textbeispiel. In: Jakobs, E.-M./Rothkegel, A. (Hrsg.) (2001): Perspektiven auf Stil. Tübingen: Niemeyer, S. 423–441.

HUNDT, Markus (2000): Textsorten des Bereichs Wirtschaft und Handel. In: Brinker, K. et al. (Hrsg.) (2000): Text- und Gesprächslinguistik. Berlin/New York: de Gruyter. S. 642–658.

ICKLER, Theodor (1997): Die Disziplinierung der Sprache. Fachsprachen in unserer Zeit. Tübingen: Narr.

JAHR, Silke (2000): Vertextungsmuster Explikation. In: Brinker, K. et al. (Hrsg.) (2000): Text- und Gesprächslinguistik. Ein internationales Handbuch zeitgenössischer Forschung. Band 1. Berlin/New York: de Gruyter. S. 385–397.

JANICH, Nina (2003): Werbesprache. Tübingen: Narr.

JUNG, Holger/**MATT**, Jean-Remy von (2002): Momentum. Die Kraft, die Werbung heute braucht. Berlin: Lardon Media.

KALLMEYER, Werner (2001): Perspektivenumkehrung als Element emanzipatorischen Stils in Migrantengruppen. In: Jakobs, E.-M./Rothkegel, A. (Hrsg.) (2001): Perspektiven auf Stil. Tübingen: Niemeyer. S. 401–422.

KALVERKÄMPER, Hartwig (1988): Fachexterne Kommunikation als Maßstab einer Fachsprachen-Hermeneutik. Verständlichkeit kernphysikalischer Fakten in spanischen Zeitungstexten. In: Kalverkämper, H. (Hrsg.) (1988): Fachsprachen in der Romania. Tübingen: Narr. S. 151–194.

KESSEL, Katja/**REIMANN**, Sandra (2008): Basiswissen Deutsche Gegenwartssprache. Tübingen: Narr.

KIßENBECK, Anne (1997): Fachsprache und Regionalisierung. Frankfurt a.M.: Lang.

KOCH, Peter/**OESTERREICHER**, Wulf (1994): Funktionale Aspekte der Schriftkultur. In: Günther, H./Ludwig, O. (Hrsg.) (1994): Schrift und Schriftlichkeit. Berlin/New York: de Gruyter, S. 587–604.

KÖPCKE, Klaus-Michael (1993): Schemata bei der Pluralbildung im Deutschen. Versuch einer kognitiven Morphologie. Tübingen: Narr.

KOTLER, Philip/**KELLER**, Kevin Lane/**BLIEMEL**, Friedhelm (2007): Marketing – Management. Strategien für wertschaffendes Handeln. München: Pearson Studium.

KOTTHOFF, Helga (1997): Erzählstile von mündlichen Witzen. Zur Erzielung von Komikeffekten durch Dialoginszenierungen und Stilisierung sozialer Typen im Witz. In: Selting, M./Sandig, B. (1997) (Hrsg.): Sprech- und Gesprächsstile. Berlin/New York: de Gruyter. S. 123–169.

KRAHL, Siegfried/**KURZ**, Josef (1984): Kleines Wörterbuch der Stilkunde. Leipzig: Bibliographisches Institut.

KRAUSE, Wolf-Dieter (2000): Kommunikationslinguistische Aspekte der Textsortenbestimmung. In: Krause, W. (Hrsg.) (2000): Textsorten: kommunikationslinguistische und konfrontative Aspekte. Frankfurt am Main: Lang, S. 34–67.

KRIEG, Ulrike (2005): Wortbildungsstrategien in der Werbung. Zur Funktion und Struktur von Wortneubildungen in Printanzeigen. Hamburg: Buske.

KRISTEVA, Julia (1967): Bakhtine, le mot, le dialogue et le roman. In: Critique 239. S.438–465.

KROEBER RIEL, Werner (1988): Strategie und Technik der Werbung. Stuttgart: Kohlhammer.

KROEBER-RIEL, Werner/**MEYER-HENTSCHEL**, Gundolf (1982): Werbung – Steuerung des Konsumentenverhaltens. Würzburg: Physica.

KROEBER-RIEL, Werner/**WEINBERG**, Peter (2003): Konsumentenverhalten. München: Vahlen.

KROEBER-RIEL, Werner/**ESCH**, Franz-Rudolph (2004): Strategie und Technik der Werbung. Stuttgart: Kohlhammer.

LACHMANN, Ulrich (1993): Kommunikationspolitik bei langlebigen Konsumgütern. In: Berndt, R./Hermanns, A. (Hrsg.) (1993): Handbuch Marketingkommunikation. Wiesbaden: Gabler. S. 833–856.

LERCHNER, Gotthard (1984): Sprachform von Dichtung. Linguistische Untersuchungen zu Funktion und Wirkung literarischer Texte. Berlin/Weimar: Aufbau-Verlag.

LEVINSON, Stephen C. (2000): Pragmatik. Tübingen: Niemeyer.

LINKE, Angelika/**NUSSBAUMER**, Markus, **PORTMANN**, Paul R. (2004): Studienbuch Linguistik. Tübingen: Niemeyer.

LINNEWEH, Klaus (1984): Kreatives Denken. Techniken und Organisation produktiver Kreativität. Karlsruhe: Dieter Gitzel.

LÖTSCHER, Andreas (1987): Text und Thema. Studien zur thematischen Konstituierung von Texten. Tübingen: Niemeyer.

LÜGER, Heinz-Helmut (1995): Pressesprache**.** Tübingen: Niemeyer.

MATUSSEK, Magdalena (1994): Wortneubildung im Text. Hamburg: Buske.

MAYERTHALER, Willy (1981): Morphologische Natürlichkeit. Wiesbaden: Akademische Verlagsgesellschaft Athenaion.

MEDNICK, Sarnoff A. (1962): The associative basis of the creative process. Psychological Review. Vol. 69. Nr. 3. S. 220–232.

MEIBAUER, Jörg (2001): Pragmatik. Eine Einführung. Tübingen: Stauffenburg.

MEFFERT, Heribert (1991). Marktorientierte Unternehmensführung und Direct Marketing. In: Dallmer, H. (Hrsg.) (1991): Handbuch Direct Marketing. Wiesbaden: Gabler. S. 31–50.

MEFFERT, Heribert (2000): Marketing – Grundlagen der marktorientierten Unternehmensführung. Konzepte – Instrumente – Praxisbeispiele. Wiesbaden: Gabler.

MEFFERT, Heribert/**BRUHN**, Manfred (2003): Dienstleistungsmarketing. Grundlagen – Konzepte – Methoden. Wiesbaden: Gabler.

MERBOLD, Claus (1993): Kommunikationspolitik bei Investitionsgütern. In: Berndt, R./ Hermanns, A. (Hrsg.) (1993): Handbuch Marketingkommunikation. Wiesbaden: Gabler. S. 859–874.

MEYER, Anton (1993): Kommunikationspolitik von Dienstleistungsunternehmen. In: Berndt, R./Hermanns, A. (Hrsg.) (1993): Handbuch Marketingkommunikation. Wiesbaden: Gabler. S. 897–921.

MICHEL, Georg (1983): Grundzüge der Stilistik. In: Fleischer, W. et al. (Hrsg.) (1983): Deutsche Sprache. Leipzig: Bibliographisches Institut. S. 450–521.

MICHEL, Georg (2001): Stilistische Textanalyse. Eine Einführung. Frankfurt a.M.: Lang.

MICHEL, Georg (2002): Gehobene Stilschichten. In: Cruse, D.A. et al. (Hrsg.) (2002): Lexikologie. Berlin/New York: de Gruyter. S. 794–798.

MORRIS, Charles W. (1938): Foundations of the Theory of Signs. Chicago: University of Chicago Press.

MOTSCH, Wolfgang (1999): Deutsche Wortbildung in Grundzügen. Berlin/New York: de Gruyter.

NIESCHLAG, Robert/**DICHTL**, Erwin/**HÖSCHGEN**, Hans (1997): Marketing. Berlin: Duncker & Humblot.

NIESCHLAG, Robert/**DICHTL**, Erwin/**HÖSCHGEN**, Hans (2002): Marketing. Berlin: Duncker & Humblot.

NOMMENSEN, Jens Nicolai (1990): Die Prägnanz von Marketingbildern. Prüfung der Kommunikationsstrategie bei Produktrepositionierung. Heidelberg: Physica.

NÜBLING, Damaris (2006): Die nicht flektierbaren Wortarten. In: Duden. Bd. 4 Die Grammatik. Mannheim, S. 573–640.

ORTNER, Hans Peter/**ORTNER**, Lorelies (1984): Zur Theorie und Praxis der Kompositaforschung. Tübingen: Narr.

PFISTER, Manfred (1985): Konzepte von Intertextualität. In: Broich, U./Pfister, M. (Hrsg.) (1985): Intertextualität. Formen, Funktionen, anglistische Fallstudien. Tübingen: Niemeyer. S. 1–30.

PILZ, Klaus Dieter (1978): Phraseologie. Versuch einer interdisziplinären Abgrenzung, Begriffsbestimmung und Systematisierung unter besonderer Berücksichtigung der deutschen Gegenwartssprache. Göppingen: Kümmerle.

POLENZ, Peter von (1988): Deutsche Satzsemantik. Grundbegriffe des Zwischen – den – Zeilen – Lesens. Berlin/New York: de Gruyter.

PÖRKSEN, Uwe (1992): Plastikwörter. Die Sprache einer internationalen Diktatur. Stuttgart: Klett.

PREISER, Siegfried (2004): Kreativität. Ein Trainingsprogramm in sieben Stufen für Alltag und Beruf. Heidelberg/Kröning: Asanger.

PSCHYREMBEL (2007): Klinisches Wörterbuch. Berlin/New York: de Gruyter.

PÜSCHEL, Ulrich (2000): Text und Stil. In: Brinker, K. et al. (Hrsg.): Text- und Gesprächslinguistik. Berlin/New York: de Gruyter, S. 473–489.

QUASTHOFF, Uwe (Hrsg.) (2011): Deutsches Neologismenwörterbuch. Berlin/New York: de Gruyter.

RAFFÉE, Hans/**WIEDMANN**, Klaus-Peter (1993): Corporate Identity als strategische Basis der Kommunikationspolitik. In: Berndt, R./Hermanns, A. (Hrsg.) (1993): Handbuch Marketingkommunikation. Wiesbaden: Gabler. S. 43–68.

RAMGE, Hans (1994): Auf der Suche nach der Evaluation in Zeitungskommentaren. In: Moilanen, M./Tiittula, L. (Hrsg.) (1994): Überredung in der Presse. Texte, Strategien, Analysen. Berlin/New York: de Gruyter. S. 101–120.

REINERS, Ludwig (1976): Stilkunst. Ein Lehrbuch deutscher Prosa. München: Beck.

REINS, Armin (2006): Corporate Language. Wie Sprache über Erfolg oder Misserfolg von Marken und Unternehmen entscheidet. Mainz: Hermann Schmidt.

RENNER, Karl Nikolaus (2007): Fernsehjournalismus. Konstanz: UVK.

RETTICH, Wolfgang (1972): Sprachsystem und Sprachnorm in der deutschen Substantivflexion. Tübingen: Narr.

REUMANN, Kurt (1971): Journalistische Stilformen. In: Noelle-Neumann, E./Schulz, W. (Hrsg.) (1971): Das Fischer Lexikon Publizistik. Frankfurt am Main. S. 68–76.

REUMANN, Kurt (1994): Journalistische Darstellungsformen. In: Noelle-Neumann, E./Schulz, W./Wilke, J. (Hrsg.) (1994): Fischer Lexikon Publizistik. Massenkommunikation. Frankfurt a.M. S. 91–116.

RIESEL, Elise (1959): Stilistik der deutschen Sprache. Moskau: Verlag für fremdsprachige Literatur.

RIESEL, Elise/**SCHENDELS**, Eugenie (1975): Deutsche Stilistik. Moskau: Hochschule.

RIPKE, Gustav (2005): Kreativität und Diagnostik. Münster: Lit Verlag.

ROLF, Eckard (1993): Die Funktionen der Gebrauchstextsorten. Berlin/New York: de Gruyter.

ROLF, Eckard (2000): Textuelle Grundfunktionen. In: Brinker, K. et al. (Hrsg.) (2000): Text- und Gesprächslinguistik. Ein internationales Handbuch zeitgenössischer Forschung. Band 1. Berlin/New York: de Gruyter. S. 422–435.

RÖMER, Ruth (1980): Die Sprache der Anzeigenwerbung. Düsseldorf: Schwann.

ROSS, John R. (1980): Ikonismus in der Phraseologie. Der Ton macht die Bedeutung. In: Zeitschrift für Semiotik 2. S. 39–56.

RÜPPELL, Hermann/**VOHLE**, Frank (2004): Diagnose und Training komplexen Problemlösens. In: Psychologische Wissensmanagement-Methoden. Göttingen: Hogrefe.

SANDERS, Willi (1986): Gutes Deutsch – besseres Deutsch. Praktische Stillehre der deutschen Gegenwartssprache. Darmstadt: Wissenschaftliche Buchgesellschaft.

SANDIG, Barbara (1972): Zur Differenzierung gebrauchssprachlicher Textsorten im Deutschen. In: Gülich, E./Raible, W. (Hrsg.) (1972): Textsorten. Differenzierungskriterien aus linguistischer Sicht. Frankfurt am Main: Athenäum. S. 113–124.

SANDIG, Barbara/**SELTING**, Margret (1997): Discourse styles. In: Dijk, T.A. van (Hrsg.) (1997): Discourse Studies. A Multidisciplinary Introduction. Bd. 1: Discourse as Structure and Process. London: Sage. S. 138–156.

SANDIG, Barbara (2006): Textstilistik des Deutschen. Berlin/New York: de Gruyter.

SCHANK, Gerd/**SCHOENTHAL**, Gisela (1983): Gesprochene Sprache. Eine Einführung in Forschungsansätze und Analysemethoden. Tübingen: Niemeyer.

SCHMIDT, Wilhelm (1969): Charakter und gesellschaftliche Bedeutung von Fachsprachen. In: Sprachpflege.18. S. 10–21.

SCHNEIDER, Wolf (2001): Deutsch für Profis. Wege zu gutem Stil. München: Goldmann.

SCHRÄDER, Alfons (1991): Fach- und Gemeinsprache in der Kraftfahrzeugtechnik. Studien zum Wortschatz. Frankfurt a. M.: Lang.

SCHULZ-BRUHDOEL, Norbert/**FÜRSTENAU**, Katja (2008): Die PR- und Pressefibel. Zielgerichtete Medienarbeit. Ein Praxislehrbuch für Ein- und Aufsteiger. Frankfurt am Main: Frankfurter Allgemeine.

SCHWARZ-FRIESEL, Monika (2007): Sprache und Emotion. Tübingen: Francke.

SCHWEIGER, Günter/**SCHRATTENECKER**, Gertraud (2001): Werbung. Stuttgart: UTB.

SEARLE, John R. (1975): A Taxonomy of Illocutionary Acts. In: Searle, J. R.: Expression and Meaning. Studies in the Theory of Speech Acts. Cambridge 1979, S. 1–29. Deutsche Übersetzung: Eine Taxonomie illokutionärer Akte. In: Searle, J. R.: Ausdruck und Bedeutung. Untersuchungen zur Sprechakttheorie. Frankfurt: Suhrkamp. S. 17–50.

SEARLE, John R./**VANDERVEKEN**, Daniel (1985): Foundations of Illocutionary Logic. Cambridge University Press.

SELTING, Margret; **HINNENKAMP**, Volker (1989): Einleitung: Stil und Stilisierung in der interpretativen Soziolinguistik. In: Hinnenkamp, V./Selting, M. (Hrsg.) (1989): Stil und Stilisierung. Tübingen: Niemeyer, S. 1–23.

SELTING, Margret (2001): Stil – in interaktionaler Perspektive. In: Jakobs, E.-M./Rothkegel, A. (Hrsg.) (2001): Perspektiven auf Stil. Tübingen: Niemeyer. S. 3–20.

SOWINSKI, Bernhard (1978): Deutsche Stilistik. Beobachtungen zur Sprachverwendung und Sprachgestaltung im Deutschen. Frankfurt am Main: Fischer.

SOWINSKI, Bernhard (1999): Stilistik. Stiltheorien und Stilanalysen. Stuttgart: Metzler.

SPILLNER, Bernd (1984): Grundlagen der Phonostilistik und Phonoästhetik. In: Spillner, B. (Hrsg.) (1984): Methoden der Stilanalyse. Tübingen: Narr. S. 101–119.

SPILLNER, Bernd (1995): Stilsemiotik. In: Stickel, G. (Hrsg.) (1995): Stilfragen. Berlin/New York: de Gruyter, S. 62–93.

STEFFENHAGEN, Hartwig (1993): Werbeziele. In: Berndt, R./Hermanns, A. (Hrsg.) (1993): Handbuch Marketingkommunikation. Wiesbaden: Gabler. S. 285–300.

STEGER, Hugo/**DEUTRICH**, Helge/**SCHANK**, Gerd/**SCHÜTZ**, Eva (1974): Redekonstellationen, Redekonstellationstyp, Textexemplar, Textsorte im Rahmen eines Sprachverhaltensmodells. Begründung einer Forschungshypothese. In: Gesprochene Sprache. Jahrgang 1972. Düsseldorf: Schwann. S. 34–97.

STICKEL, Gerhard (Hrsg.) (1997): Varietäten des Deutschen. Regional- und Umgangssprachen. Berlin/New York: de Gruyter.

STOEVA-HOLM, Dessislava (2005): Zeit für Gefühle. Eine linguistische Analyse zur Emotionsthematisierung in deutschen Schlagern. Tübingen: Narr.

STÖCKL, Hartmut (1997): Werbung in Wort und Bild. Textstil und Semiotik englischsprachiger Anzeigenwerbung. Franfurt am Main: Lang.

STOLT, Birgit (1988). Revisionen und Rückrevisionen des Luther-NT aus rhetorisch-stilistischer Sicht. In: Forum Angewandte Linguistik 14. S. 13–40.

STOLT, Birgit (2001): Problematik der Übersetzung biblischer Erzählstrukturen. In: Jakobs, E.-M./Rothkegel, A. (Hrsg.): Perspektiven auf Stil. Tübingen: Niemeyer. S. 479–488.

TECHTMEIER, Bärbel (2007): Merkmale von Textsorten im Alltagswissen der Sprecher. In: Adamzik, K. (Hrsg.) (2007): Textsorten. Reflexionen und Analysen. Tübingen: Stauffenburg. S. 113–127.

UEDING, Gert (1991): Rhetorik des Schreibens. Frankfurt am Main: Athenäum.

UEDING, Gert/**STEINBRINK**, Bernd (2005): Grundriß der Rhetorik. Geschichte – Technik – Methode. Stuttgart: Metzler.

VATER, Heinz (1994): Einführung in die Textlinguistik. Struktur, Thema und Referenz in Texten. München: Fink (=UTB 1660).

VÖGELE, Siegfried (2002): Dialogmethode: Das Verkaufsgespräch per Brief und Antwortkarte. Landsberg am Lech: Moderne Industrie.

VÖGELE, Siegfried (2005): Eye Tracking. Die Entwicklung der Blickaufzeichnung mithilfe apparativer Verfahren als Grundlage der Prof. Vögele Dialogmethode®. http://www.sv-institut.de (Zugriff 22.07.2009).

WAGNER, Mirjam (2000): Annäherungen an einen Alltagsbegriff. Wie wird ‚Anschaulichkeit' stilistisch greifbar? In: Fix, U./Wellmann, H. (Hrsg.) (2000): Bild im Text – Text im Bild. Heidelberg: Winter. S. 415–425.

WATZLAWICK, Paul (2007): Wenn du mich wirklich liebtest, würdest du gern Knoblauch essen. Über das Glück und die Konstruktion der Wirklichkeit. München/Zürich: Piper.

WEINERT, Frederik (2009): Der Nominalstil im Deutschen – Eine linguistische Analyse am Beispiel der Pressesprache. Bachelorarbeit Universität Passau.

WEINRICH, Harald (1993): Textgrammatik der deutschen Sprache. Mannheim: Dudenverlag.

WERLICH, Egon (1975): Typologie der Texte. Entwurf eines textlinguistischen Modells zur Grundlegung einer Textgrammatik. Heidelberg: Quelle und Meyer.

WICHTER, Sigurd (1988): Signifikantgleiche Zeichen. Untersuchungen zu den Problembereichen Polysemie, Homonymie und Vagheit auf der Basis eines kommunikativen Zeichenbegriffs am Beispiel deutscher Substantive, Adjektive und Verben. Tübingen: Narr.

WILSKE, Ludwig/**KRAUSE**, Wolf-Dieter (1987): Intertextualität als eine allgemeine und spezielle Texteigenschaft. In: WZ PH Potsdam 5. S. 890–895.

WURZEL, Wolfgang U. (1984): Flexionsmorphologie und Natürlichkeit. Studia Grammatica XXI. Berlin: Akademie-Verlag.

WURZEL, Wolfgang U. (1994): Skizze der natürlichen Morphologie. In: Papiere zur Linguistik. Nr. 50. Tübingen: Narr.

YULE, George (1996): Pragmatics. Oxford: Oxford University Press.

ZIELKE, Achim (1991): Beispiellos ist beispielhaft. Pfaffenweiler: Centaurus.

ZIFONUN, Gisela/**HOFFMANN**, Ludger/**STRECKER**, Bodo (1997): Grammatik der deutschen Sprache. Berlin/New York: de Gruyter.

Quellen

FRISCH, Max: Stiller. Leipzig: Reclam 1986.

KAFKA, Franz: Die Verwandlung. Erzählungen. Berlin: Aufbau 2003.

KOPISCH, August: Die Heinzelmännchen. In: Ein Fischer saß im Kahne. Die schönsten deutschen Balladen des 19.Jahrhunderts. Berlin: Aufbau 1974.

WERNER, Markus: Am Hang. Frankfurt am Main: Fischer 2004.

Volvo Inside. Händler- und Mitarbeiterzeitung der Volvo Car Germany GmbH. Ausgabe 2/2006.

Volvo Inside. Händler- und Mitarbeiterzeitung der Volvo Car Germany GmbH. Ausgabe 3/2005.

Produktbroschüren/Mailings (z.B. Volvo, Mercedes Benz, BMW, VW, Ikea, Dr. Winzer Pharma, Allergan, Santen, Bausch&Lomb, Praxis-Forum, Jenapharm, medphano, Alcon, Acri.Tec, Novartis, mhplus, SOS Kinderdorf, MLP, Fidelity, Gerling, Jacques')

Anhang

ES GIBT MEHR IM LEBEN ALS EINEN VOLVO. DESHALB BIETEN WIR IHNEN ALLES, WAS SIE FÜR DEN SOMMER BRAUCHEN.
HÄNDLERINFORMATION FRÜHJAHR/SOMMER 2010.
NUR FÜR DEN INTERNEN GEBRAUCH.
Volvo. for life
VOLVO

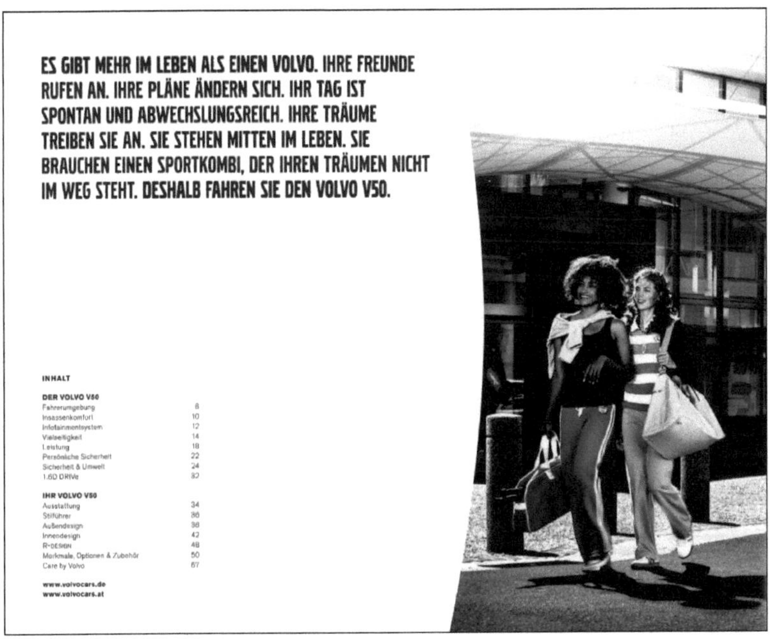

ES GIBT MEHR IM LEBEN ALS EINEN VOLVO. IHRE FREUNDE RUFEN AN. IHRE PLÄNE ÄNDERN SICH. IHR TAG IST SPONTAN UND ABWECHSLUNGSREICH. IHRE TRÄUME TREIBEN SIE AN. SIE STEHEN MITTEN IM LEBEN. SIE BRAUCHEN EINEN SPORTKOMBI, DER IHREN TRÄUMEN NICHT IM WEG STEHT. DESHALB FAHREN SIE DEN VOLVO V50.
INHALT
DER VOLVO V50
Fahrerumgebung 8
Insassenkomfort 10
Infotainmentsystem 12
Vielseitigkeit 14
Leistung 18
Persönliche Sicherheit 22
Sicherheit & Umwelt 24
1.6D DRIVe 32
IHR VOLVO V50
Ausstattung 34
Stilführer 36
Außendesign 38
Innendesign 42
R-DESIGN 48
Merkmale, Optionen & Zubehör 50
Care by Volvo 67
www.volvocars.de
www.volvocars.at

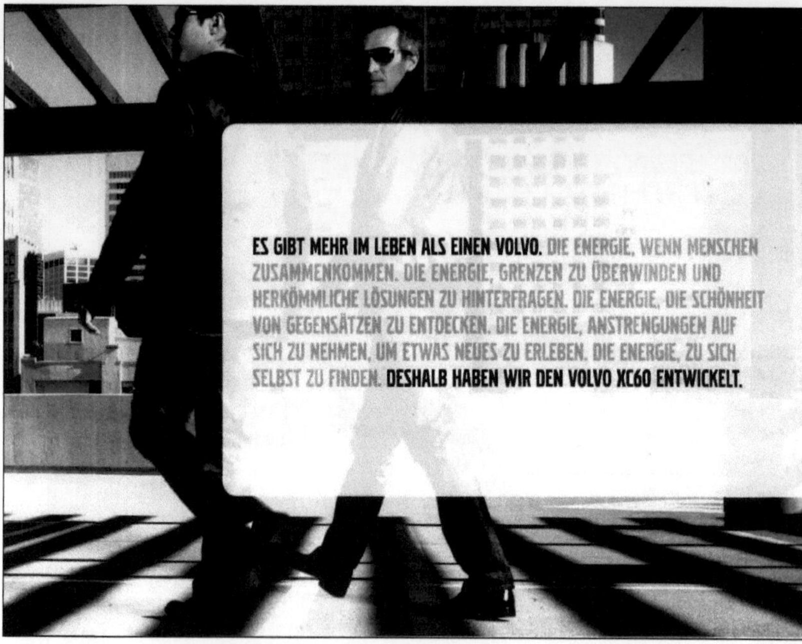
ES GIBT MEHR IM LEBEN ALS EINEN VOLVO. DIE ENERGIE, WENN MENSCHEN ZUSAMMENKOMMEN. DIE ENERGIE, GRENZEN ZU ÜBERWINDEN UND HERKÖMMLICHE LÖSUNGEN ZU HINTERFRAGEN. DIE ENERGIE, DIE SCHÖNHEIT VON GEGENSÄTZEN ZU ENTDECKEN. DIE ENERGIE, ANSTRENGUNGEN AUF SICH ZU NEHMEN, UM ETWAS NEUES ZU ERLEBEN. DIE ENERGIE, ZU SICH SELBST ZU FINDEN. DESHALB HABEN WIR DEN VOLVO XC60 ENTWICKELT.

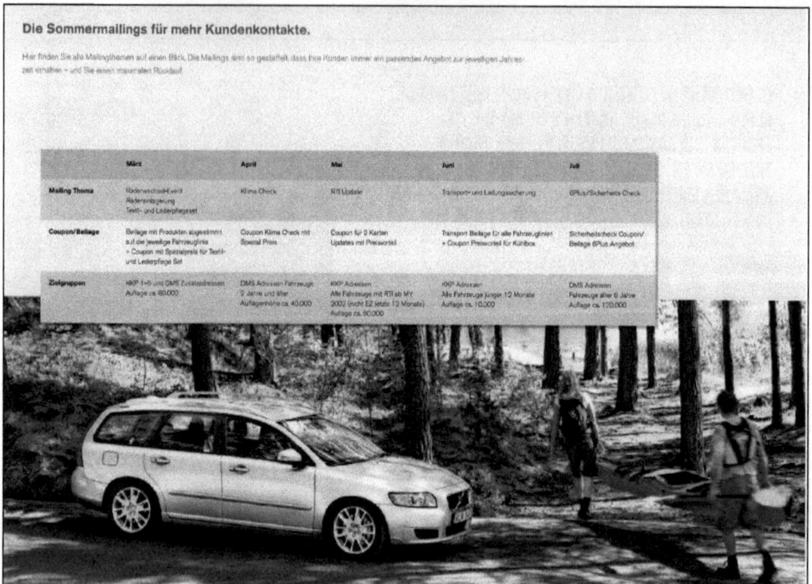
Die Sommermailings für mehr Kundenkontakte.
Hier finden Sie alle Mailingthemen auf einen Blick. Die Mailings sind so gestaffelt, dass Ihre Kunden immer ein passendes Angebot zur jeweiligen Jahreszeit erhalten – und Sie einen maximalen Rücklauf.
März
April
Mai
Juni
Juli
Mailing Thema
Räderwechsel-Event Rädereinlagerung Textil- und Lederpflegeset
Klima Check
RTI Update
Transport- und Ladungssicherung
6Plus/Sicherheits Check
Coupon/Beilage
Beilage mit Produkten abgestimmt auf die jeweilige Fahrzeuglinie + Coupon mit Spezialpreis für Textil- und Lederpflege Set
Coupon Klima Check mit Spezial Preis
Coupon für 2 Karten Updates mit Preisvorteil
Transport Beilage für alle Fahrzeuglinien + Coupon Preisvorteil für Kühlbox
Sicherheitscheck Coupon/ Beilage 6Plus Angebot
Zielgruppen
KKP 1–5 und DMS Zusatzadressen Auflage ca. 80.000
DMS Adressen Fahrzeuge 2 Jahre und älter Auflagenhöhe ca. 40.000
KKP Adressen Alle Fahrzeuge mit RTI ab MY 2002 (nicht EZ letzte 12 Monate) Auflage ca. 80.000
KKP Adressen Alle Fahrzeuge jünger 12 Monate Auflage ca. 10.000
DMS Adressen Fahrzeuge älter 6 Jahre Auflage ca. 120.000

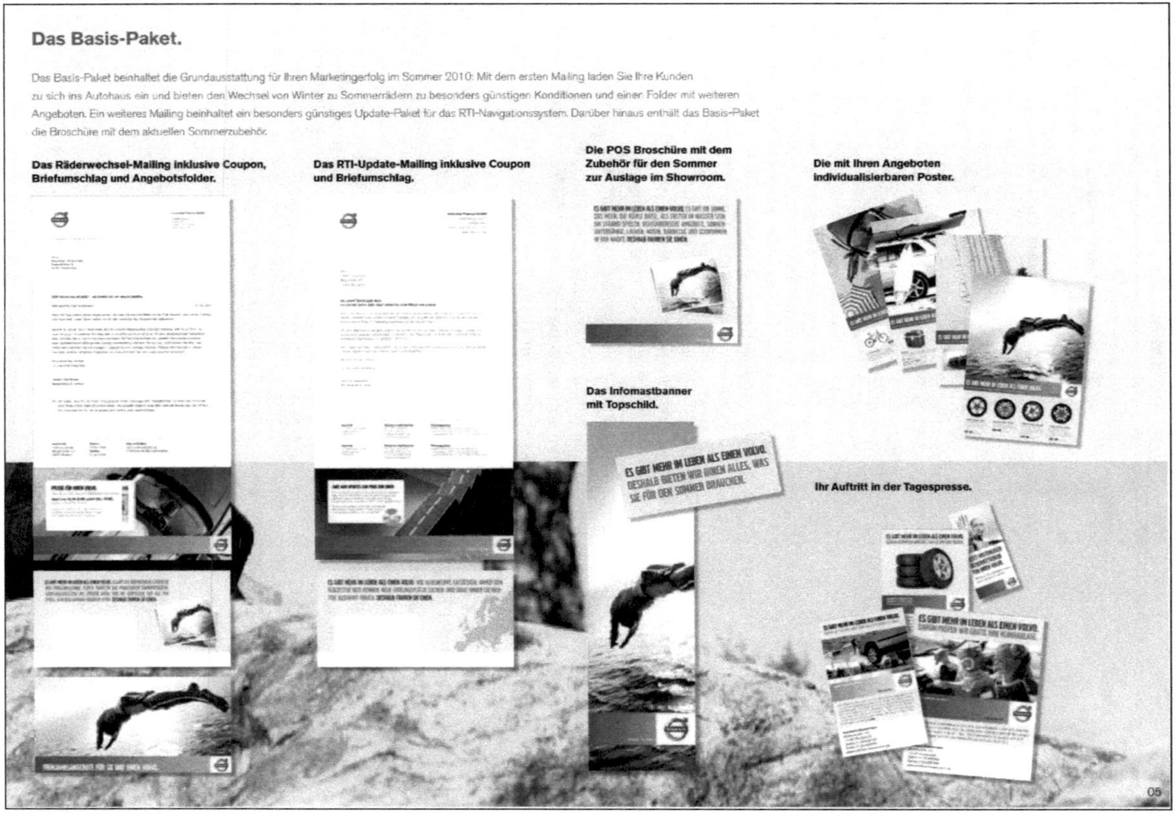

Das Basis-Paket.

Das Basis-Paket beinhaltet die Grundausstattung für Ihren Marketingerfolg im Sommer 2010: Mit dem ersten Mailing laden Sie Ihre Kunden zu sich ins Autohaus ein und bieten den Wechsel von Winter zu Sommerrädern zu besonders günstigen Konditionen und einen Folder mit weiteren Angeboten. Ein weiteres Mailing beinhaltet ein besonders günstiges Update-Paket für das RTI-Navigationssystem. Darüber hinaus enthält das Basis-Paket die Broschüre mit dem aktuellen Sommerzubehör.

Das Räderwechsel-Mailing inklusive Coupon, Briefumschlag und Angebotsfolder.

Das RTI-Update-Mailing inklusive Coupon und Briefumschlag.

Die POS Broschüre mit dem Zubehör für den Sommer zur Auslage im Showroom.

Das Infomastbanner mit Topschild.

Die mit Ihren Angeboten individualisierbaren Poster.

Ihr Auftritt in der Tagespresse.

05

Volvo Car Germany GmbH

Public Affairs & Events
Ringstraße 38 - 44, 50996 Köln
Postfach 50 21 01, 50981 Köln
Telefon: (0221) 93 93 - 106
Telefax: (0221) 93 93 - 109
www.volvocars.de
www.volvocars-presse.de

Presse-Information

E-Mail Adresse Ulli Andree, uandree@volvocars.com
Datum Juli 2006

Volvo V50: Dynamisch, sicher, vielseitig

Köln. Mit seinem ausdrucksstarken Design, dem einzigartigen Sicherheitskonzept, einem dynamischen Fahrverhalten und einer großen Vielseitigkeit setzt der Volvo V50 Maßstäbe in der kompakten Mittelklasse. Hinzu kommen eine Verarbeitungsqualität auf Premium-Niveau und eine Vielzahl von technischen Innovationen wie die frei schwebende Mittelkonsole und das intelligente Fahrer-Informationssystem IDIS. Für den Volvo V50 stehen drei Vierzylinder- und drei Fünfzylinder-Benzinmotoren sowie drei hochmoderne Turbodiesel zur Auswahl. Die Leistungsspanne der Benzin-Motoren reicht von 100 PS (74 kW) bis zu 220 PS (162 kW) im Top-Modell Volvo V50 T5. Die drei Diesel-Aggregate leisten 109 PS (80 kW), 136 PS (100 kW) sowie 180 PS (132 kW). Dank Common-Rail-Einspritzung können sie sowohl mit souveräner Durchzugskraft als auch mit höchster Wirtschaftlichkeit überzeugen. Alle drei Selbstzünder sind serienmäßig mit einem Rußpartikelfiltersystem ausgerüstet und erfüllen die Schadstoffeinstufung Euro 4.

Der Volvo V50 beeindruckt durch seine moderne, attraktive Formensprache, die eine gelungene Kombination aus Dynamik, Solidität und Transporteigenschaften signalisiert. Mit ihrem kraftvoll-eleganten Erscheinungsbild setzt die Karosserie des Volvo V50 das moderne Designkonzept des schwedischen Automobilherstellers konsequent fort. Kurze Karosserieüberhänge, die kraftvoll gerundete Frontpartie und eine sanft nach hinten abfallende Dachlinie verleihen dem Sportkombi ein ebenso dynamisches wie eigenständiges Profil. Markentypische Gestaltungselemente sind die ausgeprägte Schulterpartie, der markante Kühlergrill und die v-förmige Kontur der Motorhaube. Der steile Heckabschluss und die schmalen, hoch angesetzten und bis zum Stoßfänger hinab reichenden Rückleuchten sind ein modernes Erkennungsmerkmal aller Volvo Kombis.

Der nach vorn ragende Kühlergrill zwischen den großformatigen Scheinwerfern wird von edlen Chromstreben in Wasserfall-Optik dominiert. Eine zusätzliche, diagonal verlaufende

Chromleiste trägt das blaue Markenemblem in der Mitte des Kühlergrills. Mit den schwarz eingefassten Scheinwerfern im Klarglas-Design wird nicht nur für optimale Sicht gesorgt, sondern auch ein optischer Akzent gesetzt. In den kraftvollen und zur Verbesserung des Unfallschutzes von Fußgängern und Radfahrern sanft gerundeten Stoßfänger sind sowohl der zusätzliche Lufteinlass als auch die Nebelscheinwerfer integriert. Im Gegensatz zur Limousine Volvo S40 trägt der Sportkombi Nebelscheinwerfer, die rechteckig geformt sind. Die Heckansicht des Fünftürers wird von den markanten Heckleuchten und dem ausgeprägten Stoßfänger dominiert.

Im Modelljahr 2007 wird der Fünftürer durch zahlreiche Detailmaßnahmen weiter aufgewertet. So wurde das Antriebsprogramm bei den Benzinern um einen 2,0-Liter-Vierzylinder mit 145 PS (107 kW) erweitert. Ebenfalls neu ist ein optional erhältliches Sportpaket, das aus Front- und Heckschürze, Seitenschweller, Dachspoiler und tiefer gelegtem Sportfahrwerk besteht. Für einen gelungenen optischen Auftritt sorgen neue 15-, 17- und 18-Zoll-Leichtmetallfelgen, neue Außenfarben sowie die überarbeiteten Außenspiegel, die das Sichtfeld nach hinten verbessern. Auffälligste Änderung im Innenraum ist die modifizierte Dachkonsole, die in dieser Form von der Top-Limousine Volvo S80 übernommen wurde. Die Innenspiegel sind etwas schlanker und höher positioniert, ein zusätzliches Ablagefach auf der Tunnelkonsole erweitert die Ablagemöglichkeiten, und die Audiopakete High Performance sowie Premium Sound sind mit einem AUX-Anschluss ausgerüstet, über den externe Geräte wie ein iPod angeschlossen werden können.

Innovativer Innenraum

Das steile Heck, die Innenraum-Abmessungen und die im Cab-Forward-Stil weit vorn angesetzte Windschutzscheibe verhelfen dem Kombi zu einem großzügigen Fahrgastraum sowie entsprechenden Staukapazitäten im Gepäckabteil. So bietet der Innenraum des Volvo V50 hohen Reisekomfort für bis zu fünf Insassen. Das Gepäckraumvolumen lässt sich dank der geteilt umklappbaren Rückbank auf bis zu 1.307 Liter erweitern.

Das Platzangebot für Passagiere und Gepäck sowie die bequemen Sitze machen den Volvo V50 zu einem idealen Langstreckenfahrzeug für die ganze Familie. Kopf- und Beinfreiheit sind auch auf den hinteren Sitzplätzen großzügig bemessen. Der Innenraum überzeugt durch hochwertige Materialien und eine überzeugende Verarbeitungsqualität. Der Fahrer profitiert von der vorbildlichen Ergonomie und der sinnvollen Gestaltung der Bedienungselemente. Im Volvo V50 wird darüber hinaus ein besonderer Akzent gesetzt, der sowohl die Optik als auch die Funktionalität des Interieurs betrifft. Blickfang ist dabei die innovative, frei schwebende Mittelkonsole. Die extrem flach gehaltene Bedientafel verbindet den Armaturenträger mit dem Mitteltunnel und trägt auf Grund ihrer Optik zum großzügigen Raumgefühl bei. Auf der Mittelkonsole sind – klar voneinander getrennt – sämtliche Bedienungselemente für die Audioanlage und das integrierte Telefon sowie für die Heizungs-, Lüftungs- und Klimatisierungsanlage untergebracht.

TEXTE UND DISKURSE

Band 1 Ulrike Krieg-Holz: Textsortenstile – Stilbeschreibung und Textsortenklassifikation. 384 Seiten. ISBN 978-3-7329-0375-7

Band 2 Nicole Auerbach-Kutscher: Kontrastive Intertextualität in Alltagstexten. Eine textlinguistische Untersuchung mit frame-semantischem Ansatz. 360 Seiten. ISBN 978-3-7329-0360-3

Band 3 Ulrike Krieg-Holz/Christian Schütte (Hg.): Textanfänge. Konzepte und Analysen aus linguistischer, literaturwissenschaftlicher und didaktischer Perspektive. 290 Seiten. ISBN 978-3-7329-0376-4

Band 4 Lars Bülow/Michael Johann (Hg.): Politische Internet-Memes – Theoretische Herausforderungen und empirische Befunde. 250 Seiten. ISBN 978-3-7329-0535-5

Frank & Timme

Verlag für wissenschaftliche Literatur